分析化学

SÉAMUS P. J. HIGSON 著
阿部芳廣・渋川雅美・角田欣一 訳

東京化学同人

ANALYTICAL CHEMISTRY

Séamus P. J. Higson
Professor of Bio- and Electroanalysis
Cranfield University

© Séamus Higson 2004

Analytical Chemistry was *originally published in English in 2004. This translation is published by arrangement with Oxford University Press.*
本訳書は 2004 年に出版された "Analytical Chemistry" 英語版からの翻訳であり,Oxford University Press との契約に基づいて刊行された.

序

はじめに

　本書は，学生がしり込みするような難しい記述を避けて，学びやすいように書いた分析化学の教科書である．しかし，書かれている内容は，学部の学生だけでなく，大学院の修士課程の学生にとっても，学ぶべき分析化学の主要な方法をすべて含んでいる．さらに，大学院の博士課程で研究に携わっている人や，研究で資格がとれるような分野にいる人が，これまで使ったことのない分析法の入門書がほしいと思ったときにも十分役に立つものと思う．

　そもそも，この教科書を書こうと思ったのは，図書館でつぎのような光景を幾度となく目にしたためである．学生たちは，図書館の本棚から，良く書かれてはいるが，ひたすら分厚いだけの"分析化学"の教科書をあれこれと引張り出しては，知りたい情報をどこから取出したらよいか，途方にくれ，あるいは，懸命に本と闘っていた．私は，すみやかに必要な情報を取出すことができる教科書を学生たちが必要としていることに気がついた．そこで，このような学生の要望に合った教科書がどこかにあるはずだと探してみたけれど，そのような教科書は見当たらなかったのである．そのようなわけで，結局，自分でこの教科書を書くことにした．

　時とともに，この本のような，短時間に必要な情報が手に入る教科書がますます必要となることは明らかであろう．というのも，ヨーロッパでも，米国でも，大学の学部課程のシラバスの中において，分析化学という科目それ自体の重要性がしだいに高まってきているからである．この時代の流れは，分析化学が重要な役割を果たしている生化学や法医学を始めとする，さまざまな分野が発展していることを反映している．

　分析化学が化学の他の分野を包括していることは明らかである．たとえば，物理化学はさまざまな測定を行うことによって成立している化学の領域なので，特に分析化学と関係が深い．物理化学は，何かを測定しようとしたときにその測定法に必ず関与する化学の分野であり，有機物質の分析においても，また，無機物質の分析においても，物理化学的な考え方が直接に関係している．本質的に，分析化学は基礎的な科目であって，バイオテクノロジーや，法医学，物理学，材料科学などいろいろな学問領域と重なり合っている．

　この本では，現在の分析化学で用いられる方法の基礎を総合的に紹介する．万一，あなたが学生として分析化学の領域に足を踏み入れる気がないとしても，この本を読むことで，分析化学とはどのような学問かがわかり，どのように実際の分析がなされているのかを知ってもらえればと思う．また，この本を読んで，すでに勉強して少しは知っている物理化学，無機化学，有機化学といった科目で，腑に落ちなかった部分がわかるようになったり，あるいは，相互に関係づけて理解できるようになってほしいとも思っている．

化学にはさまざまな分野があるが，化学を学ぶ学生の中には，他の分野の場合よりも分析化学を学んでいるときに，途中で学ぶのをあきらめてしまう人がかなりいるようにみえる．しかし，分析化学は，本当にワクワクするような科目であり，興奮するくらい面白い科学の分野なのである．そして，日々の私たちの暮らしに影響する科目でもある．何よりも私は，まだ若く，これから分析化学を学ぼうという人たちに分析化学に夢中になってほしいと思っている．もしも分析化学に熱中する人が出てきてくれたなら，私がこの本を書いた目的が達せられたといってよいだろう．

本書の特徴と構成
● 図が多いこと
　装置の構成や測定法の原理を理解しやすくするために，本文中にできるだけ多くの図を入れた．どの図も私が自分で描くようにし，可能な限り一見してわかるようにするとともに，一つの図の中に多くの情報を入れるようにした．しかし，多くのことを同時に説明しようとして複雑な図にはならないように注意した．
● 良い例題が豊富なこと
　学習を助けるために，良く練られた例題を豊富に入れた．各章の終わりにも学習者が自分の理解を確認するための演習問題を付けた．これらの演習問題の解答例は，本書のウェブサイト（http://www.oup.com/uk/orc/chemistry/higson/）で入手できる．
● 関連する分析法を相互に参照できる
　各章に書かれている分析法は相互に関係があったり，あるいは，複合的に用いられたりするので，相互に参照できるように，参照すべき章や節，ページを記した．
● 重要な語や原理の強調と解説
　本文中に出てくる重要な語や用語の定義，科学的な原理の要点となる箇所は太字にしたり，下線を引いて強調し，さらに　　内に解説を加えた．これらは，複雑な概念をよりわかりやすくするためであり，また，気づきにくい重要な箇所や原理を強調したので，学習者の理解を助けることと思う．

　この本は，全部で16章あるが，これを四つのパートに分けた．これは，どのような内容がどこに書かれているかを把握し，どのパートを見たらよいかがすぐにわかるようにしたものである．四つのパートは以下のとおりである．

　　　第Ⅰ部　分析化学の概要：基本的なルールと基礎事項
　　　第Ⅱ部　化学分析：重要な原理と実際の分析操作
　　　第Ⅲ部　おもな機器分析法
　　　第Ⅳ部　分析化学の応用：分析科学の展開

本書で学習するために

　読み始めたら，すぐに溶け込んで内容を理解できるように，平易に書くことに努めた．このため，一つの節には，一つの完結した内容を含むように書いてある．もっとも，相互に関連する分析法や，組合わせて用いられる可能性のある方法については相互に参照できるように配慮してある．

　知りたいと思ったときに，知りたいことが書かれているページに，容易に，すぐにたどりつくことができるように，索引にはできる限り多くの語を取上げた．

　この本で取上げた教材はすべて，自習に使っても，また，講義と並行して学んでもよいように企図してある．　　　内の説明や応用例などは，最初に読むときには，とばしてしまったほうが，その分析法の要点をつかむのが早く，容易になる．そのあとで，同じところを，実例や章末の問題を解きながら繰返して読めば，理解はずっと深まるであろう．

　各章の最後に，さらにその章の内容について理解を深めるために，有用と思われる参考書を挙げた．

ウェブサイト

　本書には，無料で参照できるウェブサイト

　　　　　　　http://www.oup.com/uk/orc/chemistry/higson/

がある．このサイトでは，つぎのものが利用できる．
- 章末の問題に対する解答例
- この本で使われている図（ダウンロード可能）

謝　辞

　この本が出来上がるまでに多くの友人と同僚の助けがあった．これらの人たちの尽力は計り知れないものがある．最初に，この本を書くように勧めてくれた3人の編集者，Melissa Levitt, Howard Stanbury, とりわけ原稿を本の形にまとめ上げてくれたJonathan Crowe, ならびに Oxford University Press の編集チームの皆さんに感謝する．彼らの助力がなければ，本書は世に出ることはなかったであろう．

　私の勤務している大学と同じ Cranfield にある Institute of Bioscience and Technology の Sally Creveul 氏には特に感謝している．彼女はこの本で使用した図版を作成するという大仕事をしてくれた．また，この本が出来上がるまでのさまざまな段階でお世話になった本学の Linda Chapman 氏と Liz Wade 氏にも心より感謝申し上げる．

　原稿の誤りと表記の訂正や校正の段階でも多くの方々のお世話になったが，特に友人であり，本学の前教員でもあった Paul Monk 博士には，全文に目を通していただき，原稿がより良くなるように実に多くの有用な助言をいただいた．

原稿の段階でたくさんの建設的な意見をいただいた大学教育関係者

Tom McCreedy, University of Hull, UK
Mark Lovell, University of Kentucky, USA
John Lowry, National University of Ireland, Maynooth, Republic of Ireland
Carsten Müller, University of Cardiff, UK
David Littlejohn, University of Strathclyde, UK
Philippe Buhlmann, University of Minnesota, USA

の諸氏に感謝する．

私の研究グループにいる Stuart Collyer 博士，Frank Davis 博士，Karen Law 博士，Andrew Barton, Davinia Gornall, Emma Lawrence, Daniel Mills には，この本を学生の要望にあった形に仕上げるのにお世話になった．

この本を今は亡き両親，Shelia と Jack Higson に捧げる．両親は私が勉学に没頭できるように何年にもわたって私を支え，励ましてくれた．同じく，心の支えとなり，また経済的にも私を支えてくれた姉 Ethne にもこの本を捧げたいと思う．

最後に，やはりこの本の原稿を隅から隅まで（それも何回も）誤りがないか読んでくれた妻，Josephine と，幾晩も，私が原稿を書くパソコンの前に座っていてくれた二人の娘，Rachael, Sarah にも感謝している．

これらの人々の助力にもかかわらず，残念なことに誤りや脱落があったとしたら，それはひとえに筆者の責任である．学生の皆さんにこの本が役に立つと認められ，また，この本が分析化学という科目を理解する一助となることを心から願うものである．

2003 年 8 月

Séamus Higson
Professor of Bio- & Electroanalysis
Cranfield University, Silsoe

日本の読者へ

　日本語に翻訳された"分析化学",この教科書を手にされた日本の読者の皆さんに,心より感謝の意を表します.私は,これまで,日本の大学との多くの教育・研究に関する共同事業に参加し,また相互訪問する機会にも恵まれてきました.それは,いつも大変楽しく有意義でありました.そのような日本との楽しい交流にひき続き,今回,この日本語版が世に出ることを大変喜ばしく思います.

　この本は,読者に理解しやすいよう4部構成にしました.
　　第Ⅰ部　分析化学の概要：基本的なルールと基礎事項
　　第Ⅱ部　化学分析：重要な原理と実際の分析操作
　　第Ⅲ部　おもな機器分析法
　　第Ⅳ部　分析化学の応用：分析科学の展開

　本書を最初の章から順に学習してもよいのですが,それぞれの大学のカリキュラムに合わせて,必要に応じて個々の章や節を勉強することもできます.

　それぞれの章は"この章で学ぶこと"で始まっていますので,その章の概要をまず理解することができます.章自体は,読者が取組みやすいように多くの短い節に分けました.また,全体を通して,多くの例題を載せました.さらに,章末には演習問題をつけましたので,皆さんは,学んだ知識を確かめ,応用することができます.解答例は,インターネットを利用して

　　　　　http://www.oup.com/uk/orc/chemistry/higson/resources/manual/

でみることができます.

　それぞれの章は"まとめ"で締めくくってありますので,もう一度,その章の重要課題を確認することができます.また,理解を助けるために図を多用しました.

　皆さんが分析化学を学習するために,この本を楽しんで使っていただけることを,心より願っています.

　最後に,この日本語版の刊行にご尽力くださった,訳者の方々ならびに(株)東京化学同人 編集部の皆さんに心より感謝申し上げます.

2006年10月

Séamus Higson

訳者序

　大学で学ぶ分析化学には大きな矛盾が内在している．現代的な学問としての化学は，物質の定性・定量的評価の基礎のうえに成り立っている．したがって，分析化学の講義はすべての化学の基礎として，多くの場合，カリキュラムの最初，すなわち，専門課程の初年度からスタートすることが多い．一方，その各論としてのさまざまな化学分析は，現代化学，物理学の粋を集めたきわめて広範囲かつ高度な原理に基づいている．すなわち，分析化学は基礎としての側面と高度に応用的という二面性をもっている．訳者はこの矛盾を大学の教育課程の中で克服するのはかなり困難と実感している．

　現在の日本の大学では，初年度の"分析化学"の講義で，いわゆる化学平衡に基づいた古典的分析法を中心に学び，学年の進行とともに，より上級の分析化学の講義・実験のみならず他の物理化学や有機化学などの講義・実験を通して，種々の機器分析法を学んでいくカリキュラムが組まれていることが多い．しかし，多くのことを学ばなくてはならない現代の学生諸君にとって，教室で学ぶ分析化学の内容は常に不足しており，学生実験などで出会う分析装置でさえも学生諸君にとってはブラックボックスであることが多い．このとき学生諸君をどう指導すべきか．もちろん，方法の原理をきちんと理解し，データの意味をよく理解することを求めることは当然のことである．しかし，前述のように，そのためには，熱力学や量子論など，高度な物理学の理解が前提となることも多く，短時間には不可能なことも多い．やはり，その場合には，学生諸君のレベルにあった"正確だが定性的な理解"をまず求め，勉学が進んだのちに，必要に応じてさらに詳しく勉強してもらうというのが，現実的なアプローチのように思われる．だが，この"正確だが定性的な理解"というのは，教える側にとってはかなりの難題である．

　この難題に真正面から取組み，見事な成功をおさめているのが本書である．原著者のHigson教授は，英国の気鋭の分析化学者である．彼の専門は電気分析化学であるが，彼自身が初学者の立場に立って，さまざまな分野，たとえば，光分析法をどのように理解するか，という観点で本書は書かれている．すなわち，すべての内容は，一度，彼自身の中で咀嚼され，再構成されたうえで表現されている．読者は，本書を読むことによって，Higson教授の思考のあとをたどることができる．これは本書の大きな魅力であり，また，Higson教授を案内人に，さまざまな事柄を理解していくことができる．もう一つの本書の魅力は，Higson教授が，分析化学を学問として捉えるだけではなく，実用分析を常に意識し，その観点から執筆していることである．読者は，本書により，実際の分析を行う場合の心構えや注意点を自然に学ぶことができる．そのため，本書は，学部の初学者から高学年の学生の教科書として最適であるが，大学院生やすでに実務についている分析技術者の副読本としても大変優れていると思う．

　本書の翻訳に当たっては，第1，9，11，12，14，16章を阿部が，第3，4，8，10章を渋川が，第2，5，6，7，13，15章を角田が分担したが，3人が，それぞれ，すべて

の章の原稿に目を通し意見交換したものを最終稿とした．

　最後に，第6,7章の内容をご校閲くださり，貴重なご意見を賜った静岡大学 谷本光敏教授に厚く御礼申し上げる．また，本書は，東京化学同人編集部の高林ふじ子さんのご尽力なくして完成はあり得なかった．ここに厚く感謝の意を表する．

2006年10月

訳　　者

目　　　次

第Ⅰ部　分析化学の概要：基本的なルールと基礎事項

1. 分析化学の概要と分析における測定の本質 ······················· 3
- 1.1 いつ，どのような場面で分析化学は利用されているか ············· 3
- 1.2 データのもつ性質 ············· 4
- 1.3 定性分析と定量分析のどちらを選択すべきか ············· 5
- 1.4 データの取扱いと用語 ············· 6
- 1.5 分析データの質 ············· 7
- 演習問題 ············· 8
- まとめ ············· 8
- さらに学習したい人のために ············· 8

2. 分析の品質保証と統計処理 ············· 9
- 2.1 実験誤差について ············· 9
- 2.2 有効数字と数値データの報告 ············· 9
- 2.3 繰返し測定 ············· 9
- 2.4 データの広がり，平均値，中央値 ············· 10
- 2.5 実験誤差の定量化 ············· 11
- 2.6 確定誤差，不確定誤差，大きな誤り ············· 13
- 2.7 不確定誤差の原因 ············· 13
- 2.8 確定誤差の原因 ············· 14
- 2.9 標準偏差 ············· 14
- 2.10 相対標準偏差 ············· 16
- 2.11 分　散 ············· 16
- 2.12 外れ値と信頼限界 ············· 16
- 2.13 Q 検定 ············· 17
- 2.14 T 検定 ············· 17
- 2.15 信頼限界 ············· 18
- 2.16 最小二乗法による検量線のプロット ············· 19
- 2.17 相関係数 ············· 20
- 2.18 品質管理と品質保証システム ············· 21
- 2.19 認証標準物質 ············· 22
- 2.20 品質管理図 ············· 22
- 2.21 検量法 ············· 23
- 2.22 標準添加法 ············· 24
- 演習問題 ············· 25
- まとめ ············· 26
- さらに学習したい人のために ············· 26

第Ⅱ部　化学分析：重要な原理と実際の分析操作

3. 試薬を用いる標準的な湿式化学分析 ············· 29
- 3.1 湿式化学分析の概要 ············· 29
- 3.2 水および単純な酸と塩基の酸塩基平衡 ············· 29
- 3.3 緩衝液 ············· 33
- 3.4 酸と塩基の相互作用 ············· 36
- 3.5 滴定の化学量論 ············· 38
- 3.6 酸塩基滴定と指示薬 ············· 38
- 3.7 水道水の硬度測定：キレート滴定の二つの例 ············· 39
- 3.8 環境水試料中の塩化物の定量：硝酸銀滴定の例 ············· 40
- 3.9 溶存酸素の定量：チオ硫酸ナトリウム滴定の例 ············· 40
- 3.10 強塩基と弱塩基(OH^- と HCO_3^-)を含む混合物の滴定 ············· 41
- 3.11 逆滴定 ············· 42
- 3.12 光度滴定と電気化学滴定 ············· 44
- 3.13 カールフィッシャー滴定による水の定量 ············· 46
- 3.14 最適な滴定操作 ············· 47
- 3.15 滴定計算の仕方 ············· 48
- 演習問題 ············· 48
- まとめ ············· 49
- さらに学習したい人のために ············· 49

4. 溶解と沈殿および質量測定に基づく分析 ……50

- 4.1 重量分析の概要 ……50
- 4.2 錯生成と沈殿 ……50
- 4.3 沈殿の生成と沪過による捕集 ……51
- 4.4 重量分析の実際 ……54
- 4.5 分析に必要な時間：重量分析の感度と特異性 ……56
- 4.6 熱分解と熱重量分析 ……56
- 演習問題 ……58
- まとめ ……59
- さらに学習したい人のために ……59

5. 紫外・可視光を用いる分析法の基礎 ……60

- 5.1 紫外・可視光の利用と電磁スペクトルの概要 ……60
- 5.2 光と電子状態の量子化 ……61
- 5.3 光の吸収：光子がそのエネルギーを物質に与えること ……62
- 5.4 光の吸収：どれだけ光が吸収されるか ……62
- 5.5 ランベルト－ベールの法則(吸収の法則) ……63
- 5.6 紫外・可視吸収の性質とその利用：発色団 ……64
- 5.7 光源と分光器 ……65
- 5.8 光の検出：光子の検出器 ……67
- 5.9 分光計，分光光度計，紫外・可視光用セル ……69
- 5.10 紫外・可視吸光光度法の定性分析への応用 ……71
- 5.11 錯生成による発色を利用する分析法 ……72
- 5.12 深色効果と浅色効果 ……72
- 5.13 蛍光分析の概要 ……74
- 5.14 旋光分析と旋光性 ……76
- 演習問題 ……78
- まとめ ……79
- さらに学習したい人のために ……80

第III部　おもな機器分析法

6. 紫外・可視吸光光度法，蛍光分析法，ラマン分光法，蛍光X線分析法，メスバウアー分光法，光電子分光法 ……83

- 6.1 はじめに ……83
- 6.2 許容および禁制電子遷移 ……83
- 6.3 紫外・可視吸収スペクトルとランベルト－ベールの法則からのずれ ……86
- 6.4 二成分系と多成分系の分析 ……87
- 6.5 蛍光分析法 ……89
- 6.6 ラマン分光法 ……90
- 6.7 マイクロ波分光法 ……92
- 6.8 蛍光X線分析法 ……92
- 6.9 メスバウアー分光法 ……95
- 6.10 紫外光電子分光法 ……96
- 演習問題 ……96
- まとめ ……97
- さらに学習したい人のために ……97

7. 原子スペクトル分析法 ……98

- 7.1 原子スペクトルの起源 ……98
- 7.2 原子スペクトルの性質 ……98
- 7.3 原子スペクトルに影響を与える要因 ……98
- 7.4 原子吸光分析法の概要 ……100
- 7.5 フレーム原子吸光分析法 ……100
- 7.6 黒鉛炉原子吸光分析法 ……104
- 7.7 原子発光分析法の概要 ……105
- 7.8 アーク発光分析法とスパーク発光分析法 ……105
- 7.9 フレーム発光分析法(炎光光度法) ……108
- 7.10 プラズマ発光分析法 ……109
- 7.11 ICPを用いる原子蛍光分析法 ……111
- 演習問題 ……111
- まとめ ……112
- さらに学習したい人のために ……112

8. 抽出分離法とクロマトグラフィー ……113

- 8.1 混合物と分離法の必要性 ……113
- 8.2 溶媒抽出 ……113
- 8.3 固相抽出 ……115
- 8.4 クロマトグラフィーの概要 ……115
- 8.5 溶離クロマトグラフィー——二液相を用いるクロマトグラフィー ……116
- 8.6 クロマトグラフィー分離の理論 ……116
- 8.7 ペーパークロマトグラフィー ……119
- 8.8 薄層クロマトグラフィー ……121
- 8.9 ガスクロマトグラフィーと気液クロマトグラフィー ……122
- 8.10 高速液体クロマトグラフィー（HPLC）……126
- 8.11 HPLC 用検出器 ……126
- 8.12 HPLC 用カラム ……129
- 8.13 ゾーン電気泳動 ……131
- 演習問題 ……132
- まとめ ……133
- さらに学習したい人のために ……134

9. 質量分析法 ……135

- 9.1 質量分析法の概要 ……135
- 9.2 試料導入部 ……136
- 9.3 イオン化部 ……137
- 9.4 質量分離部 ……140
- 9.5 イオン検出部 ……146
- 9.6 他の機器分析装置と結合して使用される質量分析法 ……148
- 9.7 質量スペクトルにおけるイオンの同定と異なる質量分離部を用いたときのスペクトルの違い ……149
- 9.8 タンデム質量分析法 ……151
- 9.9 質量分析法の一般的な応用 ……151
- 9.10 質量分析法の生物学的な研究分野への応用 ……152
- 演習問題 ……154
- まとめ ……155
- さらに学習したい人のために ……156

10. 電気化学分析法 ……157

- 10.1 電気化学セルの概要 ……157
- 10.2 ネルンスト式と電気化学セル ……157
- 10.3 電位差法とイオン選択性電極 ……158
- 10.4 イオン選択性電極 ……161
- 10.5 線形掃引ボルタンメトリーとサイクリックボルタンメトリー ……162
- 10.6 ポーラログラフィーとその関連技術 ……165
- 10.7 化学修飾電極 ……168
- 10.8 微小電極 ……169
- 10.9 有機相電気分析化学と有機化合物の電気化学分析 ……170
- 10.10 電気化学滴定 ……171
- 10.11 酸素電極 ……173
- 10.12 電気化学センサーの適用領域 ……173
- 演習問題 ……176
- まとめ ……176
- さらに学習したい人のために ……177

11. 核磁気共鳴（NMR）分光法 ……178

- 11.1 核磁気共鳴分光法の概要 ……178
- 11.2 広幅（低分解能）NMR 分光法 ……180
- 11.3 高分解能 NMR 分光法の概要 ……181
- 11.4 NMR 装置 ……183
- 11.5 フーリエ変換 NMR ……184
- 11.6 NMR シフト試薬 ……184
- 11.7 プロトン（^{1}H）以外の核種の NMR ……185
- 11.8 NMR の定性分析，定量分析への応用 ……185
- 演習問題 ……186
- まとめ ……186
- さらに学習したい人のために ……187

12. 赤外分光法 ································ 188

- 12.1 赤外分光法の概要 ················ 188
- 12.2 IR スペクトルの表し方 ··········· 189
- 12.3 分子振動および異なる振動間の "結合" ································ 189
- 12.4 代表的な官能基の IR 吸収スペクトルと通常の振動モード ······· 191
- 12.5 指紋領域による化合物の同定とスペクトルのデータライブラリー ··· 193
- 12.6 試料調製と IR スペクトルの測定法 ··· 193
- 12.7 赤外線の光源 ······················ 194
- 12.8 赤外線検出器 ······················ 195
- 12.9 一般的な IR スペクトル測定装置 ········ 196
- 12.10 全反射法による FTIR 測定 ······· 198
- 12.11 気体試料測定用装置 ··············· 199
- 12.12 近赤外用測定装置 ················· 200
- 12.13 遠赤外用測定装置 ················· 200
- 12.14 赤外発光分析 ····················· 200
- 演習問題 ································· 200
- まとめ ··································· 201
- さらに学習したい人のために ············ 202

第IV部 分析化学の応用：分析科学の展開

13. 放射能分析法 ······························ 205

- 13.1 はじめに ··························· 205
- 13.2 放射性同位体と放射能分析の基礎 ··· 205
- 13.3 放射壊変生成物 ···················· 205
- 13.4 バックグラウンド補正 ············ 207
- 13.5 装置 ································· 207
- 13.6 同位体希釈分析 ···················· 208
- 13.7 中性子放射化分析 ················· 208
- 13.8 ^{14}C を用いる年代測定 ··········· 209
- 13.9 医学における放射性同位体の利用 ··· 210
- 演習問題 ································· 210
- まとめ ··································· 210
- さらに学習したい人のために ············ 211

14. 生物分析化学 ······························· 212

- 14.1 生化学と分析化学の境界領域：生物分析化学の概要 ··············· 212
- 14.2 臨床分析化学の概要と現代の病院における臨床生化学検査部 ······· 213
- 14.3 血中ガス分析 ····················· 214
- 14.4 血中に含まれる電解質濃度の測定 ··· 215
- 14.5 免疫化学的分析法 ················· 215
- 14.6 バイオセンサーの概要 ············ 218
- 14.7 糖類の分析 ························ 224
- 14.8 アミノ酸の分析 ··················· 227
- 14.9 タンパク質の分析 ················· 228
- 14.10 バイオインフォマティクス，ゲノミクス，プロテオミクスの概要と分析科学 ··· 233
- 演習問題 ································· 240
- まとめ ··································· 240
- さらに学習したい人のために ············ 241

15. 環境分析 ·································· 242

- 15.1 環境分析の概要 ···················· 242
- 15.2 大気分析 ··························· 243
- 15.3 水分析 ····························· 245
- 15.4 水試料中の無機物質の分析 ········ 247
- 15.5 水試料中の有機物質の分析 ········ 249
- 演習問題 ································· 250
- まとめ ··································· 250
- さらに学習したい人のために ············ 250

16. 最適な分析法の選択，GLPと実験室での安全について ······················ 251

- 16.1 分析法の選択 ······················ 251
- 16.2 GLP と安全の確保 ················ 252
- 16.3 実験ノートとデータのバックアップ ··· 253
- まとめ ··································· 254
- さらに学習したい人のために ············ 254

索 引 ······································ 255

ANALYTICAL CHEMISTRY

Shelia Higson と Jack Higson に捧げる

第 I 部

分析化学の概要
基本的なルールと基礎事項

1 分析化学の概要と分析における測定の本質

この章で学ぶこと
- 分析化学という語が意味すること
- 分析化学の概要とその応用分野
- 質の高いデータの重要性と，質の低いデータや誤った測定に基づくデータを排除すべきこと
- 定性分析と定量分析の違い
- 繰返し測定の意味
- 測定における，特異性，感度，正確さという概念
- 目的物質(analyte)，妨害物質(interferent)，部分標本試料(aliquot)とは何か

1.1 いつ，どのような場面で分析化学は利用されているか

1.1.1 分析化学とは何か

私たちは気づかずにいるが，普段の生活の中でさまざまな"分析化学"を実践している．つぎのような光景がよく見られると思う．朝起きて台所にぶらぶらと入り，まださめやらぬ目で一日の最初のコーヒーを入れる．やかんを火にかけて沸騰するのを待ちながら，冷蔵庫を開けて牛乳を取出す．そこにある牛乳のパックは数日前のもので，今も飲めるのかどうかはわからない．そのまま，注ぎ口を開き，鼻のところまで持っていってよくにおいをかいでみる．意識しているかどうかは別にして，このようににおいをかぐことで，私たちは分析的な試験をしている．この場合，*Salmonella typhimurium* などのさまざまな細菌が産成する化合物を鼻でかぎ分けているわけである．もしも牛乳が古くて細菌が増殖していた場合，増殖に従って生成する有害物質も多くなり，飲めないものになっている．私たちは，"腐った"牛乳特有のにおいがするかどうかを判定するためににおいをかぐことで，これらの有害物質が含まれているかどうかを知ろうとしている．もし"electronic nose"とでもいうべき装置があって，それを使うことができたなら，においをかぐという試験法が化学分析の一つであると理解できると思う．ちょうどこの本を書いているときに，electronic nose が電気化学的センサーの分野で，まさに実現されつつある先端技術の一つであることを知った．もちろん，ヒトの鼻がかぎ分けるくらいの能力をもった装置になるには，まだまだ時間がかかりそうであるが．

上の例は，**分析化学には，試料の化学組成に関する情報を提供するすべての試験法が含まれる**ことの一端を示している．

私たちは皆，分析化学者のお世話になっている．だれでも食品を食べ，家に住み，衣服を着，多くの人は自動車を運転している．つまり，私たちは現代の化学工業に依存して生活をしている．このことは，逆に，化学工業界が定める品質管理システムによって私たちの生命や健康が左右されることを意味している．その規格が良いものであるのか，あるいは，きちんと守られているのか，といったことは，分析化学者によって評価されることが多いのである．

私たちはだれもが消費者であって，口にする食品，着る衣服，飲む薬の品質が良好に保たれているかどうかという確認の作業を，工業製品が生産される現場でそのような仕事をしている分析化学者のお世話になっていることになる．化学工業は，程度の差こそあれ，他のほとんどの製造業に貢献をしており，主要な工業生産国のほとんどの国において，工業部門の第一位が化学工業となっている．実際，一国の経済状態が良好であるか否かを判断するには，その国の化学工業をみればよい，と経済学者の多くがいっているのである．これは，とりもなおさず，分析化学者の仕事が一国の経済にとって欠かすことのできないものであるということを意味している！

もしも，この本を手にしたあなたが学部の学生であり，将来就職したときに，化学の分野でとった学位をいかそうと思っているなら，分析に関した仕事に就く

確率が50%以上はあるはずである．化学者の多くは，意識して分析をしているわけではないかもしれないが，仕事の一部として分析を行っている．たとえば，合成化学者は，これまでに知られていない化合物を合成することがよくあるが，まず最初に行うのが，合成された化合物を分析することである．

人口が増加すればそれだけ，消費する工業製品の品質を検査し，環境にどのような影響があるのかを確かめるために，分析化学の需要がいっそう増すことは明らかである．

私たちが食べる食品の安全性は，食品に含まれる保存料や，生産過程で使用された殺虫剤，肥料などの化学物質によりひき起こされる多くの問題と密接に関連している．また，コレステロールの取り過ぎや，食物繊維の不足の問題，食品中のビタミンの含有量，さらにはアルコールの濃度などにも私たちは関心がある．私たちが自動車を買うときには，使用されている塗料に，ベンゼンの含量が少ないか，"許容量"であるものを要求するし，走行したときに環境に排出する一酸化炭素と二酸化炭素の量にも関心がある．世界の人口が増加し，未曽有の人口密集が起こったために，将来にかかわる決断を社会が行うときには，分析化学者に合理的に信頼できる情報を提供するように求めるようになることは当然であろう．

1.1.2 いつ，どこで分析化学は利用されているか

読者の多くは，分析化学というと，芸術の域にまで達した質量分析法や，高速液体クロマトグラフィー，赤外分光法のような，ハイテクの分析機器を使用したものを思い浮かべるかもしれない．あるいは，そうではなくて，学校の実験室で習った基礎的な滴定や，各種の試験紙を用いてたった1滴の試料で物質の有無を試験する方法(spot test)を思い出す人もいるだろう．たとえば，pHメーターでpHを測定したり，もっと簡単にリトマス紙で酸性かどうかを調べたり，分析用のはかりで質量を測定したりすることなどは，精密な分析を行う前に，まず思いついた分析法としてよく使われるものであって，基礎的な滴定から最新の機器分析法までの，どのような分析法も，それら一つ一つが現代の化学者にとって武器庫に並んだ武器のような役割をしているのである．ただ，分析を行うには，簡単な方法ほどよいということを記憶しておくとよい．分析の対象の<u>全体</u>を見るということが重要である．

化学センサーは，一般の人でも分析ができるようなきわめて簡単な分析法を開発しようとしてきた時代の流れを反映しているものである．車に乗れば，排気ガスの出口に設置されたCOガスセンサーによって，法律で規制されたCO濃度を超えていないか，いつでも排気ガスのテストをしていることになる．あるいは，糖尿病の患者さんたちは，電気化学的なセンサーを使って血中のグルコース濃度をモニターし，つぎの食事までの間にインスリンを使う量を決めている．環境化学や環境汚染問題に人々の関心がこれまで以上に注がれるようになって，自動測定装置は，さらに広範に使用されるようになった．たとえば，天気予報にも，"空気の質"に関する情報が含まれることが多くなった．この天気予報に利用される空気の質を調べているのも分析化学者である．

ここで述べたことで，つぎの二つのことが明らかになったと思う．第一に，私たちの生活のほとんどすべての場面に分析化学がかかわっていて，対象となる物質が何であれ，測定に関して分析化学者に依存する割合が増加しているということである．第二に，分析化学は，時代の要請が変化するとともに移り変わるものである．したがって，分析化学は，文字通りダイナミックな学問分野であって，幅広い領域にわたる多大な研究努力が分析化学に注がれているのである．

1.2 データのもつ性質

一般的にいって，化学分析には二つの段階がある．**データ収集**(data collection)と**データ解析**(data analysis)である．別な言葉でいえば，情報の収集と，集めた情報が何を語るかを解析することである．おおまかな分類であるが，データには二つの形式があって，**定性的**(qualitative)なデータと**定量的**(quantitative)なデータに分けて考えることができる．データの形式と同じく，それらのデータを解析すれば，それぞれ，定性的な結果と定量的な結果が得られる．

定性分析(qualitative analysis)からは，あるかないか，あるいは○か×かというタイプのデータが得られる．つまり，**目的物質**(analyte：分析されるべき物質)が試料中に存在するか否かがわかるのであって，その物質がどれだけの<u>量</u>含まれているのかを実際に測定しているわけではない．家庭でできる妊娠反応の検

査は，定性分析の良い例である．この検査の結果は，妊娠の状態にある（＋）ないか（－）を示しているだけである．

定量分析（quantitative analysis）は，目的とする物質があるかないかというだけでなく，試料の中に<u>どのくらいの量があるのか</u>を測定するものである．水溶液のpHを測定するのは，水素イオンの濃度を測定しているので，定量分析の例である．この場合，pHの値は0〜14の間になる．

定量的なデータは，普通は本質的に数値として示される．もちろん，目的物質の有無を示す記号（＋, －）に，量の多寡を示す表示を組合わせても，多くの情報を提供できる．数値化されたデータを示すときには，単位も正確に示すことが最も重要である．単位の重要性は見過ごされることが多いので注意してほしい．定性的な○か×というデータや，あるかないかというデータも統計では数学的な処理をすることができる．したがって，基礎的なレベルの分析であっても，データをまとめるときには数学的な処理をしなければならない．

1.2.1 データの限界

定性分析でも，定量分析でも，データの解析には限界がある．定性分析では，物質が存在していても，ある濃度以下になると，もはやその方法では検出することができなくなる<u>しきい値</u>（threshold）がある．たとえば妊娠反応の検査にしても，妊娠のきわめて初期の段階で検査しても，尿中に排出される**ヒト絨毛性ゴナドトロピン**（human chorionic gonadotropin, hCG）の濃度が低すぎて試験紙の発色が起こらないために偽陰性の結果になると思われる．それゆえ，妊娠しているにもかかわらず，妊娠反応検査の結果が陰性（－）にでると，母親には妊娠していないという誤った結果を与えてしまう．この例で大事なことは，<u>定性分析においても，検出できる濃度の下限が存在する</u>ということであり，その濃度よりも低い濃度では，目的成分が存在するか否かということに誤った結果を出すことがあることに注意しなければならない．

定量分析のデータでも，データが絶対に正確であるということはありえない．どのようなデータにも，ある程度の誤差が含まれている．たとえば，2台のpHメーターを用いてpHを測定しても，いつも2台ともに必ずしも一致した値になるとは限らないし，2台の電子てんびんで同じ量をはかりとっても，物質の量が必ずしも等しいという保証はない．定量的なデータを取扱うときには，**誤差の限界**が定められていなければならない．このように，一つのデータ，あるいはひとまとまりのデータには，測定方法によってあらかじめ予想できる誤差の限界が明示されなければならないのである．この誤差の限界は範囲として，たとえば，水道水の原水には100±10 ppm（parts per million）の鉛が含まれている，というように表示される．この表示であれば，鉛イオンの濃度は，最低90 ppmから最高110 ppmの濃度範囲内にあることが決まる．このように誤差の範囲が示された情報は，1回の分析結果が，<u>正しく</u>，かつ最も適切であるかを確かめるのにきわめて有用であることが多い．誤差の限界を決定することに関しては，第2章でさらに述べる．

1.3 定性分析と定量分析のどちらを選択すべきか

分析化学の測定を行うときには，必ず目的があるはずである．このことは一見明らかにみえて，実は忘れられがちなことである．毎年，世界中で実施される試験の少なくとも10%はしなくてもよかったものだと推定されている．経済的な損失（この本を書いている時点で，その額は工業国のGNPのおよそ5%には達するであろう）は別にしても，浪費される労力と資源は莫大なものになることは明らかである．<u>なぜその試験をしなければならないのか</u>という，分析の目的を明確にする努力が欠如しているのである．また，その試験を行うことによってどのくらい有用な情報が得られるのか，ということも考えられてはいない．

試験を行った結果得られる情報を最後に受け取るのはだれか，また，何の情報が実際に必要なのかということ，すなわち，その試験はなぜ行わなければならないのか，それによってどのような有意義な目的が達せられるのか，ということを常に考えなければならないことは明白である．どんな事業にしろ，ある事業が失敗するときの理由は，最初の計画がしっかりしていないからで，これは化学分析を行うときにも当てはまる．**分析を行うときには，注意深く，適正な計画を立てることが重要である．**

定性的な分析結果だけが得られればよいということも多い．たとえば，ある汚染物質が許容できるしきい

値以上に含まれているのかいないのかだけが知りたくて，その量を知る必要がない場合がある．また，目的物質があるかないかによってその後の操作を分ける目的で，最初に定性分析を行うこともよくある．この場合，もしも結果が陽性であったときには，**定量**を行うためにさらに複雑な分析操作をすることになる．

水溶液に不純物として鉛が含まれている試料の分析を例にするとわかりやすい．ヨウ化鉛試験（第3章参照）によって，鉛がおよそ $0.2\,\mathrm{g\,dm^{-3}}$ 以上の濃度で含まれているかどうかを判定することができる．

この試験操作は，たとえば川辺でも，簡単な実験器具を用いて容易に実施できる湿式の化学反応である．川の水がこの試験で陽性であった場合，分析者はつぎには，どのくらいの量の鉛が川の水に含まれているのかを知りたいと思うであろう．

そこでつぎに，定量分析をする目的で，鉛-ジチゾン試験法を用いることがある．この試験法は，試料に含まれている鉛イオンの濃度に依存して発色する反応で，鉛の濃度が高いほど液の赤い色が濃くなるものである．鉛-ジチゾン錯体の赤い色の濃さは，分光光度計を用いて測定でき，鉛を実際に**定量**できる．（溶液の色は試料に含まれる鉛の量に比例するので，色の濃さがすなわち，鉛の量を示す．）このような分析法については第5章と第6章で述べる．この鉛の例では，他の重金属イオンが共存する場合には，**誤った**，あるいは不正確な結果になることがある．もしも，鉛に対して特異的な分析法が必要な場合，あるいは，より感度の高い測定法が必要なときは，原子吸光分析法を用いる（第7章参照）．

正しい分析とは，どのような場合であっても，最後に情報を必要としている人の要求に最も合致したものでなくてはならない．妊娠して母親になるかもしれない女性にとっては，妊娠反応検査をして，陽性または陰性の結果を知ることで十分であって，決してhCGの濃度が正確に求まるような試験法は必要ないであろう．同様に，環境汚染物質については法律で定められた規制値があるので，飲料水を市販する会社や水質を管理する水道局は，単に（汚染物質が含まれているかいないかといった）汚染物質の有無だけでなく，汚染物質があるときにはその実際の濃度が知りたいはずである．そして，この測定値こそが，その水が飲料水として提供できるだけの水質に保たれているかどうかを決めるものとなる．

1.4 データの取扱いと用語

データの取扱いにはたくさんの専門用語が出てくるので，それらの用語の定義を明確にして用い，混乱しないようにすることが大事である．

データ処理を行う前に，データの収集，実測値の転記に誤りがないか確認しなければならない．試料は，大量に存在する分析の対象から少量だけとられることが多く，採取された分析試料が溶液の場合，**部分標本試料**(aliquot)といわれる．

試験は通常，二つあるいはそれ以上の試料を用いて繰返して行われ，再現性があるか評価される．このように測定を繰返して行うことを**繰返し測定**(replicate measurements)という．**精度**(precision)は，全く同じ方法で2回，あるいはそれ以上の繰返し測定を行ったときの再現性の良さを示す用語である．精度を記述する方法はいくつかあるので，それについては第2章で述べる．

試料中にあって，分析されるべき物質を**目的物質**(analyte)という．また，試料中に含まれていて不正確な，あるいは誤った測定結果を与える物質を**妨害物質**(interferent)という．（重金属イオン濃度の分析を行う場合は，重金属イオンどうしが，元素の異なるイオンであっても，きわめてよく似た化学的な性質を示すために分析を妨害し，互いに妨害物質として作用することになる．）

目的物質が存在するかどうかを判定できる最低の濃度を**検出下限**(lower limit of detection)という．

試験法の**特異性**(specificity)とは，分析しようとしている目的物質だけに特異的に応答するかということを意味している．つまり，対象とする目的物質だけに反応する場合には，妨害物質は存在しないことになる．

試験法の**感度**(sensitivity)とは，きわめて近い二つの値がどのくらいの大きさまで二つの異なる値として読み取れて，しかも，その違いが区別できるか，ということを意味する．もしも，ある分析法が，鉛イオンに対して1 ppmの感度があるとすると，220 ppmと222 ppmの測定値は異なる値として区別できる．これとは対照的に，220.1 ppmと220.9 ppmという二つの鉛イオンの濃度の値が読み取れたとしても，これらの測定値を互いに異なる値として区別することは**できない**．データを記録するときは，検出感度以下の値

や，分析法や装置の正確さの限界を超えた値を書いてはいけない．実際，感度の限界を超えて小数点以下に書かれた不適切な数字は，無意味であるばかりでなく，誤りをひき起こす可能性がある．

正確さ(真度，accuracy)は，実測された値がいかに**真の値**に近いかということを示す語であるが，実際にはどのくらい正確かを決めることはきわめて難しい．分析方法の性質上，実験誤差が少なからず必ずあるという分析法の場合には，含量があらかじめ検定された標準物質(第2章参照)を用いて実験誤差の程度を推定することがしばしばある．

ひとたびデータが収集されたら，すべての測定点において繰返し測定が行われたデータであるかを確認する．また，用いた分析法によって注意すべき不確かさや，誤差の程度を推定できるような情報も十分に集める必要がある．このようにして初めて，用いた分析法による実験誤差を定量化することができるのである．

測定データは人間が目で観察し，手で書いたものが集められるか，機械によって自動的に記録されたものが集められる．分析機器の中には，データの収集と処理を自動で行うものもある(自動滴定装置については第3章参照)．現在は，コンピューターにデータを収納し，データの処理を行うことも行われるようになった．しかし，いずれにしても，データはその質と再現性を評価され，あるいは質を確保し再現性があるように取扱われなければならない．もちろん，データは，意味のあるように処理されなければならない．統計的な手法がデータの取扱いにはよく利用される．これについては，第2章で述べる．

1.5 分析データの質

分析結果の再現性と正確さは結果を利用する人にとって普通は最も重要なことである．飲酒運転の疑いがあって，血液中のアルコール濃度を測定するような場合，2箇所の分析室に分析を依頼して測定した結果が，同じ測定値で，しかもその値が正しいことが絶対に必要である．これと同じように，自動車の排気ガスの組成が，路上運転できる基準に適合しているかを試験する場合，測定値が法律で規制された許容範囲にあるかどうかは，どこの試験所の装置でも同じ結果がだせるようになっていなければならない．どのような試験であっても，実験誤差はかならずある(第2章参照)ので，得られたデータを信頼性の高い方法で検証できるならば，**分析結果の不確かさは明示されるべきである**．この測定結果の不確かさを判定する目的で，データは，なんらかの形式の**データバリデーション**(data validation：データが正しい方法で測定されたことの確認)の作業によって吟味され，評価される．このバリデーションの作業とデータの統計処理に多くの時間と労力とお金が費やされる．このバリデーションと統計処理の二つについては第2章で述べる．

異なる分析室から一致した分析結果を得ることはきわめて難しいことを示す研究がたくさんある．**情報量が乏しく，信頼できないデータは全く無用の長物である**．もしも，情報量の少ない測定結果に基づいて誤った決断をしてしまった場合には，とても不経済な結果となる．たとえば，製品に含まれる不純物が，実際には問題がない程度なのにもかかわらず，信頼できないような分析結果から，商品にはならないほど不純物が含まれていると工場長が信じてしまって，そのときの製品をすべて廃棄するようなことが起こるかもしれない．また，たとえば，正しくない病理検査結果に基づいて医者が適正でないような量の薬を投与してしまった場合には，誤った判断に基づく行動は危険でさえあって，この場合，まさに人命にかかわるものとなる．

1.5.1 分析化学者として
データを取扱えるようになるために

データの質を確保し，データが意味するものを正しく解釈することは，分析化学者であれば，だれにとってもとても大事なことである．データは本質的に数値として入手されるので，その扱いと解釈には簡単な統計処理をすることがある．数学や統計の話をすると元気がなくなるかもしれないが，データを数値として取扱うことによって，複雑な問題を明快にすることもできるし，データの数学的な取扱いは，まさに分析化学の核心となる課題である．統計処理も，ゆっくり，ていねいに行えば，データを取扱ういかなる場面であっても，数学の問題を解くほどの数学の力は決していらないのだ，ということに自信をもってもらえると思う．データの取扱いに関する技術は，分析化学を学ぶときに最初から必要となる．そこで，この本の第2章に数値データの統計的な取扱いについてまとめた．この章と第3章は統計的な手法を順を追って学ぶ助けに

なるように書いてある．決して統計的なデータの取扱いが，皆さんの精神的なショックにならないように，それどころか学ぶのが楽しくなるように，また，すっきりと理解できるように書いたつもりである．分析手段の助けをなんらかの形で借りることなく化学を学んだり，化学を利用することはできないので，学ぶ最初の段階から，分析化学の基礎をしっかり固めておくに越したことはない．自分なりのやり方で第2章とそこにある演習問題を学び終わるまでには，主要な数学的な手法を自在に使えるようになっており，その後のどの章にでてくるデータの取扱いもしっかりと把握できるはずである．

演習問題

1.1 現代の社会がいかに分析化学に依存しているかを皆で話し合ってみよう．

1.2 つぎの (i) および (ii) が，何を意味するのかを記し，例を二つずつ挙げなさい．
(i) 定性分析
(ii) 定量分析

1.3 "特異性"，"正確さ"，"感度"の違いを説明しなさい．

1.4 ある分析法の"検出下限"が何を意味するかを記し，感度との違いを説明しなさい．

1.5 繰返し測定とは何か説明しなさい．また，分析操作を行うときに，繰返し測定を行うことが望ましいのはなぜか，説明しなさい．

1.6 妨害物質とは何か説明しなさい．また，妨害物質は分析結果にどのように影響するかを述べなさい．具体例を2例挙げなさい．

1.7 データバリデーションとは何か説明し，どのようにしてバリデーションを行うかを述べなさい．

1.8 部分標本試料とは何か説明しなさい．

1.9 誤差の限界とは何か説明しなさい．

まとめ

1. 分析化学は試料の化学組成に関する情報が得られるようなすべての試験法に関する学問である．

2. 定性分析は，試料中に目的物質があるかないか，という情報を与える分析である．

3. 定量分析は，測定対象となる目的物質の濃度を決定する分析である．

4. すべてのデータには誤差が含まれている．そして通常は，統計的な手法によりこの誤差の大きさを推定できる．

5. 妨害物質は，これが存在していると，測定に誤った結果を与えると考えられる物質である．

6. 繰返し測定とは，同じ試料を何度も繰返して測定することである．

7. ある分析法の特異性とは，分析しようとする目的物質にどれだけ選択性よく（その目的物質だけを）測定できるか，ということである．

8. ある分析法の感度とは，二つの測定値が近いときに，なお，その値の違いを異なるものとすることができるか，ということである．

9. 分析結果の正確さとは，測定値が真の値にどれだけ近いか，ということである．

10. データバリデーションを行うことは，データを信頼できるものにするために必須である．

11. 注意をもって測定されなかったデータや，信頼できない方法で得られたデータは，使えないものとして棄てればまだよいが，最悪の場合には，そのデータを使うことによって，危険な結果を招いたり，費用がかさむことになる．

さらに学習したい人のために

Anald, S. C. and Kumar, R. (2002). *Dictionary of analytical chemistry*. Anmol Publications.

Kennedy, J. H. (1990). *Analytical chemistry practice*. Thomson Learning.

2 分析の品質保証と統計処理

この章で学ぶこと
- データの正しい有効数字での表し方
- データの広がりの意味
- 平均値と中央値(メジアン)の計算方法
- 実験誤差を標準偏差,分散,変動係数によって評価する方法
- 不確定誤差と確定誤差の違いとそれらがいかにして生じ,またどのようにして発見できるかを理解する
- 相対標準偏差と母標準偏差の計算方法
- 外れ値の意味
- Q検定あるいはT検定を用いて,データを外れ値として棄却するための信頼水準を計算する方法
- 最小二乗法を用いて直線近似する方法
- 認証標準物質とは何か,またそれらが分析法の認定に際してどのように用いられるかを理解する
- 品質管理図の使用法
- 逐次法あるいは標準添加法を用いて検量線を作成する方法

2.1 実験誤差について

すべてのデータには,ある程度の不確かさや不正確さ,すなわち誤差が含まれている.それらの誤差を説明するために,あるいは,その誤差が容認できないならそのデータを破棄して測定しなおす判断をするために,誤差の大きさを推定することが必ず必要となる.

信頼性が不明なデータは,よくて役に立たず,悪ければ重要な問題に間違った解答を与えることを決して忘れてはならない.誤差すなわち不正確さの大きさについては,推定することしかできないが,誤差の原因に関して考察でき,それを出発点にして何段階かの検討を踏めば,問題点を説明し,場合によってはそれを克服することもできる.

誤差を定量的に取扱うための主要な方法は,簡単な統計学の上に成り立っている.そのため,まず,実験データを取扱うためのいくつかの簡単な定義と方法を学ぶ.そののち,具体的な例を用いて誤差の原因について考察する.

2.2 有効数字と数値データの報告

(a) 数値データを報告する,あるいは (b) その数値データから計算された値を引用する場合には,つねに守るべき規則がいくつかある.

データは正しい有効数字で収集されなければならない.有効数字は,確実に決定される桁に推定できる桁をもう一つ加えたものである.

> 注 計算の途中の段階では,どのような桁の数を用いてもよい.しかし,最終的な数値は,再び正しい有効数字で表さなければならない.その桁数は,計算の中で使われる数値の中で最も少ない有効数字の桁数と同じである.

> **例題 2.1** たとえば,ビュレットの読みとして $23.76\ cm^3$ が報告されたとする.23.7はビュレットの目盛りから直接読み取ることができる.最後の桁の .6 は目視から推定する.この場合,ビュレットの読みは,4桁の有効数字として表現される.

2.3 繰返し測定

よい化学者は,どのように注意深く分析しようとも,すべてのデータ(data set)に誤差が含まれていることを常に認識している.それゆえ,その分析試験が,正しく有用な値を与えるということについての確証を得るために,可能ならば数回分析を行う.もしも,一つまたはいくつかの分析値が,他のデータと比較すると疑わしい値と思われるならば,それら疑わしい値を棄却してしまう前に,さらに分析を行って分析値を得たほうがよい.この場合,それらの疑わしい値は,その分析において,不正確な分析値を与える原因をあぶりだすのに役にたつと思われる.もしも,その

データにおいて，個々の測定値どうしの相関がほとんどなく広く分散しているならば，その分析法全体の有用性に疑問符がつくであろう．それぞれの場合において，データを考察することは大変役に立つ．

複数の測定値を得ることは，**繰返し測定**(replicate measurements)とよばれる．また，データの質や信頼性を監視するために設計された作業手順が**品質保証法**(quality assurance technique)とよばれる．

2.4 データの広がり，平均値，中央値
2.4.1 データの広がり

データの**広がり**(**範囲**)は，1組のすべての測定値についての最小値と最大値の差である．個々のデータをまず大きさの順番に並べ，最大のものから最小のものを引くことにより求める．

例題 2.2 水溶液中の鉛の濃度〔単位 ppm Pb^{2+}〕を7回繰返して測定した．データの広がり（範囲）を求めなさい．
(a) 20.1　(b) 19.5　(c) 20.3　(d) 19.7
(e) 20.0　(f) 19.4　(g) 19.6

[**解法**]　データの広がりは，最小値と最大値の差を表す．最大値は 20.3 ppm Pb^{2+} であり，最小値は 19.4 ppm Pb^{2+} である．

それゆえ，データの広がりは，20.3 ppm Pb^{2+} − 19.4 ppm Pb^{2+} = 0.9 ppm Pb^{2+} である．

2.4.2 平均値

1組の繰返し測定値の**平均**(mean)は，**相加平均**(**算術平均**，arithmetic mean または average)ともよばれる．

データの平均値はすべての測定値の和を測定回数で割った値である．

文字 N は，通常，全データ数，すなわち繰返して測定した数を表す．

i は個々のデータを特定するための番号（下付き添字で表される）で，$i=1$ から $i=N$ の範囲の値をとる．たとえば，五つの測定値がある場合は，$i=1, 2, 3, 4, 5$ の値をとる．ギリシャ文字の大文字のシグマ Σ は，いくつかのデータの和を表す．Σ には下付き文字と上付き文字が付随し，それぞれ，加算されるべき最初のデータの番号と最後のデータの番号を表す．

それゆえ，$\sum_{i=1}^{N}$ は，1番目から N 番目のデータまでが加算されることを意味している．データには，通常複数の測定値が含まれる．そのため，混乱を防ぐために個々の測定値には番号がふられる．データ x を加算する場合，$\sum_{i=1}^{N} x_i$ と書き，これは1番目から N 番目までのすべての測定値が加算されることを意味する．

1組のデータ (x) の平均値 $\bar{x}$ は，以下のように表される．

$$\bar{x} = \frac{\sum_{i=1}^{N} x_i}{N} \tag{2.1}$$

例題 2.3　例題2.2のデータ〔単位 ppm Pb^{2+}〕を考えると
(a) 20.1　(b) 19.5　(c) 20.3　(d) 19.7
(e) 20.0　(f) 19.4　(g) 19.6
$\sum_{i=1}^{N} x_i$ は以下のように計算される．

ステップ 1
$\sum_{i=1}^{N} x_i = 20.1 + 19.5 + 20.3 + 19.7 + 20.0 + 19.4 + 19.6$
$= 138.6 \text{ ppm}$

ステップ 2
$$\sum_{i=1}^{N} x_i = 138.6$$

$N=7$ なので

$$\bar{x} = \frac{\sum_{i=1}^{N} x_i}{N}$$

$$\bar{x} = \frac{138.6}{7}$$

$$\bar{x} = 19.8 \text{ ppm } Pb^{2+}$$

注意　結果は ppm Pb^{2+} の単位で表される．すなわち，元のデータと同じ単位が用いられる．また，データは元のデータと同じ数の有効数字で書かなくてはならない（§2.2参照）．小数点以下，有効数字の桁数を超えて書くのは意味がない．特に，データの質や信頼性に関する計算を行うときは特に気をつけなければならない．

2.4.3 中央値

データが奇数個の測定値を含んでいるときは，**中央値**(**メディアン**，median)は，測定値を大きさの順に並べたときに中央に位置する測定値を意味する．

一方，データが偶数個の測定値からなる場合は，測定値を大きさの順に並べたときに中央に位置する二つの測定値の平均値を中央値とする．

例題 2.4 例題2.2のデータ〔単位 ppm Pb^{2+}〕の中央値を求めなさい．
(a) 20.1 (b) 19.5 (c) 20.3 (d) 19.7
(e) 20.0 (f) 19.4 (g) 19.6

ステップ 1 測定値を大きさの順に並べる．
(a) 19.4
(b) 19.5
(c) 19.6
(d) 19.7
(e) 20.0
(f) 20.1
(g) 20.3

大きさが中央の値は 19.7 ppm Pb^{2+} であり，この場合，中央値＝19.7 ppm Pb^{2+} である．

もしも，データが偶数個の測定値からなるならば，もう1ステップが必要である．

例題 2.5 以下のデータ〔単位 ppm Pb^{2+}〕の中央値を求めなさい．以下のデータは，例題2.2と同じであるが，測定値がもう一つ加わっている．8個，すなわち，偶数の測定値から成っている．
(a) 20.1 (b) 19.5 (c) 20.3 (d) 19.7
(e) 20.0 (f) 19.4 (g) 19.6 (h) 19.9

〔解法〕
1) 測定値を大きさの順に並べる．
2) 測定値の中央に位置する二つの値の平均をとる．

ステップ 1 測定値を大きさの順に並べる
(a) 19.4
(b) 19.5
(c) 19.6
(d) <u>19.7</u>
(e) <u>19.9</u>
(f) 20.0
(g) 20.1
(h) 20.3

ステップ 2 測定値の中央に位置する二つの値の平均をとる．下線をひいた二つの測定値がデータの中央に位置している．これら二つの値の和を計算し，それを2で割ることにより平均値が求められる．したがって，データの中央値は

19.7 と 19.9 の平均値 $\bar{x} = \dfrac{19.7 + 19.9}{2}$ ppm

中央値＝19.8 ppm Pb^{2+}

2.5 実験誤差の定量化

精度(precision)と**正確さ**(accuracy)は，しばしば混乱をひき起こす概念である．**精度**は，測定結果の再現性を表す．言い換えれば，繰返し測定された個々の結果がどれだけ互いに近い値をとるかを表す．それゆえ，再現性，すなわちデータの**精度**は，測定値の広がりを検討することにより得られる．

データの精度は，以下によって評価される
1) 標準偏差(standard deviation)
2) 相対標準偏差(relative standard deviation；変動係数(coefficient of variance)ともいわれる)
3) 分散(variance)

これらそれぞれの項はデータの広がりについての関数であり，この章において順番に考察する．

一方，**正確さ**は，真の値(または真の値として受け入れられている値)にどれだけ近いかを表す概念である．もちろん，データの正確さを正確に決定することはできない．なぜなら，正確さの概念は，真の値が絶対的な確実性をもってすでに求められているとの仮定に基づいており，これは実際には不可能であるからである*．

データの正確さは，測定値の誤差という言葉で表現される．

2.5.1 絶対誤差

データの**絶対誤差**(absolute error, E_A)は，実際の測定値，x_i と真の値(または真の値として受け入れられている値)の差である．すなわち，真の値を x_t とす

---

* 訳注：最近，実験データの評価のために使用される用語の定義が国際的に変更されているが，本書では以前の定義に従っている．最新の定義とこれまでの定義のおもな違いは以下のとおりである．
これまで "正確さ(accuracy)"(本書の定義)で表されていた概念には "真度(trueness)" を用いる．"accuracy" は精度と真度の両者を考慮してデータの質を総合的に評価する概念として用い，訳語としては "精確さ" を用いる．

ると、
$$E_A = x_i - x_t \tag{2.2}$$
である。

真の値 x_t を決定することはもちろん、合理的に推定することさえも非常に難しい。このため、絶対誤差を使用することには困難が伴う。

2.5.2 相対誤差

相対誤差(relative error, E_r)は真の値に対する相対的な誤差を表す。そのため、絶対誤差をそのまま用いるよりも役に立つことが多い。

相対誤差は、通常、真の値に対する百分率(%)、あるいは千分率(‰)として表される。

相対誤差が百分率で表される場合、E_r は式(2.3)で計算される。

$$E_r = \frac{x_i - x_t}{x_t} \times 100\% \tag{2.3}$$

同様に、相対誤差が千分率で表されるときは、E_r は式(2.4)で計算される。

$$E_r = \frac{x_i - x_t}{x_t} \times 1000‰ \tag{2.4}$$

例題 2.6 鉄の定量において、その真の値が 110 ppm Fe であったとき、測定値として 115 ppm Fe が得られた。このときの相対誤差を百分率(%)で計算しなさい。

[**解法**] 真の値を x_t、測定値を x_i として、相対誤差(%)を計算する。

ステップ 1 $x_t = 110$ ppm Fe, $x_i = 115$ ppm Fe.

ステップ 2 相対誤差(%)は
$$E_r = \frac{115 - 110}{110} \times 100\%$$
$$E_r = \frac{5}{110} \times 100\%$$
$$E_r = 4.5\%$$

測定値が真の値よりも小さいときは、E_r の値は負の値をとる。負の値は、測定値が真の値よりも小さいことを意味する。E_r が正の値をとる場合は、測定値が真の値よりも大きいことを意味している。

例題 2.7 例題 2.6 と同じデータ、すなわち、鉄の定量において、その真の値が 110 ppm Fe であったときに、測定値として 115 ppm Fe が得られた場合について、千分率で表した相対誤差を計算しなさい。

[**解法**] 真の値を x_t、測定値を x_i として、千分率での相対誤差を計算する。

ステップ 1 $x_t = 110$ ppm Fe, $x_i = 115$ ppm Fe.

ステップ 2 千分率の相対誤差は
$$E_r = \frac{115 - 100}{110} \times 1000‰$$
$$= \frac{5}{110} \times 1000‰$$
$$= 45‰$$

正確さと精度の違いを、異なる射撃手が的を撃つ場合を例にして視覚的に考えてみよう。熟練した射撃手がしっかりと的を狙った場合には、図2.1(a)のように、的の中心を次々に射当てることができるだろう。この場合は優れた精度と正確さをもった分析操作に相当する。

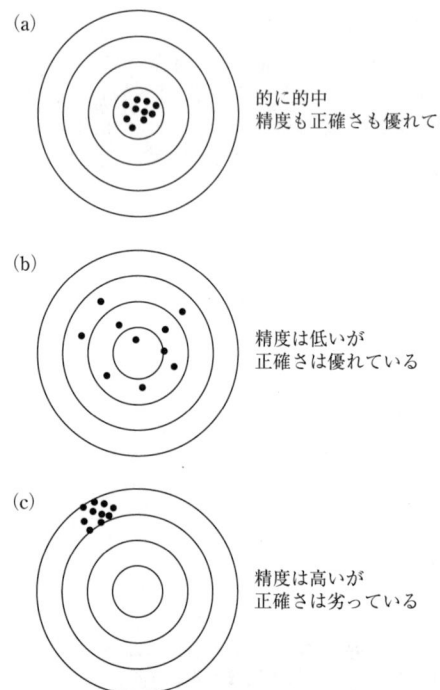

図 2.1 射撃の的で精度と正確さの概念を表す

同様に，素人の射撃手が的を撃つ場合は，図2.1(b)のように，経験不足のゆえに弾は的の中心のまわりにかなり散らばるだろう．これは精度が低い分析操作に相当する．

しかしながら，熟練した射撃手でも，照準のずれた銃で撃ったなら，的の中心を撃つことはできない．射撃手の技量により，すべての弾が狭い範囲内を射抜くことは間違いないが，その場所は的の中心からずれてしまうだろう．図2.1(c)のように，この場合は，精度は高いが正確さは劣っている分析操作に相当する．

2.6 確定誤差，不確定誤差，大きな誤り

どのように注意深く測定しても，測定値は誤差をいくらかは含んでいる．誤差は，その由来から**確定誤差**と**不確定誤差**のいずれかに分類される．

不確定誤差(indeterminate error)は，平均値のまわりのランダムなばらつきをひき起こす誤差である．不確定誤差はそのため**ランダム誤差**(random error)ともよばれる．この種の誤差は，通常，原因を究明したり除いたりすることが容易にはできない複数の原因の結果として起こる予測不可能なゆらぎと関連している．この誤差は，精度の低下の原因となる．

一方，**確定誤差**(determinate error；**系統誤差**(systematic error)ともいわれる)は，すべてのデータを一方向に移動させる．したがって，その結果，通常，測定値はすべて低すぎるか，高すぎる値になってしまう．この種の誤差は，正確さの低下の原因となる．

大きな誤り(gross error)として知られている第3種の誤差も起こりうる．この種の誤差は，通常，大変大きく，分析操作自体の問題によってひき起こされるときに生じる．したがって，測定値は無意味になる．大きな誤りは，それ以外のデータが影響を受けないように，場合により棄却される**外れ値**(outlier；異常値ともいう)となる．

不確定誤差，確定誤差，大きな誤りの影響を，図2.2に示す．図2.2(a)は，不確定誤差の影響を示している．この場合，通常，真値に近い平均値のまわりに分布する測定値が得られる．何度か繰返し測定をして平均値を取ると，この種の誤差の影響を最小限とすることができる．不確定誤差の絶対的な大きさは，測定値の大きさに依存することが多いが，常にそうであるとは限らない．

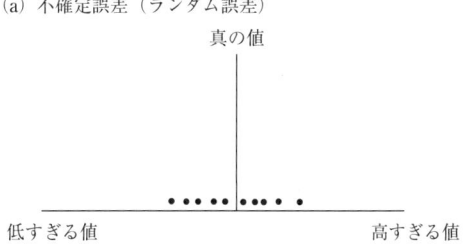

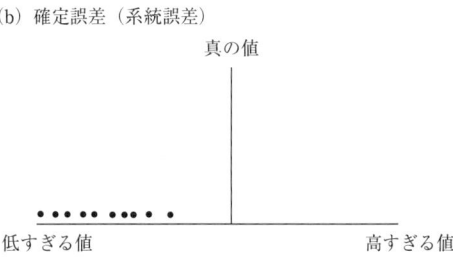

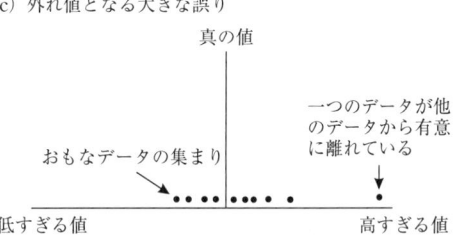

図 2.2 不確定誤差，確定誤差，大きな誤りの影響

一方，図2.2(b)には，確定誤差の影響を示す．この場合，すべての分析値は一方向に同じ量だけ移動する．そのため，データがより小さな値をとるほど，データの相対誤差が増加するので，確定誤差がより重要となる．

大きな誤りは，通常，一つのデータが他の残りのデータから有意に離れて存在するような場合の原因となるため，図2.2(c)のように，しばしば容易に見つけ出すことができる．

2.7 不確定誤差の原因

不確定誤差，すなわちランダム誤差は，多くの小さな予測不可能な変動により生じる．誤差の要因は，測定者の違いによる誤差(human error)，温度による変動，使用する試薬の品質のわずかな差などである．時にランダムに測定値を低くしたり高くしたりする誤差の要因が複数存在するので，データは真の値のまわりに分散する．ある場合には，複数の不確定誤差が重

なって測定値を高くしてしまうことがある。また，ある場合には，個々の測定ポイントにおいて，測定値を低くしたりすることもある。さらには，別の異なる要因により，お互いの効果が相殺されて，正味の効果が無視できる場合もありうる。

不確定誤差の性質や大きさはその由来からランダムであるので，これらの誤差が合算された最終的な効果により，データはガウス分布となる。(ガウス分布は，§2.9でより詳しく取扱う。)

2.8 確定誤差の原因

確定誤差すなわち系統誤差は，すべての分析値を一方向に移動させる。そしてその誤差の大きさは，測定値間でほとんど同じである場合が多い。また，こうした誤差は測定を行うたびに生じる。このような誤差がどのようにして発生するかは，比較的容易に理解することができる。分析用上皿てんびんを使って重さをはかるとき，最初の測定のときにゼロあわせや風袋を差し引く操作をしなかったとし，たとえば，上皿の上に何も置かれていないときに0.5gの値を示すとする。続いて測定した試料の本当の質量は，てんびんに記録された値より0.5gずつ少ないことになる。さらにこの場合，試料の量が少ないほど，この誤差の影響が大きくなることは明らかである。

確定誤差の要因のおもなものとして以下の三つが知られている。

    1) 装置誤差　2) 方法誤差　3) 個人誤差

2.8.1 装置誤差

この種の誤差は，たとえば，装置の維持管理が不適当であること，標準物質による校正を行っていないこと，などによって生じる。

2.8.2 方法誤差

この誤差は，実際の方法が根本的に正しくないか，あるいは間違って実行されることによって生じる。たとえば，ガラスのホールピペットの先にひびが入っていて，正しくは少量の滴定液がピペットの先端に残るべきであるのに残らないとしてみよう。ピペットは，この少量の溶液が残るときに正しい表示の容積を与えるよう校正されているので，溶液が残らないときはすべての滴定の終点は同じ値だけずれることになる。同様に，学生がピペットを強く振ってピペットから最後の1滴まで出してしまえば，やはり，滴定の終点はずれてしまう。

2.8.3 個人誤差

個人誤差は，その名前からわかるように，たいてい個人の判断における誤差に起因する。分析においては，しばしば個人の判断が必要である。たとえば，目視で滴定の終点を検出する場合には，目盛り上で終点の位置を読み取る必要がある。たとえば，終点が目盛りの間にあるとき，つねに繰上げたりあるいは繰下げてその目盛りを読み取る傾向をもつ人もいるだろう。こうした誤差を除くことは容易ではない。なぜなら，人間は，除くべく努力すべきではあるが，常にこうした癖を本来的にもっているからである。また，実際の実験を行う前に，結果は"こうあるべきである"という先入観をもってしまうこともよく起こる。この種の誤差をひき起こさないように努めることは大変重要である。

2.9 標準偏差

不確定誤差すなわちランダム誤差は，通常簡単な統計的手法により取扱うことができる。つぎの数節で取扱う手法のほとんどは，データに影響を与える不確定な変数が**正規分布**(normal distribution)すなわち**ガウス分布**(Gaussian distribution)をしているとの仮定に基づいている。データの統計解析により，精度すなわち繰返し測定の再現性の評価のための指標が得られる。

標本標準偏差(sample standard deviation)はデータ数が10以下のときに用いられる。また**母標準偏差**(population standard deviations)はデータ数が10以上のときに用いられる*。

---

  * 訳注：母標準偏差は，個々のデータ数 N が無限大の場合，すなわち，母集団の真の標準偏差(σ)を意味する。母標準偏差を求めることは，本質的に不可能であるので，標本標準偏差 s を用いて σ を推定することになる。N が10(他書では30との記述がある場合もある)以上の場合は，両者は，ほとんど差がないと考えることができる。

標準偏差は，もとの測定値と同じ単位をもつ．たとえば，鉛の測定値がppmで表されるなら，標準偏差もppmで表される．標準偏差は平均値のまわりのデータの分布を表す概念であり，標準偏差の値が大きいことはデータのばらつき（広がり）が大きいことを意味する．

もしもデータがガウス分布に従うならば，データの68.3%は平均値±標準偏差の範囲内に，またデータの95.5%は平均値±2×標準偏差の範囲内に，さらに99.7%は平均値±3×標準偏差の範囲内に存在する．

> **注** 正規（ガウス）分布するデータは，平均値のまわりに特徴的な形状の分布を示す．データがガウス分布に従うならば，データの68.3%は平均値±標準偏差の範囲内に，またデータの95.5%は平均値±2×標準偏差の範囲内に，さらに99.7%は平均値±3×標準偏差の範囲内に存在する．

2.9.1 標本標準偏差

標本標準偏差(sample standard deviation, s)は，繰返し測定によるデータの平均値のまわりのデータの広がりを表す．

1組のデータに対する標本標準偏差は，式(2.5)で表され，データ数が10以下の場合の標準偏差の計算に用いられる．

$$s = \sqrt{\frac{\sum_{i=1}^{N}(x_i - \bar{x})^2}{N-1}} \quad (2.5)$$

式(2.5)を変形すると，式(2.6)が得られるが，この式を使うと標準偏差の計算が大変簡単になる．

$$s = \sqrt{\frac{\sum_{i=1}^{N} x_i^2 - \frac{\left(\sum_{i=1}^{N} x_i\right)^2}{N}}{N-1}} \quad (2.6)$$

> **例題 2.8** 河川水中の鉛濃度を繰返し測定し，以下のようなデータ〔単位 ppm Pb^{2+}〕を得た．これらのデータの標本標準偏差を計算しなさい．
> (a) 19.4　(b) 20.6　(c) 18.7　(d) 19.2
> (e) 21.6　(f) 18.9　(g) 19.9
>
> 〔**解法**〕それぞれの項を別々に計算して，標準偏差を計算する．
>
> **ステップ 1** $\sum_{i=1}^{N} x_i^2$ を計算する．
>
> $\sum_{i=1}^{N} x_i^2 = (19.4)^2 + (20.6)^2 + (18.7)^2 + (19.2)^2$
> $\qquad + (21.6)^2 + (18.9)^2 + (19.9)^2$
> $= 376.36 + 424.36 + 349.69 + 368.64$
> $\qquad + 465.56 + 357.21 + 396.01$
> $= 2738.83$
>
> | x_i | x_i^2 |
> |---|---|
> | 19.4 | 376.36 |
> | 20.6 | 424.36 |
> | 18.7 | 349.69 |
> | 19.2 | 368.64 |
> | 21.6 | 466.56 |
> | 18.9 | 357.21 |
> | 19.9 | 396.01 |
> | 計 138.3 | 2738.83 |
>
> **ステップ 2** $\left(\sum_{i=1}^{N} x_i\right)^2$ を計算する．
>
> $\left(\sum_{i=1}^{N} x_i\right)^2$
> $= (19.4 + 20.6 + 18.7 + 19.2 + 21.6 + 18.9 + 19.9)^2$
> $= (138.3)^2 = 19126.89$
>
> 七つの測定値があるので，$N = 7$．そこで，
>
> $s = \sqrt{\dfrac{2738.83 - 19126.89/7}{7-1}}$
> $ = \sqrt{\dfrac{2738.83 - 2732.41}{6}}$
> $ = 1.03$ ppm Pb^{2+}
>
> **注意** 標準偏差 s の単位は，測定値の単位と同じ．

2.9.2 母標準偏差

データ数が多いとき（普通，>10），標準偏差を表す式は式(2.7)のように少し変化する．

$$\sigma = \sqrt{\frac{\sum_{i=1}^{N} x_i^2 - \frac{\left(\sum_{i=1}^{N} x_i\right)^2}{N}}{N}} \quad (2.7)$$

ここでσはデータ数が多いときの標準偏差を表すのに用いられ，**母標準偏差**(population standard deviation)とよばれる．

式(2.5)と式(2.6)の分母の$(N-1)$が式(2.7)ではNに置き換わっていて，**一つ余分な自由度**が付加されていることに注意しよう．これら二つの式は本質的には同じ意味をもつ量を表している（すなわち，繰返し測定のばらつきの尺度である）ことを強調しておく．しかし，実際上は，母標準偏差を用いるには多くのデータ数が必要であるので，多くの場合，10回以上測定を繰返すことはせず，式(2.6)を母標準偏差σを推定するために用いている．

2.10 相対標準偏差

誤差が，相対誤差として表されるのと同様に，標準偏差も**相対標準偏差**(relative standard deviation, RSD)として表される場合がある．

RSD は，式(2.8)のように，標準偏差 s(あるいは σ)を測定値の平均値 $\bar{x}$ で割った値である．

$$\text{RSD} = \frac{s}{\bar{x}} \quad (2.8)$$

RSD が百分率(%)で表示される場合は，$\frac{s}{\bar{x}}$ に 100 を掛けて，式(2.9)となる．

$$\text{RSD} = \frac{s}{\bar{x}} \times 100\% \quad (2.9)$$

百分率表示の RSD は，しばしば**変動係数**(coefficient of variance, CV)とよばれる．

同様に，千分率で表示する場合は，$\frac{s}{\bar{x}}$ に 1000 を掛けて，式(2.10)となる．

$$\text{RSD} = \frac{s}{\bar{x}} \times 1000‰ \quad (2.10)$$

例題 2.9 例題 2.8 と同じ河川水中の鉛濃度の測定値〔単位 ppm Pb^{2+}〕について，相対標準偏差を計算しなさい．答えを百分率(%)と千分率(‰)で表しなさい．

 (a) 19.4 (b) 20.6 (c) 18.7 (d) 19.2
 (e) 21.6 (f) 18.9 (g) 19.9

〔解法〕
1) データに対して標準偏差 s を計算する．
2) データに対して平均値 $\bar{x}$ を計算する．
3) 百分率と千分率表示での相対標準偏差を計算する．

ステップ 1 $s = 1.03$ ppm Pb^{2+} (例題 2.8 から)
ステップ 2
平均 $\bar{x}$
$= \dfrac{19.4+20.6+18.7+19.2+21.6+18.9+19.9}{7}$
$= 19.8$ ppm Pb^{2+}

すなわち，$\dfrac{1.03}{19.8} \times 100\%$

したがって，RSD = 5.2%
　　千分率表示の RSD
　　　　 $= (1.03/19.8) \times 1000‰$
したがって，RSD = 52‰

2.11 分　散

分散(variance)は標準偏差の二乗である．

$$\text{分散} = s^2 \quad (\text{データ数}<10) \quad (2.11)$$

あるいは

$$\text{分散} = \sigma^2 \quad (\text{データ数}>10) \quad (2.12)$$

分散は，方法の再現性，すなわち精度を表す尺度として，ときどき標準偏差の代わりに用いられる．標準偏差 s は測定値と同じ単位をもっているが，分散はその二乗の単位をもつ．

例題 2.10 例題 2.8 の河川水中の鉛濃度の測定値について，分散を計算しなさい．

〔解法〕 標準偏差 $s = 1.03$ ppm を二乗する．すなわち，

　　　　分散 = 1.06 ppm^2

2.12 外れ値と信頼限界

データのうちで，一つの値だけが他のすべての値からかなり異なっている場合，それは大きな誤りの結果として生じた誤った値である可能性が高い．その場合，その値を残すか棄却するかの選択をする必要がある．誤った値を残してしまうと，データの平均値や標準偏差の値はその影響を受けて誤った値となってしまう．一方，もちろん，その疑わしい値が本当は有効であり，単に予測していなかっただけの可能性もある．すなわち，この場合，その分析法の精度は期待していたよりも実際は低かったということである．したがって，<u>有効なデータを棄却してしまうと，データに偏りが生じてしまうので，データを棄却する場合は十分に注意する必要がある</u>．

残念ながら，個々のデータを残すか棄却するかを正しく判断するための保証された方法というものは存在しない．しかし，疑わしいデータを棄却するための信頼限界を計算するために，統計的な検定法がいくつか知られている．それらの検定法すべてで，データ全体のばらつきがまず考慮される．中でも最もよく用いられるのは **Q 検定**(§2.13)と **T 検定**(§2.14)である．

2.13 Q 検 定

測定値の中に外れ値が存在していると疑われる場合, Q値とよばれる指標を計算し, それを表中の値と比較することにより, その値を棄却すべきか残すべきかを決定することができる. この方法は **Q検定** とよばれる. Q検定は, 常に絶対的に正しい答えを与える方法ではないが, データの棄却に関して信頼しうる一つの基準を提供する. $Q_{\exp}$ 値は, 式(2.13)により与えられる.

$$Q_{\exp} = \frac{d}{w}$$

$$= \frac{x_q - x_n}{x_h - x_l} \quad (2.13)$$

ここで, x_q は疑わしい測定値であり, x_n は, その疑わしい値に最も近い測定値である. x_h は測定値の中の最大値であり, x_l はその最小値である. すなわち, $(x_q - x_n)$ は, その疑わしい値とそれに最も近い測定値の差であり, $(x_h - x_l)$, すなわち w は, 測定値の **広がり(範囲)** を意味する.

$Q_{\exp}$ 値は表2.1に示す標準Q検定表の値と比較して判定する.

表 2.1 データ棄却判定のためのQ検定表

測定回数	信頼水準 90%	信頼水準 95%	信頼水準 99%
3	0.941	0.970	0.994
4	0.765	0.829	0.926
5	0.642	0.710	0.821
6	0.560	0.625	0.740
7	0.507	0.568	0.680
8	0.468	0.526	0.634
9	0.437	0.493	0.598
10	0.412	0.466	0.568

$Q_{\exp}$ 値は, その表中の同じ測定回数(データ数)の値と比較しなければならない. $Q_{\exp}$ 値が表中の値の信頼水準を示すいずれかの値よりも小さければ, その信頼水準で, その測定値を棄却することはできない. もしも $Q_{\exp}$ 値が, 表中の値よりも大きければ, その測定値は, 少なくとも表中に示されているその信頼水準で棄却できることになる. $Q_{\exp}$ は, しばしば表中の二つの値の中間の値をとる. このような場合, その測定値はその二つの値の示す信頼水準の中間の信頼水準で棄却されることになる.

> **例題 2.11** カールフィッシャー法(第3章参照)によりエタノール中の水分含量を測定し, 以下の値を得た.
> (a) 0.71%　(b) 0.65%　(c) 0.68%
> (d) 0.72%　(e) 0.91%
> Q検定を使えば, 測定値(e)はどの程度の信頼水準で棄却されるかを答えなさい.

[解法] $Q_{\exp}$ を計算し, 表2.1と比較する.

ステップ1

$x_q = 0.91\%$　疑わしい測定値
$x_n = 0.72\%$　それに最も近い値
$x_h = 0.91\%$　最大値
$x_l = 0.65\%$　最小値

ステップ2　$Q_{\exp}$ と表中の測定回数が5回に対応する値と比較する. 式(2.13)にそれぞれの値を代入し

$$Q_{\exp} = 0.73$$

5回測定の場合, 90%の信頼水準で棄却するためのQ値は0.642であり, 95%の信頼水準では0.710であり, 99%の信頼水準では0.821である. すなわち,

$Q_{\exp} = 0.73 > 0.710$　しかし　$Q_{\exp} < 0.821$

この結果より, この外れ値は, 95%より高く, しかし99%より低い信頼水準で棄却される.

2.14 T 検 定

外れ値として棄却できるかどうかを評価する他の方法として, 米国試験・材料協会(American Society for Testing Materials, ASTM)の T_n 検定が知られている. この方法は単にT検定ともいわれる.

この方法においても, T_n 値とよばれる指標が, 式(2.14)によって計算される.

$$T_n = \frac{x_q - \bar{x}_n}{s} \quad (2.14)$$

ここで, x_q は評価すべき疑わしい値で, $\bar{x}_n$ は平均値である.

ここでも T_n 値は表2.2の同じ測定回数(データ数)の値と比較する.

> **注**　T検定とt分布表(§2.15)を用いる信頼限界の決定とを混乱しないように注意する必要がある. これらは異なる統計的手法である.

表 2.2 データ棄却判定のための T 検定表

測定回数	信頼水準 95%	信頼水準 97.7%	信頼水準 99%
3	1.15	1.16	1.17
4	1.46	1.48	1.49
5	1.67	1.71	1.75
6	1.82	1.89	1.84
7	1.94	2.02	2.10
8	2.03	2.13	2.22
9	2.11	2.21	2.52
10	2.18	2.29	2.41

例題 2.12 例題 2.11 の有機溶媒中の水分含量の繰返し測定値について, T_n データ(e)が, どの信頼水準で棄却されるかを答えなさい.
 (a) 0.71%   (b) 0.65%   (c) 0.68%
 (d) 0.72%   (e) 0.91%

［解法］
1) まず, 測定値について標準偏差 s を計算する.
2) 平均値を計算する.
3) T 値を計算して, T_n 検定表と比較する.

ステップ 1 $s = 0.10\%$

ステップ 2 $\bar{x} = 0.73\%$

ステップ 3

$$T_n = \frac{0.91 - 0.73}{0.1} = 1.8 \text{ （5 回測定）}$$

1.8 は T 検定表の 5 回測定に対するどの信頼水準の値よりも大きいので, このデータは, 99% 以上の信頼水準で外れ値として棄却することができる.

2.15 信頼限界

信頼限界(confidence limits)は, 真の平均値(母集団の平均値)がある確率で見いだされる平均値のまわり(両側)の範囲を示す. このとき, いくつかの仮定がなされている. 中でも最も重要な仮定は, データは平均値のまわりに正規(ガウス)分布をすることであり, さらにその標本標準偏差と母標準偏差は同じ値をもつと仮定されている.

1組のデータの信頼限界は式(2.15)で表される.

$$\text{CL} = \bar{x} \pm \frac{ts}{\sqrt{N}} \quad (2.15)$$

ここで $\bar{x}$ は平均値, s は標本標準偏差, N はサンプル数, t は "t 分布" の値であり, 表 2.3 から得られる.

注 t 分布表の利用と T 検定(§2.14)を混乱しないように注意してほしい.

表 2.3 t 分布表

測定回数	信頼水準 90%	信頼水準 95%
2	6.314	12.706
3	2.920	4.303
4	2.235	3.182
5	2.132	2.776
6	2.015	2.571
7	1.943	2.447
8	1.895	2.365
9	1.860	2.306
10	1.833	2.262

ここで, 二つの方法が違った結果を与えていることに注意しよう. すなわち, T 検定ではデータ(e)は 99% 以上の信頼水準で棄却され, 一方, Q 検定では 95% と 99% の中間の信頼水準で棄却されるにすぎない. この矛盾は, 統計的な検定法が絶対的な答えを提供するわけではなく, 単に合理的な考えに基づいて判断を下すための一つの根拠を提供するにすぎないことをよく表している. たとえ, Q 検定や T 検定, あるいは他の統計的な検定を用いようとも, データを棄却するときは十分に注意を払う必要があることは, これまでの議論で明白である.

例題 2.13 例題 2.9 の Pb^{2+} の濃度〔単位 ppm Pb^{2+}〕の平均値に対する 90% と 95% の信頼限界を計算しなさい.

［解法］ 式(2.15)に従って, それぞれの信頼限界を計算する.

$$\text{CL } 95\% = 19.8 \pm \frac{2.447 \times 1.03}{\sqrt{7}}$$

$$= 19.8 \pm 1.0 \text{ ppm } Pb^{2+}$$

$$\text{CL } 90\% = 19.8 \pm \frac{1.943 \times 1.03}{\sqrt{7}}$$

$$= 19.8 \pm 0.8 \text{ ppm } Pb^{2+}$$

2.16 最小二乗法による検量線のプロット

多くの分析法において，ある重要な量(たとえば濃度)の変化とともに測定値が増加することが期待される．その測定値と濃度などの今興味の対象となっている変数がともに直線的に増加するならば，二つあるいはそれ以上の実験で得られる測定点から検量線をつくることができる．検量線のプロットは測定に用いられる濃度範囲では直線となることが多い．直線は，式 $y=mx+c$ で表される．ここで図2.4のように，y は縦軸，x は横軸，m は傾き，c は縦軸すなわち y 軸との切片を表す．

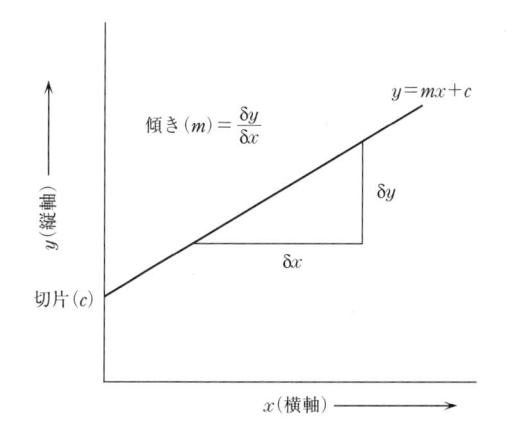

図 2.3 直線 $y=mx+c$ で表される検量線

直線式 $y=mx+c$ は，いくつかの測定点に対して直線近似して検量線を作成する場合に用いられる．ここで，x 軸は通常既知量であり，y 軸は実験で得られる量である．すなわち，x の値は，たとえば，濃度であり，y の値は分析装置の出力である．

すべての直線は式 $y=mx+c$ で表されるので，以下の式が成立する

$$\bar{y} = m\bar{x} + c \qquad (2.16)$$

どのようなデータにおいても，x の値と y の値は両方わかっている．すなわち，y の値の平均値 $\bar{y}$ と x の値の平均値 $\bar{x}$ は容易に計算できる．もしも，傾き m を何らかの方法で計算できるならば，切片 c も，簡単な代入によって求めることができる．幸いにも，データから最も合理的な直線近似ができる簡単な方法が知られている．すなわち，検量線を引くための**最小二乗法**である．

その最初のステップは直線の傾き，m を計算することであり，それは式(2.17)で得られる．

$$m = \frac{S_{xy}}{S_{xx}} \qquad (2.17)$$

ここで

$$S_{xy} = \sum x_i y_i - \frac{\sum x_i \sum y_i}{N},$$

$$S_{xx} = \sum x_i^2 - \frac{(\sum x_i)^2}{N}$$

例題 2.14 有機殺虫剤をクロマトグラフィーで定量する場合の以下の測定値により，直線近似の検量線を作成しなさい．

	殺虫剤の濃度 ($\times 10^6$ M) (x)	クロマトグラムのピーク面積 (任意単位) (y)
(a)	6.0	12.4
(b)	9.0	18.9
(c)	12.0	26.0
(d)	15.0	31.2
(e)	18.0	37.1

[解法]
1) 検量線の傾き m を計算する．すなわち式(2.17)のそれぞれの項を計算し，それらを式(2.17)に代入して求める．
2) x と y の平均値を計算し，式(2.16)に代入し，切片 c を計算する．
3) 直線近似の検量線を描く．

ステップ1 まず，S_{xy} を計算する．

まず上のデータを x と y に割り付ける．測定値は五つなので $N=5$

x	y	$x_i y_i$
6.0	12.4	74.4
9.0	18.9	170.1
12.0	26.0	312.0
15.0	31.2	468.0
18.0	37.1	667.8
		$\sum x_i y_i = 1692.3$

つぎに $\dfrac{\sum x_i \sum y_i}{N}$ を計算する．

$\sum x_i = 6.0 + 9.0 + 12.0 + 15.0 + 18.0 = 60.0$
$\sum y_i = 12.4 + 18.9 + 26.0 + 31.2 + 37.1 = 125.6$
$$\dfrac{\sum x_i \sum y_i}{N} = 1507.2$$

つぎに $\sum x_i^2$ を計算する．
$\sum x_i^2 = (6.0)^2 + (9.0)^2 + (12.0)^2 + (15.0)^2 + (18.0)^2$
$= 36.0 + 81.0 + 144.0 + 225.0 + 324.0$
$= 810.0$

つぎに $\dfrac{(\sum x_i)^2}{N}$ を計算する．
$\sum x_i = 6.0 + 9.0 + 12.0 + 15.0 + 18.0 = 60.0$
$$\dfrac{(\sum x_i)^2}{N} = \dfrac{(60.0)^2}{5} = 720$$

それぞれの値を式(2.17)に代入する．
$$S_{xy} = 1692.3 - \dfrac{(60 \times 125.6)}{5} = 185.1$$

そして
$$S_{xx} = 810.0 - \dfrac{3600}{5} = 90$$
$$m = \dfrac{185.1}{90} = 2.06$$

それゆえ，殺虫剤濃度に対するピーク面積(任意単位)の傾きは $m = 2.06$．

ステップ 2 x と y の平均値を計算する．
$$\bar{x} = \dfrac{6.0 + 9.0 + 12.0 + 15.0 + 18.0}{5} = 12.0$$

$$\bar{y} = \dfrac{12.4 + 18.9 + 26.0 + 31.2 + 37.1}{5} = 25.12$$

それゆえ，
$c = 25.12 - (2.06 \times 12.0)$
$= 25.12 - 24.72$
$= 0.4$ (縦軸上の任意単位)

今，最適の傾き m と y 軸上の切片 c がわかれば，図2.4のように直線近似の検量線を描くことができる．

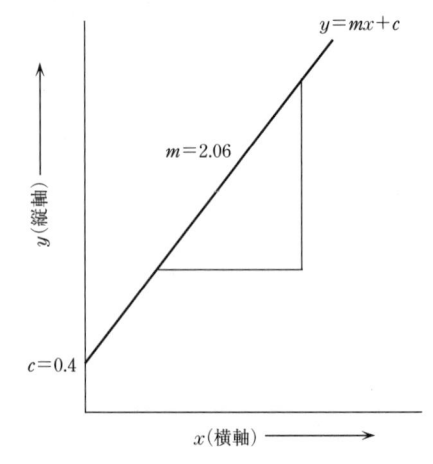

図 2.4 例題2.14の検量線

注意 傾き m を計算する場合，適切な単位を用いることに細心の注意を払ってほしい．傾きは，ある単位に対するもう一つの単位の比に相当する．それゆえ，正しい単位で表現されなければならない．

2.17 相関係数

これまでに，複数回の測定値についての精度すなわち再現性は，標準偏差の値によって評価できることを見てきた．同様に，データが直線の検量線に対してどれだけバラつくかは**相関係数**(correlation coefficient)を用いて評価することができる．相関係数により，データがどれだけ完全な直線に近いかを表現することができる．最も一般に用いられる相関係数は，**ピアソン相関係数**(Pearson correlation coefficient, r)であり，これは0から1の範囲の値をとる．

r が1の値をとるとき，すべてのデータは完全な直線上に位置する．0の値は，各データ間に全く相関がないことを意味する．

ピアソンの相関係数 r は以下の式(2.18)で計算される．

$$r = \dfrac{\sum x_i y_i - \dfrac{(\sum x_i)(\sum y_i)}{N}}{\sqrt{\left(\sum x_i^2 - \dfrac{(\sum x_i)^2}{N}\right)\left(\sum y_i^2 - \dfrac{(\sum y_i)^2}{N}\right)}} \quad (2.18)$$

実際には，実験で得られるデータに対しては r の値は >0.9 であることが多い．それゆえ，通常，r^2 の値が評価に用いられる．r が1に近ければ，r^2 も1に近い．反対に，r が1から遠ざかれば，r^2 は r の二乗であるのでさらに遠ざかる．すなわち，r^2 はデータの適合度をよりはっきりと示す指標となる．

例題 2.15 例題 2.14 のデータを用いて，直線の検量線に対するピアソン相関係数を計算しなさい．

	殺虫剤の濃度 ($\times 10^6$ M) (x)	クロマトグラムのピーク面積 (任意単位) (y)
(a)	6.0	12.4
(b)	9.0	18.9
(c)	12.0	26.0
(d)	15.0	31.2
(e)	18.0	37.1

[解法]
1) 実験値を x と y の値に割付け，式(2.18)の各項を計算する．
2) それらの値を代入し，r と r^2 を計算する．

ステップ 1 測定回数は5回なので，$N=5$．
$\sum x_i y_i$ を計算する．

x	y	$x_i y_i$
6.0	12.4	74.4
9.0	18.9	170.1
12.0	26.0	312.0
15.0	31.2	468.0
18.0	37.1	667.8
		$\Sigma x_i y_i = 1692.3$

$\sum x_i$ と $\sum y_i$ を計算する．
$\sum x_i = 6.0+9.0+12.0+15.0+18.0=60.0$
$\sum y_i = 12.4+18.9+26.0+31.2+37.1=125.6$
$\sum x_i \sum y_i = 60.0 \times 125.6 = 7536$

$\left[(\sum x_i^2) - \dfrac{(\sum x_i)^2}{N}\right]$ を計算する．

$\sum x_i^2 = (6.0)^2+(9.0)^2+(12.0)^2+(15.0)^2+(18.0)^2$
$= 36+81+144+225+324 = 810$
$(\sum x_i)^2 = 60^2 = 3600$
$\dfrac{(\sum x_i)^2}{N} = \dfrac{3600}{5} = 720$

$\left[(\sum x_i^2) - \dfrac{(\sum x_i)^2}{N}\right] = 810 - 720 = 90$

$\left[(\sum y_i^2) - \dfrac{(\sum y_i)^2}{N}\right]$ を計算する．

$\sum y_i^2 = (12.4)^2+(18.9)^2+(26.0)^2+(31.2)^2+(37.1)^2$
$= 153.76+357.21+676.0+973.44+1376.41$
$= 3536.82$
$(\sum y_i)^2 = (12.4+18.9+26.0+31.2+37.1)^2$
$= (125.6)^2 = 15775.36$
$\dfrac{(\sum y_i)^2}{N} = \dfrac{15775.36}{5} = 3155.07$

$\left[(\sum y_i^2) - \dfrac{(\sum y_i)^2}{N}\right] = 3536.82 - 3155.07 = 381.75$

ステップ 2

$r = \dfrac{1692.3 - 7536/5}{\sqrt{90 \times 381.75}}$

$= \dfrac{185.1}{\sqrt{34357.5}}$

$= 0.9986$

それゆえ
$r^2 = 0.997$

注意 r^2 は無次元量である．この場合，r^2 でさえもが1にきわめて近ければ，非常に高い相関を意味し，データが完全な直線によく適合することを示す．

2.18 品質管理と品質保証システム

品質管理(quality control)と**品質保証**(quality assurance)は，しばしば混乱して用いられる．すなわち，実際にはしばしば同じような意味の用語として，言い換えれば誤って用いられている．

品質管理は，単に，品質の調整およびそれを達成する仕組みを意味する．たとえば，いくつかの分析結果の棄却(たとえば，Q検定やT_n検定による)や繰返し測定により行われる．

一方，**品質保証**は，異なる概念を包含する．品質保証システムは，品質管理が適切に実行されることを保証するための一連の作業手順を含んでいる．そしてある分析操作により得られた結果が，必要な信頼水準を満たしていることを保証するものである．分析実験室全体が，一つの品質保証システムの統制下におかれる．その品質保証システムは，通常，外部の独立の組織により認定を受ける．

多くの国々において，多くの分析方法が，さまざまな機関により認定を受けている．たとえば，国際機関である**国際標準化機構**(International Standards Organizations, **ISO**)に加えて，米国では**NAMAS** (National Measurement Accreditation Service)，英国では**LGC**(Laboratory of the Government Chemist)が知られている．

品質保証システムには二つの重要なステップが含まれている．すなわち，(a) 実験室の熟練度評価，(b) 認証標準物質の使用である．

2.19 認証標準物質

認証標準物質(certified reference materials)は，第三者機関によって特別に調製された試料であり，その中に含まれる目的物質の濃度が前もって高い精度と正確さで決定されている．このような試料は，目的物質に関して詳しく記した**証明書**(certificate)とともに供給され，実験室の分析能力を評価するための試料として用いられる．

認証標準物質の使用は，ほとんどすべての分析実験室の品質管理手順のなかで中心的な役割を果たしている．実際に，その実験室の品質保証システムに関して第三者機関により認定を受けようとするならば，認証標準物質の使用はほぼ必ず要求される．

英国のLGCや，米国の国立標準技術研究所(National Institute of Standards and Technology, NIST)などの機関は，ある特定の目的物質の量がきわめて正確にわかっているさまざまな認証標準物質を作製している．それらの試料は，実験室で分析される実際の試料にできるだけ似ているように作製されている．原子吸光分析用認証標準物質は，たとえば鉛に関して既知の濃度（非常に狭い範囲に収まっている）を含んでいる．

この種の認証標準試料は，違った実験室の測定結果でもお互いに一致するように，結果の正確さを保証するために用いられる．認証標準物質の使用は，系統誤差の存在を発見しそれを取除くためにも用いられる．これは，他の方法，たとえば，標準偏差の値の許容限界以内にデータが収まっていることを確かめることなどによっては発見できないことである．（分析の精度が低ければ標準偏差の値も許容できないほど大きくなることを思い起こそう．）

一方，一定濃度の目的物質を含むが他の成分組成がさまざまである認証標準物質も存在する．この種の試料は，分析において，たとえば，干渉を起こす物質によりひき起こされる問題を特定するのに有用である．

認証標準物質は，通常，組成に関する情報とともに供給される．しかし，分析機関の品質保証システムの認定が目的の場合には，そうした情報が秘密にされた"ブラインド試料"として供給される．認定を受けようとする分析機関は，そうした試料を分析しなければならない．そして，それらの結果は，標準試料の組成を評価する第三者機関の結果と比較される．

この種の試料は，新しい方法が開発され，それがより多くの分析機関により受け入れられるための認定を必要としている場合に特に有用である．

2.20 品質管理図

品質管理の作業手順の中には，必ずある期間を通してデータをモニターすることが含まれていなければならない．それぞれの生産工程を管理している品質管理の責任者は，たとえば，いくつかの変数をモニターして，それらがある定められた範囲内にあることを確認したいと考える．もしも，ある工程が不調になり始めたら，その責任者はできるだけ早くそれを知って，修正のための行動がとれるようにしなければならない．

グラフによる表示は，しばしば，最も効果的に異常な動きを際立たせ，またある一定期間にわたるその工程の動きを記録するのに適している．すなわち，**品質管理図**(quality control chart)はしばしば品質管理手順の一部として，ある一定期間にわたるそのシステムの実績を維持し記録するために用いられる．もしもその工程がある前もって決められた範囲内に収まっていれば，その工程は**管理状態にある**といわれる．反対に，その工程がその範囲から外れていれば，その工程は**管理状態にない**といわれる．

シューハート図とCUSUM図が二つの代表的な品質管理図である．

2.20.1 シューハート図

シューハート図（1930年代のW. A. Shewhartの名をとってそのようによばれる）は，その工程が管理状態にあるかどうかを決定し，もしも必要なら，その工程を管理状態に戻すための行動をとれるようにするために設計されたグラフ表示法である．この図では，ある適当な変数を定期的に記録することが求められる．もしも，その変数が外側の限界(処置線)を超えたなら，これはこの工程が管理状態にないことを意味し，直ちに修正のための処置が要求される．もしも，2度ないしそれ以上連続して内側の警告線と処置線の間の

値をとったならば，やはり修正の処置が必要となる．

図2.5に示すように，内側の線すなわち警告線は，±2σあるいは±2sを表すように引かれる．一方，外側の処置線は±3σあるいは±3sを示す．

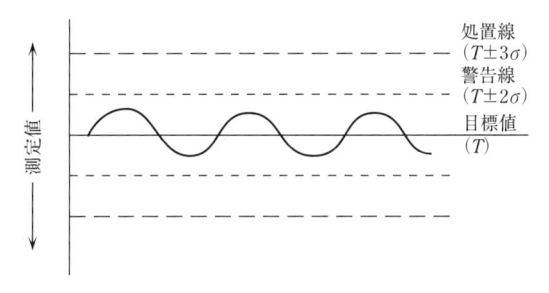

図 2.5 シューハート図

2.20.2 CUSUM図

もう一つの品質管理図は，**CUSUM図**（cumulative sum chart，**累和図**）である．試料を抜き出して行う分析が一定の間隔でなされたとする．図2.6に示すように，測定値とその目標値とを比較し，目標値からの偏差を累積的に加え合わせていって，それを時間に対してプロットする．

すなわち，今，時間pにおける測定値をx_p，目標値をTとすると，時間tにおける目標値Tを基準としたときの測定値の累和は $S_t = \sum_{p=0}^{t}(x_p - T)$ で与えられる．CUSUM図は，図2.6（下）に示すように，この累和を時間に対してプロットしたものである．よく管理された状態では，小さな波のような偏差がゼロの近くに留まる．もしもその工程が管理状態にない場合は，CUSUM図は鋭くゼロの線からはずれ始める．

CUSUM図は，それぞれの測定点での値が得られれば，最小限の計算で容易にプロットできるために簡単に作成できる．もしも，データがTのまわりにランダムに分布していたのに，測定値の累和がより高い値をとったり低い値をとったりする傾向がわずかでも見られるならば，CUSUM図のプロットには偏差が表れる．これは図2.6のようにシューハート図とCUSUM図を比較するとよくわかる．図2.6のCUSUM図には，時間t_x後に，目標値からずれ始めている過程がよく示されている．

2.21 検 量 法

信頼できる分析を行うためには，その測定システムが校正されていなければならない．この中には，ガラス器具の校正なども含まれるが，最も頻繁に行われるのは測定装置の校正である．理想的な測定システムでは，システムの応答は，目的物質の濃度に直接的に比例する．この場合，§2.16のように，式 $y = mx + c$ によって表される直線の検量線が得られる．しかし，直線の検量線は，おそらくある限られた濃度領域を除いてまれである．この場合，**逐次検量法**が用いられる．

もう一つの検量法は，既知量の目的物質を，分析を行う試料に添加していく方法で，**標準添加法**として知られている．

2.21.1 逐次検量法

逐次検量法（step-by-step calibration）は，多くの場合，最も信頼できる検量法である．必要な濃度範囲にわたり濃度既知の複数の標準試料を分析し検量を行う．そして検量線を作成する．この方法には二つの欠点がある．すなわち，(i) 余分な時間がかかる，(ii) 標準溶液は"実際"の分析試料ではないので，信号に影響を与える分析試料中に含まれる共存物質（干渉物質）の影響がない．

必要な濃度範囲で直線の応答をすることが前もってわかっていれば，二つの測定点で直線検量線を引くことによって時間を節約できる．

しかし，干渉物質の影響が見られる場合には，**標準添加法**を用いる必要がある．

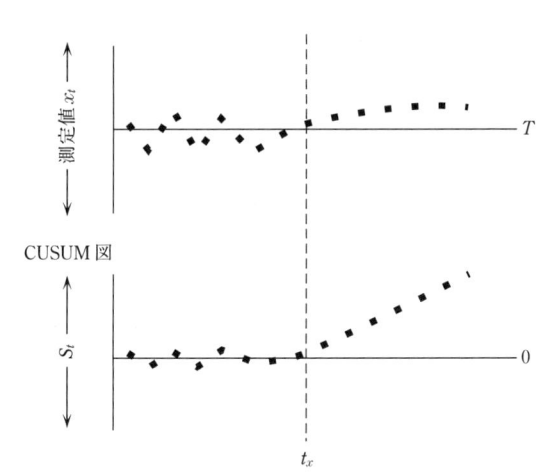

図 2.6 シューハート図（上）とCUSUM図（下）の比較
（すべての測定値が目標値Tよりも高くなる傾向にあるとき）

2.22 標準添加法

標準添加法(standard addition technique)では，実際の分析試料に，既知の濃度だけ目的物質の濃度を高めるために，目的物質の標準溶液を加えていく．すなわち，この方法は，目的物質の濃度変化に対応する信号の変化を測定することに基づいている．

標準添加を行う前の試料による測定信号は，以下の要素から成り立っている．

1) 目的物質
2) 干渉物質
3) ベースラインに影響を与えるすべての要因

したがって，標準添加法では，実験室で調製した理想的な試料についてではなく，実際の試料について検量が行われるので，干渉物質の分析への影響が(少なくてもある程度)評価される．

通常，試料の体積が実質的に変化しないように，かなり高濃度の標準溶液を少量ずつ加えて行く．この方法を用いると，共存物質，体積，目的物質の濃度の変化に由来する誤差を最小限とすることができる．

標準添加法は，加えた分だけ応答が増加するという前提のもとに成り立っているので，その分析システムが本来的に直線応答を示すときに最も有効である．分析システムが直線応答を示さないときは，必要な濃度領域での応答を詳しく監視するために，標準添加試料を数多く分析する必要がある．

標準添加法により検量線(濃度-応答曲線)を描くと，通常，原点を通らない検量線が得られる．

ベースラインに影響を与える干渉物質が含まれていない場合には，x 軸切片が，元の試料の目的物質の濃度に対応する．しかし，干渉物質の影響は常に考慮する必要がある．

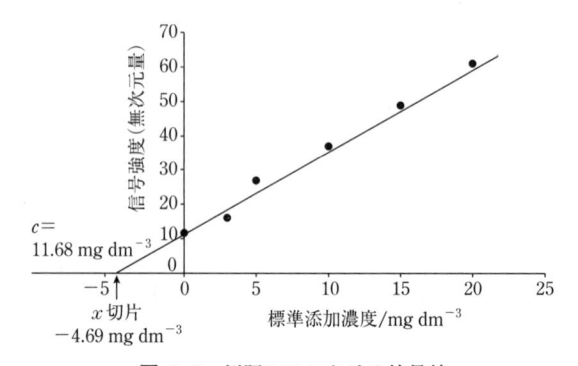

図 2.7 例題2.16における検量線

例題 2.16 水試料中の Ca^{2+} を炎光法で定量した．標準添加法を用いて検量し，以下の応答が得られた．ベースラインに影響を与える干渉物質は存在しないと仮定して，元の試料中の Ca^{2+} 濃度を求めなさい．

標準添加濃度 (mg dm^{-3})	信号強度 (無次元量)
0 (元の試料)	12
3	16
5	27
10	37
15	49
20	61

[解法]
1) 最小二乗法を用いてデータに対して直線近似する．
2) 検量線を作成し，x 切片の値を求める．この値は元の試料中に含まれる Ca^{2+} 濃度に対応する．(あるいは，数学的に直線近似により得られた式 $y = mx + c$ から x 切片を数学的に計算することもできる．)

ステップ1 最小二乗法により検量線の傾きは2.49 units/mg dm^{-3} Ca^{2+} と計算される．

ステップ2

$$\bar{x} = \frac{0+3+5+10+15+20}{6} = 8.83$$

$$\bar{y} = \frac{12+16+27+37+49+61}{6} = 33.67$$

$y = mx + c$ とすると $\bar{y} = 33.67$，$\bar{x} = 8.83$

ここで，c (y 軸切片)を計算すると，

$$33.67 = (2.49 \times 8.83) + c$$

そこで

$$c = 33.67 - (2.49 \times 8.83)$$
$$= 33.67 - 21.99 = 11.68 \text{ (無次元量)}$$

この値を式に代入しなおすと，$y = mx + c$ なので

$$x \text{ 切片} = \left(\frac{0 - 11.68}{2.49}\right)$$
$$= -4.69 \text{ mg dm}^{-3}$$

検量線を描いて目視で近似直線を引く場合には，グラフ上から同様な x 切片を求めることができる．その値は，元の試料中の Ca^{2+} 濃度である．

演習問題

2.1 確定誤差と不確定誤差の意味を，それぞれ例をあげて説明しなさい．

2.2 以下のそれぞれのデータの有効数字は何桁か．
(a) 7.9×10^5, (b) 300.45, (c) 5.043×10^{-4}.

2.3 合金中の鉄含有量を繰返し測定した結果，94.67, 94.54, 94.62, 94.93% Fe となった．これらの分析結果の標準偏差と相対標準偏差を計算しなさい．

2.4 問題2.3のデータを用いて，これらのデータの平均値の90%と95%の信頼限界を計算しなさい．

2.5 五つのクロム酸カリウム試料の質量を測定したところ，(a) 123.3, (b) 124.2, (c) 121.5, (d) 123.6, (e) 124.1 g となった．中央値（メジアン），平均値，データの範囲を計算しなさい．

2.6 ビュレットの目盛りは $0.1\,\mathrm{cm^3}$ である．滴定をした結果，標定量は10.5と $10.7\,\mathrm{cm^3}$ の中間であった．滴定量は何桁の有効数字で記録すべきか．その理由も述べなさい．

2.7 分析前に五つの土壌試料の質量を測定した．それぞれの試料の質量は以下の通りである．
(a) 23.67 g   (b) 34.53 g   (c) 31.56 g
(d) 26.34 g   (e) 42.19 g

これらの五つの試料の質量の平均値と中央値（メジアン）を計算しなさい．

2.8 湖水試料中のカドミウムを定量した．6回測定の結果は以下の通りである．
(a) 20.2 ppm   (b) 18.5 ppm   (c) 21.4 ppm
(d) 19.2 ppm   (e) 21.8 ppm   (f) 18.8 ppm

データの広がり（範囲）を計算しなさい．

2.9 問題2.8のデータについて相対標準偏差を計算しなさい．

2.10 河川水中の銅濃度を測定したところ15.7 ppmであったが，真の値は18.0 ppmである．この測定の相対誤差を百分率表示で記しなさい．

2.11 酸塩基滴定でHCl濃度を測定したところ，0.104 Mであったが，真の値は0.110 Mである．この測定の相対誤差を千分率表示で記しなさい．

2.12 水試料中の鉄濃度(ppm)に関する以下の繰返し測定結果の変動係数を計算しなさい．
(a) 34.6   (b) 29.5   (c) 32.2   (d) 33.7
(e) 34.6   (f) 32.4   (g) 35.1

2.13 問題2.12のデータについて分散を計算しなさい．

2.14 カールフィッシャー法によりエタノール中の水分含量を繰返し測定したところ，以下の結果が得られた．
(a) 0.77%   (b) 0.67%   (c) 0.71%
(d) 0.90%   (e) 0.78%

Q検定を用いると，データ(d)はどの信頼水準で棄却できるか．

2.15 硫酸濃度を5回繰返し測定した結果を以下に示す．
(a) 0.152 M   (b) 0.153 M   (c) 0.149 M
(d) 0.148 M   (e) 0.151 M

これらのデータの平均値の90%と95%の信頼限界を計算しなさい．

2.16 問題2.15のデータについて，百分率表示で相対標準偏差を計算しなさい．

2.17 水試料中の塩化物イオン濃度を繰返し測定したところ，以下のような結果を得た．(i) 0.81, (ii) 0.83, (iii) 0.82, (iv) 0.91 mM．(a) Q検定，(b) T検定を用いると，データ(iv)は，外れ値として，それぞれどの信頼水準で棄却できるか．

2.18 過マンガン酸カリウムを紫外・可視吸光光度法で測定し，以下の結果を得た．

濃度 (ppm)	吸光度
1	0.03
2	0.07
5	0.15
7	0.22
8.5	0.24
10	0.31

(a) 検量線を引くためにデータをプロットしなさい．
(b) 最小二乗法を用いて，これらのプロットに対して近似直線を引きなさい．
(c) これらのデータに対して，ピアソン相関係数を計算しなさい．

2.19 炎光法で水試料中の Mg^{2+} 濃度を測定した．標準添加法を用いて定量を行おうとして，以下の結果を得た．干渉物質の影響はないものとして，Mg^{2+} 濃度を計算しなさい．

標準添加濃度 $(\mathrm{mg\,dm^{-3}})$	信号強度（無次元量）
0（ブランク）	15.6
2.5	22.1
5	35.1
10	48.1
15	63.7
20	79.3

2.20 問題2.19のデータについて，ピアソン相関係数を計算しなさい．

まとめ

1. データを正しい有効数字で表すことは重要である.

2. データの広がりすなわち範囲は，データの最大値と最小値の差である.

3. 1組のデータの平均値 $\bar{x}$ は，すべてのデータの和，$\sum_{i=1}^{N} x_i$ をデータ数で割った値に等しい．すなわち，$\sum_{i=1}^{N} \dfrac{x_i}{N}$ である.

4. 中央値(メジアン)は，データを大きさの順番に並べたときの中央に位置するデータの値である.

5. 精度は，標準偏差，分散，あるいは変動係数によって評価される.

6. 絶対誤差 E_A は，実際の測定値 x_i と真の値(あるいは真の値として受け入れられている値) x_t との差に等しい．すなわち，$E_A = x_i - x_t$.

7. 相対誤差 E_r は誤差の真の値に対する相対的な大きさを表し，

$$E_r = \frac{x_i - x_t}{x_t} \times 100\%$$

である.

8. 不確定誤差は，平均値のまわりにランダムなデータの分布をひき起こす.

9. 確定誤差(系統誤差)は，すべてのデータの一方方向(高めあるいは低めの値)へのずれをひき起こす.

10. 大きな誤りは外れ値となる.

11. 標本標準偏差 s (データ数が10以下の場合)は，繰返し測定を行って得られた1組のデータの，平均値のまわりへの広がりを表し，以下の式で計算される.

$$s = \sqrt{\dfrac{\sum_{i=1}^{N} x_i^2 - \dfrac{\left(\sum_{i=1}^{N} x_i\right)^2}{N}}{N-1}}$$

12. 母標準偏差 σ (データ数が>10の場合)は，以下の式で計算される.

$$\sigma = \sqrt{\dfrac{\sum_{i=1}^{N} x_i^2 - \dfrac{\left(\sum_{i=1}^{N} x_i\right)^2}{N}}{N}}$$

13. 相対標準偏差(RSD)は，百分率あるいは千分率で表記される．RSDを百分率で表記すると，$\dfrac{s}{\bar{x}}$ に100を掛けて，

$$\text{RSD} = \frac{s}{\bar{x}} \times 100$$

RSDを千分率で表記すると，$\dfrac{s}{\bar{x}}$ に1000を掛けて，

$$\text{RSD} = \frac{s}{\bar{x}} \times 1000$$

14. 標準偏差の二乗は分散であり，s^2 あるいは σ^2 に等しい.

15. Q検定あるいはT検定は外れ値と疑われるデータの棄却に用いられる．このとき，Q検定表やT検定表中の特定の信頼水準の値とデータのQ値や T_n 値を比較して判定する.

16. 信頼限界は，真の平均値(母集団の平均値)がある確率(たとえば95%)で見いだされる，平均値のまわり(両側)の範囲を示す．信頼限界は，$\text{CL} = \bar{x} \pm \dfrac{ts}{\sqrt{N}}$ で表される．ここで，$\bar{x}$ は平均値，s は標本標準偏差，N は測定回数(標本数)，t は"t分布"値である.

17. 最小二乗法により近似直線 $y = mx + c$ が得られる．ここで，傾き $m = \dfrac{S_{xy}}{S_{xx}}$ であり，$S_{xy} = \sum x_i y_i - \dfrac{\sum x_i \sum y_i}{N}$，また $S_{xx} = \sum x_i^2 - \dfrac{(\sum x_i)^2}{N}$ である.

18. ピアソン相関係数 r は，データがどれだけ直線に近いかを表し，0～1の値をとる.

19. 認証標準物質は，特に目的物質が前もって定量された物質であり，品質管理過程で用いられる.

20. 品質管理図(たとえば，シューハート図やCUSUM図)は，工程をモニターし，前もって定められた状態内にその工程を維持するために用いられる.

21. 検量法には，逐次検量法や標準添加法などいくつかの方法がある.

さらに学習したい人のために

Anderson, R. (1984). *Statistics for analytical chemists*. Van Nostrand Reinhold, New York.

Meier, P. C. and Zund, R. E. (2000). *Statistical methods in analytical chemistry*. Chemical Analysis Series. Wiley, UK.

Miller, J. C. and Miller, J. N. (1993). *Statistics for analytical chemistry*. Ellis Horwood Series in Analytical Chemistry, Ellis Horwood, New York.

第 II 部

化 学 分 析
重要な原理と実際の分析操作

3 試薬を用いる標準的な湿式化学分析

この章で学ぶこと

- 酸または塩基の解離定数がもつ意味と，その計算の仕方
- 水のイオン積の概念と，それを用いて pH を計算する方法
- 緩衝液が pH 変化を抑制する仕組みと，緩衝液のつくり方
- 強酸と弱酸の相互作用と，酸および塩基を互いに加えたときの pH 変化の図示
- HCl を用いた試料溶液の滴定による水試料のアルカリ度の測定法
- 滴定分析による水溶液中の Ca^{2+} と Mg^{2+} 濃度の測定法
- 硝酸銀滴定による水試料中の塩化物イオン濃度の測定法
- 水溶液中の酸素の滴定分析などにおけるチオ硫酸ナトリウムの使い方
- 逆滴定の考え方と逆滴定を使った水溶液中の分析成分濃度の計算
- カールフィッシャー法による有機試料中の水分量の測定法

3.1 湿式化学分析の概要

試薬を用いる湿式化学分析は，今でも多くの現代的分析化学の土台となっている．現代的機器およびコンピューター技術が魅力的なイメージをもっていることは疑いのないことであるが，滴定分析や重量分析といった，より簡単な分析技術もいまだにきわめて広く使用されている．

湿式化学分析は，私たちが学校で最初に出会う分析化学であることが多く，一般に pH 変化すなわちリトマスを使った試験や，滴定分析およびそれに類する分析から成っている．分析操作によっては，より洗練された技術を用いなくてはならないことが多いが，これらの技術は今でも非常に重要である．

湿式化学分析技術は，本質的に手作業によるものであり，一般に多くの機器分析よりも分析者の熟練した技術が必要とされるとはいえ，高価で複雑な装置を必要としないため，最も簡単な方法になりうる．しかし，湿式化学分析を実験室から出て現場で行うことは，機器を用いたモニタリングよりも難しいのが通常である．たとえば，河川水試料を滴定によって分析するには，一般に試料を採取して分析室に持ってくる必要がある．これは，実験室環境でなければ滴定分析をうまく行うことができないためである．

しかしながら，湿式化学分析技術は現代の分析化学の中で，今なお中心をなしている．現在では，多くの湿式化学分析の一部またはすべてが自動化されており，多くの試料について何度も同様の分析を行わなくてはならないときにしばしば必要となる単調なつらい仕事が軽減されている．

3.2 水および単純な酸と塩基の酸塩基平衡

3.2.1 水の解離

多くの湿式化学分析は酸塩基反応に基づいている．そこで，酸塩基相互作用と平衡を簡単に考察することにしよう．

水は，液体状態ではほとんどが解離していない水分子（H_2O）から成っている．しかし，式(3.1)に示した平衡によって，ごくわずかの水分子が解離して H^+ イオンと OH^- イオンを生成している．

$$H_2O \rightleftharpoons H^+ + OH^- \quad (3.1)$$

25 ℃における水の**解離定数**（dissociation constant, K_c）は，一般に式(3.2)で与えられる．

$$K_c = \frac{[H^+][OH^-]}{[H_2O_{(l)}]} \quad (3.2)$$

ごくわずかの割合の液体の水のみが解離するので，非解離の水の濃度は一定であるとみなすことができる．水の分子量（相対分子質量）は 18.015 であるので，水のモル濃度は約 $55.55 \text{ mol dm}^{-3}$ となる．

水1分子が解離すると，1個のプロトン（水素イオン）と1個の水酸化物イオンができるので，純水中の水素イオン濃度 $[H^+]$ は水酸化物イオン濃度 $[OH^-]$ に等しい．純水中の $[H^+]$ と $[OH^-]$ は実験により 10^{-7} M $(=$mol dm$^{-3})$ であることが示されるので，K_c の値は 1.8×10^{-16} mol dm^{-3} となる．

しかし水の解離は**水のイオン積**(ionic product, K_w) で表されるのがより一般的である．ここで，$K_w = K_c[H_2O_{(l)}]$ である．式(3.2)を K_w を使って書き直すと式(3.3)が得られる．

$$K_w = [H^+][OH^-] \quad (3.3)$$

25℃では K_w は約 10^{-14} mol^2 dm^{-6} に等しい．

水の解離は吸熱過程で $\Delta H =$ 約 $+58$ kJ mol^{-1} であるので，K_w は温度とともに増加することも覚えておく必要がある．

3.2.2 pH 尺度と水溶液の pH

水溶液の pH は水素イオン濃度の常用対数に－符号をつけたものと定義されている．すなわち

$$pH = -\log_{10}[H^+] \quad (3.4)$$

"pH" の "p" はドイツ語の potenz(power) からきている．25℃における純水の $[H^+]$ は 10^{-7} M に等しいので，25℃における純水の pH は 7.0 である．

H^+ イオンと OH^- イオンは他の化合物から生成するかもしれない．しかし水の解離平衡は保たれるであるから，K_w は温度が決まれば一定の値となる．

$$H_2O_{(l)} \rightleftharpoons H^+_{(aq)} + OH^-_{(aq)} \quad (3.5)$$

もし，H^+ イオンが酸の添加によって加えられると，式(3.5)に従って OH^- 濃度は低下する．同様に，塩基の添加によって OH^- イオンが加えられると，溶液中の H^+ イオンの数が減少する．25℃における水の K_w は 1×10^{-14} mol^2 dm^{-6} であるから，$[H^+]$ 濃度が 10^{-14} mol dm^{-3} に低下すると $[OH^-]$ は 1 mol dm^{-3} になる．同様に H^+ の濃度が 1 mol dm^{-3} に上昇すれば，$[OH^-]$ は 1×10^{-14} mol dm^{-3} に低下する．これらの値は，それぞれ pH 値 14 と 0 に対応し，これが通常の pH 範囲とされている．H^+ イオンと OH^- イオンの濃度を図 3.1 に示す．

<u>1単位の pH 変化が，H^+ イオン濃度では 10 倍の変化に相当することに注意しなくてはならない．</u>

3.2.3 pH の計算
強 酸

溶液の pH は以下の二つによって決まる．
 (a) 酸または塩基の濃度
 (b) それらの解離度

まず，完全に解離すると仮定できる，HCl などの強酸の pH を考えてみることにしよう．

$$HCl_{(aq)} \longrightarrow H^+_{(aq)} + Cl^-_{(aq)} \quad (3.6)$$

もし酸が完全に解離するならば，H^+ 濃度は HCl 溶液のモル濃度に等しいと仮定することができる．

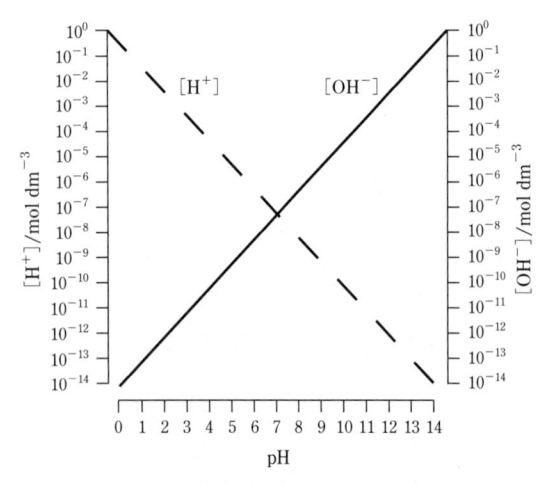

図 3.1 pH と H^+ イオンおよび OH^- イオンの濃度との関係

例題 3.1 0.1 M HCl 水溶液の pH を計算しなさい．

[解 法]
 1) H^+ イオン濃度 $[H^+]$ を計算する．
 2) $-\log_{10}[H^+]$ を求める．

ステップ 1 HCl がすべて解離すると仮定すると，0.1 M HCl 溶液は
$$0.1 \text{ M H}^+$$
を含んでいる．

ステップ 2 溶液の $pH = -\log_{10}0.1$
$$= -\log_{10}10^{-1} = 1$$
したがって，0.1 M の HCl 溶液の pH$=1$

3.2 水および単純な酸と塩基の酸塩基平衡

> **例題 3.2** 0.1 M 硫酸(H_2SO_4)水溶液の pH を計算しなさい.
>
> [解法]
> 1) $[H^+]$ を計算する.
> 2) $-\log_{10}[H^+]$ を求める.
>
> **ステップ1** H_2SO_4 も強酸なので,完全に解離すると考えることができる.しかし,これは二塩基酸であり,一つの H_2SO_4 が解離すると 2 個の H^+ が生成することに注意しなくてはならない.
> $$H_2SO_4 \longrightarrow 2H^+_{(aq)} + SO_4^{2-}_{(aq)}$$
> 0.1 M H_2SO_4 は,したがって $[H^+] = 0.1 \times 2 = 0.2$ M を与える.
>
> **ステップ2** $-\log_{10} 0.2 =$ 約 0.7
> したがって,0.1 M H_2SO_4 溶液の pH = 0.7

> $$1 \times 10^{-14} = [H^+] \times 0.1$$
> したがって, $[H^+] = \dfrac{1 \times 10^{-14}}{0.1} = 1 \times 10^{-13}$ M
>
> **ステップ3** pH を計算する.
> $$[H^+] = 1 \times 10^{-13} \text{ M}$$
> $$pH = -\log_{10}(1 \times 10^{-13})$$
> したがって,pH = 13

強塩基

強酸について pH を計算するのは簡単であるが,強塩基溶液の pH の計算はどうしたらよいだろうか.これを求めるには水のイオン積を考慮に入れなくてはならないので,ほんの少しだけ難しくなる.

強塩基もまた,完全に解離すると考えることができる.ただし,この場合生成するのは水酸化物イオンである.

強一酸塩基の良い例は水酸化ナトリウム,NaOH であり,水中で式(3.7)のように解離する.
$$NaOH_{(s)} \longrightarrow Na^+_{(aq)} + OH^-_{(aq)} \quad (3.7)$$
$[OH^-]$ と水のイオン積,K_w を知れば,$[H^+]$ とそして pH を計算することができる.

> **例題 3.3** 0.1 M NaOH 水溶液の pH を計算しなさい.
>
> [解法]
> 1) OH^- イオン濃度を計算する.
> 2) 水のイオン積を考慮して H^+ の濃度を計算する.
> 3) 溶液の pH を計算する.
>
> **ステップ1** 0.1 M NaOH 溶液は,0.1 M の OH^- を含んでいると仮定できる.
>
> **ステップ2** $K_w = 1 \times 10^{-14} = [H^+][OH^-]$
> $[OH^-] = 0.1$ であるから,

弱酸と弱塩基

すべての酸(あるいは塩基)が水に溶けて完全に解離するわけではない.酸分子の一部はイオン化するが,他の分子は溶液中で非解離のままである.

ルシャトリエの法則(Le Chatelier's principle)によれば,いかなる化学系もそれに対して外部からもたらされる変化に対して抵抗しようとする.過剰の H^+ イオン(酸の場合)または OH^- イオン(塩基の場合)の添加は,明らかに外部からの変化として作用する.水のイオン積は一定なのであるから,これは溶液中の他方のイオン濃度に影響を与えることになる.いくつかの酸や塩基は HCl や NaOH のように強くはない.すなわち水に溶けて完全には解離しないのである.このような場合,酸または塩基の一部だけがイオン化する.残りの酸あるいは塩基は中性のイオン化していない溶質として残っている.

弱酸の解離定数 K_a または弱塩基の解離定数 K_b を用いることによって,溶液中の H^+ イオンあるいは OH^- イオンの濃度を計算することができ,溶液の pH もまた予測できる.

弱酸は式(3.8)に示したように解離する.
$$HA \rightleftharpoons H^+_{(aq)} + A^-_{(aq)} \quad (3.8)$$
解離定数 K_a は式(3.9)で定義される.
$$K_a = \dfrac{[H^+][A^-]}{[HA]} \quad (3.9)$$
同様にして,弱塩基の解離は式(3.10)のように表される.
$$B + H_2O \rightleftharpoons BH^+_{(aq)} + OH^-_{(aq)} \quad (3.10)$$
この場合,解離定数 K_b は式(3.11)で定義される.
$$K_b = \dfrac{[OH^-][BH^+]}{[B]} \quad (3.11)$$
厳密には,式(3.11)に H_2O の項を入れなくてはならない.しかし,その濃度は実質的に一定で大過剰であるから,考慮に入れないことが多い.

いくつかの一般的な弱酸と弱塩基の解離定数を，それぞれ表 3.1 と 3.2 に示す*．

中には，解離して1個の H^+ イオンを解離する官能基を二つ以上もっている酸もある．個々の官能基は，それ自身の K_a をもっている．炭酸 H_2CO_3 はそのような酸の一例である．同様に，いくつかの塩基は解離して1個の OH^- イオンを与える官能基を2個以上もっている．それぞれの解離はまた，K_b で示される．そのような塩基の例としては，エチレンジアミンがある．

表 3.1 弱酸の解離定数 K_a

酸	分子式	酸解離定数 K_a	
		$K_a(1)$	$K_a(2)$
亜硝酸	HNO_2	7.1×10^{-4}	
安息香酸	C_6H_5COOH	6.14×10^{-5}	
ギ酸	$HCOOH$	1.77×10^{-4}	
クエン酸	$HOOC(OH)C(CH_2COOH)_2$	7.45×10^{-4}	
酢酸	CH_3COOH	1.75×10^{-5}	
シュウ酸	$HOOCCOOH$	5.36×10^{-2}	
炭酸	H_2CO_3	4.45×10^{-7}	4.69×10^{-11}
乳酸	$CH_3CHOHCOOH$	1.37×10^{-4}	
フェノール	C_6H_5OH	1.00×10^{-10}	

表 3.2 弱塩基の解離定数 K_b

塩基	分子式	解離定数 K_b	
		$K_b(1)$	$K_b(2)$
アニリン	$C_6H_5NH_2$	3.94×10^{-10}	
アンモニア	NH_3	1.76×10^{-5}	
エタノールアミン	$HOC_2H_4NH_2$	3.18×10^{-5}	
エチルアミン	$CH_3CH_2NH_2$	4.28×10^{-4}	
エチレンジアミン	$NH_2C_2H_4NH_2$	8.6×10^{-5}	7.1×10^{-8}
ジメチルアミン	$(CH_3)_2NH$	5.9×10^{-4}	
トリメチルアミン	$(CH_3)_3N$	6.25×10^{-5}	
ヒドラジン	H_2NNH_2	1.3×10^{-6}	
ヒドロキシルアミン	$HONH_2$	1.07×10^{-8}	
ピリジン	C_5H_5N	1.7×10^{-9}	

例題 3.4 酢酸の解離定数 K_a は 1.75×10^{-5} である．0.1 M CH_3COOH 水溶液の pH を計算しなさい．

[解法]
1) 解離定数を使って H^+ イオン濃度を計算する．
2) 溶液の pH を計算する．

ステップ1 酢酸は化学量論に従って以下のように解離する．
$$CH_3COOH_{(aq)} \rightleftharpoons CH_3COO^-_{(aq)} + H^+_{(aq)}$$

CH_3COO^-（あるいは H^+）の物質量を x とおくことにしよう．化学量論から，H^+ も x mol となる．もし，酢酸の物質量が a であるとすれば，この弱酸については以下のように書ける．
$$(a-x) \rightleftharpoons x + x$$

ここで，
$$K_a = \frac{[CH_3COO^-][H^+]}{[CH_3COOH]}$$
であるから

$$K_a = \frac{x \times x}{a-x}$$

となる．$K_a = 1.75 \times 10^{-5}$, $a = 0.1$ M である．K_a と a の値を代入すると，次式が得られる．

$$1.75 \times 10^{-5} = \frac{x^2}{0.1-x}$$

これを書き直すとつぎのようになる．
$$1.75 \times 10^{-5}(0.1-x) = x^2$$
$$1.75 \times 10^{-6} - 1.75 \times 10^{-5}x = x^2$$
$$0 = x^2 + 1.75 \times 10^{-5}x - 1.75 \times 10^{-6}$$

この式は二次方程式として解かなければならない．

$$x = \frac{-b \pm \sqrt{b^2 - 4ac}}{2a}$$

a, b, c は以下のように決めることができる．
$$0 = ax^2 + bx + c$$
$$0 = x^2 + 1.75 \times 10^{-5}x - 1.75 \times 10^{-6}$$
$$a = 1, \ b = 1.75 \times 10^{-5}, \ c = -1.75 \times 10^{-6}$$

$$x = \frac{-1.75 \times 10^{-5} \pm \sqrt{(1.75 \times 10^{-5})^2 - 4\{1 \times (-1.75 \times 10^{-6})\}}}{2}$$

その結果，
$$x = 1.31 \times 10^{-3} \ \text{または} \ x = -1.33 \times 10^{-3}$$

となる．x はイオンの濃度であるから正の値でなくて

---

* 訳注：K_a と K_b の単位は，式(3.9)と(3.11)で示される定義から判断すると mol dm^{-3} となる．しかし，通常はイオンや分子の濃度はモル濃度ではなく活量（無次元）で表記するので，K_a と K_b も無次元とすることが多い．水のイオン積も同様であるが，単位を mol^2 dm^{-6} とする原著の記載をそのままとした(p.30)．

はならない．したがって
$$x = 1.31 \times 10^{-3}$$
$$x \equiv [H^+]$$
$$[H^+] = 1.31 \times 10^{-3}\,M$$

ステップ2 $-\log_{10}[H^+]$ を計算して，0.1 M CH_3COOH の pH を求める．
$$-\log_{10}(1.31 \times 10^{-3}) = 2.88$$
0.1 M CH_3COOH の pH = 2.88

例題 3.5 0.1 M NH_3 水溶液の pH を計算しなさい．

[解法]
1) 解離定数 K_b と解離平衡式についての二次方程式の解法を使って NH_3 水溶液の OH^- イオン濃度を計算する．
2) 水のイオン積を用いて H^+ イオン濃度を計算する．
3) NH_3 溶液の pH を計算する．

ステップ1 アンモニアの解離に，化学量論を適用する．
$$NH_{3(aq)} + H_2O \rightleftharpoons NH_4^+{}_{(aq)} + OH^-{}_{(aq)}$$
したがって，
$$(a-x) + x \rightleftharpoons x + x$$
今
$$K_b = 1.76 \times 10^{-5} = \frac{[NH_4^+][OH^-]}{[NH_3]}$$
であるから，これに代入すると
$$K_b = 1.76 \times 10^{-5} = \frac{x \times x}{a - x}$$
となる．したがって
$$1.76 \times 10^{-5} = \frac{x^2}{0.1 - x}$$
これを二次式の形に書き直すとつぎのようになる．
$$1.76 \times 10^{-6} - 1.76 \times 10^{-5} x = x^2$$
よって
$$0 = x^2 + 1.76 \times 10^{-5} x - 1.76 \times 10^{-6}$$

この式は二次方程式として解かなくてはならない．
$$x = \frac{-b \pm \sqrt{b^2 - 4ac}}{2a}$$
a, b, c は以下のように与えられる．
$$a = 1$$
$$b = 1.76 \times 10^{-5}$$
$$c = -1.76 \times 10^{-6}$$
これらを二次式に代入すると
$$x = \frac{-1.76 \times 10^{-5} \pm \sqrt{(1.76 \times 10^{-5})^2 - 4\{1 \times (-1.76 \times 10^{-6})\}}}{2 \times 1}$$
$$= 1.32 \times 10^{-3} \text{ または} -1.33 \times 10^{-3}$$
となる．x は OH^- イオンの濃度に対応するので，正の値でなくてはならない．したがって
$$[OH^-] = 1.33 \times 10^{-3}\,M$$

ステップ2 水のイオン積から $[H^+]$ を計算する．
$$K_w = 1 \times 10^{-14} = [H^+] \times [OH^-]$$
ここで，
$$[OH^-] = 1.33 \times 10^{-3}\,M$$
であるから
$$[H^+] = \frac{1 \times 10^{-14}}{1.33 \times 10^{-3}} = 7.52 \times 10^{-12}\,M$$

ステップ3 $-\log_{10}[H^+]$ を計算し，pH を求める．
$$-\log_{10}(7.52 \times 10^{-12}) = 11.1$$
よって，0.1 M NH_3 水溶液の pH は 11.1 となる．

3.3 緩衝液

酸や塩基を添加すると，通常，溶液の pH が変化する．**緩衝液**(buffer)は，酸や塩基の添加による pH 変化に抵抗する特殊な溶液である．

緩衝液は生物学的にも非常に重要である．たとえば，血液の pH がわずか 0.5 変化しただけで，一般に死に至る．同様に，多くの工業プロセスの pH も，非常に狭い範囲内に保たれなければならないことが多い．

緩衝液は，通常，以下のいずれかの方法で調製される．

1) 弱酸とその塩の溶液(たとえば，酢酸(エタン酸)と酢酸ナトリウムなど)
2) 弱塩基とその塩の溶液(たとえば，アンモニア水溶液と塩化アンモニウムなど)

ここで，緩衝液がどのように作用するかを考察してみよう．弱酸 H-A がその塩 M-A と平衡状態にある系を考えてみる．式(3.12)と(3.13)に示したように，H-A はごくわずかしか解離しないのに対して，M-A は完全解離する．

$$H\text{-}A \rightleftharpoons H^+ + A^- \quad (3.12)$$
$$M\text{-}A \longrightarrow M^+ + A^- \quad (3.13)$$

この溶液は，酸である H-A と，塩基とみなすことができる A^- を比較的高濃度で含んでいる．

ここで，この溶液に酸を加えると，過剰の H^+ イオンは A^- と反応し，pH に及ぼす影響を最小限に抑える．十分に多量の A^- が存在していれば，pH はごくわずかしか変化しない．OH^- イオンが加えられると溶液中の H^+ イオンが反応して水になる．さらに H-A が解離して $[H^+]$ を回復するので，pH が保たれる．もし，十分多量の H-A が存在していれば，その緩衝液は塩基を加えられても pH 変化に抵抗することができる．

緩衝液の $[H^+]$，したがって pH は，おもに H-A の解離によって決められるが，その平衡定数は式(3.14)で与えられる．

$$K_a = \frac{[H^+][A^-]}{[HA]} \quad (3.14)$$

緩衝液が希釈されると，H-A が解離して H^+ と A^- の相対濃度が維持される．その結果，緩衝液の pH は希釈に際しても保たれることになる．

弱塩基 B の溶液がその塩 BH-X 存在下で示す緩衝作用についても，全く同様の考え方を当てはめることができる．

弱塩基 B は，式(3.15)のように溶液中で一部だけが解離する．これとは対照的に，その塩 BH-X は，式(3.16)に示したように溶液内でほぼ完全に解離する．

$$B + H_2O \rightleftharpoons BH^+_{(aq)} + OH^-_{(aq)} \quad (3.15)$$
$$BH\text{-}X_{(aq)} \longrightarrow BH^+_{(aq)} + X^-_{(aq)} \quad (3.16)$$

$[H^+]$ そして pH は，水のイオン積と $[OH^-]$ で決まる．酸が添加されると，H^+ イオンは緩衝液の OH^- と反応する．弱塩基 B はさらに解離し，溶液の pH は一定に保たれる．もし塩基がこの溶液に加えられると，塩の BH^+ イオンが塩基の OH^- イオンと反応して，この場合も溶液の pH が一定に保たれる．このように，この緩衝液も十分に多量の B と BH-X を含んでいれば，pH の変化に抵抗することができるのである．

例題 3.6 0.05 M 酢酸ナトリウム CH_3COONa と 0.01 M 酢酸 CH_3COOH を含む緩衝液を調製した．この緩衝液の pH を計算しなさい．CH_3COOH の K_a は 1.7×10^{-5} である．

[解 法]
1) 非解離の酸の濃度を計算する．
2) 酢酸イオン濃度を計算する．
3) CH_3COOH の解離定数を用いて $[H^+]$ を計算し，ついで pH を求める．

ステップ1 この酸は弱酸であるから，非解離の酸の濃度は近似的に酸の全濃度，この場合は 0.01 M に等しいとおくことができる．

ステップ2 これとは逆に，塩は溶液内で完全解離するとみなすことができる．したがって，この問題の場合，$[CH_3COO^-]$ は近似的に 0.05 M とおくことができる．

ステップ3 酸の K_a は次式で与えられる．

$$K_a = \frac{[H^+][CH_3COO^-]}{[CH_3COOH]}$$

これを書き換えるとつぎのようになる．

$$[H^+] = \frac{K_a[CH_3COOH]}{[CH_3COO^-]}$$

K_a，$[CH_3COOH]$，$[CH_3COO^-]$ にそれぞれの数値を代入すると

$$[H^+] = \frac{1.7 \times 10^{-5} \times 0.01}{0.05}$$
$$= 3.4 \times 10^{-6} \text{ mol dm}^{-3}$$

したがって，
$$pH = -\log_{10}(3.4 \times 10^{-6})$$
この緩衝液の pH＝5.47

ここまで学習してくると，強酸や強塩基が加えられたとき，緩衝液がどれだけ pH 変化に抵抗できるかを理解することができる．例題3.6で用いた緩衝液 1 dm³ に 0.1 M NaOH を 10 cm³ 添加したとき，何が起こるかを見てみよう．

例題 3.7　pH 5.47 の酢酸ナトリウム(0.05 M)/酢酸(0.01 M)緩衝液 1 dm³ に，10 cm³ の 0.1 M NaOH 水溶液を添加した．得られた溶液の pH を計算しなさい．

[解 法]
1) NaOH が緩衝液とどのように反応するかを，反応の化学量論を考慮して書き表す．
2) NaOH 添加後の酸 CH_3COOH の濃度を計算する．
3) NaOH 添加後の酢酸イオン CH_3COO^- の濃度を計算する．
4) 酸の解離定数を表す式を用いて，$[H^+]$ を計算し，pH を求める．

ステップ 1　NaOH は CH_3COOH と反応して CH_3COONa を生成する．すなわち

$$CH_3COOH + NaOH \longrightarrow CH_3COO^- + Na^+ + H_2O$$

このため，CH_3COOH の濃度は低下するのに対して，CH_3COO^- の濃度は増加する．

ステップ 2

10 cm³ の 0.1 M NaOH ≡ 0.001 mol の OH^-

緩衝液の全体積が 1000 cm³ から 1010 cm³ に増加していることに注意しなくてはならない．

最初は緩衝液中に 0.01 mol の CH_3COOH があった．それが NaOH 添加後は，1010 cm³ 中に 0.01－0.001 mol になっている．したがって，CH_3COOH は 1010 cm³ に $9×10^{-3}$ mol となる．

よって，

$$[CH_3COOH] = \frac{9×10^{-3}}{1010} × 1000 \text{ mol dm}^{-3}$$

$$= 8.91×10^{-3} \text{ mol dm}^{-3}$$

ステップ 3　$[CH_3COO^-]$ を計算する．

最初は 1000 cm³ に 0.05 mol の CH_3COO^- があった．NaOH が添加されると，さらに 0.001 mol の CH_3COO^- が増える．緩衝液の体積は，やはり 1000 cm³ から 1010 cm³ に増加している．したがって，$[CH_3COO^-]$ は以下のように計算される．

$$[CH_3COO^-] = \frac{0.05+0.001}{1010} × 1000 \text{ mol dm}^{-3}$$

$$= 0.0505 \text{ mol dm}^{-3}$$

ステップ 4　$[H^+]$，そして pH を計算する．

$$K_a = \frac{[H^+][CH_3COO^-]}{[CH_3COOH]}$$

したがって，以下のように求められる．

$$[H^+] = \frac{K_a[CH_3COOH]}{[CH_3COO^-]}$$

$$= \frac{1.7×10^{-5} × 8.91×10^{-3}}{0.0505}$$

$$= 3.00×10^{-6}$$

よって，pH = 5.52

新たな pH は 5.52 である．NaOH 添加前の緩衝液の pH は 5.47 であったのであるから，これは pH がわずか 0.05 しか変化しなかったことを示している．これとは対照的に，中性の水 (pH 7) にアルカリを同じだけ添加すると，pH が約 11 に上昇する．このことは，pH の値がはるかに大きく変化することを明確に表している．

例題 3.7 は酸/塩緩衝液の作用をよく示している．ではつぎに，塩基とその塩の同様な例について例題 3.8 でみることにしよう．

例題 3.8　0.05 M NH_3/0.05 M NH_4Cl 緩衝溶液 1 dm³ に，10 cm³ の 0.2 M HCl 溶液を添加した．HCl 添加前と添加後の溶液の pH を計算しなさい．NH_3 の K_b は $1.88×10^{-5}$ である．

[解 法]
1) $[NH_4^+]$ を計算する．
2) 解離定数の式から $[OH^-]$ を計算する．
3) 水のイオン積から $[H^+]$ を計算する．
4) HCl を添加すると，HCl が NH_3 とどのように反応するかを化学量論に基づいて記述する．ついで新たな溶液中の OH^- 濃度を求める．
5) HCl 添加後の $[H^+]$ を水のイオン積から計算し，pH を求める．

ステップ 1　NH_4Cl は塩であり，完全解離するとみなすことができるから，この場合 $[NH_4^+]$ は 0.05 M とおくことができる．

ステップ 2　　$NH_3 + H_2O \rightleftharpoons NH_4^+{}_{(aq)} + OH^-{}_{(aq)}$

$$K_b = \frac{[NH_4^+][OH^-]}{[NH_3]}$$

NH_3 は弱塩基であり，$[NH_3]$ は $0.05\,M\,(=[NH_4^+])$ とおくことができるから

$$[OH^-] = K_b$$
$$= 1.88 \times 10^{-5}\,M$$

ステップ 3

$$K_w = 1 \times 10^{-14}\,mol^2\,dm^{-6} = 1.88 \times 10^{-5} \times [H^+]$$

$$[H^+] = \frac{1 \times 10^{-14}}{1.88 \times 10^{-5}} = 5.32 \times 10^{-10}\,mol\,dm^{-3}$$

$$pH = -\log_{10}(5.32 \times 10^{-10})$$

すなわち

$$pH = 9.27$$

ステップ 4

$$HCl_{(aq)} + NH_{3(aq)} \longrightarrow NH_4^+{}_{(aq)} + Cl^-{}_{(aq)}$$

今 $0.2\,M\,HCl$ を $10\,cm^3$ 添加すると，HCl 添加量は

$$\frac{10}{1000} \times 0.2\,mol\,HCl = 2 \times 10^{-3}\,mol\,HCl$$

酸塩基反応の化学量論は 1:1 である．

最初，$0.05\,mol$ の NH_3 が存在した．したがって，$0.05 - 2 \times 10^{-3}\,mol = 0.048\,mol$ の NH_3 が残っていることになる．

溶液の体積は，今 $1000\,cm^3$ から $1010\,cm^3$ に増加しているから，

$$[NH_3] = \frac{0.048}{1010} \times 1000\,mol\,dm^{-3}$$
$$= 4.75 \times 10^{-2}\,mol\,dm^{-3}$$

一方，NH_4^+ は $0.05 + 2 \times 10^{-3}\,mol = 0.052\,mol$ に増加している．したがって

$$[NH_4^+] = \frac{0.052}{1010} \times 1000\,mol\,dm^{-3}$$
$$= 5.15 \times 10^{-2}\,mol\,dm^{-3}$$

ここで $K_b = \dfrac{[NH_4^+][OH^-]}{[NH_3]} = 1.88 \times 10^{-5}\,mol\,dm^{-3}$ であるから，

$$[OH^-] = \frac{1.88 \times 10^{-5} \times 4.75 \times 10^{-2}}{5.15 \times 10^{-2}}$$
$$= 1.73 \times 10^{-5}\,mol\,dm^{-3}$$

ステップ 5　　$K_w = 1 \times 10^{-14}\,mol^2\,dm^{-6}$ であるから，

$$1 \times 10^{-14} = [H^+] \times 1.73 \times 10^{-5}$$

$$[H^+] = \frac{1 \times 10^{-14}}{1.73 \times 10^{-5}} = 5.78 \times 10^{-10}\,mol\,dm^{-3}$$

すなわち，$pH = -\log_{10}(5.78 \times 10^{-10})$ であるから，

$$pH = 9.24$$

したがって，溶液の pH はわずか 0.03 しか変化しなかったことになる．

3.4 酸と塩基の相互作用

多くの化学分析は pH に依存する．このことは，多くの化学分析が酸と塩基の相互作用の仕方によって決まるということを示している．酸は，通常強酸あるいは弱酸であるとみなされ，また塩基も強塩基か弱塩基である．したがって，以下のようにいうことができる．

1) 強酸は強塩基と反応することができる．
2) 強酸は弱塩基と反応することができる．
3) 強塩基は弱酸と反応することができる．
4) 弱酸は弱塩基と反応することができる．

混合物の pH は解離した酸あるいは塩基成分の濃度によって決まる．

したがって，酸を塩基に加えたとき，あるいはその逆の場合の pH と濃度の関係は複雑なものになることがある．ここでは，この四つの例について順に考えていくことにしよう．

3.4.1 強酸と強塩基の反応

この場合は，酸と塩基の両方とも溶液内で完全解離しているとみなすことができる．酸と塩基は反応して塩と水を生成する．もし酸と塩基が互いに完全に等しい物質量で加えられ，また両者とも同じ数のイオン化可能な酸性あるいは塩基性官能基を含んでいるとすれば，両者は互いに中和し，溶液は中性の pH 7 になるであろう．そうでない場合は，酸あるいは塩基が過剰となり，それによって最終的な溶液の pH が決まる．

もし強酸が過剰であれば，pH は通常 1.5～1.0 の範囲に落ち着く．逆に強塩基が過剰であれば，pH は通常 12.0～13.0 の間になる．図 3.2 は強塩基を強酸にゆっくり加えたとき，また，逆に強酸を強塩基に加えたならば，どのように pH が変化するかを示したものである．pH は，反応後にどちらの化学種が過剰に残っているかで決まるということを覚えておくとよい．最初 pH は，中和点に近づくまではほとんど変化しない．中和のあと，pH は酸あるいは塩基が過剰に

加えられると急激に変化する．酸と塩基が等モル量存在する点は**当量点**(equivalence point)とよばれ，この点付近でのpHの急激な変化が，広く用いられている酸塩基滴定の基礎になっている．これについては，§3.6で述べることにする．

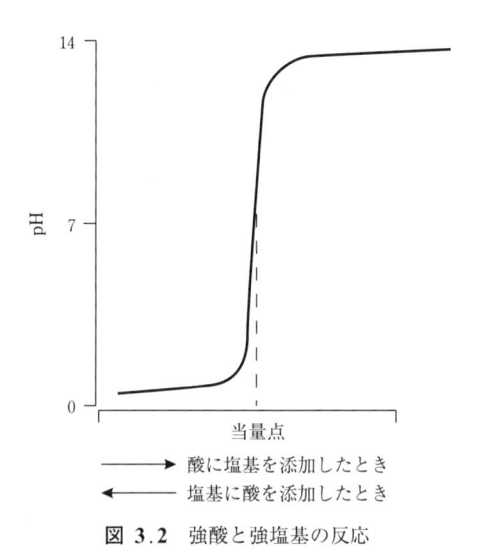

3.4.3 強塩基と弱酸の反応

この場合，一方の化学種が過剰であるとき，強塩基はpHを12から13の間に上げるのに対して，弱酸は通常pHを4から5にする．当量点は，この場合もまたpHが急激に変化する点で示される(図3.4)．

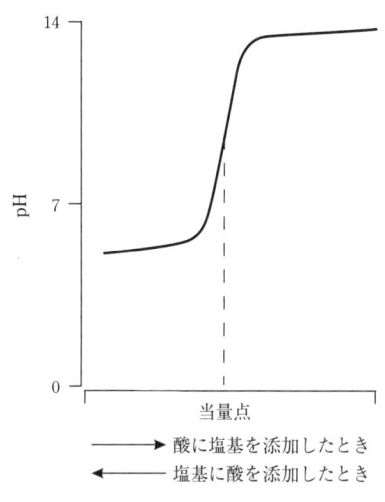

図 3.2 強酸と強塩基の反応

図 3.4 強塩基と弱酸の反応

3.4.2 強酸と弱塩基の反応

この場合も，pHはどちらの化学種が過剰に存在するかで決まる．強酸はpHを約1.0から1.5の間にする．しかし，弱塩基は溶液のpHを通常およそ8.0〜9.0にする．当量点は，ここでも同様にpHの急激に変化する点で示される(図3.3)．

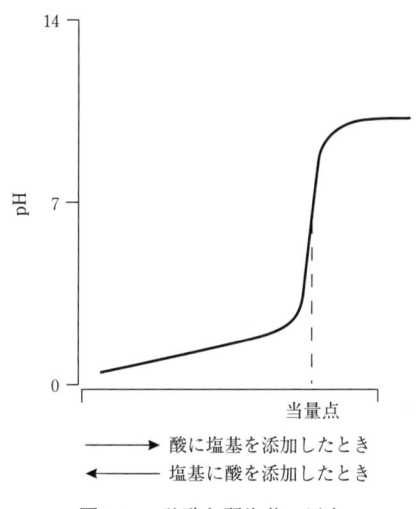

3.4.4 弱酸と弱塩基の反応

この反応の場合は，pHの変化はそれほど劇的ではない．これは弱酸が溶液のpHを4から5の範囲程度にしか下げない一方で，弱塩基は8〜9付近までしか上げないからである(図3.5)．当量点は，そのpH範囲は狭くなるけれども，pHが急激に変化する点で示されることに変わりはない．

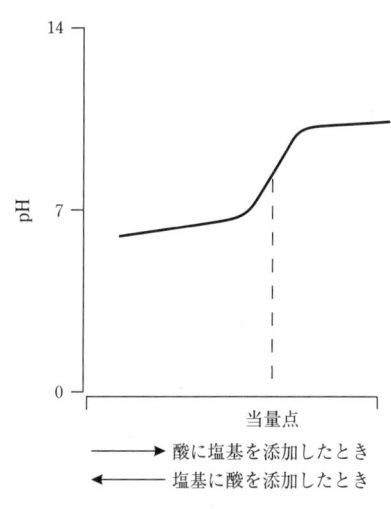

図 3.3 強酸と弱塩基の反応

図 3.5 弱酸と弱塩基の反応

3.5 滴定の化学量論

滴定は，試薬がどれだけの物質量ずつで互いに反応するかの知見に基づいている．試薬は，通常互いに一定の物質量またはモル比で反応する．これを反応の**化学量論**(stoichiometry)という．

塩酸 $HCl_{(aq)}$（一塩基酸）は水酸化ナトリウム（一酸塩基）と 1:1 の化学量論で反応し，$NaCl$ と H_2O を生成する（式(3.17)）．

$$HCl_{(aq)} + NaOH_{(aq)} \longrightarrow NaCl_{(aq)} + H_2O_{(l)} \quad (3.17)$$

一方，$H_2SO_{4(aq)}$（二塩基酸）は NaOH と 1:2 の化学量論で反応する（式(3.18)）．

$$H_2SO_{4(aq)} + 2NaOH_{(aq)} \longrightarrow Na_2SO_{4(aq)} + 2H_2O_{(l)} \quad (3.18)$$

もし，ある試薬が他の試薬とどのように反応するかの化学量論と，反応物質あるいは生成物質のうちいずれか一方のモル濃度を測定，すなわち追跡する方法とがわかっていれば，**滴定分析**(titrimetric analysis)の基礎をすでに得ていることになる．

滴定分析は非常に有用であり，またいろいろな方法で行うことができる．最も広く用いられているのは，今でも**指示薬**(すなわち溶液に添加される化合物)を使用する方法である．指示薬は，特に滴定が酸塩基反応に基づくものであるとき，いろいろな当量点に付随するpH変化を追跡するために用いられる（§3.4参照）．滴定を追跡するのに用いられる他の方法としては，電気化学的な方法や光学的方法がある．

3.6 酸塩基滴定と指示薬

酸塩基滴定は最も広く使用されている滴定法の一つであり，多くの分野で利用されている．最初にその一例として，環境水試料（たとえば河川水や排水など）のアルカリ度(HCO_3^-)を測定する単純な滴定について述べよう．

その前に，指示薬を使って当量点がどのように決定されるかを考えることが重要である．当量点を決定する方法はほかにもあるが，指示薬は今でも非常に広く用いられており，また多くの場合，最も簡単な方法であることを忘れてはならない．指示薬は濃い色を呈し（すなわち，可視部に大きなモル吸光係数 ε をもち），1滴か2滴で反応混合物の色が鋭敏に変化することが必要である．

多くの指示薬は有機化合物であり，発色団として機能する，一つあるいはそれ以上の官能基をもっている．そのよい例として，メチルオレンジをあげることができる（図3.6）．

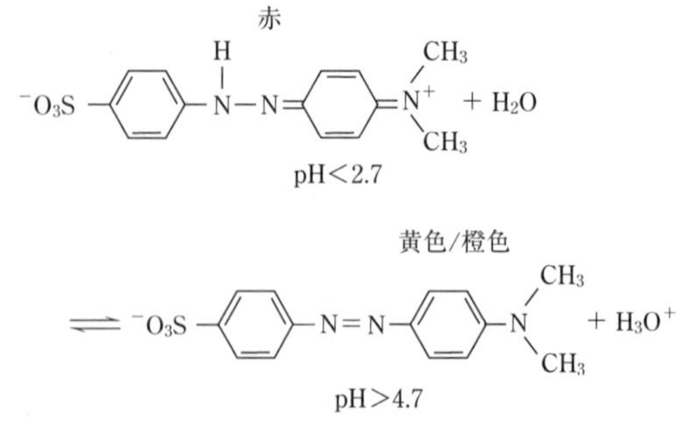

図 3.6 pHによるメチルオレンジの色の変化

指示薬は非常に狭いpH範囲で変色するのが理想的である．pH応答性を示す指示薬の多くはプロトン付加および脱離反応を示すものであるから，これを達成するのは十分に可能である．すなわちpHは指示薬のプロトン化または脱プロトン化が起こるかどうかに直接影響を及ぼすからである．指示薬はまた，可逆的に応答するのが理想的である．プロトン化あるいは脱プロトン化はそれぞれの指示薬に特有なものであるから，異なる指示薬は別々のpH範囲で変色する．すでに§3.4でみてきたように，異なる当量点は異なるpH範囲をもつので，このことはきわめて有用である．指示薬は，当量点を含むpH範囲で色が変化するものを選択しなくてはならない．実際には，使用できる指示薬が二つか三つあることが多い．多くの場合，pHの変化は数pH単位の範囲に及ぶからである．

3.6.1 環境水試料中のアルカリ度(HCO_3^- 含有量)の測定

環境水試料中の HCO_3^- 含有量は，簡単な酸塩基滴定を使ってかなり容易に測定することができ，これは実際の酸塩基滴定を説明するのによい例となる．

二酸化炭素は，自然界において生物の成長と腐敗によって発生し，また燃料の燃焼によっても生成する．後者は地球的規模での大気中の CO_2 含有量を年々増加させている．雲や雨の水滴は二酸化炭素を溶解し，pHが5付近の弱酸性溶液として二酸化炭素を地表に戻す（式(3.19)）．

$$CO_{2(aq)} + H_2O_{(l)} \rightleftharpoons [CO_2 \cdot H_2O]_{(aq)}$$
$$\rightleftharpoons H^+ + HCO_3^-{}_{(aq)} \quad (3.19)$$

炭酸は弱酸である(石灰岩を含む地域では炭酸カルシウムの溶解を促進する;式(3.20)).

$$H^+ + HCO_3^-{}_{(aq)} + CaCO_{3(s)}$$
$$\rightleftharpoons Ca^{2+}{}_{(aq)} + 2HCO_3^-{}_{(aq)} \quad (3.20)$$

HCO_3^- は塩基として作用し,これを含む水はアルカリ性(一時硬度)を示す.また,HCO_3^- は HCl のような強酸で滴定することができる(式(3.21)).

$$H^+ + HCO_3^-{}_{(aq)} \longrightarrow H_2CO_3 \quad (3.21)$$

遮へいメチルオレンジ指示薬*2〜3滴で,当量点を判定することができる.滴定混合物は緑色から灰色を経て,最終的にpHが3〜4.5においてマゼンタ(赤紫)色に変わる.

水処理産業においては,アルカリ度を mg dm^{-3} CaCO$_3$ で報告するのが慣例である.この場合,式(3.20)の1:2の化学量論,すなわち,CaCO$_3$ が1 mol につき 2 mol の HCO_3^- が生成することを考慮に入れなくてはならない.

3.7 水道水の硬度測定: キレート滴定の二つの例

"水の硬度"は金属陽イオンの存在によって生ずる.この金属陽イオンは長鎖脂肪族カルボン酸(セッケン)と不溶性の塩を形成するほか,水を加熱したとき,管ややかんの中に缶石を生じさせたりする.水の硬度の原因となるおもな金属イオンは Ca^{2+} と Mg^{2+} である.水の硬度は,しばしばその原因となる物質により"一時硬度(temporary hardness)"(Ca^{2+} による)と"永久硬度(permanent hardness)"(Mg^{2+} による)に分けられる.このため,特定の水源についてイオン含有量を明らかにすることが有用であることが多い.たとえば,一時硬度は水を沸騰させることによって除くことができるが,やかんに缶石(CaCO$_3$)の生成をもたらす.これに対して,マグネシウム塩は沸騰させても沈殿しない(永久硬度).また,カルシウムの錯体とマグネシウムの錯体は,pHによって異なる安定度を示すので,これを利用して,水試料中の Ca^{2+} と Mg^{2+} の含有量をエチレンジアミン四酢酸(EDTA)滴定分析で測定することができる.

3.7.1 全(Ca^{2+} と Mg^{2+})硬度

全硬度を測定する滴定では,試料中の Ca^{2+} と Mg^{2+} の全含有量が求められる.pH が約10(アンモニア/塩化アンモニウム緩衝液を用いる)で,Ca^{2+} と Mg^{2+} は,EDTA といずれも1:1の化学量論の強固な錯体を形成する.EDTA を添加すると,Ca^{2+} や Mg^{2+} は,それらが完全に錯形成するのに十分なだけ EDTA がないときに限り,溶液中に遊離イオンとして存在する.同様に,これらのイオンは,EDTA が溶液に十分加えられていないときにのみ,EDTA より弱い配位子と錯形成する.エリオクロムブラックのような指示薬は弱い配位子として作用し,金属イオンを失う際に,ワインレッドから青に色が変わる.

Ca^{2+} や Mg^{2+} イオンを含む水溶液に固体のエリオクロムブラックを少量入れると,その錯体はワインレッドに呈色する.EDTA で滴定していくと,Ca^{2+} と Mg^{2+} は錯形成して金属-EDTA 錯体となる.すべての遊離金属イオンが消費しつくされると,Ca^{2+} および Mg^{2+}/エリオクロムブラック錯イオンが解離し,遊離した金属イオンは EDTA と錯体を形成する.このとき,指示薬は赤から青に変色するが,それが滴定の当量点に対応している.

3.7.2 一時(Ca^{2+})硬度

水の一時(Ca^{2+})硬度を測定するには,水試料のpHを(数 cm^3 の希 NaOH 溶液を添加するなどして)約12以上に調整しなくてはならない.この試料は,HSN〔2-ヒドロキシ-1-(2′-ヒドロキシ-4′-スルホ-1′-ナフチルアゾ)-3-ナフトエ酸〕などの指示薬を用いて,上記と同じ方法で滴定することができる.この場合の当量点は,色が透明な青になった瞬間である.

3.7.3 マグネシウム含有量

Mg^{2+} イオン含有量は,個々の水試料について,全硬度と Ca^{2+} 含有量を測定したあとに,計算して求めることができる.全硬度は Mg^{2+} と Ca^{2+} の含有量の合計を表すので,Mg^{2+} イオン含有量は,全硬度(Ca^{2+}+Mg^{2+})から一時硬度(Ca^{2+})の値を差し引くこ

---

* 訳注:メチルオレンジにキシレンシアノールを混合した指示薬で,本文中に記載されているように,緑色→灰色→マゼンタと鋭敏な変色を示す.

とによって計算できる.

この理由を視覚化してわかりやすく説明するのに，簡単な棒グラフ(図3.7)が役立つ．二つ以上の分析データを使って他のデータを推定することは，非常によく用いられているやり方である．これについて説明するために，次節でさらにいくつかの例を取上げて考えてみることにしよう．

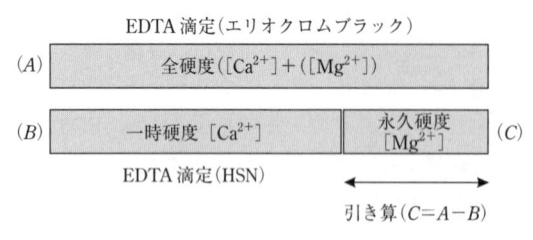

図 3.7 滴定による $Ca^{2+}+Mg^{2+}$ の定量

(A) EDTA滴定(エリオクロムブラック) — 全硬度($[Ca^{2+}]+[Mg^{2+}]$)
(B) 一時硬度 $[Ca^{2+}]$ — EDTA滴定(HSN)
(C) 永久硬度 $[Mg^{2+}]$ — 引き算($C=A-B$)

3.8 環境水試料中の塩化物の定量：硝酸銀滴定の例

河川水の塩化物イオン含有量(塩度)は，野生生物にとってきわめて重要な意味をもっている．塩化物イオン濃度は水道水の味だけでなく，腐食にも重要な影響を与える．河川水は，高濃度の塩化物を含む石炭の燃焼によって大きく汚染される．この種の石炭の燃焼により大気中に塩化水素が放出され，それが雨水中のHClとして地上に戻り，最終的に河川に流れ込む．下水処理水や工業および農業排水も塩化物を含んでいる．また冬の間，塩化物($CaCl_2$など)は多くの国々で道路の融雪に使用される．これは雨で洗い流され，結局は河川や湖に集積されることになる．

幸運なことに，簡単な $AgNO_3$ を用いた滴定を水試料中の塩化物イオン濃度を測定するのに利用することができる．

銀イオンは塩化物イオンと反応して塩化銀を生成する(式(3.22)).

$$Ag^+_{(aq)} + Cl^-_{(aq)} \longrightarrow AgCl_{(s)} \quad (3.22)$$

指示薬としてはクロム酸イオンを用いることができる．これは，銀イオンが塩化物イオンよりは弱いが，クロム酸イオン(CrO_4^{2-})とも反応して，赤色のクロム酸銀を生成するからである(式(3.23)).

$$2Ag^+_{(aq)} + CrO_4^{2-}_{(aq)} \longrightarrow Ag_2CrO_{4(s)} \quad (3.23)$$

実際には，銀イオンは溶液内の塩化物イオンがすべて消費しつくされた瞬間に，はじめてクロム酸イオンと反応するので，クロム酸カリウムを指示薬として使うことができる．このようにして塩化物イオンの濃度を計算することができる．この方法を使って，ppmレベルの塩化物イオンも定量することができる．

3.9 溶存酸素の定量：チオ硫酸ナトリウム滴定の例

チオ硫酸-ヨウ化物滴定は広く用いられており，その一例として，最初にWinklerによって開発された水中の溶存酸素(O_2)の定量法を述べることにしよう．この分析もまた，非常に簡単に行うことができ，今日でも広く使用されている．水の酸素含有量は環境汚染によって容易に影響を受け，河川や湖沼に生息する動植物相にとって致命的なことになるので，この測定は非常に重要である．

3.9.1 試料調製

水に溶解した分子状酸素は，大気との間の動的平衡状態にある．このため試料を，分析を行う実験室にもってくる前に，現場で調製することが非常に重要になる．試料調製は，実験室での簡単な測定ができるように，酸素含有量を"固定"する操作を含んでいる．

試料水は，内容積が既知の試料瓶(たとえば100 cm^3)に，縁までいっぱいに満たさなくてはならない．手袋をはめて，1 cm^3 のアジ化アルカリ試薬を水面より下にマイクロピペットで注入する．ついで，1 cm^3 の $MnSO_4$ 溶液を同様にして加える．最後に，瓶のふたをしっかりと閉め，静かに振って内容物を混合する．

アジ化アルカリ試薬と $MnSO_4$ は，式(3.24)に示すように，水酸化マンガン(II)の沈殿を生成する．

$$Mn^{2+}_{(aq)} + 2OH^-_{(aq)} \longrightarrow Mn(OH)_{2(s)} \quad (3.24)$$

すると，溶存分子状酸素は水酸化マンガンと反応してマンガン(III)オキソヒドロキシドを生成する(式(3.25)).

$$4Mn(OH)_2 + O_2 \longrightarrow 4MnO(OH) + 2H_2O \quad (3.25)$$

3.9.2 滴定分析

このように処理した試料は，三角フラスコに移して滴定することができる．これに過剰のヨウ化カリウムを数 cm^3 のリン酸とともに加えると，式(3.26)と(3.27)に示すように I_3^- イオンを生成する．

$$4MnO(OH)_{(s)} + 12H^+_{(aq)}$$
$$\longrightarrow 4Mn^{3+}_{(aq)} + 8H_2O \quad (3.26)$$
$$4Mn^{3+}_{(aq)} + 6I^-_{(aq)}$$
$$\longrightarrow 4Mn^{2+}_{(aq)} + 2I_3^-_{(aq)} \quad (3.27)$$

生成したヨウ素(過剰のヨウ化物イオン存在下では I_3^- となる)は，2，3滴のデンプン懸濁液を指示薬として，希チオ硫酸ナトリウム溶液(0.01 M)で滴定することができる(式(3.28))．ヨウ素が存在することは，藤紫色が現れることでわかる．この色はすべてのヨウ素が消費しつくされるや否や消失し，そしてそれが終点を示すことになる．最終的に溶液の色は淡い黄色となる．I_3^- の濃度が求まれば，その値から酸素濃度を計算することができる．

$$I_3^- + 2S_2O_3^{2-} \longrightarrow 3I^- + S_4O_6^{2-} \quad (3.28)$$

3.10 強塩基と弱塩基(OH^- と HCO_3^-)を含む混合物の滴定

滴定分析は，いろいろな理論的および実験的目的のために使用されている．しかし，他の試薬がいくつか存在し，それが当該反応と競合したり，妨害したりするために単純な分析方法を使えないときには，問題が起こりうる．

このような場合のよい例としては，水酸化物イオンと炭酸イオンを含む溶液を挙げることができよう．すでに§3.6でみてきたように，炭酸イオンは大気中の二酸化炭素が溶解するため，天然水中に一般的に存在している．もし，この水に強塩基が混じると，試料の分析は複雑になり，強酸による滴定は満足できる結果を与えない．まず，溶液のpHが高いところでは OH^- だけがプロトン化して水になる．しかし，HCO_3^- の pK_a は約10.3であるので，相当量の CO_3^{2-} が最後の水酸化物イオンが消費される前にプロトン化することになる．問題をさらに複雑にしてしまうことには，HCO_3^- はさらに H_2CO_3 にまでプロトン化してしまう．H_2CO_3 の pK_a は約6.3であり，CO_3^{2-} の当量点をみるには，多くの一般に用いられる指示薬はその変色域が通常 2 pH 単位に及ぶので，pHのジャンプが2より小さいこの滴定には使用することができない．

しかしながら，この問題は，ずっと狭いpH範囲で変色するように2種類の指示薬を注意深く選ぶことによって克服することができる．その2種類の指示薬は，近接した pK_a 値をもち，違う色を示すものでなければならない．そうすると，二つの指示薬の pK_a 値のちょうど中間のpHにおいて第3の変色が見られることになる．

OH^- と CO_3^{2-} の両方を含む溶液の滴定分析に最も一般的に用いられる混合指示薬は，**クレゾールレッド1に対してチモールブルーが6**の混合物である．チモールブルーの pK_a は約8.9であるのに対して，クレゾールレッドは約8.2の pK_a 値をもつ．混合指示薬はpH 8.4で紫色，pH 8.3で青，そしてpH 8.2でローズピンクとなる．したがってこれは，酸によってpH 8.3付近で起こる CO_3^{2-} のプロトン化の終点を判定するのに適している．言い換えれば，この混合指示薬は CO_3^{2-} の当量点に達した直後に(しかも HCO_3^- が2度目のプロトン化を受ける前に)ローズピンクを示すのである．

混合指示薬を使った滴定と，pK_a が約3.7のメチルオレンジを使った滴定による結果とを比べると，式(3.29)～(3.31)を考慮して計算することにより，HCO_3^- 濃度を求めることができる．

反応式を以下に示す．

$$OH^- + H^+ \longrightarrow H_2O \quad (3.29)$$
$$CO_3^{2-} + H^+ \longrightarrow HCO_3^- \quad (3.30)$$
(混合指示薬によって示される当量点)
$$HCO_3^- + H^+ \longrightarrow H_2CO_3 \quad (3.31)$$
(メチルオレンジによって示される当量点)

メチルオレンジを指示薬として用いる滴定からは，塩基の全物質量(すなわち OH^-，CO_3^{2-}，そして HCO_3^-)を計算することができる．HCO_3^- は CO_3^{2-} のプロトン化によって生成するので，その物質量は互

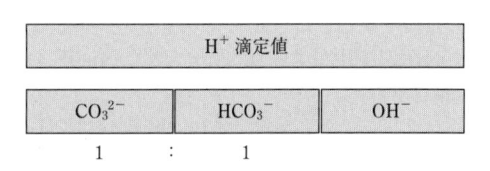

H^+ 滴定値		
CO_3^{2-}	HCO_3^-	OH^-
1	:	1

図 3.8 滴定による CO_3^{2-}，HCO_3^-，OH^- の定量

いに等しいことを忘れてはならない．混合指示薬溶液を用いた滴定は，炭酸イオンと水酸化物イオンの合計の物質量を与える．OH^-イオン濃度は，この場合，全塩基濃度からCO_3^{2-}とHCO_3^-濃度を差し引いた値となる．この概略を図3.8に示す．

3.11 逆 滴 定

滴定の中には直接行うことができないものがある．その理由は数多くあるが，適当な指示薬がない，沈殿が生じてしまうなどがその例としてあげられる．ある場合には，過剰の反応試薬を添加し，ついで未反応の試薬の量を分析することによってこの問題を克服することができる．この場合，目的物質の濃度を逆方向から求める，すなわち目的物質を直接にではなく，前もって加えた試薬の物質量から求めるので，この方法を**逆滴定**(back titration)とよぶ．

3.11.1 塩化アンモニウムの定量

最初に塩化アンモニウム溶液の定量ができる例について考えてみよう．滴定する前に，他の試薬を加え，さらに沸騰させることができるほど十分大きな三角フラスコに塩化アンモニウム溶液を入れる．ここで，モル濃度が正確にわかっている水酸化ナトリウム溶液を塩化アンモニウムと反応するよりも過剰になるように添加する(式(3.32))．

$$NH_4Cl_{(aq)} + NaOH_{(aq)} \longrightarrow NH_{3(g)} + H_2O_{(l)} + NaCl_{(aq)} \quad (3.32)$$

ついで，溶液をドラフト中で穏やかに沸騰させ(沸騰石を入れておく)，完全に反応させる．このとき，少量の脱イオン水をときどき加えて液量を一定に保つように注意する．新たに生成した揮発性のアンモニアが揮散するので，加熱している間にNH_3ガスが放出される．湿らせた赤色リトマス紙をフラスコの上にかざして，変色がもはや見られなくなったとき，反応が完結したことがわかる．手で扱うことができる程度にこのフラスコを冷やせば，滴定分析を行うことができる．

2, 3滴の遮へいメチルオレンジを滴下し，フラスコ内の過剰の未反応NaOHを，標定したHClで滴定する(式(3.33))．

$$NaOH_{(aq)} + HCl_{(aq)} \longrightarrow NaCl_{(aq)} + H_2O_{(l)} \quad (3.33)$$

最初に加えたNaOHの正確な物質量はわかっており，反応後に残った量はここで定量したので，NH_4Clと反応した物質量を容易に得ることができる．この反応は単純な1:1の化学量論を示すから，NH_4Clの量とモル濃度は図3.9に図式化して示したように容易に求めることができる．

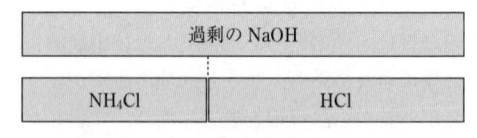

過剰のNaOH	
NH_4Cl	HCl

図 3.9 滴定によるNH_4Clの定量

例題 3.9 濃度未知の塩化アンモニウム溶液を標定したい．この溶液はNH_4Clを約0.15 M以上の濃度では含んでいないことがわかっている．この濃度未知の塩化アンモニウム溶液25 cm³に，0.101 M NaOHを50 cm³加えて中和した．ついで，反応後に残った未反応のNaOHを0.104 Mの標準HCl溶液で滴定した．繰返し滴定を行った結果，滴定値の平均は20.42 cm³であった．

NH_4Cl溶液の濃度を求めなさい．
図3.9は計算を理解するよい助けになるであろう．

[解法]
1) 滴定で使われたHClの物質量を求める．
2) HClと反応したNaOHの物質量を求める．
3) NH_4Clを中和するのに加えられたNaOHの物質量を求める．
4) ステップ2と3から，最初に何モルのNH_4Clが存在したかを求める．
5) NH_4Cl溶液のモル濃度を計算する．

ステップ1 20.42 cm³の0.104 M HClが滴定に使用された．使われたHClの物質量を計算すると

$$\frac{20.42}{1000} \times 0.104 \text{ mol HCl}$$

使用したHClの物質量 = 2.124×10^{-3} mol

(**注意** 最終的な答えを正しい有効数字で示すのであれば，計算の過程において数字を付け加えておいてもかまわない．)

ステップ2 反応で使用された NaOH の物質量を求める．水酸化ナトリウムと HCl は互いに以下に示す化学量論に基づいて反応する．

$$\text{NaOH}_{(aq)} + \text{HCl}_{(aq)} \longrightarrow \text{NaCl}_{(aq)} + \text{H}_2\text{O}_{(l)}$$

すなわち

$$1 + 1 \longrightarrow 1 + 1$$

もし 2.124×10^{-3} mol の HCl が使われたのなら，NaOH もその反応で 2.124×10^{-3} mol 消費されたはずである．

ステップ3 最初に NH_4Cl を中和するために，反応フラスコに 0.101 M NaOH を 50 cm³ 加えた．

はかりとった NaOH 溶液の中に含まれている NaOH の物質量を計算する．

最初にはかりとった溶液中には，$(50/1000) \times 0.101$ mol の NaOH がある．すなわち，NH_4Cl を中和するのに，5.05×10^{-3} mol の NaOH が加えられたことになる．

ステップ4 最初の試料中の NH_4Cl の物質量を計算する．はじめに 5.05×10^{-3} mol の NaOH が加えられ，反応後に 2.124×10^{-3} mol の NaCl が NaOH とともに残ったのであれば，最初の試料中には，

$$5.05 \times 10^{-3} - 2.124 \times 10^{-3} \text{ mol}$$

の NH_4Cl が存在していたことになる．すなわち，最初の試料には 2.926×10^{-3} mol の NH_4Cl があった．

ステップ5 最初の NH_4Cl 試料の体積は 25 cm³ であった．

したがって，25 cm³ の中に 2.926×10^{-3} mol の NH_4Cl が存在したことになる．25 cm³ 中に 2.926×10^{-3} mol の NH_4Cl が存在していたということは，その濃度は

$$\frac{2.93 \times 10^{-3}}{25} \times 1000 \text{ mol dm}^{-3} = 0.1172 \text{ mol dm}^{-3}$$

すなわち有効数字で示すと 0.117 mol dm⁻³ となる．

3.11.2 果汁中のビタミンC（アスコルビン酸）のヨウ素滴定

果汁や果汁飲料試料中のアスコルビン酸を酸化するために既知量の分子状ヨウ素 I_2 を発生させるには，ヨウ素酸(V)カリウム KIO_3 を一次標準として使用することができる．ついで，酸化に使われなかったヨウ素を，デンプンを指示薬としてチオ硫酸ナトリウム標準溶液で滴定する．このヨウ素滴定も，有用で一般に使用されている逆滴定法の一つである．

最初の段階は，物質量が既知の分子状ヨウ素を正確に発生させることである．このため，既知量のヨウ素酸(V)カリウムを正確にはかりとり，酸性条件下，溶液内で過剰のヨウ化カリウム(KI)と反応させる（式(3.34)）．

$$\text{IO}_3^- + 5\text{I}^- + 6\text{H}^+ \longrightarrow 3\text{I}_2 + 3\text{H}_2\text{O} \quad (3.34)$$

この反応が，一つの IO_3^- イオンから三つの I_2 分子が生成する，すなわち，3：1 の化学量論を示すことに注意しなくてはならない．

実際には，以下のような量を用いると，多くの果汁飲料中のビタミンCを実際に測定するのに適切な溶液を調製できる．1～1.2 g の KIO_3 を正確に秤量し，これを 200 または 250 cm³ のメスフラスコに入れて溶解する．KIO_3 は冷水に溶けにくいので，この固体物質を最初にビーカー中で少量の温水に溶かすほうが，操作が容易になることがある．この溶液をさらに希釈し，ついで注意深くメスフラスコに入れ，標線まで水を入れる．メスフラスコは加熱してはならない．なぜなら，加熱すると不可逆的に変形し，そのため検定された体積ではなくなってしまうからである．このようにして調製した溶液をピペットで体積を正確にはかりとって，滴定のために三角フラスコに入れた個々の果汁試料に添加する．

ヨウ化カリウム KI をそれぞれの三角フラスコに過剰に加える（約 0.5 g で十分であろう）．この試薬は過剰に加えればよいので，添加量を正確に測定する必要はない．この場合に用いる適切な酸は，希硫酸（約 1 M）であり，約 20～25 cm³ を三角フラスコに直接添加する．ここでも正確な量をはかりとる必要はないので，酸をはかりとるのにメスシリンダーを使ってもかまわない．この酸の目的は，式(3.34) の反応を進めるために，プロトンを過剰に与えることにある．酸を添加後，滴定フラスコは 10 分程度放置しておくとよい．

ビタミンC ($C_6O_6H_8$) は還元剤として作用し，ヨウ素により酸化される（式(3.35)）．

$$C_6O_6H_8 + I_2$$
$$\longrightarrow C_6O_6H_6 + 2H^+ + 2I^- \quad (3.35)$$

この場合，ビタミンCと分子状ヨウ素は 1：1 の化学

量論で反応するので，1分子のビタミンCが滴定混合物中の1分子のヨウ素を除去することになる．ヨウ素はあらかじめ過剰に加えてあるので，溶液内に残った分子状ヨウ素の物質量を測定することは容易である．

分子状ヨウ素はチオ硫酸ナトリウムと1:2の化学量論で反応する（式(3.36)）．

$$I_2 + 2S_2O_3^{2-} \longrightarrow 2I^- + S_4O_6^{2-} \quad (3.36)$$

したがって，ビタミンCによって消費される量は，数滴のデンプン指示薬を用いて，すべての遊離ヨウ素が消失するときを判定すれば，求めることができる．このとき溶液は深青色から淡い黄色に変化する．フラスコ中にどれだけのヨウ素が存在していたかと，ビタミンCとの反応後の溶液中にどれだけ残っていたかがわかれば，果汁試料中にビタミンCがどれだけ存在していたかを求めることができる．この方法を図式化して，図3.10に示した．

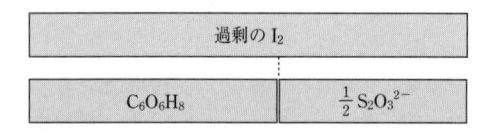

図 3.10 ヨウ素-チオ硫酸ナトリウム滴定によるビタミンCの定量

この種の計算をするときは，異なる化学量論を考慮することになるので十分に注意しなくてはならない．各段階の計算はとても単純である．しかし，単純なミスも往々にして犯しがちである．

3.12 光度滴定と電気化学滴定

私たちはこれまで，指示薬の変色を利用した滴定について述べてきた．色の変化は肉眼で判断され，当量点が記録される．この方法は一般に申し分のないものであるが，機器を用いて当量点あるいは終点を決定する方が望ましい場合がある．たとえば，個人の読み取り誤差を除きたい場合などである．多くの分析実験室は，試料測定を速くするために自動滴定装置をもっている．また，ある種の滴定には適当な指示薬がないこと，そしてそういった場合には，滴定終点を光学的あるいは電気化学的な測定機器を用いて決定することがあることを忘れてはならない．

分析のための光（第5章）および電気化学（第10章）の利用については他の章で扱うので，この種の滴定についてここでは詳細に述べない．しかし，その基本原理と簡単な応用について，つぎに考えてみよう．

3.12.1 光度滴定

光度滴定（photometric titration）は可視あるいは紫外スペクトルにおける吸光度の変化に基づくもので，紫外可視分光光度計を用いて行われる．

§3.6から§3.11で述べた指示薬を用いる滴定は，光学的に行うことによって自動化できる場合が多い．

また光度測定は，可視または紫外光を吸収する試薬の減少，可視または紫外光を吸収する生成物の増加，あるいは紫外または可視光を吸収する試薬と生成物の消費と生成の同時進行も追跡することができる．

もはや人間の目がもつ限界に左右されることがないので，すべての波長の紫外・可視光を利用することができるが，もし紫外光を使用したいのであれば，通常のガラスセルではなく石英セルを用いなくてはならない（第5章参照）．

光度滴定曲線は，滴定液の体積に対して吸光度をプロットしたものである．滴定液が加えられれば，反応溶液全体の体積が当然増加するので，このプロットは体積変化について補正しなくてはならない．通常この曲線は，異なる傾きをもつ二つの直線部分からなる．反応の終点は，グラフの直線部を外挿して得られる交点とする．このようなプロットの最も簡単なものは，滴定液の添加に伴って色（吸光度）の変化が起こることに対応するものである（図3.11）．光吸収はそれが最大に達するまで増加する．この種のグラフは，滴定液が加えられると光を吸収する呈色錯体が形成する場合

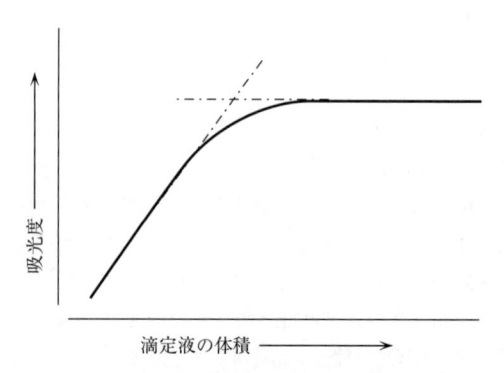

図 3.11 滴定液の添加に伴う発色

3.12 光度滴定と電気化学滴定

などに見られ，分析成分がすべて錯形成するまで吸収が増大する．図3.12は，当量点に達して，光を吸収する生成物が形成した瞬間に光吸収が起こる場合を示したものである（たとえば，硝酸銀滴定におけるクロム酸銀の生成などがこれにあたる．§3.8参照）．これとは対照的に図3.13は，滴定液を添加していくと，最小値に向かって低下していく吸収滴定曲線を示している．このような場合には，滴定液が添加されて反応するに従って錯体の色が変わる（あるいは無色になる）といったことが起こっている．

光度滴定は，一般に滴定容器が光路内に配置されるように組立てられた光度計あるいは分光光度計内で行われる．通常は，絶対吸光度を測定する必要はない．これは，滴定を追跡し，当量点を決定するためには，相対値で十分だからである．しかしながら，測定される化学種はランベルト-ベールの法則（第5章参照）に従って，測定される吸光度が濃度に比例していなくてはならない．

光度測定は多種類の滴定に応用されている．指示薬を用いるほとんどの酸塩基滴定は光学的に行うことができる．光度測定はまた，遷移金属錯体の形成や解離に伴って色の変化がしばしば見られる，EDTAなどを用いたキレート滴定にはきわめて有効であることがわかっている．

光度測定を行うには，用いた指示薬系が常にランベルト-ベールの法則に従う必要がある．

3.12.2 電気化学滴定

電流測定（amperometry）や，電位差測定（potentiometry）などの電気化学的な方法で，滴定を追跡することができる場合もある．これらの方法の詳細については第10章に述べられている．

電流滴定

電流滴定（amperometric titration）は，通常，加えた滴定液の体積が増加するに従って変化する作用電極の応答を測定することによって行われる．このとき，一般に対極と参照電極が組込まれて回路が構成されている．電流滴定には微小電極が作用電極として用いられる．これは，その応答が対流（撹拌）物質移動による変動の影響を受けないからである．参照電極を用いず，二つの分極性微小電極が使用されている装置もある．この場合は，単に両者の間に流れる電流を，滴定液を添加しつつ測定する．電流測定では，反応物質または生成物質の一つが，酸化あるいは還元によって連続的に除去される現象が起こっている．さらに電流応答は，通常，検出（作用）電極と溶液間の溶質の物質移動速度にも依存する．また微小電極は，本質的に，分析成分やまたは生成物の消費速度が小さい（第10章参照）．

電流滴定は，人的誤差や判定の不完全さを小さくできるので，電位差滴定に比べて正確で信頼性が高いことが多い．

> 注　電極と電気化学セルについては第10章を参照せよ．

電位差滴定

電位差滴定（potentiometric titration）は，適当な検出電極の電位（参照電極に対する電位）を滴定液の体積についての関数として測定するものである．検出電極は，通常イオン選択性電極すなわちイオン応答電極（ISE）である（第10章参照）．pH電極は最も一般的な

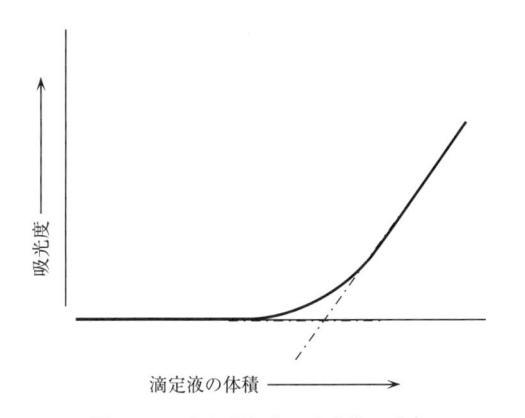

図3.12　光を吸収する生成物の形成

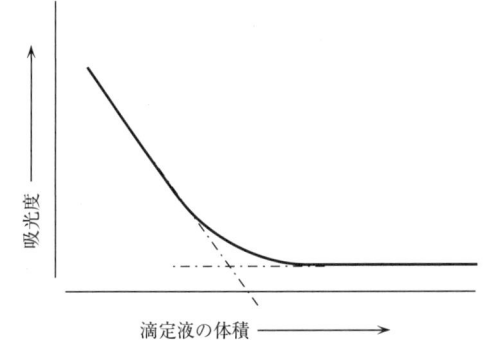

図3.13　滴定液の添加に伴う光吸収の低下

ISE であり，あらゆる標準的な酸塩基滴定を追跡するのにきわめて有用である．ISE の使用は，特にこれらの電極が保守点検を要するという点で問題があるが，自動化された ISE 測定機器を用いれば，この欠点を部分的に減らすことができる．ISE の応答は，一般に標準カロメル電極または Ag/AgCl 電極に対する電位差として出力される．pH 電極（水素イオン選択性電極，第 10 章参照）は，通常 pH 値が直接読み取れるようにつくられている．

ほとんどの電位差滴定曲線は，加えた滴定液の体積に対する電位(mV)変化（参照電極に対する電位），または pH で表される．

電位差滴定によれば，標準的な指示薬を用いて目視で行う滴定により得られるデータよりも，通常本質的により信頼性の高いデータが得られる．この方法も，指示薬の添加量や変色の判定などによる実験誤差を小さくする．電位差滴定は，非破壊的であるという点で，しばしば電流滴定よりも優れていることがある．言い換えれば，反応物質も生成物質も全く消費されないのである．安定な平衡電位を記録する必要があり，ときには試薬を反応させて安定な電位を得る間，しばらく待たなくてはならない．しかし，この時間はたいていの場合，滴定フラスコを適当な装置で自動的に撹拌することによって最小限にすることができる．

3.13 カールフィッシャー滴定による水の定量

多くの有機溶媒が，時間の経過とともに水を吸収する．**カールフィッシャー滴定**(Karl-Fischer titration) は，**カールフィッシャー試薬**(Karl-Fischer reagent) として知られている特殊な混合試薬を用いることにより水の定量を可能にする方法である．カールフィッシャー試薬は，ヨウ素，二酸化硫黄，ピリジン，および溶媒であるメタノールを含んでいる．この混合試薬は，式(3.37)と(3.38)に従って，水と反応する．

$$C_5H_5N \cdot I_2 + C_5H_5N \cdot SO_2 + C_5H_5N + H_2O$$
$$\longrightarrow 2C_5H_5N \cdot HI + C_5H_5N \cdot SO_3 \quad (3.37)$$
$$C_5H_5N \cdot SO_3 + CH_3OH$$
$$\longrightarrow C_5H_5N(H)SO_4CH_3 \quad (3.38)$$

式(3.37)は，水とピリジンの存在下で二酸化硫黄がヨウ素により酸化され，三酸化硫黄とヨウ化水素を生成する反応を示している．過剰のピリジンが存在する条件下では，I_2，SO_2，HI，SO_3 はいずれも錯体として存在している．式(3.37)だけが水の消費に関係しており，式(3.38)では水の反応は起こっていないことに注意しなくてはならない．メタノールは，式(3.37)の反応で生成する $C_5H_5N \cdot SO_3$ を除去するために反応混合物に加えられている．これは，$C_5H_5N \cdot SO_3$ 自身が式(3.39)のように水を消費するので，それによって当然のことながら反応の終点に影響を与えるからである．

$$C_5H_5N \cdot SO_3 + H_2O$$
$$\longrightarrow C_5H_5N \cdot SO_4H \quad (3.39)$$

しかし，この反応は，式(3.38)に示したように，過剰のメタノールを加えることによって完全に抑制することができる．

化学量論は，1 mol の水を消費するのに，1 mol のヨウ素，1 mol の二酸化硫黄，そして 3 mol のピリジンを要することを示している．実際には，2 倍過剰の二酸化硫黄と，3 倍から 4 倍過剰のピリジンが混合試薬に入れられている．この混合物は時間とともに部分的に分解するので，カールフィッシャー試薬の能力は時間の経過に伴って変化する可能性がある（実際のところ変化する）．このため，この試薬は通常，未知試料の分析前に既知量の水を使って標定しておかなくてはならない．一般には，マイクロシリンジに数 mg の水（数 μL に相当する）を入れて秤量し，この水を滴定フラスコに入れるという方法がとられる．空のシリンジを再度秤量して，フラスコに移した水の正確な重量を求める．ついで，滴定を行って，試薬を校正する．

終点は，ピリジンヨウ素錯体が過剰になり，茶褐色が現れることによって示される．反応混合物は，終点に達するまでは無色である．

現在では，多くの完全に自動化された機器が市販されている．これらは，§3.12 で述べたような二つの微小電極を用いた方法で，終点を電流測定により決定するものである．

カールフィッシャー法は，有機溶媒中の水の定量に現在でも広く用いられているが，考慮しなくてはならないいくつかの固有の問題をもっている．試料は，メタノールに溶解して調製するのが理想的である．メタノールにわずかしか溶けない，あるいは全く溶けない試料でも分析することはできるが，水分の一部だけしか測定できない可能性がある．カールフィッシャー試薬を湿気にさらすことは絶対に避けなくてはならないし，毒性のあるピリジンの取扱いには注意しなくては

ならない．ある種の有機あるいは無機試薬に含まれている化学物質による妨害によっても問題が生じうる．たとえば，カルボニル基を含む化合物はメタノールと反応して水を生成する可能性がある（式(3.40)）．これは明らかに誤った分析結果を与える．

$$\text{RCHO} + 2\text{CH}_3\text{OH} \longrightarrow \text{RCHOCH}_3\text{OCH}_3 + \text{H}_2\text{O} \quad (3.40)$$

同様に，多くの金属酸化物はヨウ化水素と反応して水を生成する可能性がある（式(3.41)）．

$$\text{MO} + 2\text{HI} \longrightarrow \text{MI}_2 + \text{H}_2\text{O} \quad (3.41)$$

ここで，Mは金属である．

式(3.40)や(3.41)にみられる種類の反応は，しばしば終点を消失させてしまう．酸化剤や還元剤も生成したヨウ化物イオンを再酸化したり，混合試薬中のヨウ素を還元したりしてカールフィッシャー滴定を妨害する．現在では，妨害物質によるいくつかの潜在的な問題を克服するとともに，試薬の安定性を高めるために，若干組成を変えたカールフィッシャー試薬が数多く市販されている．しかしながら，これらの試薬の正確な化学組成は企業秘密とされている．

3.14 最適な滴定操作

滴定から得られるデータの品質は，滴定を行うにあたってはらった注意と割いた時間とに直接関係する．

- もし右利きなら，右手で滴定フラスコを持って振り混ぜ，ビュレットをつかむようにコックを左手で持って（図3.14），操作する．もし左利きならば，フラスコを左手で持ち，右手でコックを操作する．
- 色の変化，すなわち滴定の当量点を見やすくするために，白い台のついたスタンドを用いる．または，スタンドの台に白いタイルを置く．もし，変色したかどうかはっきりしない場合には，フラスコを光にかざしてみる（図3.15）．

図 3.15 色を判断するためにフラスコを光にかざす

- 色を容易に判断できるように必要な量だけ指示薬を加える．多すぎると，実際に微妙な色の変化を読み取りにくくすることがある．
- 滴定液は，反応物質を十分に混合するために，常に**1滴ずつゆっくり加える**とよい．滴定液をあまり急いで加えすぎると，終点を通り過ぎてしまいがちである．
- 常に，よく一致した結果を少なくとも3回得るまで滴定すること．最初の滴定は，当量点がおよそどのあたりにあるかの見当をつけるために行ってもかまわない．
- 特に色の変化がわかりにくいときは，最初の滴定フラスコをとっておいて，2回目以降のフラスコの色と比較するとよい．
- **目の高さをメニスカスの下端に合わせ，ビュレットの目盛を見て滴定値を読み取ること**（図3.16）．メニスカスの下端が，ビュレットの目盛の間のどこにあるかを読み取ることができる．たとえば，多くのビュレットは$0.1\,\text{cm}^3$ごとに目盛が刻まれているが，$0.01\,\text{cm}^3$まで読み取ることが可能であり，またそうするべきである．

図 3.14 正しいビュレットの使い方

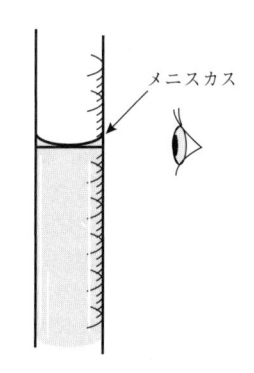

図 3.16 ビュレットの読み取り方

3.15 滴定計算の仕方

多くの学生は滴定の計算を厄介なものであると思っており，恐れすら抱いている．この計算は難しいものではなく，多くの計算式が難しそうにみえるだけであることを考えると，残念なことである．

滴定計算を容易にするために，多くの"魔法の計算式"がつくられているが，実際のところ，これは学生たちを混乱させているだけであることが多い．さらに悪いことに，正しい答えにたどり着いても，魔法の計算式を離れては，その答えがどのようにして導かれるのかを理解していないのである．魔法の計算式は，逆滴定の場合など，その式が何を表しているのかが理解されていないので，往々にしてきわめて不適切な状態で使われている．最も容易で確実な方法は，最初の基本原理から計算に取組むことである．いずれにせよ，いかなる場合でもこれが最も簡単な方法であることは経験が示しているところである．

演習問題

3.1 強酸と強塩基はどのような物質かを説明しなさい．

3.2 0.15 M HCl 水溶液の pH を計算しなさい．

3.3 0.2 M H_2SO_4 水溶液の pH を計算しなさい．

3.4 弱酸と弱塩基はどのような物質かを説明しなさい．

3.5 0.15 M NaOH 水溶液の pH を計算しなさい．

3.6 20 cm³ の 0.153 M HCl 溶液を 0.125 M NaOH 溶液で滴定した．予想される当量点を計算しなさい．

3.7 酢酸の K_a 値は $1.7×10^{-5}$ である．0.2 M CH_3COOH 水溶液の pH を計算しなさい．

3.8 NH_3 の K_b 値は $1.75×10^{-5}$ である．0.15 M NH_3 水溶液の pH を計算しなさい．

3.9 緩衝液とはどのような溶液かを説明しなさい．

3.10 0.07 M 酢酸ナトリウム CH_3COONa と 0.02 M 酢酸 CH_3COOH を含む緩衝液の pH を計算しなさい．CH_3COOH の K_a 値は $1.7×10^{-5}$ である．

3.11 15 cm³ の 0.2 M HCl 水溶液を 100 cm³ の 0.01 M NH_3/0.05 M NH_4Cl 緩衝液に加えた．HCl を添加する前と後の緩衝液の pH を計算しなさい（NH_3 の K_b 値を $1.88×10^{-5}$ とせよ）．

3.12 カルシウムを含む溶液の pH を，2 M KOH を数滴加えて調整し，0.01 M EDTA で滴定した．この Ca^{2+} を含む溶液 10 cm³ が当量点に達するのに 15.4 cm³ を要したとすれば，溶液中の Ca^{2+} 濃度はいくらか．

3.13 20 cm³ の Cl^- を含む水試料を滴定するのに 0.0012 M $AgNO_3$ 溶液を 10.5 cm³ 要した．この水試料中の塩化物イオン濃度を計算しなさい．

3.14 100 cm³ の酸素を含む水試料を，最初に過剰のアジ化アルカリと $MnSO_4$ で処理した．ついで過剰の KI を，数 cm³ のリン酸溶液とともに加えて，I_3^- を遊離させた．これを 0.01 M チオ硫酸ナトリウムで滴定したところ，当量点に達するのに 5.23 cm³ を要した．水試料中の O_2 濃度を計算しなさい．

3.15 ある塩基性溶液があり，OH^- と CO_3^{2-} を含んでいることがわかっている．(i) チモールブルーとクレゾールレッドの混合指示薬，および (ii) メチルオレンジを用いて，この溶液を 0.01 M HCl 溶液で滴定したところ，二つの当量点が得られた．この溶液 20 cm³ を，混合指示薬を用いて 0.01 M HCl 溶液で滴定すると，当量点は 11.20 cm³ であった．メチルオレンジを用いて滴定すると，当量点までに 22.32 cm³ を要した．この溶液中の OH^- と CO_3^{2-} 濃度を求めなさい．

3.16 塩化アンモニウム濃度を以下のようにして測定した．20 cm³ の 0.2 M NaOH を 10 cm³ の塩化アンモニウム溶液に加えた．反応して生成した NH_3 が放出された後，溶液を 0.1 M HCl で滴定した．当量点に達するのに 5.2 cm³ の HCl 溶液を要した．この溶液中の塩化アンモニウム濃度を計算しなさい．

3.17 ある果汁飲料中のビタミン C 含有量を以下のようにして分析した．1.2 g の KIO_3 を 250 cm³ のフラスコに入れて水に溶解した．これに KI を過剰に加え，希酸を加えて溶液を酸性にした．20 cm³ の果汁飲料試料について滴定したところ，当量点までに 0.05 M チオ硫酸ナトリウム 25.3 cm³ を要した．この飲料中のビタミン C 濃度を計算しなさい．

3.18 銀イオンがクロム酸イオンと反応して赤いクロム酸銀を生成するのを利用して塩化物イオン濃度を測定するために，硝酸銀との反応を光度測定により追跡し

硝酸銀溶液の体積 (cm³)	吸光度	硝酸銀溶液の体積 (cm³)	吸光度
0	0.12	8	1.35
1	0.13	9	1.46
2	0.13	10	1.57
3	0.13	11	1.68
4	0.16	12	1.79
5	0.19	13	1.89
6	0.24	14	1.91
7	0.52		

た．すべての塩化物イオンが消費しつくされるまでは，銀イオンはクロム酸イオンと反応しないので，クロム酸銀の生成は指示薬として用いることができるのである．硝酸銀光度滴定のデータを前ページに示す．この滴定についての吸光度をプロットし，当量点を求めなさい．

3.19 問題 3.18 で用いた硝酸銀溶液の濃度は 0.12 M で，滴定した塩化物溶液の体積は 20 cm³ であった．塩化物イオン濃度を計算しなさい．

まとめ

1. 溶液の pH は $-\log_{10}[H^+]$ である．

2. 強酸は完全解離すると仮定して，pH 値を計算できる．

3. 強塩基は完全解離すると仮定して，pH 値を計算できる．

4. 水の解離定数は次式で与えられる

$$K_c = \frac{[H^+][OH^-]}{[H_2O]}$$

水のイオン積は

$$K_w = [H^+][OH^-]$$

で与えられ，25℃ では $K_w = 10^{-14}$ mol² dm⁻⁶ である．

5. 酸の解離定数は

$$K_a = \frac{[H^+][A^-]}{[HA]}$$

6. 塩基の解離定数は

$$K_b = \frac{[OH^-][BH^+]}{[B]}$$

7. 緩衝液は pH 変化を抑制する．緩衝液は，弱酸とその塩，あるいは弱塩基とその塩の溶液を調製することによって得られる．

8. 酸と塩基の滴定における当量点は，塩基に酸をまたは酸に塩基を添加していくに従って変化する pH を追跡することによって決めることができる．これは指示薬を注意深く選ぶことによってなしうる．強酸と強塩基の反応は，最も大きな pH 変化を与える．

9. EDTA のような配位子を用いるキレート滴定は，Ca^{2+} や Mg^{2+} などの金属イオン濃度(水の硬度など)を測定するのに利用することができる．

10. 逆滴定は，過剰の試薬を加え，ついで分析成分と反応せずに残ったこの試薬の量を分析する方法である．逆滴定の二つの例としてあげたのは，(i) 過剰の水酸化ナトリウムを使用し，これを塩酸で滴定することによる塩化アンモニウムの定量と，(ii) ビタミン C と反応する過剰の I_2 を生成させるために，一次標準としてヨウ素酸(V)カリウムを使用することによるビタミン C 濃度の測定である．後者の例では，残った I_2 をチオ硫酸ナトリウムによる滴定で求め，これによりビタミン C の濃度を得る．

11. いくつかの滴定は，光学的あるいは電気化学的な方法で行うことができる．

12. 塩化物イオン濃度は，クロム酸カリウムを指示薬とし硝酸銀で滴定することによって測定することができる．この滴定では，クロム酸銀の生成を比色法で追跡することによって行うことができる(クロム酸銀は比色法によって定量することができるからである)．

13. 溶存 O_2 濃度は，マンガン試薬で処理し，ついでチオ硫酸ナトリウムで滴定することによって測定することができる．

14. 強塩基と弱塩基の混合物(たとえば，OH^- と CO_3^{2-})は，2種類以上の指示薬を使って滴定し，異なる当量点を測定することによって定量できる．

15. いくつかの有機溶媒の水分量は，カールフィッシャー型ヨウ素/ピリジン滴定によって測定することができる．

さらに学習したい人のために

Alcock, J. W. and Gilette, M. L. (1997). *Monitoring acid-base titrations with a pH meter : modular laboratory program in chemistry*. Chemical Education Resources.

De Levie, R. (1999). *Aqueous acid-based equilibria and titrations*. Oxford Chemistry Primers. Oxford University Press.

Hulanicki, A. (1987). *Reactions of acids and bases in analytical chemistry*. Ellis Horwood Series in Analytical Chemistry, Ellis Horwood, Chichester.

Oxlade, C. (2002). *Chemicals in action : acids and bases*. Heinemann Library.

4 溶解と沈殿および質量測定に基づく分析

この章で学ぶこと

- 重量分析に沈殿反応を用いる際の考え方
- つぎの用語の意味:表面電位,一次吸着層,対イオン層,ゼータ電位
- 沈殿の捕集と乾燥の方法
- ジメチルグリオキシム(DMG)重量分析法による水溶液試料中のニッケル濃度測定法
- 溶解度積とこれを使った沈殿生成の予測
- 溶液の相対過飽和度とその求め方
- キレート試薬と重量分析における配位化合物生成への利用法
- 熱重量分析の概念および熱重量曲線(質量/温度)の傾きから一次微分熱重量曲線を描く方法

4.1 重量分析の概要

重量分析(gravimetric analysis:すなわち質量の測定に基づく分析)は,ある化学反応の前後で生成物と反応物あるいは両者のうちのいずれかを秤量することによって行われる.多くの場合,既知の組成をもつ生成物を不溶性の物質として反応混合物から沈殿させる.ついで,通常はこの沈殿を溶液から沪過し,乾燥したあとに秤量する.もし沈殿物の組成があらかじめわかっていれば,秤量することによって生成物の質量を測定できるので化学分析が可能になる.

例題 4.1 無水硫酸銅($CuSO_4$)中の銅の含有率(%)を計算しなさい.

[解法]

$CuSO_4$ の式量 $= 63.55 + 32.07 + (4 \times 16.00)$
$= 159.62$

Cu の原子量は 63.55 であるから

% Cu $= (63.55/159.62) \times 100 = 39.81\%$

4.2 錯生成と沈殿

沈殿を利用する重量分析のほとんどは,水溶液中での反応を用いて行われる.生成物を完全に回収しようとするのであれば,それは事実上完全に不溶性でなくてはならない.定量分析が目的ならば,これは必須の条件である.

化合物の溶解度,したがってその溶解と沈殿は,おもに,溶解するときの周囲の溶液環境における化合物についてのエンタルピーとエントロピーによって決まる.

また,化合物についての溶解エンタルピーを決定する最も重要なパラメーターは,固相における結合エネルギーと溶液中に溶け出すイオンの溶媒和エンタルピーである.

これらの効果の正味の収支は,きわめて微妙に釣り合うことがある.ギブズの自由エネルギー変化の符号は,一般に化合物が溶けるか否かを決定する最も重要な指標であり,これは非常に似通った化合物どうしでも異なる場合がある.たとえば,塩化銀と硫酸バリウムは水に溶けないが,塩化ナトリウムと塩化バリウムは溶ける.しかし,一般的な規則としては,水中でイオン化し,あるいは少なくとも非常に親水性である化合物は水に可溶であるのに対して,非極性で中性の化合物は不溶性である.この規則に基づけば,水溶性の反応物から非極性で非イオン性の化合物が生成すると,それは沈殿することになる.この原理は多くの重量分析の基礎となっている.多くの場合,未知量の水溶性の目的物質に過剰量の試薬を加えて反応させる.それによって生成した沈殿を沪過し,乾燥して秤量する.沈殿物(生成物)の組成が既知であれば,目的物質の物質量を求めることができる.

沈殿反応はあらゆる場合において高度に選択的で,かつ完全に進行しなくてはならない.望ましくない生成物ができる可能性がある競争反応は存在しないというのが必須の条件であり,これには,目的物質が可溶

性の生成物を形成するとか，さらには副反応によって添加する試薬が消費されるといったことが該当する．定量分析においては，目的物質がすべて反応して同一の生成物を与え，それがほぼ100%の効率で捕集できることが前提である．

生成物を完全に捕集しようとするのならば，当然それは事実上完全に不溶性でなくてはならない．生成物の溶解度は**溶解度積**(solubility product)で示され，それはこの場合，できるだけ低い値である必要がある．

電解質 A_xB_y の溶解あるいは沈殿を表す以下の反応式について，

$$A_xB_y \longrightarrow xA_{(aq)} + yB_{(aq)} \quad (4.1)$$

溶解度積 K_{sp} は

$$K_{sp} = [A]^x[B]^y \quad (4.2)$$

と定義される．重量分析に利用できる，ほぼ完全に不溶性の生成物を与える反応の一例として，ニッケルとジメチルグリオキシム(DMG)の錯生成反応を考えてみよう．ニッケルジメチルグリオキシムの溶解度積は 10^{-17} であり，したがって実際にこの錯体はほぼ完全に水に不溶である．これはほとんどすべての生成物が沈殿し，注意深く実験すれば100%に近い効率で沈殿を捕集できることを意味している．この重量分析法については，§4.4.2で詳細に解説する．

沈殿反応はpHや温度といった要因の影響を受けることがある．沈殿の安定度も忘れてはならないもう一つの要因であり，沈殿中に残った水を除去するのに必要な加熱にその沈殿が耐えうることは通常必要な条件である．

例題 4.2 硝酸銀 AgCl の K_{sp} は 25 ℃ において 1.0×10^{-10} M^2 である．飽和 AgCl 溶液中の $[Ag^+]$ を計算しなさい．

[解法] K_{sp} の式から Ag^+ のモル濃度を計算する．

$$K_{sp}(AgCl) = 1.0 \times 10^{-10} = [Ag^+][Cl^-]$$

Ag^+ と Cl^- の濃度は等しいはずであるから

$$[Ag^+] = \sqrt{1.0 \times 10^{-10}} \text{ M} = 1.0 \times 10^{-5} \text{ M}$$

例題 4.3 AgCl の K_{sp} が 25 ℃ において 1.0×10^{-10} M^2 であるとして，AgCl のモル溶解度を計算しなさい．

[解法] K_{sp} の式から AgCl の濃度を計算する．

$$AgCl \text{ の溶解度} = [Ag^+_{(aq)}] = [Cl^-_{(aq)}]$$

例題4.2から

$$[Ag^+] = 1.0 \times 10^{-5} \text{ M}$$

したがって

$$AgCl \text{ の溶解度} = 1.0 \times 10^{-5} \text{ M}$$

例題 4.4 1×10^{-4} M NaCl 溶液に Ag^+ を加えたとき，AgCl の沈殿が生成し始めるときの Ag^+ 濃度を計算しなさい．

[解法] K_{sp} の式から必要な $[Ag^+]$ を計算する．

$$[Ag^+] \times (1 \times 10^{-4} \text{ M}) = 1.0 \times 10^{-10} \text{ M}^2$$

$$\text{沈殿を生成し始めるのに必要な } [Ag^+] = \frac{1 \times 10^{-10}}{1 \times 10^{-4}} \text{ M}$$
$$= 1 \times 10^{-6} \text{ M}$$

4.3 沈殿の生成と濾過による捕集

4.3.1 沈殿とコロイド状懸濁液

生成物の沈殿は，通常，目的物質に試薬を添加したあとに起こる．沈殿の粒径が大きいほど濾過による捕集が容易になる上，細かい粒子の沈殿よりも本質的に汚染が少なくなる．

粒子サイズは沈殿の化学的性質だけでなく，沈殿が生成する際の条件にも依存する．たとえば，コロイド粒子はサイズが $10^{-6} \sim 10^{-4}$ mm の範囲であり，溶媒から沈降しようとしない．このため，コロイド粒子は濾過によって捕集することができない．これとは対照的に，真の沈殿は 1 mm の数分の 1 程度のサイズの粒子が生成するときに生じる．もし溶媒中にコロイド粒子が存在するならば，その混合物は**コロイド状懸濁液**(colloidal suspension)として知られているものであり，その粒子はブラウン運動によって懸濁状態に保たれる．溶媒を激しくかき混ぜると，より大きな粒子は結晶性懸濁液を生成し，自発的に沈降して濾過により容易に捕集できるようになる．

沈殿粒子のサイズは温度，反応物質の濃度，および反応物質を混合するときの速度の影響を受ける．これらの影響は，粒子サイズが**相対過飽和度**(relative supersaturation)というすべてをひっくるめた一つのパラメーターに関連づけられると仮定することによって，説明できる．相対過飽和度は，式(4.3)で定義される．

$$相対過飽和度 = \frac{Q-s}{s} \quad (4.3)$$

ここでQはある時間における溶質の濃度であり，sは平衡状態での沈殿の溶解度である．

沈殿生成が起こっている間は，系は一時的に過飽和になっており，固体生成物が沈殿することによってこの状態から解放されると理解できる．相対過飽和度が小さければより大きな粒子サイズの沈殿が生成しやすくなる．

4.3.2 沈殿の機構と粒子サイズの実験的制御

固体粒子は結晶化し，核生成と粒子成長の過程を通して溶媒和しなくなる．粒子サイズは，おもにこれらの過程のどちらがどれほど優先しているかによって決まる．またその機構は，沈殿が生成する際の溶液内での相対過飽和度に関連しており，それによって説明することができる．

沈殿は通常**核生成**(nucleation)によって開始される．核生成の最初の段階では，いくつかのイオン，原子，あるいは分子が自発的に会合し，第二の安定相を形成する．これは通常，溶媒内に懸濁している塵粒子のような不規則な形をもつ表面上で発生する．これ以後沈殿生成は，さらに起こる自発的核生成反応あるいは生成した核の成長によって進行する．後者の過程は，**粒子成長**(particle growth)として知られるものである．核生成が優勢であれば，平均粒子サイズは小さくなる．逆に，粒子成長が優勢であれば平均粒子サイズは大きくなるであろう．過飽和度が大きくなれば核生成の速度が速くなると考えられるので，一般に過飽和度の上昇はより小さな粒子を生成させる．同じ理由から，過飽和度が小さければ粒子成長による沈殿が優勢になるので，より大きな粒子が沈殿物中に生成することになる．

沈殿する粒子のサイズは，少なくともある条件下では変化させることができる．温度を上げると溶解度sが上昇するので，結晶沈殿の生成に有利になる．希薄な溶液と沈殿試薬の添加はいずれも溶質濃度Qを低下させるので，より大きな粒子の生成を促す．pHも沈殿速度の制御，そしてそれによって生成する結晶のサイズの制御に利用することができる．たとえばシュウ酸カルシウムを弱酸性条件下で沈殿させると，大きな結晶が得られ，これは容易に沪過することができる．これは，低いpHでシュウ酸カルシウムが部分的に溶解するためである．定量分析を行うためには，当然沈殿は完全に生成しなくてはならないが，すべてのシュウ酸カルシウムが溶液から沈殿するまでゆっくりとpHを塩基性に調整していくことによってこれを達成することができる．

ここまで，すべての沈殿は最終的に結晶性固体として生成するものと仮定してきた．しかし，生成物の溶解度が非常に小さい場合には，相対過飽和度が沈殿過程の間中ずっと大きいことになり，固体が非結晶性のコロイド懸濁液として生成する可能性がある．コロイドは沈降せず，沪過できないが，幸い固体を凝結あるいは凝集させて非結晶性のかたまりにすることができる場合がある．これは沪過して分離することが可能である．

コロイド粒子はブラウン運動によって一定の運動状態を維持している．粒子は互いに会合せず，このため粒子周囲の電荷の二重層生成と極性H_2O溶媒分子との相互作用によって，溶液から沈降することに抵抗する．粒子の構造は異種のイオンによって形づくられているので，正電荷と負電荷の両方を含んでいる．起こりうる異なる電荷間の会合によって，粒子は陽イオンあるいは陰イオンのいずれをも引きつけることができる．もしコロイド粒子内に存在するイオンと同じイオンであれば，そのイオンはコロイド粒子に優先的に吸着される．溶液が粒子を構成する陰イオンを過剰に含んでいれば，その粒子は表面に吸着した陰イオンを過剰に保持するので，正味負の電荷をもつことになる．粒子表面に存在する電位は，**表面電位**(surface potential)とよばれる．

同様にして，粒子構造を形づくる陽イオンを過剰に含んでいる溶液中に粒子を懸濁させると，粒子は陽イオンを過剰に吸着し，このため正味正の電荷をもつ．通常，粒子に直接吸着するイオンは**一次吸着層**(primary adsorption layer)中に保持され，逆の電荷をもつイオンはこの局在化した電荷の集合に対して，いわゆる**対イオン層**(counterion layer)を形成しようとす

る．正味の電荷は溶液内の陰イオンと陽イオンの釣り合いに依存する．

溶液中に電場が印加されると，一次吸着層中の水分子と対イオン層は配向してコロイド粒子とともに移動する．粒子は電気泳動の影響を受けて，一方の電極に向かって移動する．粒子は会合したイオンと一緒に溶液中を移動するので，これとバルクの溶液との間に電位が発生する．これを**ゼータ電位**(zeta potential)とよぶ．ゼータ電位が表面電位と同じ極性をもち，かつその値が大きいと，反発効果によって粒子の会合が妨げられ，コロイド粒子の凝結は起こらない．

凝結は，一般に粒子のゼータ電位を減少させることによってひき起こすことができる．これは溶液中の電解質濃度を大きくしたり，かき混ぜながら一時的に溶液を加熱したりすることによって達成できる．

適当なイオン性化合物を添加して電解質濃度を増加させると，ゼータ電位を中和するイオンが占める空間の体積を効果的に減らす．これによりもたらされる効果はコロイド粒子を互いに近づけることであり，したがって凝結や沈殿を促進する．

コロイド懸濁液を加熱すると，表面に吸着したイオンの数が減少し，このためゼータ電位も減少する．粒子間反発が減少するので分子間距離が減少し，これもまた沈殿を促進することになる．

4.3.3 沈殿の捕集

生成した沈殿は，通常は**吸引瓶**(ブフナーフラスコ(Büchner flask)ともよぶ)と**るつぼ形ガラス沪過器**(sintered-glass filter crucible)を用いて捕集する(図4.1)．固体が沈殿した溶液(**母液**(mother liquor)とよぶ)をゆっくりガラス沪過器に注ぎ入れ，固体物質すなわち**沈殿**(precipitate)を捕集する．

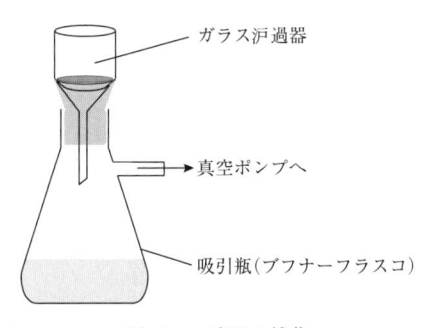

図 4.1 沈殿の捕集

このガラス沪過器は最初に炉の中に入れて100℃以上で加熱して焼き，吸着した水をすべて除去しなくてはならない．その後，ガラス沪過器と沈殿をデシケーターに入れて常温で冷却する．重量は0.1 mgの桁まで読み取れる精密てんびんで測定するのがよい．ガラス沪過器が周囲の温度と完全に等しくなっていることが非常に重要である．なぜなら，ガラス沪過器が暖かければその上に対流が起こり，測定される重量がふらつくからである．

ガラス沪過器は通常三つのクラス(微細，普通，疎)が市販されている．吸引瓶の枝管は真空ポンプにつながる真空ラインに接続する．または実験室の水道水蛇口に取付けた水流真空ポンプでもよい．母液は捨てずにとっておく．多くの場合，1回の沪過ですべての沈殿を捕集するのは事実上不可能である．これはほとんどの場合，沈殿を生成させたビーカーや容器の壁に固体物質の一部がくっついてしまうからである．定量分析を行おうとするのならば，たとえそれが大まかなものであっても，できるだけ多くの固体生成物を捕集することが絶対に必要であるということを忘れてはならない．

その後，母液を使って沈殿容器を洗浄し，これを再度沪過する．新しい蒸留水を使うよりもこの母液を使う方がよいというのには二つの理由がある．

第一に，母液には最初の沪過で捕集できなかった小さい粒子サイズの固体物質がまだ含まれているかもしれないということである．ガラス沪過器はすでに捕集した沈殿物によって少し目詰まりしているので，残ったごく少量の固体物質の一部を2回目の沪過で捕捉できることがよくある．

第二に，固体沈殿物は，小さいかもしれないが実際に溶解度をもっていることを認識しておくべきである．母液は飽和しているはずであり，これを利用すれば沈殿フラスコ内あるいはガラス沪過器内での沈殿の再溶解を防ぐことができるのである．

ここで述べたように，ガラス容器の壁に付着した最後の固体物質をはがし，ガラス沪過器に移すのは非常に難しいことがある．この物質をはがし，かき混ぜながらガラス沪過器内に流し入れるのに，一端にゴム管を取り付けたガラス棒が用いられる．この型のガラス棒は警棒に似ているので，**ポリスマン**(policeman)とよばれることがある．ポリスマンは最後に母液で洗って，棒についた最後に残った物質を捕集する．この操

作は，残留した固体物質を完全に捕集するために4回ないし5回も繰返して行う必要がある場合がある．結果の良し悪しは，分析を行うのに要した時間に依存するのである．

ガラス濾過器は，乾燥機内での加熱に耐えることができる．ガラス濾過器は通常90～95℃程度に設定した乾燥機に入れて水を除去する．もし沈殿物が熱に安定であれば，より高温で加熱してもよい．逆にこの温度で物質が分解する場合は，当然それより低い温度を用いなくてはならない．そのような場合は，ガラス濾過器を長時間加熱しなくてはならないことになる．その後ガラス濾過器は乾燥機から出して，デシケーター中で（空気中の水分を吸収するのを防ぐため）室温まで冷却する．最初にガラス濾過器が室温まで完全に冷却されていることに十分な注意を払い，ガラス濾過器を精密てんびんで秤量する．同じ操作を行い再度秤量して，もしガラス濾過器の重量が小さくなるようであれば，一貫して同じ結果が得られるまで，この操作を繰返さなくてはならない．連続して秤量した結果が同じ値になったとき，沈殿の質量を計算する．

分析は少なくとも4回繰返して，試料中の目的物質の平均含有量を求めるべきである．全く同じ質量の試料を三つ調製して分析を行うことはほとんど不可能であるので（それはまた不必要でもある），沈殿と濾過を行ったあとの別々のガラス濾過器が同じ重量になると考えてはならない．ガラス濾過器はそれ自身，分析を行う前からそれぞれ異なる重量をもっているので，計算を行うまで，結果が互いに一致しているかどうかを確かめることはできない．これは，たとえば別々に行った滴定の相違が個々の滴定値を読み取ればすぐに明らかになることが多い容量分析と対照的である．

4.4 重量分析の実際

4.4.1 水溶液試料中の塩化物イオン濃度の重量分析

可溶性塩に含まれる塩化物イオンは，式(4.4)に示したように，硝酸銀 $AgNO_3$ と反応させて塩化銀 $AgCl$ として沈殿させることができる．

$$Ag^+_{(aq)} + Cl^-_{(aq)} \longrightarrow AgCl_{(s)} \quad (4.4)$$

沈殿はガラス濾過器に捕集し，約100℃で恒量に達するまで乾燥したあと，その重量を測定する．CO_3^{2-} のような塩基が塩を生成するのを防ぐために，反応混合物は少量の硝酸を添加して酸性に保たなくてはならない．

塩化銀は最初コロイド状に生成するが，加熱することによって凝結させることができる(§4.3参照)．沈殿中の微量の硝酸は，乾燥するまで加熱すると分解して揮発性の化合物となり，蒸発または昇華によって空気中に除かれる．

沈殿は単体の銀の生成によって薄い紫色を呈することがある．これは塩化銀が自然の光によって分解するために起こる（式(4.5)）．この反応は，水溶液試料の塩化物イオン含有量を小さく見積もってしまう原因になりうる．

$$2AgCl_{(s)} \longrightarrow 2Ag_{(s)} + Cl_{2(g)} \quad (4.5)$$

もし $AgCl$ の光分解が固体を濾過して捕集する前に起こると，溶液中に遊離した塩素がさらに $AgCl$ の生成をひき起こす（式(4.6)）．これは得られる結果を誤って大きくすることになる．

$$3Cl_{2(aq)} + 3H_2O_{(l)} + 5Ag^+_{(aq)}$$
$$\longrightarrow 5AgCl_{(s)} + ClO_3^-_{(aq)} + 6H^+_{(aq)} \quad (4.6)$$

このため，反応混合物をできるだけ日光から遠ざけて光にさらされないようにするのが賢明である．同様に，スズ Sn とアンチモン Sb もまた，オキシクロライド沈殿を生成する．

4.4.2 DMG重量分析法を用いるニッケルの定量

弱塩基性水溶液中で，有機化合物ニッケルジメチルグリオキシム(DMG)はニッケルとほとんど特異的に沈殿を生成する．非常に複雑な試料でさえも，そのニッケル含有量を容易に定量することができる．ニッケルジメチルグリオキシムは明るい赤色で，図4.2に示す構造をもっている．

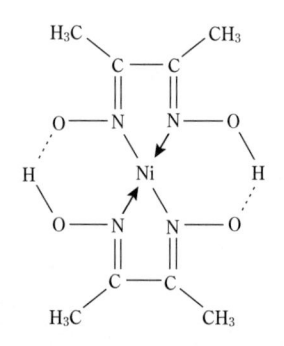

図4.2 ニッケルジメチルグリオキシム(DMG)の構造

DMGは**キレート試薬**(chelating agent)とよばれる一群の試薬のうち有機沈殿剤とよばれる試薬の一例で，**配位化合物**(coordination compound)である非イオン性の沈殿を生成する．DMGや8-キノリノールのようなキレート試薬は，陽イオンに電子対を供与することによって配位結合を形成することができる官能基を少なくとも二つもっている．

> 注　キレートという語は，"かにのはさみ"を意味するギリシャ語の"χηλη"("Chel-a"と発音する)からきている．

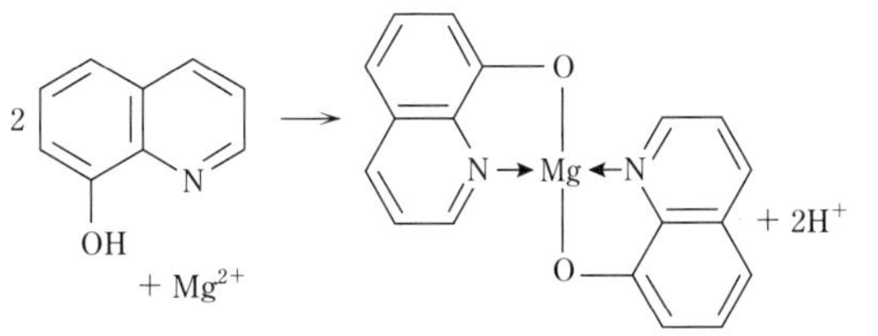

図 4.3　8-キノリノール(オキシン)とMg^{2+}とのキレート生成

ニッケルと反応して生成する沈殿は非常にかさ高く，このため捕集が非常に容易である．また，非常に濃い色なので，沈殿容器のガラス壁に付着した固体が残っていればすぐわかる．さらにこの固体は熱に安定で，100℃から110℃の乾燥機で乾燥しても分解する恐れが全くない．

操作法

未知量のニッケル塩を含んでいる試料はつぎのように分析する．まず分析する前に，少量の希塩酸(約1 M)を加えてすべての塩を完全に溶解する．ついでドラフト中で試料を約75℃(蒸気浴上)で加熱したのち，DMGの水溶液を過剰に加える．ただちに希アンモニア水(約0.5 M)を加えてpHを約9にする．pHはアンモニアを加えながら湿らせたpH試験紙で追跡することができる．溶液は，アンモニアとDMGを加えながら撹拌し続け，常に完全な混合状態を保たなくてはならない．ニッケルの濃度が最初から全くわかっていない場合は，DMGをどれだけ加えたらよいかを予測することは難しい．しかし，この沈殿は自然に非常にうまく凝結し，フラスコの底にすぐに集まってくる．したがって，DMGをさらに加えるとすぐにもっと沈殿が生成するか，あるいは，すべてのニッケルがすでにニッケルジメチルグリオキシムとして沈殿していれ

ば，全く何も起こらないであろう．$Ni(C_4H_7O_2N_2)_2$の分子量は288.9344であるのに対して，Niの原子量は58.71である．したがって，乾燥した沈殿の質量のうち20.319％はニッケルによるものである．

いろいろな種類の試料についてニッケル含有量を分析することができる．たとえば鉄鋼中のニッケル含有量は，約6 Mの加熱した塩酸で金属を溶解することによって定量できる．この場合，鉄をFe^{3+}として完全に溶解するために少量の硝酸も添加するとよい．この試料をまず中和し，ついで前述のように希NH_3を加えてpHを約9に調整する．この段階で，DMGを加えて試料中のニッケルを沈殿させる．

4.4.3　8-キノリノールを沈殿剤として用いる重量分析

DMGを用いた沈殿生成によるNiの定量は，最も特異性に優れた重量分析法である．多くの沈殿剤は，似ているといっても多くの異なる目的物質を沈殿させてしまう．しかし，8-キノリノール(8-quinolinol；**オキシン**(oxine)ともよばれる)を使用すると，多くの異なる金属イオンを，特異的に沈殿させることができる．

このように述べると，最初は矛盾したことをいっているように思えるかもしれない．8-キノリノールは20種類ほどの金属イオンと金属キノリノール錯体を形成して沈殿させることができるが，それぞれの溶解度は非常に異なり，また溶液のpHに依存する．金属キノリノール錯体の生成がpHに依存するのは，8-キノリノールがキレートを生成すると常にプロトンを放出するためである．

4.4.4　テトラフェニルホウ酸ナトリウムを沈殿剤として用いる重量分析

テトラフェニルホウ酸ナトリウム$(C_6H_5)_4B^-Na^+$は，試料中のカリウムとアンモニウムの重量分析に用いることができる．テトラフェニルホウ酸ナトリウムは，これら二つのイオンに対してすぐれた特異性を示し，塩の沈殿を生成する．これは沪過によって容易に捕集でき，100～110℃で加熱しても分解の恐れがない．水銀(II)，セシウム，およびルビジウムイオンがわずかに妨害をひき起こすので，アンモニウムとカリウムを分析する前に，これらを除去しなくてはならない．

4.5 分析に必要な時間：
重量分析の感度と特異性

　重量分析の感度は，最も洗練された機器分析法をもってしても，これに対抗することは難しい場合がある．数マイクログラムまでの重量と適度な量の物質を測定することは問題なく可能であるから，これは捕集した沈殿の質量の数 ppm を測定できることに相当する．この範囲の感度は，原子吸光分析法などの技術でのみ達成可能なレベルである．重量分析の感度と正確さは，冷却の間に起こる沈殿量の損失によってしばしば制限される．化学的妨害により望ましくない物質が沈殿したり，無視できない溶解度をもつ生成物を溶解したりすることによる損失をひき起こす可能性があるのである．これらによる誤差は，通常，沈殿反応を完全に進行させ，沈殿物の捕集を注意深く行うとともに，適切な沈殿剤を選択することによって最小限に抑えることができる（§4.3 参照）．

　重量分析は，しばしば非常に時間と労力を要すると考えられているが，分析を行うのに要する時間がかなり長いというのは確かに本当である．しかし，この時間の多くは試料の乾燥とそれに続く冷却に要するものであることを知っておく必要がある．この時間は実験に注意を払う必要がなく，うまく計画を立てればこの時間に他の仕事をすることができるのである．したがって重量分析は，分析者の立場から見て過大な労力を強いられるものではないといえよう．分析化学の一連の実習を行っている学生諸君は，自分のガラス沪過器を乾燥機内で乾燥している間，またはデシケーター中で冷却している間に，他の実験（たとえば滴定分析など）を容易に行うことができる．

4.6 熱分解と熱重量分析

　私たちはすでに，重量分析において沈殿を乾燥するのに熱がどのように使われるかを学んだ．このとき，試料はその周囲と熱的平衡にある状態で秤量することが非常に重要である．これとは対照的に，**熱重量分析**（thermal gravimetric analysis, TGA）は，温度を実験変数として用いる．熱重量分析法は，通常の重量分析で，試料を乾燥する最適温度を決定するのにも役に立つ．

　熱重量分析では，温度を時間とともに（通常は直線的に）上昇させながら試料の質量を追跡する．得られる質量-温度曲線は**熱重量曲線**（thermogram）とよばれる．てんびんの皿と試料は小さな密閉した炉の中に入れて，(i) 正確で安定，かつ均一な温度にし，(ii) てんびんに影響を与える対流による空気の流れを防ぐ．マイクログラムの桁の質量変化は容易に追跡することができる．てんびんは測定ごとに既知の質量で校正しなくてはならない．この偏差は通常熱重量曲線に記録される．

　一例として，クロム酸銀 Ag_2CrO_4 の典型的な熱重量曲線を見てみよう（図 4.4）．最初の質量の低下は水の蒸発に対応する．すべての水が試料から除去されると化合物の質量は一定になる．この化合物は，およそ 812 °C に達するまで加熱しても熱的に安定である．この温度以上になると，クロム酸銀は熱により酸素を失って分解しはじめ，分子状酸素，金属銀，および亜クロム酸銀になる（式 (4.7)）．

$$2Ag_2CrO_{4(s)}$$
$$2O_{2(g)} + 2Ag_{(s)} + Ag_2Cr_2O_{4(s)} \qquad (4.7)$$

二つの重要な点に注意しなくてはならない．第一に熱重量曲線は，100 °C 以上 800 °C までの温度であれば，いかなる温度でも熱分解を心配することなくこの固体を乾燥できることを示している．2番目の点は，Ag_2CrO_4 が分解し始める温度，すなわちおよそ 812 °C に関連するものである．熱重量曲線と質量減少がみられる温度は，試料中にその化合物が存在することを確認するための"指紋"とみなすことができる．同時に，質量の減少は，多様な組成をもつ試料中のいずれの特定の目的物質であっても，その物質量を定量するのに用いることができる．

　クロム酸水銀(I)，Hg_2CrO_4 の熱重量曲線（図 4.5）は，クロム酸銀の熱重量曲線とほぼ同様の形を示している．クロム酸水銀(I) は，試料から水が蒸発する際

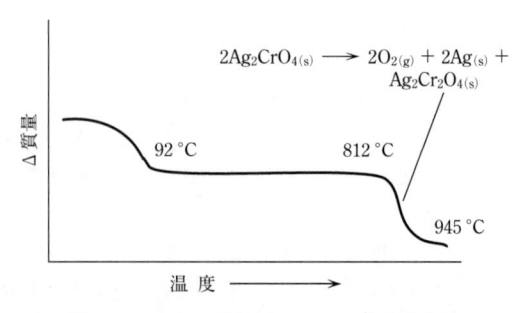

図 4.4 クロム酸銀 Ag_2CrO_4 の熱重量曲線

に質量の減少を示す．およそ 100 °C から 250 °C の間では，クロム酸水銀(I)は熱的に安定である．256 °C を超えるとクロム酸水銀(I)は熱によって分解し始め，酸化水銀(I)と三酸化クロムになる（式(4.8)）．

$$Hg_2CrO_{4(s)} \longrightarrow Hg_2O_{(g)} + CrO_{3(s)} \quad (4.8)$$

酸化水銀(I)は約 670 °C を超えると昇華によって失われ，固体の三酸化クロムが残る．

> **注** 水銀化合物の熱重量分析を行う際には，常にその毒性に注意をはらわなくてはならない．

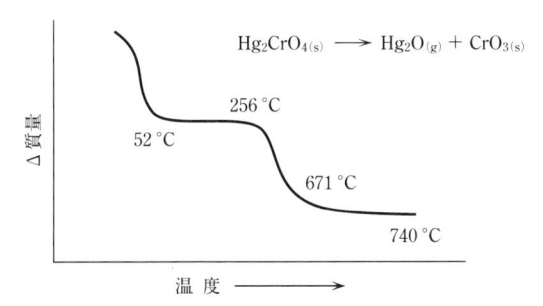

図 4.5 クロム酸水銀(I) Hg_2CrO_4 の熱重量曲線

もう一つの例として，硝酸銀と硝酸銅(II)の熱重量分析の比較をみてみよう（図 4.6）．

硝酸銀 $AgNO_3$（図 4.6(a)）は熱的に安定であり，温度が約 470 °C に達して NO_2，O_2，および金属銀に分解し始めるまでは質量減少を示さない（式(4.9)）．

$$2AgNO_{3(s)} \longrightarrow 2NO_{2(g)} + O_{2(g)} + 2Ag_{(s)} \quad (4.9)$$

硝酸銅(II)，$Cu(NO_3)_2$ は対照的に熱によって 2 段階で分解する（図 4.6(b)）．

温度を走査するとき，一定の速度で温度を走査しているので，その系は質量が減少し続けている間は平衡に達していないことに注意しなくてはならない．すなわち，質量減少曲線の傾きは（ほとんどの場合）温度が変化する速度に依存する．したがって，熱重量曲線の形は装置ごとに異なるし，さらには同じ装置でも温度走査速度を変えるだけで変化する．

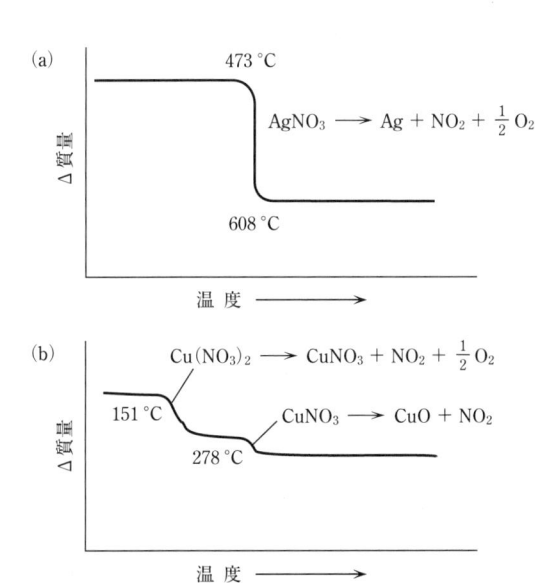

図 4.6 硝酸銀 $AgNO_3$(a) と硝酸銅 $Cu(NO_3)_2$(b) の熱重量曲線

> **例題 4.5** 50 cm³ の水試料中のカルシウム濃度を，シュウ酸カルシウム CaC_2O_4 の沈殿生成と捕集によって分析した．CaC_2O_4 の沈殿はゆっくり 900 °C に加熱した．加熱によりこのシュウ酸塩は最初に水を失って，無水シュウ酸カルシウムを生成する．温度を上げ続けると，シュウ酸カルシウムは分解して炭酸カルシウム $CaCO_3$ と一酸化炭素 CO になる．さらに温度を上げると，炭酸カルシウムが分解して最終的に酸化カルシウム CaO と二酸化炭素 CO_2 となる．（1 モルの CaC_2O_4 は 1 モルの CaO を与える．）
>
> 沈殿を捕集する前のるつぼの質量が 25.7932 g で，沈殿，加熱，そして冷却後の質量が 25.8216 g であった．水試料中のカルシウムの質量と 1 dm³ あたりの質量を計算しなさい．

[解法]

1) CaO の質量を計算する．
2) CaO の物質量(mol)を計算する．
3) 50 cm³ 水試料中の Ca の質量を計算する．
4) 1 dm³ 中の Ca の質量を計算する．

ステップ 1 CaO の質量を計算する．

CaO の質量 $= 25.8216 - 25.7932 = 0.0284$ g

ステップ 2 CaO の物質量(mol)を計算する．

CaO の式量 $= 40.08 + 16.00 = 56.08$

CaO の物質量 $= \dfrac{0.0284}{56.08} = 5.064 \times 10^{-4}$ mol

ステップ 3 50 cm³ 水試料中の Ca の質量を計算する．

5.064×10^{-4} mol の Ca は $5.064 \times 10^{-4} \times 40.08$ g $= 0.0203$ g Ca に等しい．

ステップ 4 1 dm⁻³ 中の Ca の質量を計算する．

$$1\,\text{dm}^{-3} \text{中の} Ca \text{の質量} = \dfrac{0.0203}{50} \times 1000 \text{ g}$$

$$= 0.406 \text{ g Ca dm}^{-3}$$

4.6.1 微分熱重量分析

微分熱重量分析 (derivative thermogravimetric analysis)の実験操作は通常の TGA 測定と全く同じである．異なっているのはデータをさらに処理することにある．質量の減少は階段状の熱重量曲線を与える．これは概念的に理解するには容易だが，精度良く解析するにはやや困難である場合がある．特に，試料量が限られているために質量減少が小さかったり，あるいは試料が近接した温度で分解する多くの異なる化合物を含んでいたりする場合に難しくなる．質量－温度曲線の一次微分プロットは，このような場合非常に役に立つ．この新しい熱重量曲線を**一次微分熱重量曲線** (first-derivative thermogram)とよぶ．その一例を，微分した元の標準熱重量曲線とともに図 4.7 に示す．質量の減少は，階段状の形から一連のピークを与えるように変換されている．標準熱重量曲線の傾きを考えれば，なぜこのようになるかがすぐに理解できる．

もし質量減少が観測されなければ，熱重量曲線は傾きが 0 になる(すなわち水平な線になる)．グラフのこの部分の一次微分もまた 0 である．もし試料の質量が減少し始めると，熱重量曲線の傾き(すなわちその一次微分)が負になる(ピークが現れ始める)．試料から物質が失われていくと，質量減少の速度は小さくなる．すると熱重量曲線の傾き(一次微分)は最小値を通って上昇し始め，試料の質量はもう一度一定値に近づき始める．試料がさらに質量を減少しなくなれば，一次微分熱重量曲線ピークは再びベースラインの値にもどる．二つ以上の熱分解過程が重なり合った温度範囲で起こるような場合でも，ピークは非常に容易に判別できる．

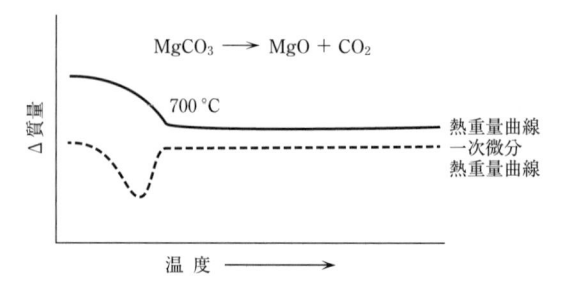

図 4.7 炭酸マグネシウム $MgCO_3$ の熱重量曲線と一次微分重量曲線の比較

演 習 問 題

4.1 95.3% の塩化シアヌル $C_3Cl_3N_3$ を含むプール及び温泉の塩素処理剤中の塩素含有率(%)を計算しなさい．

4.2 $FeSO_4$ 中の鉄の含有率(%)を計算しなさい．

4.3 SiO_2 中のケイ素の含有率(%)を計算しなさい．

4.4 25 °C における $PbSO_4$ の K_{sp} は $1.6 \times 10^{-8}\ M^2$ である．$PbSO_4$ 飽和水溶液中の Pb^{2+} と SO_4^{2-} の濃度を計算しなさい．

4.5 25 °C における $PbSO_4$ の K_{sp} が $1.6 \times 10^{-8}\ M^2$ であるとして，$PbSO_4$ のモル溶解度(モル濃度で表した溶解度)を計算しなさい．

4.6 $Fe(OH)_3$ の K_{sp} は $4 \times 10^{-38}\ M^4$ である．$Fe(OH)_3$ の飽和溶液中の $[OH^-]$ を計算しなさい．

4.7 1×10^{-6} M NaCl 溶液中に AgCl の沈殿を生成させるのに必要な Ag^+ 濃度を計算しなさい．

4.8 全量 284.45 g の熱的に安定な沈殿を捕集し，一晩乾燥機中に入れて 100 °C で乾燥させた．翌朝，3 回連続して 1 時間ごとに秤量したところ 222.45 g の一定値が得られた．試料中の水分率(%)を計算しなさい．

4.9 ニッケルを含む鉄鋼合金中のニッケルの定量を DMG 重量分析によって行った．沈殿を注意深く乾燥したのち，全量 121.45 g の $Ni(HC_4H_6O_2N_2)_2$ を得た．最初の合金試料の重量は 125.15 g であった．鉄鋼中のニッケル含有量(%)を計算しなさい．

4.10 ナトリウム塩，$Na(NH_4)HPO_4 \cdot 4H_2O$ は加熱すると 4 個の水分子を失う．さらに温度を上げるともう一つの水分子が失われ，さらにもっと温度を上げると NH_3 が 1 分子失われて最終的に $NaPO_3$ を得る．この熱分解過程を書き，温度上昇とともに予想される熱重量曲線の形を描きなさい．

4.11 問題 4.10 における熱重量曲線についての一次微分熱重量曲線の形を描きなさい．

4.12 50 cm³ の水試料中のカルシウム濃度を，シュウ酸カルシウム CaC_2O_4 の沈殿生成と捕集によって分析した．CaC_2O_4 の沈殿はゆっくり 900 °C に加熱した．加熱によりこのシュウ酸塩は最初に水を失って，無水シュウ酸カルシウムを生成する．温度を上げ続けると，シュウ酸カルシウムは分解して炭酸カルシウム $CaCO_3$ と一酸化炭素 CO になる．さらに温度を上げると，炭酸カルシウムが分解して最終的に酸化カルシウム CaO と二酸化炭素 CO_2 となる．(1 モルの CaC_2O_4 は 1 モルの CaO を与える．) 沈殿を捕集する前のるつぼの質量が 25.7824 g で，沈殿，加熱，そして冷却後の質量が 25.9625 g であった．水試料中のカルシウムの質量と 1 dm³ あたりの質量を計算しなさい．

ま と め

1. 重量分析(すなわち質量の測定による分析)は，ある化学反応の前後で生成物と反応物あるいは両者のうちのいずれかを秤量することによって行われる．

2. 化合物 A_xB_y の溶解度積，$K_{sp}=[A]^x[B]^y$

3. 相対過飽和度は $(Q-s)/s$ で与えられる．ここで Q はある時間における溶質の濃度であり，s は平衡状態での沈殿の溶解度である．

4. 沈殿は吸引瓶とガラス沪過器を用いて捕集し，注意深く乾燥することによって得ることができる．

5. 広く使用されている重量分析法には，(i) 硝酸銀による沈殿生成を利用した塩化物イオン濃度の測定と，(ii) ニッケルジメチルグリオキシム(DMG)の沈殿生成を利用した試料中のニッケル含有量の測定がある．

6. このほかの重量分析に用いられる反応には，8-キノリノール(オキシン)またはテトラフェニルホウ酸ナトリウムを用いた多くの金属イオンの沈殿反応がある．

7. 熱重量分析(TGA)は $AgNO_3$，Ag_2CrO_4，Hg_2CrO_4 などの化合物の熱分解を追跡するのに使用できる．

8. 微分熱重量分析は熱重量曲線の傾き(一次微分)を記録するもので，この方法を用いないと定量が困難である場合がある．

さらに学習したい人のために

Duval, C. (1963). *Inorganic thermogravimetric analysis*. Elsevier.

Erdey, L. (1965). *Gravimetric analysis*. International Series of Monographs in Analytical Chemistry. Vol. 7. Pergamon Press.

Hawkins, M. D. (1970). *Calculations in volumetric and gravimetric analysis*. Butterworth.

Rattenbury, E. M. (1966). *Introduction to titrimetric and gravimetric analysis*. Pergamon Press.

5 紫外・可視光を用いる分析法の基礎

この章で学ぶこと

- 電磁波の波動としての性質
- 電磁スペクトルの波長領域による分類（紫外（UV）領域や可視領域など）
- 紫外・可視光の光子としての性質と，その性質が，光が物質に吸収されるとき，どのような効果をもたらすか
- 未知試料中の目的物質の濃度の計算に，ランベルト-ベールの法則をいかに用いるか
- 蛍光をひき起こす分子の電子遷移と，蛍光が分析にいかに用いられるか
- 吸光度はなぜ無次元量なのか
- 吸光度測定においては，得られた吸光度の範囲が0～2であるときのみ，その測定が信用できるのはなぜか
- 紫外・可視分光法における光源としてのタングステンランプと水素/重水素ランプの動作とそれぞれのランプの利点
- 紫外・可視分光法における光電管，光電子増倍管，シリコンフォトダイオード，光起電力検出器の光検出器としての動作とそれぞれの相対的な長所と短所
- 単光束型分光光度計と複光束型分光光度計の操作法とそれぞれの長所と短所
- プラスチックセル，ガラスセル，石英ガラスセル，それぞれの使用可能な波長範囲
- 実用分析のためのいくつかの錯形成による発色反応の実験操作法
- 有機発色団の意味
- 浅色効果と深色効果の意味と，それらが紫外・可視吸光光度定量を行うときにどのように利用されるか
- 蛍光を発する目的物質の濃度と蛍光強度の関係
- どのような物質が蛍光消光剤としてはたらくか
- 光学活性の意味と，旋光分析により光学活性な物質がどのように定量されるか
- 物質の比旋光度と測定される旋光度により，どのように未知試料中の光学活性物質を定量するか

5.1 紫外・可視光の利用と電磁スペクトルの概要

　光と物質の相互作用を利用すると，さまざまな定性分析や定量分析が可能となる．多くの化学反応により鮮やかな色が生じる．それは，大変きれいで魅力的であるだけでなく，しばしば分析に利用できるほどの情報をもたらす．しかし，そうした色の変化は，かすかすぎて目では識別できないこともある．特に，違う日の結果を比較する必要があるときは，目で識別することはさらに難しい．このような場合（他にもたくさんの例があると思われるが）には，分析機器が光と試料の相互作用を調べるのに用いられる．

　可視光は電磁スペクトル（図5.1）の一部を占める．電磁スペクトルの一方の端は，波長が約 10^{-14} m の桁である γ 線であり，もう一方の端は，波長が 3×10^3 m かそれよりも長いラジオ波（電波）である．私たちの目は，そのうちのかなり狭い領域，すなわち波長が 400 nm から 750 nm の光のみを検出できる，すなわち "見る" ことができる．そのため，電磁スペクトルの中のこの領域の光は，**可視**（visible）光と分類される．物質と可視光との相互作用を定量的に測定できるように設計された多くの分析機器は，さらに電磁スペクトルの中で，波長が 400 nm 付近から 180 nm 付近の領域でも使用できる．この領域は，紫外（ultraviolet, UV）領域として知られている．"紫外" とは視覚の限界である紫のスペクトル領域を超えて広がるスペクトル領域であることを意味する．

　物質と光の相互作用，言い換えれば，色を利用することは，当たり前のこととして日常的に行っている．私たちは可視電磁スペクトルのそれぞれの部分の光を，違った色の光と認知する．すなわち，赤，橙，黄，緑，青，藍（インディゴ），紫色である．また，光と物質の相互作用の結果，その対象物に "色がある" と認識する．色は日常生活においても大変重要な役割を果たしている．たとえば，信号機の色で安全に道を

図 5.1 紫外・可視領域の電磁波

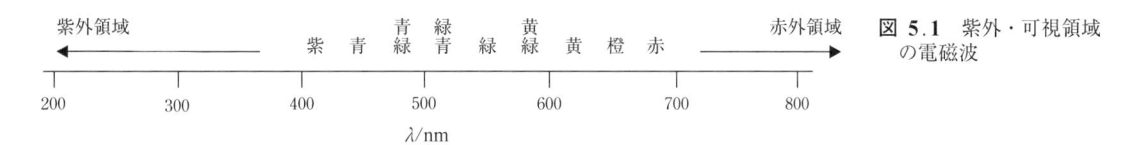

渡り，カラーテレビを見，家の内装や衣服を選ぶのにも色を考慮している（これらはごくわずかな例だが）．

日常生活において，食品などいろいろな品物の**質**を，私たちはしばしば色に基づいて判断する．サヤインゲンのような野菜が，均質で見た目のよい緑色をしていれば，経験的に，それがある程度新鮮であると判断できる．反対に，野菜に見た目の悪い褐色の斑点があれば，古くて傷みかけている兆候とみて買わないようにするだろう．また飲み水は光にかざしたとき透明であるべき，というのは常識であるが，もしも，濁っていたり，また溶けた物質が光を吸収したり散乱したりして変な色がついていたとしたら，それは飲み水には適さないと判断できる．これらはいわゆる"定性的"な検査である．

目を使って，初歩的ではあるがより定量的な検査を行うこともできる．紅茶やコーヒーにミルクを入れるとき，どのくらい入れるかは飲み物の色で判断する．すなわち，色で濃度を推定できるのである．その判定基準は，もちろん粗いが，原理ははっきりしている．機器を使えば，試料の色の強度を段違いに正確に判定することができる．それが**吸光光度測定**（colorimetric measurement）の原理である．

分光分析の詳しい内容を学ぶ前に，まず，なぜ色のついた物質があるのかを考えてみよう．目は，網膜に到達した光を検出する．緑色の光が目に到達すれば，目は緑色と感じる．目が赤い色を感じるということは，そのとき赤い光が目の虹彩に入ってきて網膜を刺激していることに対応している．光を放出しているもの（光源）からの光が直接目に到達する場合もあれば，その光があるものの表面で反射して，あるいは，たとえば赤の波長の光以外のすべての光を吸収してしまう透明な物体を透過して目に到達する場合もある．

光が物質にあたると，光は反射されたり，吸収されたり，あるいは単に影響されずに通過する，すなわち透過する場合がある．光源は"白色"であることが多い．すなわち，この場合，光源は電磁スペクトルの可視領域のうちのすべての部分の光を放出する．ある物質により特定の波長の光は吸収されるが，それ以外の光は影響を受けずに通過することはよく起こる現象である．目は，吸収されないで透過してきた光を検出し，そしてその色を認識する．物質の表面から反射してきた光を見るときも，同じ議論が成り立つ．ある物体にぶつかった光のある部分は吸収される．しかし，目はそこで反射された光，すなわち吸収されなかった光の成分を検出し，その色を認識する．

ある果汁飲料が橙色をしているということは，この飲み物が，橙色の光（約 600～650 nm）には影響を与えず透過させてしまうのに，それ以外のすべて領域の可視光を吸収してしまうことを意味している．同様に，もしも硬いボールのような物体が橙色にみえるとしたら，橙色の光は反射されるが，その他のすべての光は吸収されてしまっていること意味している．光を完全に反射する面は鏡になり，また，完全に吸収してしまう表面はつや消しの黒になることを忘れないでほしい．

結論として，光の吸収，透過，反射はその物体を形成する分子と光の相互作用に基づいている．本章では，これについて詳しく勉強する．

5.2 光と電子状態の量子化

光と物質の相互作用を理解するためには，まず，分子の原子レベルでの構造，さらに特に電子構造を知る必要がある．それぞれの原子は，正に帯電した核とそれを取巻く電子からなる．電子は軌道とよばれる核のまわりの空間を飛びまわっており，それぞれの電子は違ったエネルギーをもっている．電子がどの軌道に存在するかはそれらのエネルギー状態による．そうした軌道のエネルギー，すなわち，軌道に存在する電子のエネルギーは，連続的でなく，とびとびの値をもつエネルギー準位に対応しており，この状態を"**量子化されている**"とよぶ．それゆえ，電子が一つの軌道から他の軌道に移ることは，量子化されたエネルギーの変化に対応する．

価電子が一つの軌道から他の軌道に移るときには光の吸収が必要である．そしてこの光は，通常，電磁ス

ペクトルのうちの紫外・可視光である．このとき，電子は**基底状態**(ground state)から**励起状態**(excited state)に遷移すると表現される．

光は，まず波としてふるまうが，**粒子としての挙動**を示すこともある．一つのモデルとして，光は，それぞれ個別のエネルギーをもつ粒子，すなわち，**光子**(photon)と考えることができる．それぞれの光子のエネルギーは，量子化されており，その光の振動数 ν に比例する．すなわち，光子のエネルギーは，プランク定数 h と振動数 ν の積，式(5.1)で，表される．

$$E = h\nu \qquad (5.1)$$

光の振動数は

$$\nu = \frac{c}{\lambda} \qquad (5.2)$$

であるので，結局，光のエネルギーは

$$E = \frac{hc}{\lambda} \qquad (5.3)$$

とも書ける．

紫外・可視光が価電子の基底状態から遷移状態への遷移をひき起こすならば，その光子のエネルギーは，それらの電子状態のエネルギー差に正確に一致しなければならない．

光子のエネルギーが小さすぎても大きすぎても，その電子遷移は起こらない．

5.3　光の吸収：光子がそのエネルギーを物質に与えること

紫外・可視光の光子は，物質中の原子や分子との相互作用により，そのエネルギーを物質に与える．エネルギーはその原子や分子に移り，価電子を励起する．電子が励起状態にある分子は不安定な状態にあり，励起された電子が速やかに（約 10^{-16} s）基底状態に戻ることによって緩和される（緊張したエネルギーの高い状態から，弛緩したエネルギーの低い状態に戻る）．こうした過程で失われるエネルギーは，通常熱として消散される．光に照らされた物体は，しばしば光を吸収し，その結果熱せられる．日なたに置かれた物体が暖められることは，だれもが知っているそのよい例である．一方，物質に吸収されたエネルギーの一部は熱として消散するが，残りのエネルギーは吸収された光よりも長い波長の光を放出することにより失われる場合もある．この場合，その物質は，違う波長の光を当てても，ある特定の波長の光を放出する．この効果は**蛍光**(fluorescence)として知られており，詳しくは§5.13で勉強する．

5.4　光の吸収：どれだけ光が吸収されるか

今，簡単な透明なセルを，強度が I_0 の入射光ビームが通過する場合を考えてみよう（図5.2）．光の一部

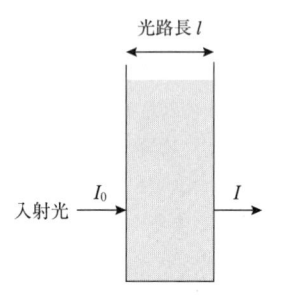

図 5.2 セル中の分析試料溶液による光の吸収

は吸収され，より小さい強度 I の透過光ビームがセルから得られる．光はエネルギーの一形態であり，そのため光ビームの強度はパワー（エネルギー/単位時間）として測定され，その単位は $\mathrm{J\,s^{-1}}$ すなわちワット（W）である．吸光度 A は，式(5.4)のように，入射光強度と透過光強度の比の常用対数（$\log_{10}$）と定義される．

$$A = \log_{10}\left(\frac{I_0}{I}\right) \qquad (5.4)$$

I_0 と I はともに単位がパワー（W）であるため，I_0/I *は，お互いの単位が打ち消しあって，単位がない数値（**無次元の数値**）になる．吸収が対数で表示される意味は重要なのでここで少し議論しよう．

I と I_0 が等しいということは，セルを透過して出てくる光強度が入射光強度に等しいことを意味しており，そのとき I_0/I は1になる．1の常用対数は0であり，吸光度は0となる．吸光度1は I_0/I が10（すなわち 10/1）であることであり，90％の光が吸収されたことを意味する．同様に，吸光度2は I_0/I が

---

*　訳注：$I/I_0 = T$ を**透過率**（transmittance），$(I/I_0) \times 100 = T(\%)$ を**パーセント透過率**とよぶ．

100，すなわち，99% の入射光が吸収されて 1% しか透過しないことを意味する．吸光度が 2 よりも大きな場合は，透過光が，測定ができないほどわずかになってしまうため，ほとんどの機器は，通常，吸光度が 0 から 2 の範囲で測定するようになっている．

吸光度は入射光強度と試料を透過した光の強度を比較することにより測定される．すなわち，まず光強度を光電子増倍管のような電子部品を用いて検出する．そして，得られた入射光強度と透過光強度の比から試料の吸光度を計算する．

例題 5.1 色のついた溶液を紫外・可視分光光度計にセットした．465 nm で，その試料は吸光度 0.79 を示した．吸収された光の割合(%)を計算せよ．

[解法] 吸光度 $(A) = \log_{10}(I_0/I)$ の関係を用いて吸収された光の割合(%)を計算する．

$$A = 0.79 = \log_{10}\left(\frac{I_0}{I}\right)$$

したがって，

$$6.166 = \frac{I_0}{I}$$

$I_0 = 1$ とおくと，$6.166 = 1/I$ なので

$$I = \frac{1}{6.166} = 0.1622$$

入射光のうち 16.22% が透過している．すなわち，入射光のうちの $(100 - 16.22) = 83.78\%$ が吸収されたことになる．

例題 5.2 紫外・可視分光光度計の中にセットした溶液は波長 560 nm で，吸光度 0.67 を示した．このときのパーセント透過率を求めよ．

[解法] 吸光度 $= \log_{10}(I_0/I)$ の関係を用いてパーセント透過率を計算する．

$$A = 0.67 = \log_{10}\left(\frac{I_0}{I}\right)$$

したがって，

$$4.677 = \frac{I_0}{I}$$

$I_0 = 1$ とおくと，$4.677 = 1/I$ なので

$$I = \frac{1}{4.677} = 0.2138$$

入射光のうちの 21.38% が透過している．

5.5 ランベルト-ベールの法則(吸収の法則)

適当な分子とその分子にとって都合のよいエネルギーをもった光子が衝突すると光吸収が起こる．光路の中にその分子がたくさんあれば，光子と衝突が起こるチャンスが増え，結果として吸収が起こるチャンスも増える．日常生活でも，これはよく経験する事象である．透明なグラスの中のクロフサスグリジュースについて考えてみよう．このジュースは赤紫色をしている．特定の波長の光はこのジュースに吸収されるが，他の波長の光は吸収されずに透過する．この現象がこのジュース特有の色の原因である．いま，同じジュースの入ったグラスをもう一つ用意し，それをはじめのグラスのうしろに置くと，ジュースの色は 2 倍濃く見える．これは，一つのグラスだけの場合よりも二つのグラスの場合のほうが透過できる光が少なくなることによるが，この場合，明らかに光子と光子を吸収する分子の衝突する確率が増えている．もしもジュースを水で薄めれば，ジュースの色は薄くなる．これは，光を吸収する分子の濃度が減少したからであるが，このとき，分子と光子の衝突の確率は減少している．

今，特定の波長の光を吸収する溶液の入った透明な**吸光セル**(cuvette)を考える(図 5.2)．

前述のように，吸収(吸光度)は，光を吸収する分子の濃度，および光が通過する距離である光路長に比例する．

吸収の法則，すなわち**ランベルト-ベールの法則**(Lambert-Beer law)は，吸光度 A と光を吸収する目的物質のモル濃度 c_n，光路長 l と**モル吸光係数** ε (molar absorptivity)を式(5.5)のように関係づける．

$$A = \varepsilon c_n l \tag{5.5}$$

ε は**吸光係数**(extinction coefficient)ともよばれる．ランベルト-ベールの法則は**透過率**(transmittance, T)を用いても表現され，このとき $A = -\log_{10} T$ となる．困ったことに，ε と l の単位については違ったやり方がある．ε は最も一般的には $dm^3\,mol^{-1}\,cm^{-1}$ で表される．このとき光路長 l の単位は cm である．しかし，参考書によっては，ε は $dm^3\,mol^{-1}\,m^{-1}$ で表される場合もある．このとき，光路長 l は m の単位をもつ．普通は，吸光度あるいはモル吸光係数の計算が簡単になるので，光路長 1 cm が用いられる．ランベルト-ベールの法則は，分析化学で最も広く用いら

れる関係式であり，紫外・可視光を用いるほとんどの定量法の核心をなす法則である．

ランベルト-ベールの法則は，通常の実験条件ではとんどの物質に対して成り立つ．しかし，ここで，吸収は光の波長に依存することをもう一度強調したい．これまでにも述べたように，電子の励起が起こるためには，特定の波長の光が照射されなければならない．

すなわち，モル吸光係数は，個々の物質に対して特定の波長および光路長について決められる．

> **注** ランベルト-ベールの法則の実際の応用例に関しては，73ページの"鉄の吸光光度定量の実際"を参照．

多くの物質は，ある特定の波長の光のみを吸収し，これにより色が決まる．物質に色がついている場合には，一つあるいはいくつかの波長で吸光度の極大を示す．

波長に対して吸光度をプロットしたものは**紫外・可視吸収スペクトル**とよばれ，**紫外・可視分光光度計**で測定する．ほとんどの紫外・可視分光光度計は，測定する波長領域全体にわたって，波長を自動的に変化させながら吸光度を測定することができる．過マンガン酸カリウム $KMnO_4$ 溶液の可視吸収スペクトルを図5.3に示す． $KMnO_4$ は広い波長範囲の光を吸収するが，赤と青の領域の光はほとんど吸収しない．これらの色に対応する光は溶液を容易に透過してしまう．透過した青色光と赤色光が混じると赤紫に見える．これは私たちの目がいかにその溶液の色を認識するかを示している．ある物質の吸光度の極大を与える波長を λ_{max} で表し，通常，この波長でのモル吸光係数 ε の値をその物質の ε のデータとして引用する(§5.4)．

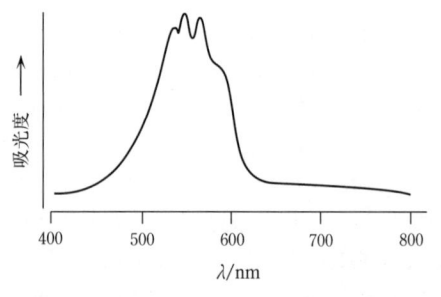

図 5.3 $KMnO_4$ 水溶液の吸収スペクトル

光吸収は波長に依存するので，吸収を測定するためには，波長範囲がなるべく狭い光が用いられる．

> **例題 5.3** ある物質が 0.1 M の濃度の水溶液を，紫外・可視分光光度計で，1 cm の光路長で測定したところ，吸光度が 0.95 となった．この物質のモル吸光係数を求めよ．
>
> [解法] 関係式 $A=\varepsilon cl$ を用いて， ε を計算すると
> $$A=\varepsilon(0.1\times 1)$$
> $$0.95=0.1\varepsilon$$
> それゆえ， $\varepsilon=10\times 0.95=9.5\ dm^3\ mol^{-1}\ cm^{-1}$

> **例題 5.4** モル吸光係数が $3578\ dm^3\ mol^{-1}\ cm^{-1}$ (650 nm)である化合物を，1 cm の光路長のセルに入れて紫外・可視分光光度計で吸収を測定したところ，吸光度 0.78 を示した．化合物の濃度を計算せよ．
>
> [解法] 関係式 $A=\varepsilon cl$ から濃度を計算すると
> $$0.78=3578(c\times 1)$$
> したがって
> $$c=\frac{0.78}{3578}\ mol\ dm^{-3}$$
> 化合物の濃度 $=2.18\times 10^{-4}\ mol\ dm^{-3}$

5.6 紫外・可視吸収の性質とその利用：発色団

ある物質が試料の中に入っているかどうかを調べるのに，紫外・可視吸収スペクトルが用いられる．多くの物質，特に強く着色した物質は，特徴的で，かつかなり狭い波長領域に吸収を示す．また，いろいろな原子団がそれぞれ特徴的な波長領域に吸収を示すが，そのような原子団は**発色団**(chromophore)とよばれる．発色団は，物質に色がつく，すなわち，特定の波長の光を吸収する原因になる．

> **注** 分子にある特別な性質をもたらす原子団を官能基という．このうち，発色団の場合は紫外・可視領域の吸収をひき起こし分子に色をもたらす．

発色団は，紫外光あるいは可視光を吸収して励起されやすい電子をもつ原子団である．強く着色した物質の多くは，**遷移金属イオン**(transition metal ion)を含むか数多くの**不飽和炭素-炭素結合**を含む．しかし，構造上のわずかな違いが，極端に大きな吸収における変化をもたらすことがある．フェノールフタレイン(図5.4)のような pH 指示薬の多くは，この現象に基

づいている．pH>8.1の条件下では，フェノールフタレインは脱プロトン化した構造をとっており，このとき可視領域の広い範囲にわたって吸収を示す．このときフェノールフタレインは赤色になる．一方，pHが8.0以下ならば，フェノールフタレインは，ラクトン環を形成するとともに二つのフェノレートアニオンがプロトン化して無色となる．分子の平面性がなくなり，この二つのヒドロキシ基が生成したことにより，電子の密度が高い $C-O^-$ 基よりも，芳香環に対してより強い電子吸引性を示す．発色団の中のこのわずかな構造変化が，吸収帯をより短波長側に移動させるのである．

図 5.4 pH によるフェノールフタレインの構造と色の変化

5.7 光源と分光器

5.7.1 光源

紫外あるいは可視分光法において試料に光を照射するために，出力が一定の光源が必要である．その光源は，吸光度が0〜2の範囲で，その透過光が検出するのに十分な強度をもつような出力をもつ必要がある．また，常にできるだけ**単色の光**(すなわち，できるだけ狭い波長範囲の光)を用いる必要がある．**分光器** (monochromator) は，試料に照射するための光の波長を選択する装置として，最も一般的に用いられている．

多くの光源の光出力は，印加電圧に対して本来的に指数関数的に増加する．したがって，印加電圧の小さなふらつきでも，結果としてかなり大きな光出力の変化をひき起こす．このため，光源の電源ラインには電圧の安定化回路を挿入するのが普通である．

タングステンフィラメントランプ

大多数の紫外・可視分光光度計にはタングステンフィラメントランプ(図5.5(a))が用いられる．このランプは320〜2500 nmの波長領域の光を放射し，電磁スペクトルの可視部のほとんどをカバーする．波長に対する出力特性を図5.5(b)に示す．この図から，このランプの出力は，紫外領域に近づくにつれて急速に低下することがわかる．また，通常のタングステンフィラメントランプの作動温度は約2900〜3000 K である．

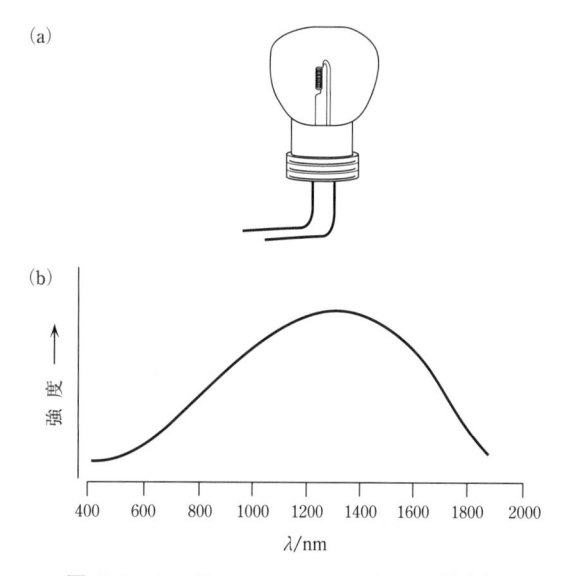

図 5.5 タングステンフィラメントランプ(a)とその発光スペクトル(b)

タングステン–ハロゲンランプは，少量のヨウ素を含んでいて，石英ガラス製ハウジングの中に収められている(タングステンランプは，通常ガラスハウジング)．ハロゲンガスが入ると，ランプの温度を3500 K程度まで上げることができる．このため，より強い光出力が得られる．そして波長範囲も約190 nmまでとなり，紫外領域にまで広がる．石英ガラスの容器も紫外光を透過する(これに対してガラスは，紫外光を吸収してしまい，紫外光を通さない)．タングステン–ハロゲンランプは，その作動温度がタングステンフィラメントランプよりも高いにもかかわらず，標準的なタングステンフィラメントランプの2倍の寿命(作動時間)をもっている．これら二つのランプの寿命は，タングステンフィラメントからのタングステン W の昇華により決まる．少量のヨウ素が入っていると，昇華したタングステンと反応して WI_2 分子ができる．WI_2 は拡散してその高温のフィラメントに戻り，そこで分

解してもう一度金属タングステンが表面に堆積する．タングステン–ハロゲンランプはより高価であるが，その寿命や性能を考えると，その価格の価値は十分にある．

ティッシュペーパーを使ったり，手袋をしてタングステンフィラメントランプやタングステン–ハロゲンランプを扱うことは大変に重要である．素手で扱い，ごく少量でも皮膚から油がつくと，高温の作動温度になったときにガラスあるいは石英ガラスの容器に小さな割れ目が生じることがあり，これがランプの寿命を縮めてしまう．

水素および重水素ランプ

多くの機器は，可視領域および紫外・可視の境界領域のためにタングステンフィラメントランプと紫外領域に高い強度をもつ水素あるいは重水素ランプとを組合わせて用いている．

低圧の水素あるいは重水素を電気的に励起すると，連続的な紫外光スペクトルが得られる．水素(重水素)ガスが電気的なエネルギーによって励起されると，二つの水素原子に解離するがそのとき光子の放出を伴う(式(5.6))．

$$H_2 + E_e \longrightarrow H_2^* \longrightarrow H + H + h\nu \quad (5.6)$$

加えられた全励起エネルギー E_e は二つの原子および光子に分配される．その二つの原子に分配されるエネルギーの量はランダムである．水素原子に分配されるエネルギーが少ない場合，光子は高エネルギーとなる．反対に，水素原子が高エネルギー状態となれば，光子のエネルギーはそれに対応して低くなる．結果として，水素あるいは重水素ランプは，160〜375 nm の波長範囲にわたって，波長による強度変化の少ない均質な光出力をもつ特徴がある．

より長波長領域では，こうした安定な出力に水素原子(重水素原子)の原子発光線が重なってくる．多くの分光光度計では，360 nm より長波長領域にはタングステンフィラメントランプやタングステン–ハロゲンランプを用い，それより短波長領域には水素あるいは重水素ランプを用いている．

5.7.2 分 光 器

紫外・可視分光光度計で使われるすべての光源は，広い波長範囲にわたって連続的なスペクトルを示す．光電子増倍管や他の光検出器に波長の違う光を区別して検出する能力はない．そのため，吸収スペクトルを測定しようとするときには，試料へ照射する光に，できるだけ狭い波長範囲の光のみを選び出すための何らかの方法を適用する必要がある．ここで，一波長のみを選び出すことは原理的に不可能であり，それゆえ"できるだけ狭い波長範囲の光"を選び出す，という表現を用いていることに注意してほしい．光源光のエネルギーは，波長に対して，**公称波長**(nominal wavelength)として知られている平均値の波長を中心にしてガウス分布を示す傾向をもつ．また，**実効バンド幅**(effective bandwidth)は，図 5.6 に示すように，波長プロファイルにおいてピークの半値の間の波長幅と定義される．

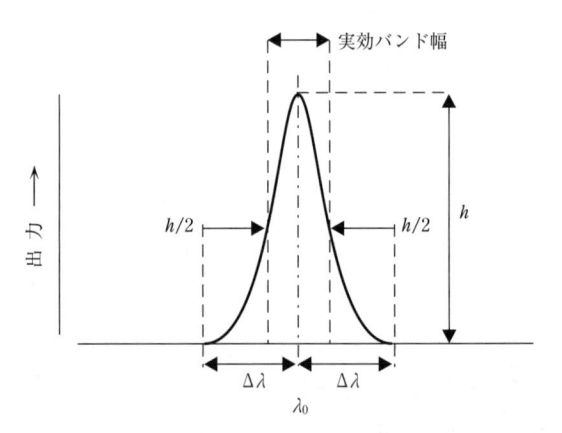

図 5.6 公称波長 λ_0 と実効バンド幅

分光器には，数多くのいろいろなデザインのものがある．低価格の装置には，波長の選択にバンド幅が 30 nm 程度の**光学フィルター**(optical filter)を用いるものもある．しかし，より一般的には，**分光器**(monochromator)が用いられる．

分光器は，一組のレンズ，ミラー，スリットや窓と，狭い波長幅の光を分離するためのプリズムや回折格子を組合わせてできている．分光器には数多くのデザインがあるが，ここでは**屈折プリズム**(refraction prism)と**回折格子**(diffraction grating)を用いる最も一般的な2種類の分光器についてのみ詳しく述べる．

屈折プリズムを用いる分光器

分光器は，ほこりや他の汚染物が中に入らないように，通常，分光光度計の中で，専用の容器の中に収められている．屈折プリズム分光器では，白色光は，

入口スリット(entrance slit)を通して分光器に入り，**コリメーターレンズ**(collimating lens)により平行光になる(図5.7)．そして**屈折プリズム**で波長により分散される．分散された光は，もう一つのレンズによって，レンズの焦点面に置かれた出口スリット上に焦点を結ぶ．**出口スリット**(exit slit)から違った波長の光を選び出すためには，プリズムを回転台に載せて，ステッピングモーターで回転させて角度をかえる．

> **注** コリメーターは平行光をつくりだすための部品である．

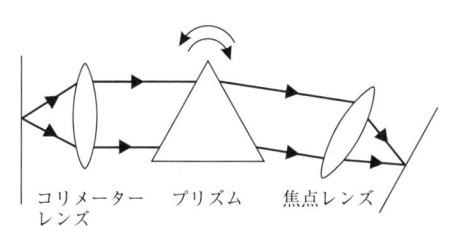

図 5.7 プリズム分光器

回折格子を用いる分光器

プリズム分光器と回折格子分光器では，光路がかなり違うように見えるかもしれないが，原理はかなり近い．

入口スリットからの白色光は，凹面鏡により，回折格子の方向に向かって平行光にかえられる(図5.8)．回折格子は光を波長により分散し，第二の凹面鏡上に反射する．回折格子は回転台の上に載っており，ステッピングモーターで回転させて角度を変えることができる．反射された光はこの凹面鏡により，出口スリット上に焦点を結ぶ．回折格子の角度を変えると違う波長の光を選び出すことができる．

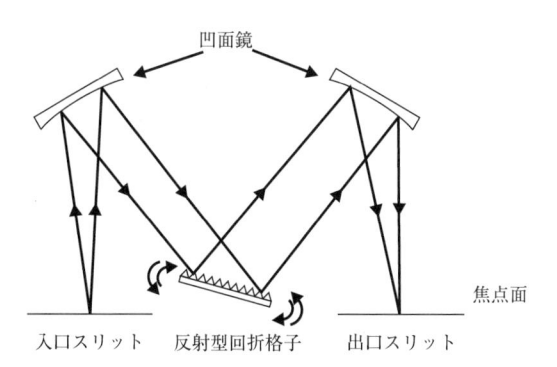

図 5.8 回折格子分光器

5.8 光の検出：光子の検出器

目的物質の吸収を測定するには，透過光強度を測定する必要がある．これにはいくつかの方法がある．

電磁波の強度を測定する方法には，
(a) 光電子
(b) 電磁波の吸収による価電子の励起
(c) 電磁波の吸収の結果として物質が受け取る熱

の三つを測定する方法がある．

紫外・可視領域では，
(a) 光電子，あるいは
(b) 電磁波の吸収による価電子の励起

を利用するのが一般的である．両者とも，本質的には光子の数を測定する方法であり，それゆえ，光の強度を測定することができる．このような原理に基づいた四つの検出器が，紫外・可視分光光度計に用いられている．すなわち，**光電管**，**光電子増倍管**，**シリコンフォトダイオード**，**光起電力検出器**であり，それぞれを以下の節で紹介する．

5.8.1 光 電 管

光電管(photo-tube)は，石英ガラスの窓をもった真空管であり，中に大きな陰極が納められている(図5.9)．陰極は金属酸化物やアルカリ金属などの光電子を放出しやすい物質で被覆されている．陽極は小さな金属線で，陰極の前に置かれており，両者の間には90 Vあるいはそれ以上の電圧が印加されている．石英ガラスの窓を通過して光電管に入ってきた光子は，陰極にぶつかる．それにより光電子が発生し，その光電子は陽極に向かう．すなわち，その電極間に流れる光電流を測定すれば，入射した光強度を測定すること

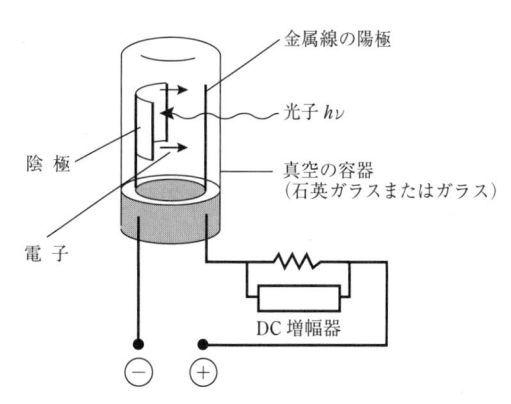

図 5.9 光電管と増幅回路

5.8.2 光電子増倍管

光電子増倍管(photo-multiplier tube)は，本質的には光電管と同様の原理で作動するが，この場合，電子を加速しさらに電子を発生させるために複数の電極と組合わせることにより，一つの光電子から多くの電子を発生させる．光子は，石英窓を通って真空管の中に入ってくる(図5.10)．光子が陰極にぶつかると光電子が発生する．発生した光電子は，**ダイノード**(dynode)とよばれる一連の電極のうちの第一番目のダイノードに向かうが，そのダイノードは陰極に対して＋90V高い電位をもつので，光電子は加速される．その加速された光電子がダイノードにぶつかると，そのダイノードからはさらに数個の電子が発生する．それらの電子は，今度は第一ダイノードよりもさらに＋90V高い電位をもつつぎのダイノードに加速される．このプロセスが繰返され，最終的には陽極に多数の電子が集められる．このプロセスは，**カスケード効果**(cascade effect)という名前で知られており，光電子増倍管の中に入ってきた光子一つに対して，10^6 から 10^7 個の電子が生じる．

5.8.3 シリコンフォトダイオード

シリコンフォトダイオード(silicon photo-diode)は特殊な構造をもつシリコン(単体のケイ素)で，紫外・可視光の照射により伝導度が変化する素子である．ケイ素は，14族の元素で，その単体は半導体である．すなわち，その伝導度は，金属より小さいが，絶縁体より大きい．それぞれのケイ素原子は結合性超格子構造の中で，近傍の四つのケイ素原子と共有結合している．室温での熱的な揺らぎにより，ときどき電子がケイ素原子から離れ，その結晶格子の中を動き回ることがある．その電子が離れた場所は**正孔**(hole)とよばれ，正電荷をもつ．電気伝導は，これらの電子と正孔が逆向きに動くことによって起こる．その伝導性は，13族あるいは15族の元素をごく少量加えると，非常に増加する．13族の元素を添加すると，正孔をたくさんもつ，いわゆるp型の半導体ができる．15族の元素を添加すると，電子が豊富なn型の半導体ができる．

n型シリコンとp型シリコンとを接合すれば，いわゆる**p-n接合**ダイオードが形成される．このp-n接合は，ある方向に電圧をかければ電気を通すが(**順バイアス**とよばれる)，逆向きに電圧をかけると電流を通さない(**負バイアス**とよばれる)．p-n接合の順バイアスでは，n領域が低電位側で，p領域が高電位側である．このとき，過剰な電子がn型半導体に供給され，一方，p型半導体からは電子はひきはがされ，結果としてさらに多くの正孔が生じる．p-n接合領域では，電子と正孔は再結合して中性となるが，電子と正孔が効果的に供給されるので，電気伝導が起こる．一方，そのp-n接合に反対方向の電圧がかかれば，正孔と電子は，そのp-n接合から離れるように移動し，いわゆる**空乏層**(depletion layer)ができる．このとき，このp-n接合は，電流が流れるのを邪魔して電気を通さなくなる．

シリコンフォトダイオードは，紫外・可視光によってp-n接合部分が照射されるように，光学的に透明な窓のついた特殊なp-n接合型ダイオードである．光子は窓を通過してそのp-n接合領域で吸収される．その光子のエネルギーが十分大きければ，電子を励起して正孔と遊離の電子をつくり出す(図5.11)．その空乏層での電子と正孔の生成により，ダイオードの伝導度がかなり増加する．これにより，入射した光強度を測定することができる．

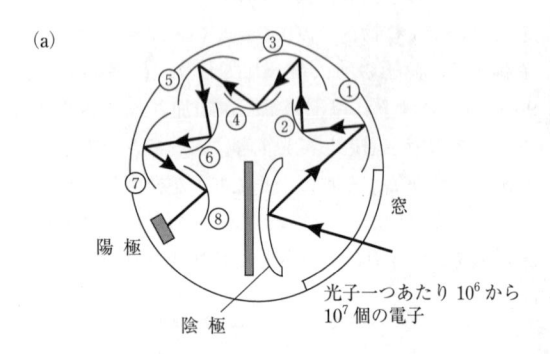

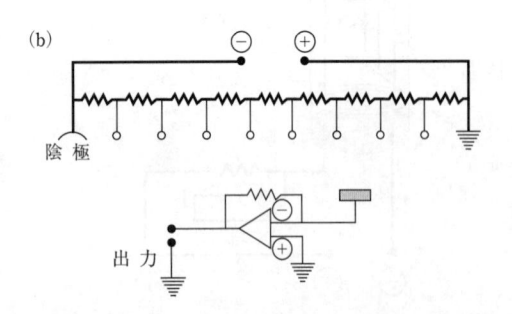

図 5.10 光電子増倍管(a)とその付属電子回路(b)

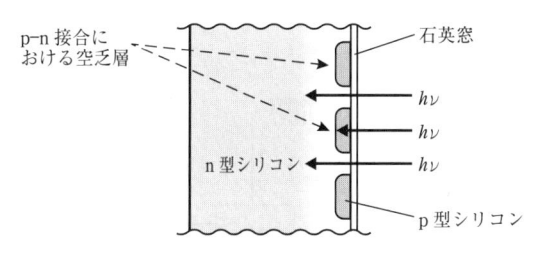

図 5.11 シリコンフォトダイオード．光子により p-n 接合領域で正孔と電子の対が生成する

5.8.4 光起電力検出器

光起電力検出器(photo-voltaic cell)は，最も簡単な検出器であるが，可視光に用いる検出器の中では最も感度が低い．この検出器は紫外光には感度をもたず，したがって，紫外光には使用できない．光起電力検出器には，劣化という難点もある．すなわち，連続的に光を照射すると，感度が落ちてしまうという欠点である．この欠点にもかかわらず，光起電力検出器は，簡単でまた外部電源を必要としないことから，より簡単な装置に用いられている．

ほとんどの光起電力検出器は，銅あるいは鉄の電極の表面を酸化銅(I)やセレンのような半導体物質で覆ったものでできている．さらにその半導体物質は，光を通すのに十分なほど薄い金，銀あるいは鉛の層で覆われている．この金属膜は，光学窓および第二の電極としてはたらき，銅または鉄の電極との間に電圧がかけられる．半導体層にまで到達した光は，遊離の電子と正孔を生じさせる．そして電子と正孔は，二つの電極に向かってそれぞれ反対の方向に移動する．もしもそれらの電極が低抵抗の回路に結合していれば，電流が流れ，その電流の大きさは，光強度に依存する．

5.9 分光計，分光光度計，紫外・可視光用セル

分光計(spectrometer)と分光光度計(spectrophotometer)は，しばしば混同される．

分光計は，焦点面に固定スリットを配した分光器のことである．分光計に光検出器を装着すると分光光度計とよばれる．さらに，ある波長領域において，自動的に波長を連続的にかえて吸光度を測定できる装置は，走査型分光光度計(scanning spectrophotometer)とよばれる．

5.9.1 単光束型分光光度計

単光束型分光光度計(single beam spectrophotometer)は，名前のとおり，図5.12のようにセルを照射するための一つの光ビームのみを用いる装置である．その光ビームは試料に照射され，光検出器は試料を透過してきたその光ビームを検出する．しかし，この簡単な光学配置のゆえに生じる問題もある．

セルや試料を溶かす溶媒は，どの波長においてもわずかながら光を吸収する．必要とされるのは，目的物質それ自体の吸収スペクトルであり，バックグラウンドが重なったスペクトルではない．この型の装置では，ベースラインスペクトルを測定する必要がある．ベースラインスペクトル(baseline spectrum)は，通常，適当な溶媒(目的物質が入っていない)の入ったセルを測定したものである．続いて試料の入ったセルの吸収スペクトルを測定し，それからベースラインスペクトルを引くと，目的物質自体の吸収スペクトルが得られる．この操作をベースライン補正といい，得られたスペクトルを補正スペクトル(normalized spectrum)ともいう．現在の装置のほとんどは，コンピューターのメモリーにベースラインを記憶させて，この操作を電子的に行う．

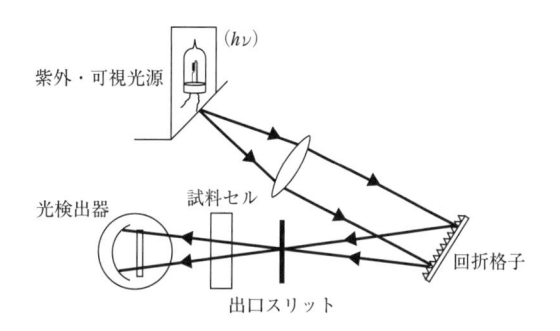

図 5.12 単光束型分光光度計

5.9.2 複光束型分光光度計

複光束型分光光度計(double-beam spectrophotometer)の概念図を図5.13に示す．この装置は二つのほぼ等しい強さの光ビームと二つの光電子増倍管をもち，ベースラインを記録し，スペクトルからそれを引き算することができる．一つの光ビームは目的物質を含むセル(試料セル)を通り，もう一つのビームは適当な溶媒だけを含むセル(対照セル)を通る．希望する波

図 5.13 複光束型分光光度計

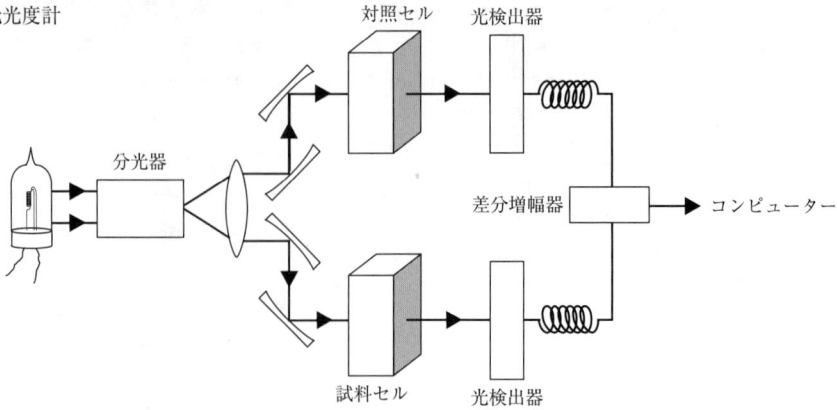

長領域で，波長を走査しながら，同時に二つのスペクトルが記録される．まず，対照セルと試料セルの両方にベースラインとなる溶媒を入れてスペクトルを測定し，その引き算した結果をゼロ点に設定する（ゼロ合わせ）．さらに，試料セルに目的物質を含む試料を入れ，そのスペクトルから対照セルのスペクトルを引き算すると，目的物質のベースライン補正された吸収スペクトルが得られる．

5.9.3 紫外・可視光用試料セル

試料を入れて測定を行うために，体積が数 cm^3 で光学的に透明なセル（キュベットともいう）が用いられる．標準的なセルは，光路長が 1 cm になるように，内側の断面が 1×1 cm になるようにつくられている．一方，特殊な目的のために，いろいろな寸法のセルも販売されている．標準的なセルは，分光光度計への出し入れが簡単にできるように，数 cm の高さがある．

標準的なセルは，光学的に透明な二つの面とつや消しにして不透明にした二つの面からなる．不透明な面は，光ビームが通る透明な面に指紋をつけずにセルを扱うための面である．

指紋，油，他の汚染物などはスペクトルに重大な誤差を与えることがある．したがって，セルの透明な面をできるだけきれいに保つことは，非常に重要である．このため，使うごとに，セルをレンズふきで磨く必要がある．

同様の理由により，複光束型分光光度計でスペクトルを測定するときは，光学的な性質がよく一致するセルを組合わせて用いることが重要である．

セルには，主として以下のような三つの材質でできたものがある．
1) 透明なプラスチック
2) 光学ガラス
3) 溶融シリカと石英ガラス

透明なプラスチック

透明なプラスチックでできたセルは，いろいろな目的で波長領域が 400〜900 nm の可視スペクトルを測定するのに十分使用可能である．この波長領域を超えると，このセルはかなり光を吸収してしまうため使用できない．通常注意書きがセルについているが，セルの光学的性質は，セルを販売する会社によりそれぞれ異なる．プラスチックセルは，可視領域で使えるセルとしては最も安価であるが，簡単に傷がつき，使えなくなるので注意して扱う必要がある．

ガラスセル

多くのガラスは，光学用プラスチックに比べて，透明な波長領域が少し広い（約 400〜900 nm）．さらに，ガラスにはプラスチックよりもはるかに傷がつきにくいという利点がある．

溶融シリカセルと石英ガラスセル

溶融シリカセルと石英ガラスセルは，最も優れた光学的性質を示し，現在の装置の性能いっぱいの波長領域（約 190〜750 nm）において紫外・可視吸収スペクトルの測定が可能である．しかしながら，溶融シリカと石英ガラスセルは同様のガラスセルに比べて非常に高価であり，基本的には，紫外部のスペクトル（190〜400 nm）の測定が必要な場合にのみ用いられる．

5.10 紫外・可視吸光光度法の定性分析への応用

5.10.1 紫外・可視吸光光度法の定性的な応用

フェノールフタレインの二つの構造の紫外・可視スペクトルを比較することにより，そのフェノールフタレインがプロトン化しているか，脱プロトン化しているかを容易に推定することができる．すなわち，紫外・可視分光法を，特定の分子の存在を確かめたり，あるいは分析化学的な"指紋判別"技術として用いたりすることができる．

しかし，試料が光を吸収する物質を1種類しか含まないことはまれである．実試料の紫外・可視吸収スペクトルは通常，幾種類かの分子吸収スペクトルの和であり，ある特定の波長での吸光度は，溶液の中のそれぞれの物質の吸光度の和である．簡単な溶液試料では，それぞれの物質の吸収極大波長から，その物質の存在を確認することが可能な場合も多いが，さらにその存在を確実に証明するためには，赤外分光法（IR），核磁気共鳴（NMR），あるいは融点データで調べる必要がある．

5.10.2 有機発色団の効果

発色団としてはたらく有機官能基には，紫外・可視領域の光を吸収して容易に高エネルギー準位に励起される電子が存在する．有機発色団の多くは，一つあるいはそれ以上の二重結合，三重結合，および（あるいは）芳香環をもっている．多くの発色団は，20 nm あるいはそれ以上広い波長領域にわたって光を吸収するので，いくつかの吸収ピークが重なることがよく起こる．吸収が起こる波長領域は，分子の中の発色団以外の部分が，どの程度の電子吸引性あるいは電子供与性を示すかにも依存している．そのため，赤外分光法の場合のように（第12章参照），特定の官能基の存在を，吸収の波長位置から確実に証明することは不可能である．最も代表的な発色団の例を，表5.1に示す．

5.10.3 無機化合物による紫外・可視光の吸収

多くの無機化合物は紫外・可視光を吸収し，幅が広く，しばしばいろいろな物質と重なり合う吸収スペクトルを示す．

第一，第二遷移系列の化合物は，中でも最も着色した化合物が多い．これらの化合物の吸収は，電子が満たされた d 軌道から空の d 軌道への電子遷移によるので，吸収の起こる波長は，原子番号，その金属の酸化状態，金属に結合している配位子に依存する．無機化合物の分光化学的な性質の詳細については，この本の範囲を超えているので，興味のある読者は，他の専門書を読んでほしい．

5.10.4 紫外・可視光による電荷移動過程

多くの有機化合物や無機化合物は電荷移動過程により紫外・可視光を吸収する．そしてそれらの化合物は**電荷移動錯体**(charge transfer complex)として知られている．これらの化合物の ε_{max} は，しばしば $10\,000\ dm^3\ mol^{-1}\ cm^{-1}$ かそれ以上にも及ぶので，強く着色した化合物になり，非常に低濃度までの定量にも利用される．

電荷移動錯体は，電子供与基と電子受容基を含む．光吸収が起こるときは，主として電子供与基の軌道から電子受容基の軌道へ電子が移動する．これは，有機発色団の光吸収が発色団内で共有されている分子軌道間で起こることと対照的である．

金属イオンが電子受容体としてはたらくことがしばしばある．この型の光吸収で，最もよく知られている例として，水溶液が赤紫色である過マンガン酸カリウム $KMnO_4$ があげられる．

5.10.5 溶媒の効果とその選択

紫外・可視吸光分析のほとんどの場合，目的物質を溶媒に溶かす必要がある．溶媒は，まず第一に，目的物質を光路の中に均一に分布させるために目的物質を溶解できなければならない．水はよく用いられるが，有機物質を溶かすには，アセトニトリルやジメチルホルムアミド（DMF）のような非プロトン性溶媒が必要

表 5.1 紫外・可視領域に吸収をもつ発色団の例

発色団	官能基	代表的な λ_{max} 値/nm
アルケン	$-CH=CH-$	175～185
アルキン	$-C\equiv C-$	175～195, 220～230
アミン	$-NH_2$	195～200
カルボニル	$-CH=O$	186, 280
ニトロ	$R-NO_2$ （ニトロアルカン）	280
ニトロソ	$\diagup\!\diagdown\!\diagup\!\diagdown N=O$ （ニトロソアミン）	300, 665
芳香族	（ベンゼン）	200

な場合も多い．

> **注** 非プロトン性溶媒は，溶媒分子の解離によるプロトンを含んでいない溶媒である．非プロトン性溶媒はほとんどすべて有機溶媒である．ジメチルホルムアミド(DMF)は代表例である．

溶媒は光を通す(すなわち透明である)必要がある．しかし，完全に透明である溶媒はなく，必ずそれ自体光を吸収する．したがって，測定する波長領域で，光を通す溶媒を選択することが大変重要である．水や多くの有機溶媒は無色透明に見えるが，目には感じない紫外領域にかなり大きな吸収を示す．実際上，よく使用される溶媒においてもそうである．特に約250 nm以下の波長領域で吸収スペクトルを測定するときは，溶媒の選択に十分に考慮する必要がある．

表5.2と5.3にそれぞれよく用いられる極性溶媒と無極性溶媒の性質を示す．

常に高純度の溶媒(できれば高速液体クロマトグラフィー(HPLC)用のもの)を用いることは大変重要である．多くの工業用の溶媒，たとえばエタノールやヘキサンは，280 nm以下に吸収をもつベンゼンのような不純物を含んでいる．

しかし，どんなに適切な溶媒を選んでも(またどんなに高純度であっても)，かならず溶媒はわずかに光を吸収することを考慮する必要がある．溶媒のブランクスペクトルを必ず測定し，試料のスペクトルから除く必要がある．また，複光束型分光光度計を用いる場合には，溶媒のみのセルと試料溶液のセルを一組にして測定する(§5.9参照)．

表 5.2 極性溶媒

溶媒	使用できる下限の波長/nm
水	200
エタノール	220
ジエチルエーテル	210
アセトニトリル	185

表 5.3 無極性溶媒

溶媒	使用できる下限の波長/nm
ヘキサン	200
シクロヘキサン	200
ベンゼン	280
四塩化炭素	260
ジオキサン	320

5.11 錯生成による発色を利用する分析法

多くの遷移金属イオンは，強く着色した錯体を生成する．その発色は，簡単で高選択的な吸光光度定量法の基礎として利用されている．たとえば，水溶液中の鉄(II)は，1,10-フェナントロリン(o-フェナントロリン)と反応して，橙赤色の錯体をつくり，吸光光度法により簡単に定量される．この錯体のモル吸光係数は約 1.08×10^4 mol dm^{-3} cm^{-1} である．

水溶液中の1,10-フェナントロリンは，弱い塩基としてはたらき，酸の存在下で，フェナントロニウムイオン PhenH$^+$ を生成する(式5.7)．pH 3.5あるいはそれ以下で，フェナントロニウムイオンは Fe^{2+} と反応して，定量的に Fe(Phen)$_3^{2+}$ 錯体を生成する．

$$\text{Fe}^{2+} + 3\text{PhenH}^+ \longrightarrow \text{Fe(Phen)}_3^{2+} + 3\text{H}^+ \quad (5.7)$$

鉄を含む水溶液中の全鉄は，ヒドロキノンやヒドロキシルアミンのような還元剤を過剰に添加することより定量できる．還元剤は，すべての鉄を2価の酸化状態にして，PhenH$^+$ と錯形成しやすくする．

> **注** 未知試料中の鉄の定量法については73ページの"鉄の吸光光度定量の実際"をみよ．

Fe(Phen)$_3^{2+}$ 錯体は，約508 nmに鋭い吸収極大(λ_{max})をもつ．吸光度が0.1〜1.0の範囲に相当するような濃度をもつ一連の鉄標準溶液について，吸光度を測定し，濃度に対して吸光度をプロットすると鉄についての検量線が得られる．この検量線により，未知試料中の鉄の濃度を決定することができる．

5.12 深色効果と浅色効果

目的物質の吸収スペクトルが極大を示す波長(λ_{max})が，試薬あるいは試料中の共存物質の吸収スペクトルと重なってしまうと，その吸光光度定量は難しくなる．その問題に対する解決法の一つに，共存物質あるいは目的物質を他の試薬と反応させて，離れた波長領域に吸収をもつ新しい化合物を生成させ，共存物質の吸収と目的物質の λ_{max} をお互いに遠ざけてしまう，という方法がある．

λ_{max} が短波長側からより長波長側に移動することを**深色効果**(bathochromic shift)とよぶ．

一方，λ_{max} が長波長側から短波長側に移動することを**浅色効果**(hypsochromic effect)とよぶ．

5.12 深色効果と浅色効果

これらの効果が実際にどのように使われるかを理解するために、二つの例を学ぼう。

深色効果を利用する水溶液中のスズの吸光光度定量. スズ(IV)はカテコールバイオレットという色素と錯体を生成する。カテコールバイオレット/スズ錯体は 555 nm に強い吸収極大を示すが、残念ながら、カテコールバイオレット自体がこの波長でかなり強い吸収を示す。スズと定量的に反応を完結させるために、カテコールバイオレットは過剰に加える必要があり、またカテコールバイオレット/スズ錯体を余分なカテコールバイオレットから分離することは難しい。したがって、この錯体を用いてスズを吸光光度定量することはこのままでは不可能である。

しかし、カテコールバイオレット/スズ錯体は、さらに臭化セチルトリメチルアンモニウム(CTAB)と反応する。CTAB は、400〜700 nm の波長領域で、吸収極大をもたない。このスズ/カテコールバイオレット/CTAB 錯体の λ_{max} は、662 nm に移動する。このように、CTAB の添加により、新しい吸収極大が生じ、カテコールバイオレットと CTAB の存在下でスズの吸光光度定量が可能となる(図 5.14)。

一方、アニリン水溶液は、浅色効果の好例である。塩基性溶液中では、アニリンは中性分子として存在

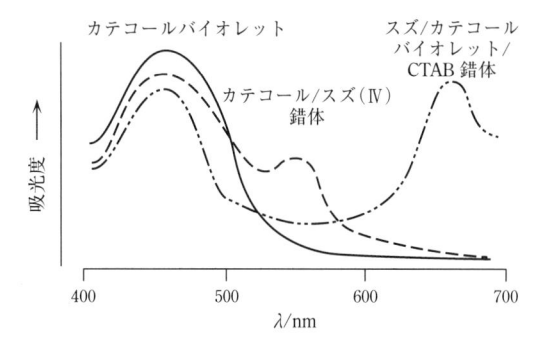

図 5.14 深色効果. λ_{max} 吸収の長波長側への移動

鉄の吸光光度定量の実際

Fe^{2+} 標準溶液、塩酸ヒドロキシルアミン、1,10-フェナントロリン、酢酸ナトリウムをまず準備する。

Fe^{2+} 標準溶液:0.07 g $Fe(NH_4)_2(SO_4)_2 \cdot 6H_2O$ を精秤し、1 dm^3 のメスフラスコ中で水に溶解する。2 cm^3 の濃硫酸を加え、標線まで脱イオン水を加えて定容とする。

塩酸ヒドロキシルアミン溶液:10 g $H_2NOH \cdot HCl$ を 100 cm^3 の脱イオン水に溶かす。

1,10-フェナントロリン溶液:1,10-フェナントロリン一水和物 1.0 g を 1 dm^3 の水に溶かす。この溶液は、毎日つくりかえる必要がある。

酢酸ナトリウム:$CH_3COONa \cdot 3H_2O$ 166 g を 1 dm^3 の脱イオン水に溶かす。

分析操作

一組の鉄の二次標準溶液(検量線用標準溶液;4〜5個あれば十分)を鉄の保存標準溶液から調製する必要がある。まず、100 cm^3 メスフラスコに、塩酸ヒドロキシルアミン溶液 1 cm^3、酢酸ナトリウム溶液 10 cm^3、1,10-フェナントロリン溶液 10 cm^3、をそれぞれ加える。鉄標準溶液(5, 10, 15, 20 cm^3, …)をそれぞれのフラスコに加え、蒸留水を標線まで加えて定容にする。ブランク溶液、すなわち、鉄は入っていないが他の試薬(塩酸ヒドロキシルアミン、酢酸ナトリウム、1,10-フェナントロリン)はすべて入っている溶液も準備する必要がある。

前述のように、508 nm に吸収極大を示す。しかし、(使用する機器で可能な限り)できるだけ正確な λ_{max} で測定するために、460〜560 nm(λ_{max})の約±50 nm の範囲で吸収スペクトルを測定する。これを行うことにより、(a) 実験結果がおおむね文献と一致していること、(b) 実際の実験において測定感度が最大になるようにする、の2点を確認する。

それぞれの試料に対する吸光度を濃度に対してプロットし検量線を得る。この検量線はランベルト-ベールの法則に従う(直線が引ける)はずである。未知試料に対する吸光度からその濃度を読み取ることができる。もしも、未知試料の吸光度が検量線の範囲を超えてしまったら、適当な倍率で(たとえば 2〜10 倍など)その試料を希釈し、試料の吸光度が検量線の範囲内に収まるようにする。未知試料の濃度は希釈した試料の濃度に希釈倍率をかけて得られる。高濃度領域では、吸光度がランベルト-ベールの法則からずれることがよくみられるので、吸光度が検量線の範囲内に収まるように未知試料を希釈することは重要である(第6章参照)。

し，280 nm に吸収極大を示す．pH が低くなると，λ_{max} は 254 nm に移動する（図 5.15）．

塩基性
$\lambda_{max} = 280$ nm

酸性
$\lambda_{max} = 254$ nm

図 5.15 浅色効果．アニリンの λ_{max} は pH が低下すると短波長側に移動する

5.13 蛍光分析の概要

これまで，価電子の励起を伴う分子の紫外・可視光の吸収について考えてきた．励起された電子は，基底状態よりもエネルギー的に不安定であり，いつか緩和されて基底状態に戻る．この緩和過程において，光の吸収に伴う光子の捕獲により得られたエネルギーの一部あるいはすべては失われ，通常は熱として散逸する．しかし，場合により，この過剰なエネルギーの一部は，光子の放出，すなわち発光によって失われる．

蛍光反応は，個々の物質に非常に特異的であるので，分析化学者にとって大変有用である．さらに，蛍光強度は直接的に目的物質の濃度に相関している．実際上は，数少ない物質しか蛍光を発しない．しかし，多くの物質は，<u>蛍光を発する物質を結合する</u>，すなわち誘導体化することにより蛍光を発するようにできる．第 6 章で，この"蛍光誘導体化"を詳しく学ぶ．

蛍光過程によっていかに光子が放出されるかをまず議論する．蛍光の光子のエネルギーは，その蛍光物質が吸収した光子に由来している．すでに述べたように，励起エネルギーの一部は熱として散逸し，その残りが光子の放出として失われる．すなわち，放出される光子のエネルギーは，吸収された光子のエネルギーよりも小さい．光子のエネルギーは振動数に比例するので，放出される光子の振動数は吸収された光子の振動数よりも小さい．言い換えれば，蛍光の波長は，吸収波長よりも長波長側になる．

> **注** 励起電子の緩和過程の結果として放出される光子（光）が蛍光である．

蛍光の強度すなわち光量（パワー），P_f は，吸収された光の量，すなわちパワーに比例する．吸収された光量は，$(P_0 - P)$ で表される．ここで P_0 は入射光の光量，P は吸収されなかった光，すなわち透過光の光量である．分子間の衝突と熱によるエネルギーの散逸の結果として，多くの場合励起された電子の緩和が起こるので，吸収されたうちの一部の光子しか，蛍光として放出されない．**量子収率**（quantum efficiency），ϕ は，吸収された光子の数に対する蛍光として放出される光子の数の割合を示す比例係数である．

蛍光強度を測定するとき，蛍光物質から放出される光子を測定できるように検出器を設置する．検出器は，検出器に入ってくる光子しか検出できないので，試料から一方向に放出される光のみを測定する．光子は，全方向（すなわち 360°）に放出されるので，全蛍光出力を定量的に推定するために，もう一つ比例係数を導入する必要がある．この係数，k' は**装置関数**（geometric factor）とよばれる．実際の装置においては，蛍光の検出器は，図 5.16 のように，入射光ビームに対して 90°になるように置かれる．これは，入射光あるいは透過光の波長が蛍光とは異なっており，さらに蛍光検出器には分光器が設置されているにしても，入射光や透過光が検出器に入ると何らかの影響を与えてしまうので，それを最小限にするためである．

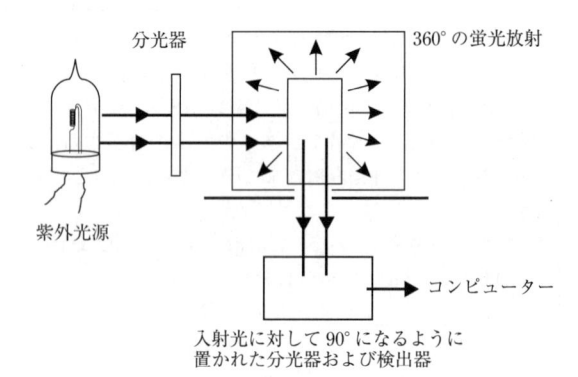

図 5.16 蛍光分光光度計

蛍光強度 P_f とこれらのパラメーターを結びつける式として式(5.8)を得る．

$$P_f = \phi k'(P_0 - P) \quad (5.8)$$

吸収された光量 $(P_0 - P)$ は，光を吸収する物質の濃度と相関している．すなわち，透過光量 P はランベルト-ベールの法則によって $P = P_0 \times 10^{-\varepsilon cl} = P_0 e^{-2.303 \varepsilon cl}$ と書ける．これを考慮に入れると，蛍光強度は，

$$P_f = \phi k' P_0 (1 - e^{-2.303 \varepsilon cl}) \quad (5.9)$$

となる．指数の項を展開し，x が小さいとき $1 - e^{-x}$

≒x が成り立つので

$$P_\mathrm{f} = \phi k' \times 2.303 \varepsilon c l \quad (5.10)$$

となる．式(5.10)は，吸光度は小さいと仮定した近似式である．実際上は，$\varepsilon c l$(すなわち吸光度)<0.05 ならば成立するとされている．この場合誤差は 5% 以下である．

実際の分析例 5.1

キニーネ(キニン)は元来の蛍光物質で，ビターレモンソーダやトニック水などの多くのソフトドリンクの中に含まれている．そうしたドリンクの中のキニーネの定量は，簡単な蛍光分析の例として知られている．

[方法] 以下の溶液を準備する．
(a) 0.05 mol dm^{-3} 硫酸を 2 dm^3
(b) 1 ppm 硫酸キニーネ標準溶液．0.1 g(誤差 0.5 mg 以内)硫酸キニーネを精秤し，0.05 mol dm^{-3} 硫酸で 1 dm^3 に定容とする．この溶液 10 cm^3 をもう一つの 1 dm^3 のメスフラスコにとり，0.05 mol dm^{-3} 硫酸を標線まで加えて定容とする．この溶液は 1 ppm キニーネを含んでいる．これは光酸化されやすいので，いつも新しいものを用意し，測定中は暗所で冷蔵する必要がある．

キニーネは約 450 nm に蛍光の極大をもつので，蛍光光度計の蛍光検出器側の波長をこの波長(あるいはこの波長付近)にあわせる．1 ppm の保存標準溶液(10, 8, 6, 4, 2 cm^3)をそれぞれとり 0.05 mol dm^{-3} 硫酸で 1 dm^3 に希釈した一連の検量線用標準溶液を用いて検量線を作成する．

未知試料を 0.05 mol dm^{-3} 硫酸で適宜希釈して，検量線の範囲内に収まるように濃度を調整して分析する．

例題 5.5 キニーネは 450 nm に蛍光の極大を示す．一連の検量線用標準溶液を準備し，その蛍光を測定したところ，結果は以下の表の通りである．

未知試料が 0.37 の蛍光強度を示すとき，この試料中のキニーネ濃度を推定せよ．

キニーネ濃度(ppm)	蛍光強度(任意単位)
0.0	0.10
0.2	0.21
0.4	0.32
0.6	0.40
0.8	0.51
1.0	0.60

[解法] 最小二乗法により傾き m を計算し，式 $y = mx + c$ を用いて蛍光強度を計算する．最小二乗法により直線の式は

$$m = 0.5114$$
$$\bar{y} = 0.36, \quad \bar{x} = 0.65, \quad c = 0.104$$

そこで，蛍光強度 0.37 を，式 $y = mx + c$ に代入すると，

$$0.5114x + 0.104 = 0.37$$
$$0.5114x = 0.266$$

それゆえ，キニーネ濃度は 0.52 ppm となる．

蛍光分析を行う場合，通常化合物の (a) 吸収スペクトルが極大を示す波長(λ_max)と (b) 蛍光スペクトルが極大を示す波長(λ_max)，を決定する必要がある．実際には，蛍光スペクトルは，一般に吸収スペクトルに比べてより広い波長領域に広がるので，蛍光の λ_max を正確に決める必要がある場合は多くはない．これは，蛍光が，分子衝突やそれにより起こる熱として散逸したエネルギーの残りと考えることができることから理解される．電子は多くの別々の過程(それらは量子化しているが)により緩和されるので，蛍光スペクトルの極大は，数十 nm の範囲に広がる傾向がある．現在使われている多くの蛍光光度計は，入射光の波長と蛍光検出の波長を連続的に変えることが可能であるが，蛍光波長を変えるのに干渉フィルター(通常 10 あるいは 20 nm ごとの波長の干渉フィルターが供給されている)を用いる簡易型の装置も存在する．

5.13.1 蛍 光 消 光

蛍光消光(fluorometric quenching)は，分子の蛍光強度を減少させる過程を表すのに用いられる用語である．蛍光は，励起された電子が基底状態に戻るときに，照射光よりも長波長の光を発する現象であることはすでに学んできた．この過程とともに，分子の衝突によりエネルギーの一部が熱として消散する過程も同時に起こる．すなわち，分子衝突の結果として熱によるエネルギーの消散が増えれば，それだけ光として放出されるエネルギーが減ることになる．この過程が蛍光消光である．蛍光物質を含む試料中で，分子衝突がより増えれば，蛍光強度は減少する．したがって，分子衝突の頻度を増やすどのような過程も，蛍光を消光する．

蛍光反応の多くは溶液の中で起こる．この溶液中で，その蛍光分子と (a) 他の蛍光分子，(b) 溶媒分子，および（または）(c) 他の溶質分子，との分子衝突は，すべてある程度蛍光消光をひき起こす．

ブラウン運動は常に存在し，ブラウン運動や溶媒/溶質分子の拡散を増加させるすべての要因は分子衝突の頻度を増加させ，すなわち蛍光を消光する．

試料にイオンや他の溶質を加えると消光剤としてはたらく．また大きな分子は，より小さな溶質よりも分子衝突の回数が多くなる．すなわち，たとえば，K^+は Na^+ よりもより強い消光剤としてはたらく．

5.14 旋光分析と旋光性

多くの無機物質や有機物質には，平面偏光が通過すると，偏光面を回転させる性質がある．このような性質をもつ物質を**光学活性な**(optically active)物質とよぶ．たとえば，水晶やグルコースのような単糖類あるいは二糖類は典型的な例である．観測者が光源の方向に向いたとき，光が右方向(時計方向)に回転する場合は**右旋性**(dextro rotatory)，反対に，回転の方向が左(反時計方向)ならば**左旋性**(laevo rotatory)とよび，それぞれ，(+)，(−) で表示する．

回転の大きさは，光源光の光路中の原子や分子の数，すなわち，溶液の濃度(c)，光路長(l)に依存する．これらが一定であれば，回転の大きさは光源光の波長(λ)と温度(t)によって決まる．

比旋光度(specific rotation)，$[\alpha]^t$ は，温度 t におけるそれぞれの波長に対する，濃度 c(単位は $g\,cm^{-3}$)，光路長 l dm(10 cm)の試料溶液による偏光面の回転角度 α を用いて(式 5.11)のように定義される．

$$[\alpha]^t = \frac{\alpha}{lc} \qquad (5.11)$$

ナトリウムランプの D 線とよばれるナトリウム原子の発光である 589.3 nm の光が，しばしば光源として用いられる．

> 注　歴史的な経緯により，セルの光路長には cm を用いず dm が用いられる．また濃度には mol dm^{-3} ではなく g cm^{-3} が用いられる．

旋光度(optical rotation)は，通常自動の**旋光計**(polarimeter)によって測定される．その概念図を図 5.17 に示す．光源光は，(a) 単色光であり，(b) 平面偏光であり，また (c) すべての光が同方向に向かうように集光されている必要がある．光源光には，白色光も用いられるが，より一般的には，ナトリウムランプのような単色光が用いられる．光源光は，コリメーターレンズにより平行光としたのちに，方解石(カルサイト)の結晶により平面偏光とする．方解石の結晶をもう一つおいて，光源光を，等しい強さに二分割する場合もある．この二つの光ビームの偏光面は，数度異なる．

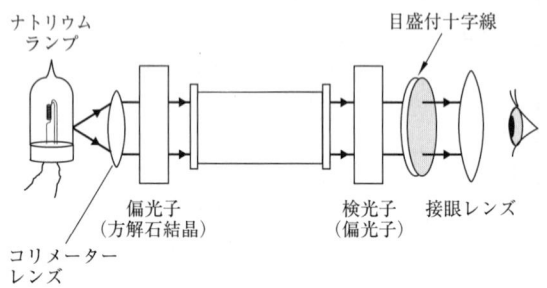

図 5.17　旋 光 計

この二つの光ビームは，試料が満たされた長さがわかっているガラス管(通常 10 cm)を通過する．また，試料管の一方の端には接眼レンズとともに**検光子**(analyzer)が置かれている．この装置の目的は，平面偏光面が試料によって回転する角度を決定することである．これにはいくつかの方法がある．偏光ビームの偏光面に対して，偏光フィルター(偏光子)の透過光軸が 90°になると，偏光フィルターは**その光ビームを通さない**．検光子(偏光子)も回転できるようにしておくと，試料を透過した光の強度を，偏光面の回転がどんな角度であっても測定することができる．透過光を全く通さないときの検光子の回転の角度が，試料による偏光面の回転の角度に対応する．光電子増倍管や他の光検出器からの最大あるいは最小信号を検出するのは簡単なので，この方法は試料の旋光度を自動決定する装置に適している．

手動操作で旋光の角度を決定する旋光計も多くつくられていて，それが正しく用いられれば，多くのより高価な自動旋光計と遜色のない結果が得られる．手動式の旋光計も二つの光ビームを用いる．この光学配置では，偏光フィルターあるいはプリズムを，試料の前の光路中に置く．このプリズムにより，光源光を，その偏光面がそれぞれ数度，時計回りと反時計回りに回転した二つの平面偏光の光ビームに分割する．これ

5.14 旋光分析と旋光性

ら二つの光ビームは，ともに試料を通り，さらに回転可能な偏光フィルター(検光子)を通過する．その偏光フィルターを回転すると，それら二つの光ビームの強度が，非常に弱いが等しくなる角度があるはずである．そこで，二つの光ビームの強度が等しくなるまで，その偏光フィルターを回転させる．このときの角度が旋光度に対応する．この角度において，それら二つの光ビームの偏光面は，検光子の偏光面から等しい角度だけ離れている．すなわち，これらの角度の中間点は試料が入射ビームを回転させた角度に相当する．通常，二つの光ビームの強度が比較されるが，これは人間の目には，試料から出てくる光が完全に消滅する角度を決定するよりも，光の強さが等しいのを見分けるほうが簡単だからである．

5.14.1 旋光分析による実際の旋光度の決定

多くの有機化合物は，その分子の中に不斉な原子をもち，その中には互いに鏡像対称となる分子も存在する．このような化合物は**キラリティー**(chirality)をもつといわれる．**キラル**(chiral)な，それゆえ光学活性な化合物は，多くの生物のシステムにおいてきわめて重要である．生物中の基質はしばしば光学活性中心をもち，右旋性の鏡像体または左旋性の鏡像体のみを認識する酵素により反応が起こる．右旋性の鏡像体と左旋性の鏡像体は光学異性体(鏡像異性体)とよばれている．生物学的な試料には，片方の光学異性体しか含まれていないことが多く，そのため，旋光分析により，多くの生化学物質が定量される．

スクロースの旋光分析

最も広く用いられている旋光分析は，砂糖産業におけるスクロース(ショ糖)の定量であり，これは産業において大変重要である．他の光学活性な物質が存在しなければ，式(5.11)から溶液中のスクロース濃度を決定することができるが，もしも他の自然に存在する糖類が含まれていれば，その分析はより難しくなる．実際の定量は，普通スクロースのほかに，いろいろな糖を含む植物(サトウ大根やサトウキビ)から抽出した砂糖溶液について行われる．

幸いにも，スクロース(二糖類の一種)は，薄い酸の存在下で，加水分解されて，グルコースとフルクトースになる(式5.12)．スクロースの加水分解は，**転化反応**(inversion reaction)として知られている．そして，二つの単糖，すなわちグルコースとフルクトースの混合物は**転化糖**(invert sugar)とよばれる．

$$C_{12}H_{22}O_{11} + H_2O \longrightarrow C_6H_{12}O_6 + C_6H_{12}O_6$$
スクロース　　　　　　　グルコース　フルクトース
$[\alpha]_D^{22} = +66.5°$　　　　　$+52.7°$　　$-92.4°$
(5.12)

しかし，グルコースとフルクトースは，式(5.12)のように，それぞれスクロースと大きく異なる特異的な比旋光度を示す．加水分解(すなわち，転化反応)が進むと，始めはスクロースのみを含んでいる溶液の比旋光度は，$+66.5$から-19.8まで変化する．測定される旋光度は，もちろんスクロースの濃度と他の光学活性な物質が存在するかしないかに依存する．しかし，旋光度の変化は試料中のスクロースの濃度に依存する．そのため，旋光度の変化を記録すれば，それからスクロース濃度を計算できる．

通常，スクロース溶液 100 cm^3 につき 10 cm^3 の濃塩酸を加え，室温で24時間以上静置する．しかし，この混合溶液を70℃まで加熱すると，この加水分解反応(すなわち転化反応)を加速することができ，約15分以内に反応を完結させることができる．

ペニシリン-ペニシリナーゼの旋光分析による定量

抗生物質であるペニシリンは，旋光分析法で定量できる光学活性な生理活性物質のもう一つの例である．右旋性鏡像体は，ペニシリンの生理的に活性な化学形であり，ペニシリナーゼという酵素で代謝される．そのため，ペニシリンとペニシリナーゼを含む溶液の旋光度は，ペニシリンが酵素で代謝されるにつれて減少していく．この酵素の代謝回転速度は，大変遅いので，どんなに希薄な溶液でも実質的にはペニシリンは飽和しているとみなせる．そしてほとんどすべてのペニシリンが消費されるまで，基質(ペニシリン)の消費速度は酵素の濃度に依存し，ペニシリンの濃度に依存しない．すなわち，すべてのペニシリンが消費されるまで，反応は一定の速度で進行する．このとき，反応が完結するまでの時間を，試料中のペニシリンの濃度の定量に用いることができる．

反対に，同じ反応を，ペニシリナーゼの定量に用いることもできる．この場合，既知量のペニシリンが消費されるのに必要な時間を旋光分析法で測定すれば，ペニシリナーゼの濃度を計算できる．

例題 5.6
スクロース試料溶液の旋光度を旋光計で測定した．このとき，この溶液は平面偏光面を32.05°右旋方向に回転させた．$[\alpha]^t(\text{cm}^3\,\text{g}^{-1}\,\text{dm}^{-1})$ が 20 ℃ で 66.5° としたときのスクロース濃度を計算しなさい．

[解法]

式 $[\alpha]^t = \dfrac{\alpha}{lc}$ から α を計算すると，$l = 1\,\text{dm}$ より

$$[\alpha]^t = 66.5 = \frac{\alpha}{1 \times c}$$

式を整理すると，

$$c = \frac{\alpha}{66.5} = \frac{32.05}{66.5}$$

したがって，スクロースの濃度 = 0.482 g cm^{-3} である．スクロースの分子量 = 342 であるので，この溶液のモル濃度は

$$\frac{6.482}{342} \times 1000 \text{ mol dm}^{-3} = 1.4 \text{ mol dm}^{-3}$$

となる．

注 通常，旋光分析法では濃度の単位としては g cm^{-3} が用いられる．モル濃度表示が必要なときは，変換しなければならない．また光路長は dm が用いられる．1 dm は 10 cm である．

演習問題

5.1 紫外・可視領域の吸収をひき起こすのは，通常分子内のどの電子か．

5.2 今，一人の学生が，紫外・可視吸光光度法を用いて未知試料中の目的物質 a を既知の λ_{max} の吸収により定量しようとしている．測定を行ったところ，学生が得た吸光度の値はすべて 2～3 の範囲にあった．これらの測定結果は目的物質 a の定量には使えないが，それはなぜか．また，この学生はつぎに何をすべきか．

5.3 吸光度はなぜ無次元量なのかを説明しなさい．

5.4 なぜ多くの紫外・可視分光光度計は複数のランプを備えているかを説明しなさい．

5.5 塩化ナトリウムと塩化カリウムはともにキニーネの蛍光光度定量において消光剤としてはたらく．(a) なぜそうなるのか．(b) どちらの塩がより効果的な消光剤としてはたらくか．

5.6 分子量 107.4 の色素分子 8.96 mg dm^{-3} を含む水溶液が，光路長 1 cm のセルを用いると吸光度 0.8 を示した．この色素のモル吸光係数を計算しなさい．

5.7 分子量 245 のある物質は 298 dm^3 g^{-1} cm^{-1} の吸光係数をもつことがわかった．この物質のモル吸光係数を計算しなさい．

5.8 三つの標準 Fe^{2+} 水溶液は，下の表のような吸光度をもつことがわかった．

Fe^{2+}濃度/mol dm^{-3}	吸光度
0.010	0.21
0.025	0.53
0.052	1.00

(a) これらの溶液の吸光度がランベルト–ベールの法則に従うかどうかを，グラフを描いて確かめなさい．

(b) 鉄を含む塩を含む水溶液に，発色した錯体を生成させるために，1,10-フェナントロリン（過剰のヒドロキシルアミンとともに）を加えると，510 nm の波長で吸光度 0.2 を示した．鉄-フェナントロリン錯体のモル吸光係数 ε は，1.08×10^4 dm^3 mol^{-1} cm^{-1} である．この溶液中の鉄の濃度を求めなさい．

5.9 薬のトルブタミンの溶液が光路長 1 cm のセルで吸光度 0.85 を示した．トルブタミンの分子量は 270 で，262 nm でのモル吸光係数は 703 dm^3 mol^{-1} cm^{-1} である．トルブタミンのモル濃度を求めなさい．

5.10 ある物質の 0.15 mol dm^{-3} 溶液は光路長 1 cm のセルを用いて吸光度を測定したところ 0.62 を示した．この物質のモル吸光係数を計算しなさい．

5.11 ある物質はモル吸光係数が 32 667 dm^3 mol^{-1} cm^{-1}(740 nm) であり，この物質を含む溶液が，光路長 1 cm セルで吸光度 0.81 を示した．この物質の濃度を計算しなさい．

5.12 215 nm と 245 nm に吸収極大 (λ_{max}) をもつ物質がある．今，この物質をいろいろな溶媒に溶かして，モル吸光係数 ε を決めたい．この物質は，アセトン，アセトニトリル，ベンゼン，四塩化炭素，ジオキサン，メタノール，トルエン，水に可溶である．この実験にはどの溶媒が使用できるか答えなさい．

5.13 等モル濃度のペンタン，1,3-ペンタジエン，1,4-ペンタジエンをそれぞれ含む三つの溶液がある．紫外吸光光度法を用いて，それらをどのように区別することができるか，述べなさい．

5.14 浅色効果と深色効果の定義を述べなさい．

5.15 475 nm に λ_{max} をもつ溶液が紫外・可視分光光度計におかれている．λ_{max} で吸光度 0.82 が得られた．

試料に吸収された入射光の割合(%)を計算しなさい．

5.16 紫外・可視分光光度計におかれた溶液試料が，489 nm において吸光度 0.72 を示した．透過した光の割合(%)を計算しなさい．

5.17 補酵素のニコチンアミドアデニンジヌクレオチド(NADH)は，340 nm の光を照射すると蛍光を発する．蛍光の λ_{max} は 465 nm である．さまざまな濃度の NADH の 465 nm における蛍光強度を測定すると，下の表のようになった．

NHDH 濃度/μmol dm^{-3}	相対強度
0.2	8.92
0.4	18.00
0.6	27.43
0.8	35.85

最小二乗法を用いて検量線を作成しなさい．蛍光相対強度が 20 を示す未知試料中の NADH の濃度を計算しなさい．

5.18 キニーネの蛍光の λ_{max} は 450 nm である．異なる濃度の一連のキニーネ標準溶液を作製し蛍光を測定したところ，以下の表のようになった．

キニーネ濃度(ppm)	蛍光強度(任意単位)
0.0	0.123
0.2	0.258
0.4	0.394
0.6	0.492
0.8	0.627
1.0	0.763

ある未知試料が 0.63 の蛍光強度を示すとき，その試料中のキニーネ濃度を推定しなさい．

5.19 あるスクロース(ショ糖)溶液は，旋光計の平面偏光面を右旋方向に 42.07° 回転させる．20 ℃で $[\alpha]^t$ (cm^3 g^{-1} dm^{-1}) = 66.5° とする．この溶液中のスクロース濃度を計算しなさい．

5.20 濃度未知のフルクトース(果糖)溶液は，平面偏光面を左旋方向に 62.76° 回転させる．この溶液中のフルクトース濃度を計算しなさい．20 ℃で $[\alpha]^t$ (cm^3 g^{-1} dm^{-1}) = −92.4° とする．

5.21 0.24 mol dm^{-3} グルコース(ブドウ糖)溶液を旋光計で分析した．20 ℃で $[\alpha]^t$ (cm^3 g^{-1} dm^{-1}) = 66.5° として，この試料による偏光面の回転角を計算しなさい．

ま と め

1．可視光は電磁スペクトルの一部で，波長は約 400 ～750 nm の範囲である．

2．紫外(UV)光の波長範囲(分析に利用される波長)は，約 180～400 nm である．

3．軌道とその電子のエネルギー状態は量子化されている．

4．価電子が一つの軌道から他の軌道へ励起されるには，通常，紫外・可視領域の光吸収が必要である．

5．電磁波のエネルギー＝$h\nu=hc/\lambda$．

6．ランベルト-ベールの法則は，物質による光吸収と，モル吸光係数 ε，濃度 c，セル長 l の関係を表す．すなわち，$A=\varepsilon cl$ である．

7．吸光度 A は，単位のない(無次元)量であり，$A=\log_{10}(I_0/I)$ である．ここで，I_0 は，入射光強度，I は透過光強度である．

8．紫外・可視吸光光度法には，タングステンフィラメントランプ，水素ランプあるいは重水素ランプなどさまざまな光源が用いられる．

9．モノクロメーター(分光器)は波長を選択するために用いられ，屈折プリズムや回折格子を利用している．

10．紫外・可視分光光度計には，光電管，光電子増倍管，シリコンフォトダイオード，光起電力検出器などのさまざまな光検出器が用いられる．

11．電子が緩和されて基底状態に戻るとき，吸収された光子のエネルギーは，通常熱として散逸される．

12．蛍光は，光子の放出であり，入射光よりも長い波長をもつ．

13．蛍光消光は，分子の蛍光を抑制する過程を表す言葉である．

14．紫外・可視分光光度計は，単光束方式か複光束方式に基づいている．単光束方式の光度計では，ブランク試料でベースラインを別に測定する必要がある．一方，複光束の光度計では，二つのセル，すなわち，ベースラインを測定するためのブランク試料と分析試料そのものを同時に測定する．

15．セルには，石英ガラス，ガラス，あるいはプラスチック製のものがあり，スペクトルを測定すべき波長領域によって適当なものが用いられる．<300 nm の波長領域の測定には，常に石英ガラスセルを用いなければならない．

16．λ_{max} が短波長側から長波長側に移動する場合は，深色効果として知られている．

17．λ_{max} が長波長側から短波長側に移動する場合は，浅色効果として知られている．

18．偏光面を回転させる効果をもつ物質は，光学活性であるといわれる．偏光面を時計回り(＋)に回転させる

物質は右旋性をもつといわれる．また，反時計回り(−)に回転させる物質は左旋性をもつといわれる．

19．比旋光度 $[\alpha]^t$ は，回転の程度を度(°)で表したもので，1 dm(10 cm) のセルで 1 g cm^{-3} の濃度の溶液に対して定義される．すなわち，以下の式で計算される．

$$[\alpha]^t = \frac{\alpha}{lc}$$

20．旋光度の測定は旋光分析法として知られており，たとえば，溶液中のスクロースなどの糖類やペニシリンなどの抗生物質の定量に用いられる．

さらに学習したい人のために

Duckett, S. and Gilbert, B. (2000). *Foundations of spectroscopy*. Oxford Chemistry Primers, Oxford University Press.

Lakowicz, J. R. (1999). *Principles of fluorescence spectroscopy*, Kluwer Academic.

Thomas, M. J. K. (1996). *Ultraviolet and visible spectroscopy*. Analytical Chemistry by Open Learning Series. Wiley.

Valeur, B. (2002). *Molecular fluorescence : an introduction-principles and applications*. Wiley.

第 III 部

おもな機器分析法

6 紫外・可視吸光光度法, 蛍光分析法, ラマン分光法, 蛍光 X 線分析法, メスバウアー分光法, 光電子分光法

この章で学ぶこと

- 不確定性原理の意味
- 主量子数および方位量子数の意味と,元素の原子番号が増加するにつれて電子殻がどのように充填されていくか
- 元素のグロトリアン図の解釈の仕方
- ランベルト-ベールの法則からのずれがいかに生じるか
- 蛍光,りん光,熱放射光のそれぞれの意味とそれらの違い
- 蛍光標識の分析化学的な応用
- 化学発光の意味とその応用
- ラマン効果の意味と,ストークス遷移とアンチストークス遷移は,なぜ,そしてどのようにラマンシフトをひき起こすか
- どのような分子がラマン効果を示すか.またその理由
- ラマン分光法の分析的な応用
- 回転量子数と回転定数の意味
- 蛍光 X 線の起源と蛍光 X 線分析法の分析化学的な応用
- 紫外および X 線光電子分光法の分析化学的な応用

6.1 はじめに

　第 5 章では,紫外・可視光が,さまざまな物質の同定,あるいは定量にどのように用いられるかをみてきた.この章では,まず,紫外・可視吸光光度法を支えている理論的な基礎をやや詳しくみたあと,分析に用いられる他のいくつかのスペクトル領域について考察する.また,実際的な問題,たとえば,ランベルト-ベール (Lambert-Beer) の法則に従わない試料の分析,また同じ波長領域の光を吸収する複数の化学種の混合物の分析などに関しても検討する.

6.2 許容および禁制電子遷移

　第 5 章では,価電子の電子遷移が吸光分光法と蛍光分光法の理論的な基礎であることを学んだ.そこでは,エネルギー準位とそれらの準位間の遷移が量子化されていることを学んだ.しかし,いくつかの準位間の遷移だけが許容されている,ということには触れなかった.違うエネルギー準位間の遷移は,選択律により支配されている.ここではこの選択律とこれに影響を与える要因について学ぶ.

　まず,原子と分子の電子構造を簡単に復習してみよう.**不確定性原理** (uncertainty principle) によれば,どのような時刻においても,電子がどこにいるのか,またその運動量はいくらか,を同時に正確に定義することはできない.しかし,**軌道法** (orbital approximation) による近似計算を用いると,電子がほとんどすべての時間をすごしている原子核のまわりの領域を精密に描き出すことができる.そしてこれらの領域は**軌道** (orbital) とよばれる.さまざまな異なる軌道が存在し,それらは軌道中の電子の量子化されたエネルギー準位によって整理される.そして,このエネルギー準位に基づいて,**電子配置** (electron configuration),すなわち,どの軌道に電子が存在するか,を予想することができる.

　中性の原子の電子数は原子核中の陽子数に等しい.電子は,(励起状態でなければ),通常,最も低いエネルギー準位の軌道から順に充填されていく.電子のエネルギー状態は,**主量子数** (principal quantum number, n) によって表される.主量子数 n は $n=1, 2, 3, \cdots$ などの値をとる.それぞれの主量子数で規定されるエネルギー準位には,決められた数の軌道があり,またそれぞれの軌道にはあとで述べるように 0～2 個の電子が存在する.

　それぞれに主量子数で規定されるエネルギー準位に含まれる軌道と電子は,集合的に**殻** (shell, 電子殻ともいう) とよばれる.それぞれの殻,たとえば,$n=$

1, 2 に対応する殻は，それぞれ異なる数の軌道を含み，したがって殻に含むことのできる電子数も異なる．

殻は，よくアルファベットの文字を使って表される．すなわち，$n=1$ は K 殻，$n=2$ は L 殻，$n=3$ は M 殻，$n=4$ は N 殻である．

殻の中の軌道は，さらに**副殻**(sub-shell)に分類され，これらは**方位量子数**(azimuthal quantum number, l)によって記述される．それぞれの副殻は，特有の形をした軌道を含んでいて，s, p, d, f という文字で表される．

原子中の副殻は，それゆえ，主量子数と方位量子数の両方に対応して，1s，2p などのように表される．s 副殻は一つの軌道だけからなり，そのため電子は 2 個含むことができる．p 副殻は，三つの軌道からなり，6 個の電子を含むことができる．d 副殻は，五つの軌道からなり，10 個の電子を含むことができる．最後に f 副殻は七つの軌道をもち完全に満たされると 14 個の電子が入る．

パウリの排他原理(Pauli exclusion principle)によれば，軌道は電子 2 個だけ収容することができる．それゆえ，2 個の電子を含む場合は，その軌道は電子で満たされている，と表現される．電子はスピンをもち，スピンは方向性をもつ．このスピンの向きは(↑)あるいは(↓)と表現される．電子のスピンは軌道に角運動量を生じさせる．一つの軌道中の電子対は，常に**スピン対**をつくる(対をつくる電子のスピンは，お互いに反対の方向を向いている)．これは，電子が満たされた軌道は，正味ゼロの角運動量をもつことを意味する．満たされた軌道中のスピン対をもつ電子対は，↑↓と表される．

副殻中の電子数を表示したいときは，方位量子数に対応する文字のうしろに上付き数字をつけて表す．たとえば，1s 殻が 2 個の電子で満たされていれば，$1s^2$ と表記する．

1 番目の $n=1$ の殻は一つの s 副殻からなる．2 番目の $n=2$ の殻は，一つずつの s 副殻と p 副殻からなる．3 番目の $n=3$ の殻は，一つずつの s 副殻，p 副殻，d 副殻からなる．4 番目の $n=4$ の殻は，一つずつの s 副殻，p 副殻，d 副殻，f 副殻からなる．さらに，それより大きな主量子数をもつ殻は，すべて，s, p, d, f 副殻からなる．

6.2.1 構成原理とフントの規則

構成原理(Aufbau principle：Aufbau はドイツ語で，つくりあげることを意味する)により，電子が，最もエネルギー準位が低い軌道から，どのような順序で順々に軌道を埋めていくかを，予想することができる．

軌道のエネルギー準位の順序，すなわち，電子が軌道を埋めていく順序は，

$$1s, 2s, 2p, 3s, 3p, 4s, 3d, 4p,$$
$$5s, 4d, 5p, 6s, 4f\ 5d, 6p, \cdots$$

となる．

フントの規則(Hund's rule)は，"原子が基底状態にあるとき，一番外側の電子が部分的に充填された副殻において，対をつくらない電子の数が最大となるような電子配置をとる"と表現される．すなわち，その副殻のすべての軌道に電子が 1 個ずつ入ったあとに，初めて電子対をつくる．なぜこの規則が成立するかに関して，量子力学的な考察がなされているが，ここでは電子どうしの静電的な反発の結果と解釈しておく．すなわち，お互いが違う軌道にいれば電子間の距離を最大に保つことができる．

例として窒素を考えてみると，窒素の原子番号は 7 なので，電子配置は，$1s^2 2s^2 2p^3$ と書ける．しかし，$2p_x$, $2p_y$, $2p_z$ と書かれる三つの p 軌道が存在するので，さらに詳しく表現することもできる．フントの規則によれば，窒素原子の三つの 2p 電子は，それぞれ三つの p 軌道に一つずつ存在する．すなわち，窒素の電子配置をさらに正確に，$1s^2, 2s^2, 2p^3(2p_x^1 2p_y^1 2p_z^1)$ と表すことができる．

例題 6.1 フッ素原子の電子配置を記しなさい．

[解法]
1) フッ素原子の電子数を求める．
2) 構成原理に従って電子配置を書く．

ステップ1 フッ素の原子番号は 9 なので，九つの電子をもつ．
ステップ2 フッ素原子の電子配置は，$1s^2 2s^2 2p^5$．

最外殻の電子は，**価電子**(valence electron)として知られている．"valence"は単語の意味としては"反応性"あるいは"反応する能力"という意味である．

6.2 許容および禁制電子遷移

価電子は，イオン結合や共有結合をつくるのにはたらく殻の電子であるので，まさにそのような意味をもつ電子である．さらに，元素の"**原子価**(valency)"は，一般に，最外殻を完全に空にするか，満たすのに必要な電子の数を意味する．

原子の中の一つまたは複数の電子が励起され，光子を放出して基底状態に緩和するとき，特定の元素には特定の波長の発光線が観察される．最も簡単な水素原子の場合，最外殻が第一殻であり，励起された電子がそこに戻る場合は，その発光は，**ライマン**(Lyman)**系列**に属するといわれる．また，2番目，3番目，4番目，5番目の殻に戻る場合，それぞれ，**バルマー**(Balmer)，**パッシェン**(Paschen)，**ブラケット**(Brackett)，**プント**(Pfund)**系列**とよばれる．

ある電子遷移が許容であるか禁制であるかは，その過程に含まれる電子の**スピン**(spin)に依存する．原子内の電子スピンは，二つの量子数 s(スピン量子数)と m_s(スピン磁気量子数)によって記述される．s の値は常に $\frac{1}{2}$ で変わらない．またその値がスピンの角運動量を決める．スピンの方向は m_s で表される．スピンは時計回り(+)，反時計回り(−)のいずれかをとるので，m_s は常に $+\frac{1}{2}$ か $-\frac{1}{2}$ の値をとる．$+\frac{1}{2}$ のスピンをもつ電子は**α電子**とよばれ，しばしば↑の印で表される．一方，$-\frac{1}{2}$ のスピンをもつ電子は**β電子**として知られ，↓と書かれる．電子スピンは，あたかも電子が小さな磁石が回転しているように，電子の挙動を記述する．そして，この性質により，電子は電磁波(光)と相互作用を起こす．

他の重要な素粒子もスピンをもち，電子と同様に二つの量子数で記述される．古典力学における運動量とは異なり，量子力学におけるスピンは，$s=\frac{1}{2}$ か 1 の単位で量子化されていて，粒子の質量にはよらない．陽子も中性子も $s=\frac{1}{2}$ のスピンをもつ．電磁波は波動・粒子の二面性をもつ．今，光の粒子性を考えるならば，光子は，$s=1$ のスピンをもつ．このように，光子が電子の 2 倍のスピン(角運動量)をもつことは，大変重要な意味をもつ．すなわち，この違いが，なぜ，あるときは電磁波と電子が相互作用し，またあるときはできないか，を説明する．電子が一つの量子準位から他の準位に励起されるのは，入射してきた光子が原子または分子と相互作用し，エネルギーを周辺の電磁場に与え，電子の励起をひき起こすからと考えることができる．すなわち，電子が一つの量子準位から他の準位に励起されるのは，電子の空間的な分布が突然変化することであるが，その変化は，光子のエネルギーが吸収されたときに起こる原子軌道または分子軌道の電磁場への大きな摂動によるものである．同様に，電子が高いエネルギー準位の軌道から低いエネルギー準位の軌道に緩和するのに伴う光子の放出は，電子が軌道を移るのに伴う電磁場の突然の変動の結果と考えることができる．

光子が吸収されるか，生成される場合，全プロセスの全角運動量は保存されなければならない．これにより，個々の軌道に対する**選択律**(selection rule)が生じ，どの電子遷移が許容であるかがわかる．方位量子数 $l=2$ の d 軌道の電子は，$l=0$ の s 軌道へ遷移をすることはできないが，これは，電子は，十分な角運動量を受け取ることができないからである．また，他の禁制遷移の例として，s 軌道から s 軌道への遷移がある．これは，光子の吸収と放出に伴う角運動量の変化が起こらないからである．すなわち，その電子遷移が許容であるためには，$\Delta l=\pm 1$ である必要があるが，これは光子のスピン $s=1$ であることによる．

どの原子軌道間あるいは分子軌道間の遷移が許容であるかがわかれば，それらを**グロトリアン図**(Grotrian diagiam)にまとめて表すことができる．水素原子の例を図 6.1 に示す．この場合，水素原子の電子構造が

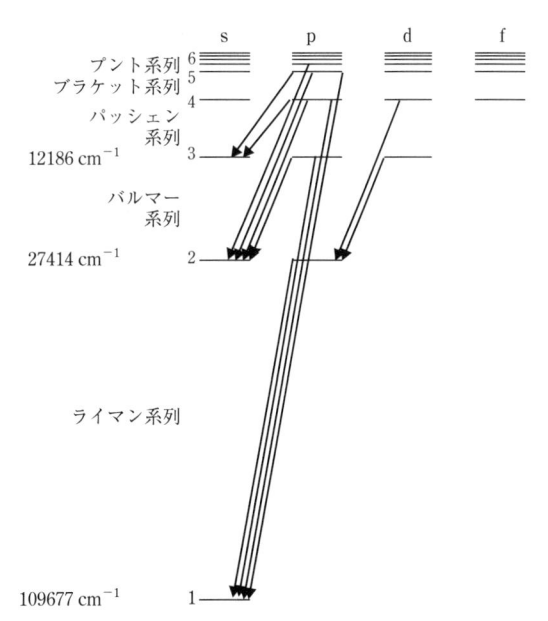

図 6.1 許容電子遷移を示す水素原子スペクトルの簡略化したグロトリアン図

簡単なので，許容される遷移は，ライマン，バルマー，パッシェン系列などに限られる．本書の範囲は超えているが，量子力学により，スペクトルの相対強度までも計算できる．

6.3 紫外・可視吸収スペクトルとランベルト-ベールの法則からのずれ

第5章(§5.5)において，多くの試料が，ランベルト-ベール(吸収)の法則に従うことをみてきた．すなわち，試料の吸収は，目的物質の濃度に比例して増大する．もしも，その分析試料がランベルト-ベールの法則に従わなければ(あるいは従わないようにみえる場合は)，目的物質の定量はより困難となる．

ランベルト-ベールの法則からの逸脱は，検量線が濃度に比例して直線とならない現象としてしばしば観測される．このとき，さらに詳しく検討すると，吸収スペクトルの形状が濃度によって大きく変化していることが多い．こうした挙動をひき起こす最も一般的な原因は，溶質分子どうしの相互作用，溶質と溶媒の相互作用，あるいは単純に装置的な限界などである．

二クロム酸カリウム($K_2Cr_2O_7$)水溶液の色は，希釈していくと橙色から黄色に変わるが，これは溶媒効果がいかに紫外・可視吸光光度法に影響を与えるかのよい例である．溶質は二つの化学形態で存在しうる．すなわち，$Cr_2O_7^{2-}$(橙色)とCrO_4^{2-}(黄色)で，それらの相対的な濃度は，式(6.1)に従ってpHで決まる．

$$Cr_2O_7^{2-} + H_2O \rightleftharpoons 2H^+ + 2CrO_4^{2-} \quad (6.1)$$
(橙色) (黄色)

希釈すると，式(6.1)の平衡は生成側に片寄りCrO_4^{2-}の割合が大きくなる．$Cr_2O_7^{2-}$とCrO_4^{2-}の吸収スペクトルは，それぞれ，約370 nmと350 nmの違うλ_{max}をもつ．

ランベルト-ベールの法則からの負のずれは，光源光が単色でないときに，しばしばみられる．たとえば，$KMnO_4$の水溶液を考える．これは520 nmにλ_{max}をもつ．光源光を，すべての波長の光を含んでいる白色光とすると，濃度がゼロの場合，白色光は試料に邪魔されずに検出器に到達する．$KMnO_4$の濃度が増えるに従い，吸収($\lambda_{max}=520$ nm付近の波長において)が増大する．しかし，他の波長の光は，まだ試料を透過する．このとき，検出器に到達する光は減少するが，吸光度は，完全には濃度に比例して増加せず直線とはならない．

すべての分光光度計は，試料に単色光を照射するように設計されている．しかし，ランベルト-ベールの法則からの負のずれがいつも起こる場合には，分光器の性能，特にそのバンド幅に注意をはらう必要がある．最も質の高い単色光は，レーザーによって得られるが，レーザーでは，選べる波長が数個に限られてしまうので，ほとんどの分光光度計はレーザーを用いていない．

> **注** ランベルト-ベールの法則からの負のずれとは，ある濃度の目的物質が与える吸光度が，ランベルト-ベールの法則から期待される値よりも小さい場合のことである．

装置上の限界も濃度効果に影響を及ぼしうる．目的物質の濃度がきわめて低ければ，非常に小さな吸光度を測定することになるため，より大きな相対誤差が導入されてしまう．反対に，λ_{max}の波長の光がほとんどすべて吸収されてしまうほど，目的物質の濃度が高ければ，さらに濃度を増加させてもそれを検出するのは大変難しく，検量線は平らになってしまう．そのため，分析試料の濃度を，吸光度がおよそ0.1～2.0の範囲に保つことは大変重要である．特に，溶液が2.0よりも大きな吸光度を与えるときは，既知の倍率で希釈して，理想的には，吸光度を1.0以下に設定することが重要である．ここで，なぜ測定される吸光度を0～2.0，できれば0～1.0の範囲に保つことが重要であるかを考察してみる．吸光度Aは，単位のない数値で，入射光強度と透過光強度の比の常用対数，すなわち，$\log_{10}(I_0/I)$である．

吸光度2は

$$\text{antilog}_{10} 2 = 10^2 = \frac{I_0}{I}$$

なので

$$100 = \frac{I_0}{I}$$

I_0を単位数，すなわち1とすると

$$100 = \frac{1}{I}$$

したがって，

$$I = \frac{1}{100}$$

すなわち，吸光度2は入射光のわずかに1%しか透過しないで，残りの99%は試料に吸収されてしまうことを意味する．

同様の計算を続ければ，吸光度 $A=1$ は，入射光の10%が透過し，90%が吸収されることである．吸光度0.1は，約79%の入射光が透過し，21%の光が吸収されることである．一方，吸光度が0.01であれば，97.7%の入射光は透過し，わずかに2.3%の光が吸収される．それゆえ，理想的には，その吸光度が0.1～1.0の範囲に収まるように，試料を調製すべきであり，もちろん2を超えてはいけない．

6.4 二成分系と多成分系の分析

ランベルト-ベールの法則が成立する(少なくとも成立すると近似できる)濃度範囲で，λ_{max} における吸収を測定して検量線を作成する方法はすでに論じた．吸収ピークが重なる二つの溶質が，一つの試料の中にともに含まれている場合には，目的物質の定量は，他の溶質の干渉のために大変困難である．

図6.2のように，広く重なる吸収スペクトルをもつ二つの目的物質XとYを含む溶液を考える．この場合，単にそれぞれの目的物質の λ_{max} における吸光度を測定してそれらを定量することは，もう一方の溶質の干渉があるので困難である．ランベルト-ベールの法則が成立している限りは，溶質は他の溶質の存在には関係なく吸収を起こすので，吸光度は加成性がある．このことから，他の溶質が存在する場合でも，目的物質を定量する方法が導かれる(この場合，それら二つの溶質は反応しないことが条件となる)．

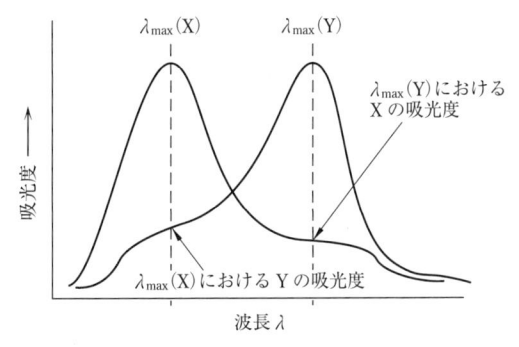

図 6.2 2種類の目的物質XとYを含む試料の吸収スペクトル

まず，2種類の目的物質のそれぞれの λ_{max} におけるモル吸光係数を知る必要がある．そして，さらにそれぞれの λ_{max} における混合溶液の吸光度を測定する．二つの目的物質の吸収スペクトルの重なりが避けられるのであれば，この方法を適用しなくてもよい．しかし，本法で必要なのは，λ_{max} が一致しないことだけである．

ある波長における，測定で得られる全吸光度 A_T は，Xによる吸光度(A_X)とYによる吸光度(A_Y)の和に等しい(式(6.2))．

$$A_T = A_X + A_Y \qquad (6.2)$$

それぞれの吸光度と全吸光度の値は，波長によって変化する．それぞれの吸光度，すなわちそれぞれの目的物質の濃度を決定する第一歩は，二つの目的物質XとY，それぞれの λ_{max} を決定することである．そして，今，それらを $\lambda_{max}(X)$ と $\lambda_{max}(Y)$ と表す．つぎに，これら二つの目的物質は，それぞれの波長の全吸光度に寄与するので，XとYのモル吸光係数 ε を決定する必要がある．今，それぞれの λ_{max} におけるモル吸光係数を $\varepsilon(X)$ と $\varepsilon(Y)$ とする．一方，それぞれ，他の目的物質の λ_{max} におけるモル吸光係数を $\varepsilon(X)_Y$ と $\varepsilon(Y)_X$ とする．

最後に，これら二つの波長における全吸光度 $A_T(X)$ と $A_T(Y)$ を測定する．問題は，それぞれの目的物質の吸光度への寄与を決定することだが，ここで二つの未知数が存在する．これを解くには，$\lambda_{max}(X)$ と $\lambda_{max}(Y)$ で測定した全吸光度に関して，二元連立方程式を立てればよい．

それぞれの目的物質による吸光度はランベルト-ベールの法則により表される．また，どの波長における吸光度も，X+Yによる吸光度に等しい．

したがって，$\lambda_{max}(X)$ において，X, Yの濃度を[X]，[Y]とすると

$$A_T(X) = \varepsilon(X)\cdot[X]\cdot l + \varepsilon(Y)_X\cdot[Y]\cdot l \qquad (6.3)$$

$\lambda_{max}(Y)$ において

$$A_T(Y) = \varepsilon Y\cdot[Y]\cdot l + \varepsilon(X)_Y\cdot[X]\cdot l \qquad (6.4)$$

これら二つの式を連立方程式として解けば，XとYの濃度を求めることができる．

実際の分析例 6.2　市販鎮痛剤中のカフェインとアスピリンの定量

カフェインとアスピリンはともに市販の鎮痛剤の多くに含まれている．二つの化合物は紫外・可視領域に吸収をもち，スペクトルはお互いにかなり重なり合っているので，どの波長で吸収を測定しても吸光度はそれぞれの吸光度の和になる．

[方法]

ステップ1

まず，カフェインとアスピリン，それぞれの吸収スペクトルを測定する．そのために，これらの化合物の標準溶液をつくる必要がある．

カフェイン（$1\ \text{mmol dm}^{-3}$）：$50\ \text{cm}^3$ のメタノールに $38.8\ \text{mg}$ のカフェインを溶かし，約 $4\ \text{mmol dm}^{-3}$ の水酸化ナトリウムを10滴加え，湯浴上で15分間，ふたをしたビーカー中で温める．溶液を冷ましてから，$200\ \text{cm}^3$ メスフラスコに移し，脱イオン水あるいは蒸留水を標線まで加える．

アスピリン（アセチルサリチル酸，$5\ \text{mmol dm}^{-3}$）：$50\ \text{cm}^3$ のメタノールに $180\ \text{mg}$ のアスピリンを溶かし，約 $4\ \text{mmol dm}^{-3}$ の水酸化ナトリウムを10滴加え，湯浴上で15分間，ふたをしたビーカー中で温める．溶液を冷ましてから，$200\ \text{cm}^3$ メスフラスコに移し，脱イオン水あるいは蒸留水を標線まで加える．

波長 $200\ \text{nm}$ から $350\ \text{nm}$ までの領域の二つの化合物の紫外吸収スペクトルを測定する（必ず石英ガラスセルを用いること）．図6.3と図6.4のスペクトルとよく似たスペクトルを得ることができる．

ステップ2　これらの吸収スペクトルから，二つの化合物の λ_max を決定する．この場合，カフェインは約 $210\ \text{nm}$，アスピリンは約 $230\ \text{nm}$ である．

ステップ3　図6.5と図6.6に示すように，適当な濃度範囲で，カフェインとアスピリンそれぞれの，二つの λ_max における吸光度を測定し，検量線をプロットする．ランベルト-ベールの法則を用いて，二つの

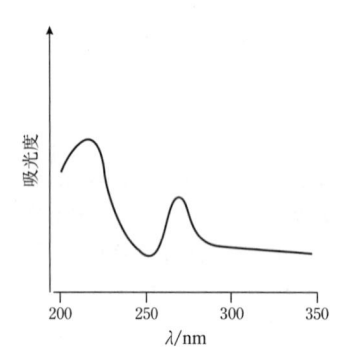

図 6.3　カフェインの紫外・可視吸収スペクトル

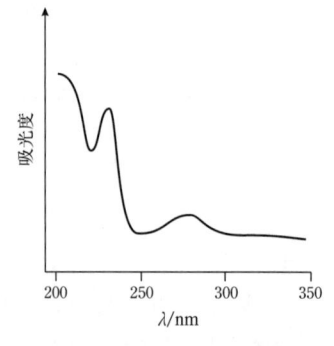

図 6.4　アスピリンの紫外・可視吸収スペクトル

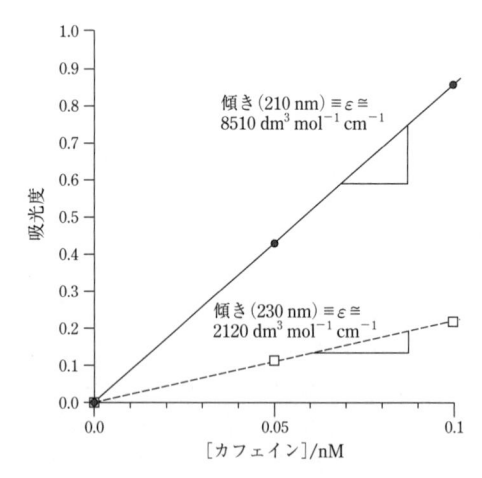

図 6.5　カフェインの検量線（傾き(210 nm) ≡ ε ≅ $8510\ \text{dm}^3\ \text{mol}^{-1}\ \text{cm}^{-1}$；傾き(230 nm) ≡ ε ≅ $2120\ \text{dm}^3\ \text{mol}^{-1}\ \text{cm}^{-1}$）

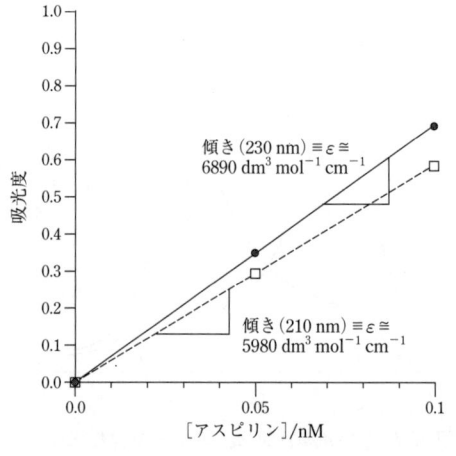

図 6.6　アスピリンの検量線（傾き(230 nm) ≡ ε ≅ $6890\ \text{dm}^3\ \text{mol}^{-1}\ \text{cm}^{-1}$；傾き(210 nm) ≡ ε ≅ $5980\ \text{dm}^3\ \text{mol}^{-1}\ \text{cm}^{-1}$）

波長における，カフェインとアスピリンそれぞれのモル吸光係数を決定する．

$A = \varepsilon cl$ なので，カフェインの検量線の傾きは，εl に等しい．この場合，セルは $l = 1\,\text{cm}$ の光路長をもつ．したがって，

- カフェインの 210 nm におけるモル吸光係数は 8510 $\text{dm}^3\,\text{mol}^{-1}\,\text{cm}^{-1}$ である．
- 同様に，カフェインの 230 nm におけるモル吸光係数は 2120 $\text{dm}^3\,\text{mol}^{-1}\,\text{cm}^{-1}$ である．
- アスピリンの検量線からアスピリンの 230 nm におけるモル吸光係数は 6890 $\text{dm}^3\,\text{mol}^{-1}\,\text{cm}^{-1}$ である．
- アスピリンの 210 nm におけるモル吸光係数は 5980 $\text{dm}^3\,\text{mol}^{-1}\,\text{cm}^{-1}$ である．

ステップ 4 鎮痛剤の溶液を調製する．まず，錠剤をすりつぶして粉にして，50 cm^3 のメタノールに溶かし，約 4 $\text{mmol}\,\text{dm}^{-3}$ の水酸化ナトリウムを 10 滴加え，湯浴上で 15 分間，ふたをしたビーカー中で温める．溶液を冷ましてから，200 cm^3 メスフラスコに移し，脱イオン水あるいは蒸留水を標線まで加える．

この溶液 10 cm^3 を 1000 cm^3 のメスフラスコに移し，蒸留水を標線まで加える．

つぎに，カフェインとアスピリンを含むこの溶液の 200 nm と 230 nm 間の紫外吸収スペクトルを測定する．そして，二つの $\lambda_{\max}$（210 nm と 230 nm）での全吸光度を決定する．

ステップ 5 測定して得られた二つの全吸光度を，それぞれ，式(6.3)と式(6.4)に必要な値を代入して，連立方程式のかたちで表す．

この場合の例として，210 nm における全吸光度 = 1.11，230 nm における全吸光度 = 1.03 とする．

式(6.3)と式(6.4)に必要な値を代入すると，

(a) $A_\text{T}(210\,\text{nm}) = 1.11 =$
  $(8510[\text{カフェイン}] \times 1) + (5980[\text{アスピリン}] \times 1)$
(b) $A_\text{T}(230\,\text{nm}) = 1.03 =$
  $(6890[\text{アスピリン}] \times 1) + (2120[\text{カフェイン}] \times 1)$

このような連立方程式は解くことができる．カフェインの ε 値の比をとると，$8510/2120 = 4.014$ となる．

式(b)に 4.014 をかけると，(a)と(b)の未知数を求めることができる．すなわち，(b)×4.014 で式(c)が得られる．

(c) $4.134 =$
  $(27656[\text{アスピリン}]) + (8510[\text{カフェイン}])$

(c) − (a) = (d) を計算すると

(d) $3.024 = 21676 \times [\text{アスピリン}]$

$$[\text{アスピリン}] = \frac{3.024}{21676}\,\text{mol}\,\text{dm}^{-3}$$
$$= 1.40 \times 10^{-4}\,\text{mol}\,\text{dm}^{-3}$$

溶液は 1000 cm^3 に希釈されているので，その溶液中には 1.40×10^{-4} mol 含む．錠剤は 200 cm^3 の水に溶解され，その中から 10 cm^3 とっている．したがって，

$$\frac{1.40 \times 10^{-4}}{10} \times 200\,\text{mol アスピリン}$$
$$= 2.80 \times 10^{-3}\,\text{mol アスピリン}$$

アスピリンの分子量 = 180.16

それゆえ，錠剤中は $2.80 \times 10^{-3} \times 180.16$ g のアスピリンを含む．

結論として，錠剤中のアスピリン量は 0.5044 g（約 500 mg）である．

アスピリンの濃度を式(a)に代入すると，

$1.11 = 8510[\text{カフェイン}] + [1.40 \times 10^{-4} \times 5980]$

ゆえに

$8510[\text{カフェイン}] = 1.11 − 0.84 = 0.27$
$[\text{カフェイン}] = 0.27/8510$
$= 3.17 \times 10^{-5}\,\text{mol}\,\text{dm}^{-3}$

溶液は 1000 cm^3 に希釈されているので，その溶液中には 3.17×10^{-5} mol 含む．錠剤は 200 cm^3 の水に溶解され，その中から 10 cm^3 とっている．したがって

$$\frac{3.17 \times 10^{-5}}{10} \times 200\,\text{mol カフェイン}$$
$$= 6.34 \times 10^{-4}\,\text{mol カフェイン}$$

カフェインの分子量 = 194.19

それゆえ，錠剤中は $6.34 \times 10^{-4} \times 194.19$ g のカフェインを含む．

結論として，錠剤中のカフェイン量は 0.123 g（123 mg）である．

6.5 蛍光分析法

第 5 章では，原子や分子が光子を吸収し，電子の緩和過程で光を放出するのを学んだ．光は，通常，きわめて短時間の間に放出され，それを**蛍光**（fluorescence）とよぶ．似た過程でさらに長い時間にわたって光子を放出する場合，それは**りん光**（phosphorescence）とよばれる．また，発熱体は，広範囲にわたる連続的な波長の光を放出するが，それは**熱放射**（incandescent）とよばれ，その効果は**熱放射光**（incandescence）として知られている．

この節では，分子による蛍光が実際の分析でどのように用いられているかに関する，2, 3 の例を紹介する．発光（蛍光）の波長は，常に吸収される光の波長よ

りも長い(すなわち,エネルギーが小さい).これは,吸収された光のエネルギーの一部は熱として消散され,残りのエネルギーのみが蛍光となって放出されるからである.

6.5.1 蛍光標識

蛍光分析法の最も大きな限界の一つは,蛍光を発する天然の分子の数がきわめて限られていることである.そのため,この方法の応用範囲を増やすための一つの方法として,目的物質に蛍光を発する化合物や官能基を導入して蛍光物質にかえてしまう方法,すなわち**蛍光標識法**がある.

たとえば,アミノ酸やタンパク質などNH$_2$基を含む分子はフルオレサミンのような物質で標識して蛍光物質にかえることができる.蛍光標識法には多くの応用があるが,たとえば,複雑な混合物の指紋分析法に応用して,その起源を同定するのに応用される.この方法で,しばしば,流出オイルの発生元の製油所やタンカーを特定することができる.すなわち,異なる油田からの原油は,適当な標識を行うと,それぞれ非常に特徴的な蛍光スペクトルを与えるからである.

いくつかの化学反応は,紫外・可視領域の発光を生じ,このような反応は**化学発光**(chemiluminescence)反応とよばれている.化学反応の結果として,励起状態がつくりだされ,その緩和過程において光が放出される.化学発光反応は,非常に低濃度のさまざまな目的物質の定量に用いられている.この方法で,たとえば,ppmレベルのコバルトが,過酸化水素によるルミノール(3-アミノフタル酸ヒドラジド)の触媒酸化反応によって定量される.

6.6 ラマン分光法

ラマン分光法(Raman spectroscopy)では,高輝度の可視光が試料上で焦点を結ぶように入射される.通常,レーザーがこの目的に使われる.吸収されない光のほとんどは,単に試料を通り抜けるか,弾性散乱される(すなわち,入射光と散乱光で波長の変化が起こらない).この散乱は**レイリー散乱**(Rayleigh scattering)とよばれ,分析には用いられない.しかし,入射光のうちごくわずかな割合の光は,**非弾性散乱**(inelastic scattering,通常<0.001%)を起こす.このとき,入射光の波長に比べて,散乱光の波長は,やや長いか,やや短くなる.このような効果は,**ラマン効果**(Raman effect)として知られている.非弾性散乱を起こす光の割合がきわめて小さいことは,入射光に通常レーザーが用いられる理由である.非弾性散乱過程には,光子がエネルギーを失う場合と得る場合があるが,これらは,それぞれ,**ストークス線**(Stokes line)と**アンチストークス線**(anti-Stokes line)とよばれる.

この効果は,入射した光子と分子の振動準位(場合によっては回転準位)との間の相互作用の結果として起きる.この相互作用は,単純な光の吸収過程によっては説明されず,むしろ,入射した光子のエネルギーの一部が分子へ移る,あるいは,逆に,分子から,エネルギーが入射した光子に移る過程として理解される.このことにより,試料から出てくる光子は,入射光と同じ光子と考えることができる*.

いくつかの点において,**ラマン効果**は,分子の蛍光と共通点をもった現象と考えることができる.なぜなら,ラマン効果も蛍光と同様に,入射光による励起とそれにひき続いて起こる光子の放出現象であるからである.ラマン効果の場合,入射光の光子のエネルギーの一部は基底状態の振動準位からより高い振動準位への励起に伴って失われる(ストークス線).一方,蛍光は吸収される光子の波長と,再び放出される光子の波長が異なっていなければならない.反対に,ラマン効果においては,入射光は吸収されてはならない.

ラマン散乱光は,通常,入射光に対して90°の角度で測定される.多くの形式の装置が製造されており,最も一般的な配置の一つの簡単な概念図を図6.7に示す.ラマン散乱光は,モノクロメーターと光度計で検出され,ラマン散乱光の波長が記録される.

ラマン散乱は通常波長ではなく波数,$\bar{\nu}$で表す.その波数$\bar{\nu}_R$は,入射光の波数,$\bar{\nu}_I$と散乱光におけるシフト,$\Delta\bar{\nu}$により,式(6.5)のように表される.

$$\bar{\nu}_R = \bar{\nu}_I \pm \Delta\bar{\nu} \tag{6.5}$$

ここで,この波長シフトを波数$\Delta\bar{\nu}$で表したものを**ラマンシフト**(Raman shift)とよぶ.

---

* 訳注:もう少し厳密には,二つの光子が同時に一つの光子のようにふるまう過程で,二光子過程とよばれている.この過程は大変起こりにくく,ラマン効果が起こりにくいのもこのためである.

6.6 ラマン分光法

ラマン効果によるスペクトル線は、**ストークス遷移** (Stokes transition)か、アンチストークス遷移による。ストークス線は入射光の振動数よりも低い振動数へのシフトであり、入射光のエネルギーの一部が、試料がより高い振動レベルに移るために奪われている。反対に、アンチストークス線はより低い振動状態への緩和過程と関係している。この場合、入射光が試料を通過するときに、そのエネルギーが光子に与えられる。このような入射光と散乱光の振動数の変化は、どちらの場合も**ラマンシフト**である。

図6.8には、ストークス遷移とアンチストークス遷移の、入射光とレイリー散乱光の振動数との関係を示している。レイリー散乱は振動数のシフトがない散乱である。レイリー散乱は、ラマン散乱よりも、常に非常に強度が高い。ラマン効果を示す分子において、ストークス線は、常にアンチストークス線よりも強い。

ラマン効果は、その分子の振動モードにより分極率が変化するならば観測される。一方、赤外光の吸収(第12章)は、その振動による双極子モーメントの変化により生じることから、ラマン効果とは異なる選択則に従う。一般に、分子の振動には強いラマン効果をひき起こす振動モードと、強い赤外吸収を示す振動モードがあり、両者は相補的である。特に、対称中心をもつ分子では、ある特定の振動モードが、強い赤外吸収をひき起こすときはラマン活性を示さず、また、他の振動モードでは逆の現象が起こる。

ラマン分光法は常に可視領域で実行される。入射光の振動数は、観測されるラマンシフトには影響しない。そのため、吸収や蛍光をひき起こさないならどんな波長も使用することができる。吸収や蛍光が起こるとラマン効果の測定が難しくなる。特に蛍光が存在すると、ラマン散乱光はきわめて微弱なので、その測定はきわめて困難になる。レーザーが発明される前は、高輝度水銀ランプが435.8 nmの発光線のみを取出すためのバンドパスフィルターと組合わせて一般に用いられていた。しかし現在は、レーザーが安価で、また使いやすい、高輝度で高い単色性をもつ光源である。最も一般に用いられる光源の一つは、ヘリウム-ネオンレーザーであり、632.8 nmに赤色の強い発光線を与える。しかし、ストークス線がこれよりも長波長側に現れ、また、ほとんどの光電子増倍管の感度が650 nmよりも長波長側でかなり低下するので、このヘリウム-ネオンレーザーの使用が問題となる場合もある。その場合は、しばしば、488 nmの光を出すアルゴンイオンレーザーが利用されるが、試料から蛍光が発してしまう場合もあるので注意する必要がある。

例題 6.3 四塩化炭素は、波長632.8 nmのヘリウム-ネオンレーザーで照射すると、218 cm^{-1}のストークス遷移とアンチストークス遷移を示す。そのラマン線の波数と波長を求めなさい。

[**解法**]　1) 入射光の波数を計算する。
2) アンチストークス遷移とストークス遷移の波長を計算する。

ステップ1　入射光の波長の632.8 nmは、6.328×10^{-5} cmに等しい。これを波数で表すと、15803 cm^{-1}となる。

ステップ2　アンチストークス遷移は、それゆえ、

$$15803 + 218 \text{ cm}^{-1} = 16021 \text{ cm}^{-1}$$
$$(1/16021 \text{ cm}^{-1} = 624.2 \text{ nm})$$

ストークス遷移は

$$15803 - 218 \text{ cm}^{-1} = 15585 \text{ cm}^{-1}$$
$$(1/15585 \text{ cm}^{-1} = 641.6 \text{ nm})$$

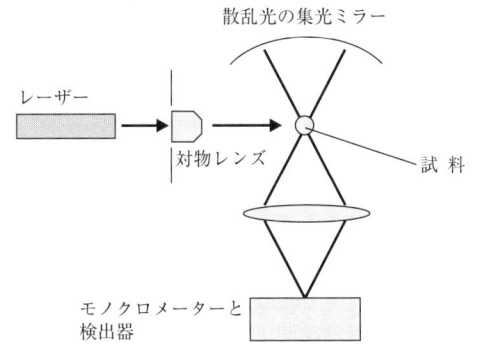

図6.7　ラマン分光装置

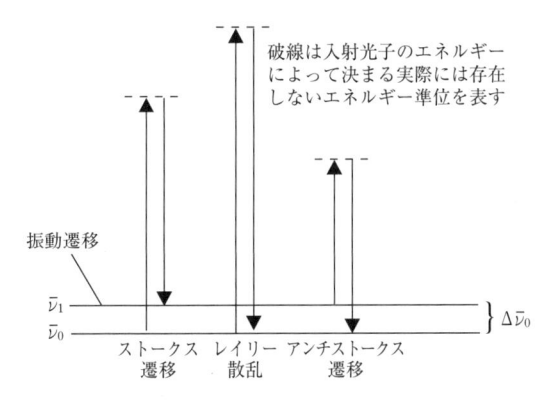

図6.8　ラマン効果の原理。ストークス線とアンチストークス線

6.6.1 ラマン分光法の応用

ラマン分光法は，本来的には，定量分析よりも定性分析のための方法と考えられる．ラマン分光法は，特に化学構造の同定や試料中の目的物質の"指紋判別"に有用である．すなわち，赤外分光法と非常によく似た使われ方をしているが，一般に，分子の振動には強いラマン効果をひき起こす振動モードと，強い赤外吸収を示す振動モードがある．すなわち，両者は相補的であることに注意する必要がある．

ラマン分光法のための試料は，注意深く沪過しあるいは遠心分離して，レイリー散乱を増やす懸濁粒子を取除かなければならない．また，前述のように，どんなにわずかな蛍光でも，ほとんどの場合，ラマン散乱光を完全に覆ってしまうので，試料が蛍光物質を含まないことを確認することは大変重要である．

6.7 マイクロ波分光法

マイクロ波は，多くの分子によって吸収され，そのとき回転量子数(rotational quantum number, J)が変化する．このため，マイクロ波分光法(microwave spectroscopy)は，回転分光法(rotational spectroscopy)という名称でも知られている．マイクロ波と相互作用できる分子，すなわちマイクロ波を吸収できる分子は，まず極性をもたなければならない．すなわち，無極性の分子，たとえば直線分子(CO_2など)や，同じ原子の二原子分子(N_2, O_2など)，四面体構造の分子(CH_4など)や八面体構造の分子(SF_6など)などは，マイクロ波スペクトルを示さない．反対に，異なる原子の二原子分子(HClなど)や他の極性をもつ多原子分子は，回転スペクトルを示す．マイクロ波分光法にとって最も役に立つ振動数領域は，約8〜40 GHzの間である．

マイクロ波分光法では，特定の官能基に特有の吸収帯などはなく，そのスペクトルは，$2B$ずつ離れた一連の吸収線から成る．ここでBは分子の回転定数(rotational constant)である．代表的な回転スペクトルの例として，p-クロロトルエンのスペクトルを図6.9に示す．異なる同位体が分子中に含まれれば，化合物の回転定数の値が変わるので，それぞれ異なるピークを示す．たとえば，図6.9は，^{35}Clと^{37}Clの天然同位体比のために，一連の二重線が現れる．回転定数Bは，式(6.6)から，その分子の慣性モーメントIを計算するのに用いられる．

$$B = \frac{h}{8\pi^2 cI} \quad (6.6)$$

ここで，hはプランク定数で，cは光速である．

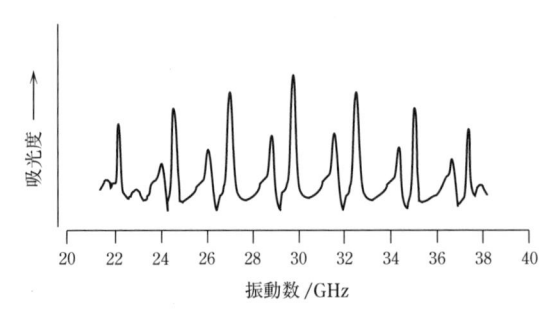

図 6.9 p-クロロトルエンのマイクロ波スペクトル

Iを決定できれば，極性分子の結合距離をきわめて正確に計算することができる．マイクロ波分光法は，その多くの吸収線からなるスペクトルの構造から極性分子の指紋判別法による同定に用いられる．これらの極性分子のスペクトルに関しては，データがよくまとめられていること，さらに，前述のように，マイクロ波スペクトルは，本質的に分子結合距離に関係していることから，そのような応用が可能である．

6.8 蛍光X線分析法

蛍光X線分析法(X-ray fluorescence)は，重金属元素の同定，定量のための最も有用な方法の一つである．この場合，重金属元素は化合物であっても金属であってもかまわない．蛍光X線分析法は，<u>例外はあるが</u>，その重金属元素が異なる化合物に含まれていても，それらを区別することはできない．

蛍光X線分析法は，紫外・可視吸光光度法のように，電子遷移に基づいている(第5章参照)．しかし，X線は，紫外・可視よりもエネルギーが大きいので，蛍光X線分析法は，より大きなエネルギーの電子の励起・緩和に基づいている．蛍光X線は，入射X線の吸収の結果として放出される．このとき，X線のエネルギーを受取った内殻電子が，光電子として原子外に放出され，その空いた軌道に他の電子が緩和していく過程でX線が放出される．入射X線は，特

定の振動数である必要はないが，最内殻の電子を励起して蛍光 X 線をひき起こすのに**十分なエネルギーをもっていなければならない**．すなわち，特定の元素の同定を行うためには，入射 X 線は，その元素特有の振動数の閾値よりも大きな振動数をもつ必要がある．

X 線領域の光は，通常，金属ターゲットを高速の電子ビームで衝撃するか，放射性同位体（§13.2 参照）を用いる．いろいろな異なる X 線管が一般に用いられているが，中でもタングステンターゲットと ^{55}Fe 放射線源は，ほとんどの目的に十分なエネルギーをもつので，最もよく用いられる．

放出される蛍光 X 線は入射光よりも常により低い振動数をもつ．これは紫外・可視蛍光分析法と同様であり，光電子が放出される過程でエネルギーが失われるためである．蛍光 X 線分析法は，原子量が約 20 以上の元素の同定に用いられる．また，定量分析に用いられるのは，実際上は原子量が約 40 以上の元素に限られる．軽元素の感度が低いおもな理由は，励起された原子が蛍光 X 線を放出する確率（量子収率）が低いことによる．多くの場合，励起電子の緩和過程は，一連の段階的な電子遷移による．そのために，特定の元素の蛍光 X 線スペクトルにおいて，いくつかの量子化された光子の放出による特徴的で離散的な発光線が観測される．

蛍光 X 線スペクトルは，通常，(a) エネルギー分散型，(b) 非分散型，の 2 種類の装置で測定される．これら二つの装置の原理を順番にみていこう．

6.8.1 エネルギー分散型蛍光 X 線分析装置

エネルギー分散型蛍光 X 線分析装置の概念図を図 6.10 に示す．この装置は，放射性同位体，あるいは X 線管から出てくる多波長の X 線源を用いる．この装置は，蛍光 X 線スペクトルの全波長領域を同時に測定する装置で，機械的に動く部品が一つもないという利点をもっている．こうした装置には，X 線をエネルギー，すなわち波長によって区別するために，リチウムを添加したシリコン半導体検出器が，適当な解析装置（パルス波高分析装置）と組合わせて用いられる．エネルギー分散型の装置には，非分散型の装置よりも優れた S/N 比をもつという利点もある．

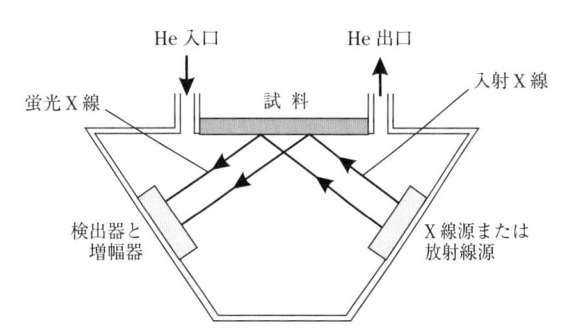

図 6.10 エネルギー分散型蛍光 X 線分析装置

エネルギー分散型装置の欠点としては，約 0.1 nm よりも長い波長で，エネルギーの分解能が落ちるということがあげられる．エネルギー分散型装置では，すべての波長を同時に測定するので，あとで例が示されるが，それぞれの元素に固有の蛍光 X 線が，連続的なバックグラウンドの X 線に重なったスペクトルが得られる．

それぞれの目的元素の蛍光 X 線のピークの部分の面積が積算され，その値について，目的元素の濃度のわかった標準試料の結果と比較することにより，定量される．

6.8.2 非分散型蛍光 X 線分析装置

非分散型蛍光 X 線分析装置の概念図を図 6.11 に示す．X 線源には，他の線源も用いられるが，しばしば ^{55}Fe が用いられる．蛍光 X 線は，特定の元素の蛍光 X 線のみを透過する特殊なフィルターと光電子増

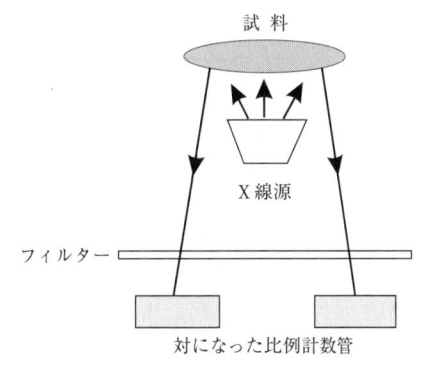

図 6.11 非分散型蛍光 X 線分析装置

---

* 訳注：X 線の分光に特殊な結晶を用いる波長分散型とよばれる装置も市販されている．これは最上位機種で，より高度な性能が必要とされる場合に用いられる．

倍管を用いる計数器を用いて検出される．ここで，図6.11に示すように，二つの検出器からなる比例計数管を用いる場合もある．この種の装置は，通常，個々の元素の定量に用いられ，そのために必要な波長領域のX線のみが検出される．

6.8.3 蛍光X線分析法の応用および長所と限界

蛍光X線分析法は，間違いなく複雑な試料の元素分析を行うための最も有用な方法の一つである．本法は，通常，試料をそのまま，分解したりせずに測定できるため，宝石，絵画，考古学的な宝物など，価値の高い品々も安心して分析でき，また，大変小さなものから大きなものの検査にまで役に立つ．図6.12は代表的な蛍光X線スペクトルで，表面にインクで印刷された紙試料の例である．

本法では，試料調製の必要がなく，試料のサンプリング時間が短くてすむので，日常分析への応用が大変楽であり，また広い範囲で応用が可能である．分析が困難で，またすぐに結果を出さなければならない場合には，本法がよく用いられる．たとえば，合金の元素分析に関して，製造段階で，金属の混合割合の修正を行うために，溶融段階で本法による分析が行われている．

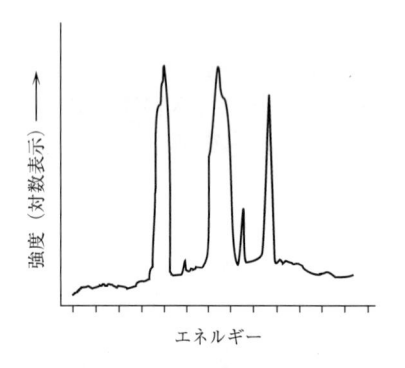

図 6.12 インクのついた紙試料の蛍光X線スペクトル

蛍光X線分析法は，また，溶液試料の分析にもしばしば用いられる．たとえば，絵の具中の色素の定量，石油中のカドミウムやバリウムなどの重金属(毒性元素)の定量などである．

蛍光X線分析法は，また，大気中の汚染物質の定量にも用いられてきた．このような分析では，通常，空気を，フィルターを通して吸引し，フィルター上に集めた粒子状物質を，蛍光X線分析装置で分析する．

蛍光X線分析法にも，他のすべての分析法のように，いくつか短所と限界がある．まず，蛍光X線分析法は，他の分光分析法に比べて感度が低く，その検出限界は，せいぜいppmレベルである．しかし，その代わりに，蛍光X線分析法の精度と正確さは，しばしば原子吸光分析法や紫外・可視分光法と同等かむしろ優れている．さらに，通常，目的物質の検量範囲は1～100%で，蛍光X線ピークの面積はほとんどどんな場合でも，目的物質の濃度に比例する．しかし，残念ながら，装置は実験室用で比較的大きく，また，費用の点でかなり高価である．さらに，価格に関しては，装置によって大きな違いがあり，装置の分解能と分析性能は，通常，直接価格を反映する．

蛍光X線分析法は，軽元素の定量には使用できない．また，かなり複雑な試料に関して，化学量論的な分析をしっかりと行いたい場合には，他の方法と組合わせて使う必要がある．**マトリックス効果**(試料の主成分がひき起こす妨害効果)は，蛍光X線分析法を用いる上で，最も深刻な障害になりうる問題の一つで，多くの元素の定量分析にかなり影響を与える．おもなマトリックス効果には，**吸収効果**といわゆる**増感効果**の2種類がある．

吸収効果は，バルクの試料マトリックスがX線を吸収する結果として起こる．むろんX線は，試料をある程度透過する．それゆえ，入射X線も，蛍光X線も，試料中のある距離を通過する．そのため，これらのX線が，試料によってある程度吸収されてしまうことは避けがたい．装置は標準試料によって校正されるが，試料と標準試料の吸収が同じであるとは限らない．もしも試料が，入射X線か，蛍光X線のどちらかをより強く吸収すれば，実際より低い値を得てしまう．反対に，標準試料が，より強く吸収する性質を示せば，実際よりも高めの値を得てしまう．この見かけ上の信号の増加を，つぎに述べるマトリックスの増感効果と，混乱しないように注意してほしい．

増感効果は，試料が，入射X線の励起により蛍光X線を発する元素を含んでいて，その蛍光X線が，分析元素をさらに励起することによってひき起こされる．蛍光X線の強度は，明らかに入射X線の強度に関係しているので，それが増加すると，より高い(すなわち誤った)信号が得られてしまう．

6.9 メスバウアー分光法

メスバウアー分光法(Mössbauer spectroscopy)は，γ 線照射を用いる蛍光分析法である．これまでに，(a) 原子や分子の価電子の励起と緩和過程に基づいた紫外・可視蛍光分析法，(b) 重元素の内殻電子の励起と緩和過程に基づいた蛍光 X 線分析法，を学んできた．メスバウアー分光法は，より高エネルギーの過程，すなわち電子のエネルギー準位ではなく，原子核の励起と緩和過程に基づいている．メスバウアー分光法の簡単な概念図を図 6.13 に示す．

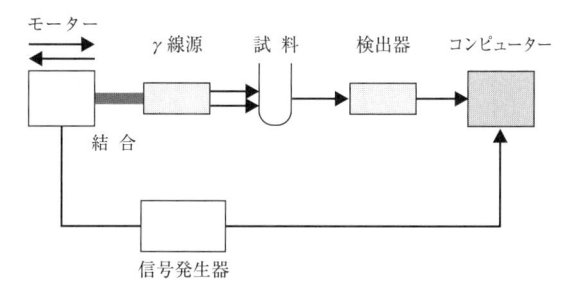

図 6.13 メスバウアー分光装置

メスバウアー分光法は，蛍光 X 線分光法に比べると，極端に鋭いスペクトル線を与える．鉄は，鉄の同位体の一つである ^{57}Fe が γ 線により容易に高エネルギー準位に励起できるので，最も広く研究されている元素である．放射性同位体の ^{57}Co が，通常，^{57}Fe を基底状態から約 14.4 keV 高い準安定状態に励起するための γ 線源として用いられる*．基底状態に緩和する過程で放出される γ 線は，その核種に特有のメスバウアースペクトルを与える．同位体は ^{57}Fe でなければならず，最も存在度の高い ^{56}Fe は使用できない．^{57}Fe はわずかに 2.2% の存在度であるが，これは分析を行うのに十分である．試料は，通常，化合物として存在している(すなわち，単体としてではない)．異なる化学状態は，それに対応する化学シフトを与える．そのため，スペクトルが正しく解釈されるならば，化学状態が特定されうる．化学シフトは，化学反応や化合物の生成による原子核のエネルギーレベルのごくわずかな変化の結果として起こる．メスバウアー分光法のスペクトル線の線幅は非常に狭いので，原子核のエネルギー状態のごくわずかな変化が，γ 線の吸収，およびひき続き起こるメスバウアー効果による γ 線の放出の両者に，化学シフトとして反映される．このごくわずかな化学シフトは，分析試料に対して，光源となる γ 線源を動かすことによって生じるドップラー効果を利用して測定する．測定に必要な振動数のシフトは，試料に対して線源を，実験的に容易に実現できる数 mm s^{-1} の速度で動かすことによって達成できる．そのため，分光計は，試料に対して，<u>一定の加速度</u>で線源を動かすように設計されている．この方法によって，ある速度範囲を掃印して，γ 線の吸収と放出の両方を測定する．

スペクトルは，通常，試料に対する線源の速度を mm s^{-1} の単位で表した値に対して表現される．それらのピークは，透過光の減少として記録され，そのため，慣習的に，下向きのピークとして表される．スペクトルは，通常，原子核の異なるおもなエネルギー準位により，一つか二つのピークからなり，さらに，それらのピークは，しばしば，原子核内の電磁場による超微細構造分裂を示す．たとえば，^{57}Fe は，図 6.14 に示すように，二つのエネルギーレベル($I = \frac{1}{2}$(基底状態)と $I = \frac{3}{2}$(励起状態))間の遷移で，2 組の三重線からなるため，六つのピークに分かれる．

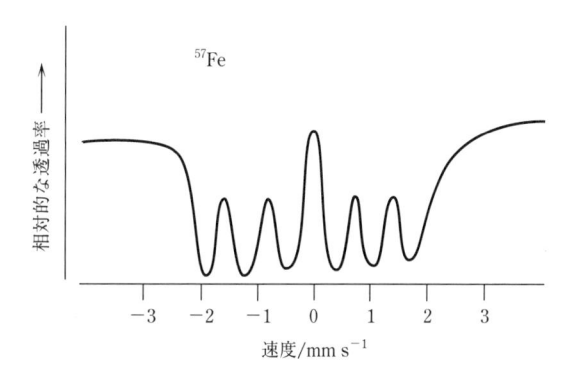

図 6.14 ^{57}Fe のメスバウアースペクトル

メスバウアー分光法は，適当な元素を含んでいれば，どんな試料も分析でき，その元素が存在する化合物の結晶構造や結合状態に関する情報を得ることができる．残念ながら，メスバウアー分光法は，比較的少ない種類の元素を含む試料にしか使うことができず，

---

* 訳注：^{57}Co は電子捕獲によって ^{57}Fe に放射壊変し，そのときに 14.4 keV の γ 線を放出する．

応用の多くは，^{57}Fe，^{61}Ni，^{119}Sn の検出に基づいている．他の多くの元素もメスバウアー効果を示す同位体をもっているが，その存在度が小さすぎて日常的な分析には使えないなどの問題がある．

6.10 紫外光電子分光法

紫外光電子分光法（UV photoelectron spectroscopy, UPS）は，試料を遠紫外光（より高い振動数の光）で照射し，試料中の原子から価電子を励起しさらに放出させる方法である．光電子のエネルギーは，特定の元素がイオン化するのに必要なエネルギーに対応している．そしてこれは指紋判別法に基づく物質の同定に用いられる．N_2 の UPS スペクトルを図 6.15 に示す．イオン化に必要なエネルギーは，しばしば，イオン化ポテンシャルと表現され，その場合，eV が単位として用いられる．価電子のエネルギー準位は，もちろん，化合物の生成により変化し，UPS で求められるイオン化エネルギーはその元素が単体として存在する場合に比べて変化する．言い換えれば，光電子分光法は，化合物の化学結合に関する情報も提供する．

UPS と似た方法で，より広く用いられている方法に **X 線光電子分光法**（X-ray photoelectron spectroscopy, **XPS**）がある．この方法では，内殻の電子を励起しさらに放出させる．X 線は，紫外光よりもさらにエネルギーが大きいので，価電子より内殻の電子を放出させることができる．

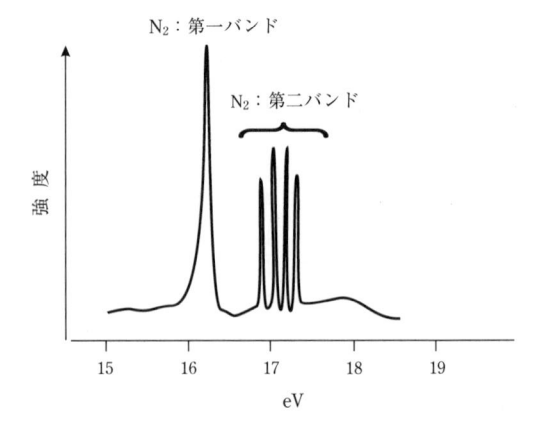

図 6.15 N_2 の UPS スペクトル

演習問題

6.1 酸素原子の電子配置を書きなさい．

6.2 ある元素は，$1s^2, 2s^2, 2p^6, 3s^2, 3p^6, 4s^1$ の電子配置をもっている．この元素は何かを答えなさい．

6.3 化合物の蛍光標識の意味を説明しなさい．

6.4 なぜある化合物は蛍光を発し，他の化合物は蛍光を発しないかを説明しなさい．

6.5 ランベルト-ベールの法則に従わない場合があるが，その理由を説明しなさい．

6.6 対称中心をもつ分子のある特定の振動モードが，強い赤外吸収をひき起こすとき，ラマン活性を示さない．また，他の振動モードでは，逆の現象が起こる．その理由を説明しなさい．

6.7 (i) ストークス遷移，(ii) アンチストークス遷移の意味を説明しなさい．

6.8 ある化合物のラマンスペクトルを 435.8 nm（水銀ランプ）を励起源として測定した．ラマン線は，443 nm と 463 nm に観測された．これらに対するラマンシフトを計算しなさい．

6.9 岩石試料中のマンガン濃度を，蛍光 X 線によって定量した．異なる濃度の標準を測定したときの蛍光 X 線強度は，以下の表の通りである．

%Mn	計数率/s^{-1}
0.05	100
0.1	200
0.2	405
0.3	598
0.4	810
0.5	998

岩石試料の計数率は 152 s^{-1} であった．岩石試料中のマンガン濃度を計算しなさい．

6.10 アスピリンとカフェインだけを含んでいるが，これらの濃度は不明の溶液試料がある．今，この溶液中のこれら二つの化合物の濃度を決定したい．

この溶液の 205 から 300 nm の間の紫外吸収スペクトルを測定した．カフェインは，210 nm に λ_{max} をもち，その波長でのモル吸光係数は 8510 dm^3 mol^{-1} cm^{-1} である．アスピリンは，230 nm にモル吸光係数 6890 dm^3 mol^{-1} cm^{-1} の λ_{max} を示す．（カフェインの 230 nm におけるモル吸光係数は 2120 dm^3 mol^{-1} cm^{-1} である．アスピリンの 210 nm におけるモル吸光係数は 5980 dm^3 mol^{-1} cm^{-1} である．）カフェインとアスピリンを含む溶液試料の吸光度は，210 nm で 1.15，230 nm で 1.02 で

あった．

これらの情報から，この溶液中のカフェインとアスピリンの濃度を求めなさい．

6.11 ラマンシフトのうち，より低い振動準位への遷移により観察されるのは，ストークス線か，あるいはアンチストークス線か，答えなさい．

6.12 四塩化炭素を 488 nm (20492 cm^{-1}) の波長のアルゴンイオンレーザーで照射する．このとき3本のストークス線が観察され，これらのラマンシフトは，それぞれ，$-459, -314, -218$ cm^{-1} である．さらに3本のアンチストークス線も観察され，これらのシフトは 218, 314, 459 cm^{-1} である．これらの遷移の波長と波数を計算しなさい．

まとめ

1. 不確定性原理によれば，どの時刻においても，電子の位置と運動量を，同時に正確に定義することはできない．

2. 主量子数で表される原子軌道と電子は，集合的に殻とよばれ，K, L, M, N などの文字で表される．

3. 原子の副殻は，主量子数と方位量子数で表される．

4. 一つの軌道は二つの電子で満たされ，パウリの排他原理に従って，それ以上の電子を収容できない．

5. 構成原理により，電子が満たされていく軌道の順序は，1s, 2s, 2p, 3s, 3p, 4s, 3d, 4p, 5s, 4d, 5p, 6s, 4f, 5d, 6p, …… となる．

6. 水素原子において，励起された電子が，主量子数 1 の軌道に緩和することをライマン遷移とよぶ．

7. 水素原子において，励起された電子が，主量子数 2, 3, 4, 5 の軌道に緩和するときに発する原子線を，それぞれ，バルマー，パッシェン，ブラケット，プント系列とよぶ．

8. 電子スピンは，スピン量子数 s で記述される．また，電子スピンは，時計回り ($+$)，あるいは反時計回り ($-$) のいずれかである．

9. どの電子遷移が許容されているかを表す図をグロトリアン図とよぶ．

10. ランベルト-ベールの法則からのずれは，溶質分子どうしの相互作用や光源光が単色でないことなどのさまざまな効果によって生じる．

11. 溶液の濃度は，測定する吸光度が 0~2 の範囲内 (0~1 の間が望ましい) となるように調製すべきである．

12. 紫外・可視吸光光度法で，2種類またはそれ以上の吸収物質を含む混合物を分析する場合，吸光度についての連立方程式を解いて，それぞれの物質を定量できる場合がある．

13. 非蛍光物質も，場合によっては，蛍光標識法によって蛍光を発するようにすることができる．

14. ラマン分光法は，光の吸収とひき続き起こる光の再放出において，放出される光が，分子がより高い振動レベルあるいはより低い振動レベルに遷移するために，入射光よりもエネルギーがやや低くなる，あるいはやや高くなる現象に基づいている．

15. より低い振動数へのラマンシフトはストークス遷移とよばれており，また，より高い振動数への遷移はアンチストークス遷移とよばれている．

16. マイクロ波の吸収は，回転量子数 J に変化を起こすので，回転分光法とよばれる．

17. 蛍光 X 線分析法は，X 線の吸収により，内殻電子が原子の外に光電子となって放出され，それによって生じた空の軌道へ，ひき続いて他の軌道の電子が緩和するときに放出される X 線 (蛍光 X 線) に基づいている．

さらに学習したい人のために

Atkins, P. W. and Friedman, R. S. (2005). *Molecular quantum mechanics* (4th edn). Oxford University Press.

Colthup, N. B. (1989). *Introduction to infrared and Raman spectroscopy*. Academic Press.

Lakowicz, J. R. (1999). *Principles of fluorescence spectroscopy*. Kluwer Academic.

Mayo, D. W., Miller, F. A., and Hannah, R. W. (2004). *Course notes on the interpretation of infrared and Raman spectra*. Wiley.

Valeur, B. (2002). *Molecular fluorescence : an introduction — principles and applications*. Wiley-VCH.

7 原子スペクトル分析法

この章で学ぶこと
- 原子吸光・原子発光スペクトルの起源
- 原子スペクトルに影響を与える因子と，スペクトル線の線幅が，ドップラー効果，衝突，圧力，温度の効果によっていかに広がるか
- フレーム原子吸光分析法の原理
- 中空陰極ランプの動作原理
- フレーム原子吸光分析法の応用
- フレーム原子吸光分析法の主要構成部品
- 他の方法と比較したときのフレーム原子吸光分析法の長所と短所
- Delves のカップの意義と使い方
- 黒鉛炉原子吸光分析法の原理
- アークとスパークソースの動作原理と原子発光分析法における利用
- フレーム発光分析装置の動作原理
- フレーム発光分析法の応用領域
- 誘導結合プラズマ (ICP) 発光分析法の原理
- 原子蛍光を含む ICP 法の応用

7.1 原子スペクトルの起源

第5章と第6章で，紫外・可視吸光光度法と蛍光分析法が価電子の励起と緩和過程に基づいて成立していることを学習した．これらの分光法は，ごく少数の例外を除いて，化合物の定量に応用されている．なぜなら，原子の状態で存在する元素はごく限られており，また，イオン結合，共有結合いずれの場合においても，価電子はその結合に関与しているからである．結合軌道，すなわち，その軌道中の結合電子は，化合物に属しており，それぞれ個別の原子それ自体に属しているわけではない．

この章においては，原子スペクトル分析法を学ぶ．この方法も，電子遷移に基づく方法である．原子スペクトル分析法は，結合に関与した電子の遷移を利用するのではなく，原子や化合物中の価電子ではない電子 (内殻電子) あるいは原子や原子イオンの価電子の遷移を利用する方法である．

原子スペクトル分析法は，広くは，原子発光過程に基づくか，あるいは原子吸収過程に基づくかによって分類される．原子発光分析法は，通常，励起された電子が基底状態に戻るときの光子の放出に基づく．原子吸光分析法は，反対に，光子を捕獲して電子が励起される過程に基づいている．

7.2 原子スペクトルの性質

原子スペクトルは，原子軌道間の電子遷移に基づいており，きわめて狭い線状の発光または吸収スペクトル (原子線) を与える．その波長の幅は，通常 0.01 nm 程度である．分子の結合軌道の電子遷移は，紫外・可視吸光光度法にみられるように，はるかに幅の広い発光/吸収スペクトルを与える．原子スペクトルのピークは，これらの紫外・可視吸光光度法におけるスペクトルよりも極端に狭い．これは，原子には最外殻の電子軌道に結合軌道がなく，振動・回転準位がないためである．原子吸光スペクトルは，通常，紫外，可視，赤外領域に見られる．

7.3 原子スペクトルに影響を与える要因

原子発光線あるいは原子吸光線の線幅，強度，場合によっては振動数 (波長) にまで影響を与えるいくつかの要因が存在する．一般に，原子吸光線に影響を与える要因は原子発光線にも影響を与える．

7.3.1 遷移状態の寿命，ハイゼンベルクの不確定性原理と線幅

量子論によれば，遷移状態の寿命が無限大に近づけば，スペクトルの線幅はゼロに近づく．これは，ハイゼンベルクの不確定性原理により生じる現象であり，

遷移状態の寿命は有限なので，結果としてスペクトルにおいて幅が生じる．量子力学によって記述される理論的な線幅はしばしば**自然幅**(natural line width)とよばれ，通常，10^{-5} nm 程度である．

7.3.2 圧力すなわち衝突による線幅の広がり

発光や吸収を生じる原子やイオンと他の原子やイオンとの衝突が起こると，基底状態のエネルギー準位にわずかな変化が生じ，原子発光や原子吸収の起こる波長に広がりが生じる．フレームの中では，目的物質の原子と燃料の燃焼によって生じるさまざまな生成物との間で衝突が起こり，結果として自然幅に比べて 2, 3 桁大きな線幅の広がりが生じる．同様な効果は，誘導結合プラズマ(ICP)発光分析法におけるプラズマ中でも衝突の結果として生じる．中空陰極ランプや電極放電ランプ中における線幅の広がりは，主として発光原子どうしの衝突によってひき起こされる．

7.3.3 ドップラー効果による線幅の広がり

ドップラー効果は，音源が高速でこちらに向かってきたり，離れていったりするときに音の波長が変化する現象としてよく知られている．ドップラーシフトは，原子スペクトル分析法においてもよく観測され，原子吸収や原子発光の観測される波長のシフトをひき起こし，結果として線幅の広がりの原因となる．この現象は，光を放出，または吸収する化学種が，フレームやプラズマによる熱励起の結果として，高速で並進運動することにより起こる．真っすぐに検出器方向に向かって動いている原子は，検出器に対して直角の方向に運動している原子に比べて，わずかに短波長の光を放出しているように検出器には観測される．同様に，検出器から遠ざかっていく原子は，わずかに長波長の光を放出しているように観測される．

検出器に対する原子の運動速度の広がりは，(a) 原子の運動速度の自然の分布，(b) 原子運動の検出器に対する方向の分布，の二つの要因で生じる．これらの要因は，ともに，検出器が，自然幅を中心にして，そのまわりに強度がガウス分布するような波長の分布を観測する原因となる．

このドップラー効果による観測波長の広がりは原子線の実際の広がりのほとんどの要因である．

ドップラー効果は，原子吸光分析法においても，全く同じ理由で線幅の広がりをひき起こす．原子吸収線，原子発光線のドップラー効果による広がりは，原子の正味の速度が増加する，より高温のフレームやプラズマにおいて顕著になる．ドップラー効果による広がりは，通常，自然幅の 2～3 桁程度大きい．

7.3.4 温度の効果と原子スペクトル

温度の効果は，いくつかの理由により，原子スペクトルの性質に変化をもたらす．すでに議論したように，加熱するとドップラー効果により，原子スペクトル線のピークの高さが減少するとともに，その線幅が広がる．

加熱は(フレーム，電熱炉，プラズマの何であっても)，原子吸光分析法において，試料の原子化を完全にするために行われる．一般に，より熱が加えられると，原子化の効率はより高くなる．すなわち，原子の数が増え，原子スペクトルの強度が増加する．一方，温度が上昇すると，より多くの原子がイオン化されるが，この効果は，通常，原子化効率の増大に比べれば，さほど問題とはならない．

原子発光分析法は，フレームやプラズマの温度の影響をより強く受ける．なぜなら，熱は，光を発するための準位に電子を励起するために，直接的に用いられるか，あるいは，その重要な要因であるからである．すなわち，より多くの熱が供給されると，励起状態の電子が増え，発光線の強度はより増加する．このように，原子発光分析法においては，温度がより顕著な影響を与えるので，特に定量分析の場合には，原子吸光分析法の場合よりも，フレームの温度をよりしっかりと管理する必要がある．

原子吸光分析法は，試料中の基底状態にある原子を観測するので，通常，発光分析法よりもより数の多い原子を測定する．一方，原子発光分析法では，熱的に励起された原子のみが原子発光線を与える．励起準位にある原子に対する基底状態の原子の数の比は，10^3 から 10^{10} あるいはそれ以上である．理論的には，それゆえ，吸収に基づく方法は，発光に基づく方法よりもかなり高い感度を与えるはずである．しかし，実際には，これら二つの方法の感度に影響を与える他の要因がたくさんあり，両者は，通常，同等の感度や検出限界を与える．

7.4 原子吸光分析法の概要

原子吸光分析法(atomic absorption spectrometry)は，基底状態にある原子の電子の励起により吸収された光源光の波長と強度を観測することにより，吸収された光源光のエネルギーを定量することに基づいている．その波長と吸収強度は，**スペクトル**として観測され，そして記録される．この章の以下の節では，いろいろな種類の原子吸光分析法を学ぶ．

7.5 フレーム原子吸光分析法

フレーム原子吸光分析法(flame atomic absorption spectrometry)は，最も広く用いられている原子スペクトル分析法である．ppmレベルの多くの金属イオンを比較的簡単な実験操作により容易に定量することができる．実際には，本法では，単色の光源光を用いて，それにより励起される原子やイオンをフレームで供給し，その吸収を測定する．

克服すべき第一の課題は，目的の原子(あるいは原子イオン)を効率的に供給することである．これは，空気-アセチレンフレームを結合した噴霧器(**ネブライザー**，図7.1)により達成される．その第一段階は，噴霧器によって試料溶液の微細なエアロゾルを生成させることである．この過程において，ペリスタポンプで試料溶液を連続的に圧縮空気のジェットの通り道に送り込むと，小さな水滴の細かな霧が生じる．その霧は，長くそして薄い空気-アセチレンフレーム中に導入され，目的物質の原子化が起こる．

> **注** フレームを生成させるための燃料ガスであるアセチレンは，酸化ガスとして空気あるいは酸素と一緒に供給する必要がある．生成するフレームは，それぞれ，空気-アセチレンフレーム，酸素-アセチレンフレームとよばれる．

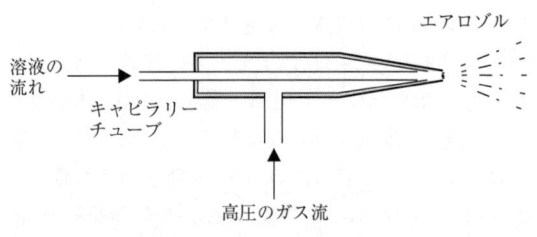

図 7.1 ジェットネブライザー

燃焼ガスは燃焼に先立って混合されている(図7.2)．フレームは通常，長さ約10 cm，幅2~3 mmのスリットを通って形成される．アセチレンの燃焼により2000~2200 ℃程度の温度が得られる．さらに高温が必要な場合には，一酸化二窒素-アセチレン混合ガスが用いられる(§7.5.5参照)．

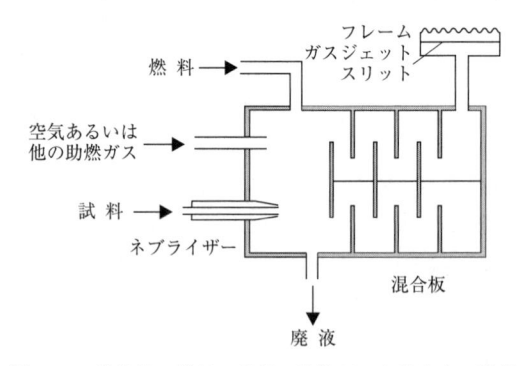

図 7.2 燃焼前に燃料，試料，助燃ガスを混合する装置

フレーム原子吸光分析法においては，アセチレンと空気は，ガスのジェットとなってスリットを通過し点火される以前に混合されている．排気ガスを十分に排気することは重要であり，通常，原子吸光分析計の排気部の上に，直接排気フードを取付けて使用される．

目的物質を含む微細液滴中の溶媒(ほとんどの場合，水)は，こうした温度ではすぐに蒸発してしまう．つぎに金属塩が蒸発し，この金属塩はフレーム中の高温で還元されて原子化過程が完成する．

フレームは，連続的に供給される原子化された試料上を，光源光が通過するように配置される(図7.3)．検出器(通常は光電子増倍管)はその光源光の強度変化，すなわち吸収を観測できるように配置される．

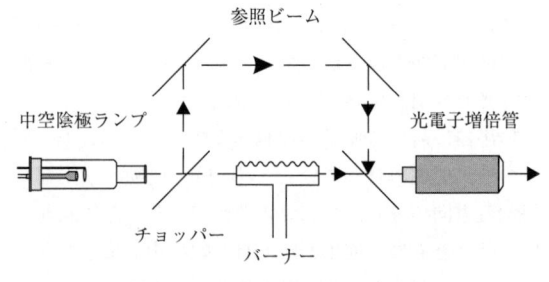

図 7.3 フレーム原子吸光分析装置

第5章で学んだように，紫外・可視分光法において，光源光のバンド幅は，吸収ピークの幅に比べて，

理想的には十分に狭くなければならない。同様の規則は，原子吸光分析法においてもあてはまり，さもないと容認しがたい誤差を与える．多くの紫外・可視スペクトルの吸収ピークのバンド幅は，数十 nm に及ぶので，この場合，0.5 nm より狭いバンド幅をもつ分光器を用いれば，完全に目的を満たすことができる．しかしながら，原子吸収の線幅は極端に狭く，通常，< 0.01 nm 程度である．このため，その波長が，まさに原子吸収スペクトルの中心波長に一致し，さらにきわめて狭い線幅をもつ光源を用いることは特に重要である．これは，**中空陰極ランプ**(ホローカソードランプ，hollow cathode lamp, 図 7.4)によって実現されている．このランプは，測定しようとしている元素の原子発光を利用するガス放電ランプである．測定すべき元素に対して，それぞれ別々の中空陰極ランプが必要であり，一度に 1 元素ずつ測定される．現在の原子吸光分析計には，複数の異なる元素のランプを一度に装着できる回転ホルダーが付属しており，ランプを回転させて定位置に合わせるだけで好きな元素を測定することができる．

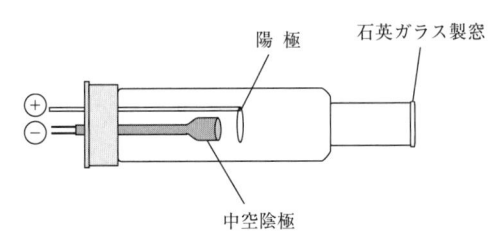

図 7.4 中空陰極ランプ

中空陰極ランプ(図 7.4)は，チューブ状の中空の陰極(カソード：そこから名前が由来している)と図 7.4 に描かれているように小さなリング状をした陽極(アノード)が一緒になってできている．それら二つの電極は，低圧のネオンを封入したガラス製の覆いの中に収められている．それぞれのランプは，目的とする元素が決まっており，その目的の元素で陰極の表面を被覆している．

電極間に高電圧をかけると，ネオンがイオン化し，正電荷をもつネオンイオンが陰極表面に衝突し，陰極の被膜の一部を蒸発させ，目的の元素を原子化する．この原子にイオンが衝突すると，原子は励起され，さらに緩和過程で，その元素の原子吸収と全く同じ性質をもつ光を放出する．中空陰極ランプの中の原子の電子状態は，空気-アセチレンフレーム中の原子化した目的物質の電子状態と全く同じ状態である．緩和過程を経て，原子は陰極に戻り，そしてもう一度被膜の一部となる．このようにして，被膜は消費されず時間とともに蒸発と再生を繰返す．

以前にも述べたように，発光線の幅は，原子吸収の線幅よりも狭いことが望ましい．中空陰極ランプは，実際に，空気-アセチレンフレーム中の目的物質の吸収の線幅よりも，常に狭い発光線を与える．元素の吸収線と発光線の線幅は，ともに温度の上昇とともに広がる．空気-アセチレンフレーム中では，目的物質は 2000 ℃ 程度まで加熱される．一方，中空陰極ランプは，室温よりもやや高い温度で動作する．

7.5.1 原子吸光分析法における吸収の測定と干渉

検出器の光電子増倍管は，透過光強度，すなわち吸収を連続的に観測する．それゆえ，信号の安定性は，試料溶液が噴霧器によりフレーム中にどれだけ一定の速度で導入されるかに依存している．ほとんどの装置は，ペリスタポンプのポリプロピレンチューブにより，数秒間，試料溶液を導入するようになっている．

図 7.5 にこのときの代表的な出力信号の例を示す(Ni の場合)．図からわかるように，数秒間ほぼ定常的な信号が得られる．現在のほとんどの装置は，自動的に，その数秒間の吸収の平均値を測定し，コンピューターのファイルとして記憶するか，あるいはハードコピーとして出力する．多くの分析技術と同じように，その定量性は，多くの干渉によって影響を受ける．原子吸光分析法の場合，干渉は，通常，透過光強度，すなわち目的物質の原子化効率を測定する場合の誤差から生じる．

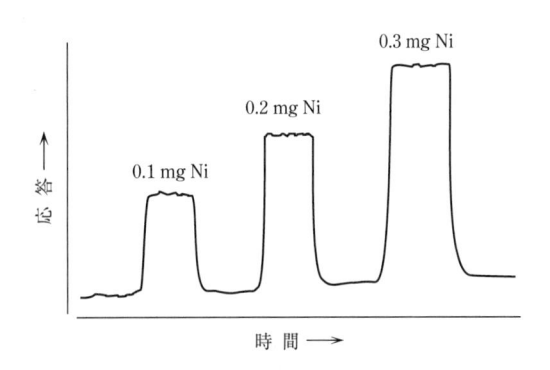

図 7.5 異なる Ni 濃度の試料に対するフレーム原子吸光分析装置の信号

空気-アセチレンフレームは，他のすべてのフレームのように，それ自体，光を放出する．フレームを，光が全く通らない覆いの中に入れてしまうことは不可能であり，フレームからのバックグラウンド光は干渉としてはたらく．したがって，フレーム中の目的物質の吸収を観測しようとするとき，何らかの方法でフレーム中を透過してきた中空陰極ランプの光の強度とバックグラウンド光強度を区別する必要がある．実際の，原子吸光分析装置では，二つの方法を組合わせて，バックグラウンド光の干渉から目的の信号を分離している．

その第一段階は，フレームと光電子増倍管の間に分光器を置くことである．この方法により，そのほとんどが化学発光反応によるフレームからの発光を除くことができる．また，この場合，分光器は透過光の光路上に置かれるが，紫外・可視分光光度計の場合は，分光器は入射光(光源光)の光路上に置かれることに注意しよう．一方，フレームが測定波長と同じ波長の光を発することは当然起こりうる．したがって，透過光のみを測定するようにさらに工夫しなければならない．

フレームをつくる燃焼ガスのジェットは注意深く設計されているが，それでもフレームの形は動的に変化しており，対流によって光路にランダムな変動が導入される．これも干渉の原因の一つとなる．

中空陰極ランプは，通常，階段状のパルスとして電圧を供給され，不連続のパルス状の発光を与える．ランプのパルスの振動数は通常 50 Hz である．光電子増倍管により得られる信号から，ロックインアンプとよばれる位相選択的な検出システムにより，ランプの電圧プロファイルと同期した成分のみが取出される．これらの方法を一緒に用いることにより，ほとんどどんな条件でも，きわめて簡単に，また効果的に定量を行うことができる．言い換えれば，中空陰極ランプからの透過光強度，つまり吸収のみを選択的に測定できる．この方法はストロボ写真によって車輪の回転速度を測定することができることと同様の原理と考えることができる．

対策を考えなければならないもう一つの干渉は，化学的な効果によってひき起こされる干渉である．原子吸光分析法は，フレーム中での目的物質の熱的な原子化過程に依存している．時として，目的物質がフレーム中で熱的に安定な化合物を生成してしまうことがある．そうした化合物は，原子吸収を示さず信号に影響を与えることになる．この種の化学干渉は，通常，目的物質の濃度を実際よりも低く測定してしまうという誤差をひき起こす．

アルミニウムは，特にこの種の干渉をひき起こすので注意すべき元素である．すなわちアルミニウムはカルシウムなどの他の多くの金属と熱的に安定なアルミン酸塩を形成する．このアルミン酸塩は，化学量論的にいろいろな形態をとるので，通常は Ca-O-Al のかたちで表記される．この問題を克服するために，通常とられる方法は，試料溶液中に，目的物質よりもその妨害物質とより強く結合し，空気-アセチレンフレームの温度にも耐えうるほど熱的に安定な物質を形成する他の元素を加えることである．たとえば，アルミニウムを測定する場合，ランタンを加える．この場合も化学量論的には一定しないが，Ca-O-La のかたちの化合物をフレーム中で容易に生成する．

7.5.2 フレーム原子吸光分析法の応用

フレーム原子吸光分析法は，さまざまな種類の試料中の微量レベルの金属を定量するために最も広く用いられている．これまでみてきたように，試料はフレーム中に細かな霧として噴霧され原子化されるので，溶液である必要がある．しかし，固体試料も前もって溶解すればよいので，固体試料が分析できないわけではない．鉄鋼のような金属合金は，しばしば硝酸に溶解できる．たとえば，さまざまな規格のステンレス中のコバルトを，十分な正確さをもって定量することができる．この分析は，製品の比較をするために，あるいは製鋼の現場での品質管理を目的として行われる．

産業活動の影響を観測するための，下流の河川や河口の水試料のような環境試料は，ほとんど前処理することなく分析できる．土壌や岩石試料も，たいてい容易に分析できる．産業におけるそのほかの応用例としては，塗料やポリマー中の金属の定量があげられるが，これらの分析も安全性や品質の管理と保証のために行われる．本法は，また医学の分野にも広く使われ，さまざまな製剤，あるいは全血，血清，尿試料中の金属含有量の測定などに応用されている．穀物食(cereals)のように栄養価を高めた食品や子供のための食品中のカルシウムと鉄の含有量は，本法によって経常的に測定されている．本法は，本来的に金属を定量する方法であるが，化学的な操作と併せることによりそのほかの問題へ応用する方法も開発されている．

これに関連したよい例として、トレンス試薬を用いたアルデヒドの分析があげられる。この試薬はアルデヒド 1 mol を酸化すると、金属 Ag 2 mol を生成する。

7.5.3 フレーム原子吸光分析法の長所と欠点

フレーム原子吸光分析法は、容易に ppm あるいはそれ以下の濃度レベルまで、測定することができるので、原子スペクトル分析法の中で最も広く用いられる方法である。しかし、本法にも、そのうちのいくつかは比較的簡単な工夫によって解決できるものの、若干の欠点がある。フレームを用いることによる原理的な問題点の一つは、きわめて短時間に、フレーム中でまず試料溶液の溶媒が蒸発し、その後、原子化が起こることにより生じる。すなわち、フレームを通過する光路中では、試料の 0.1% しか原子化していない。黒鉛炉(§7.6.1 で扱う)のようにさらに高い原子化効率をもつ方法を用いるなら、さらに数桁高感度が達成できる可能性がある。また、定量性も常に問題となるが、第一に日常的に装置を校正することにより、第二に認証標準物質を用いることにより、たいていの場合克服できる。

7.5.4 フレーム原子吸光分析装置の校正と認証標準物質の利用

フレーム原子吸光分析装置で吸収を測定する場合、同じ種類の試料を測定しても、装置によってその値はかなり異なる。この状況は、紫外・可視吸光光度法の場合は、装置が違っても同じ吸光度の結果が期待できるのに対して、全く異なっている。このような違いが生じる理由は、いくつかあげられる。すなわち、本質的に、試料が完全に原子化し、さらにそれがすべて吸収をひき起こすことは実際には起こらないので、現実には、装置により原子化効率などに差があり、異なった吸光度を与えることになる。

しかし、適当な認証標準物質を用いて装置を校正すれば、装置自体の再現性は優れているので、通常、かなり低濃度領域であっても信頼できる定量値をうることができる。すなわち、フレームの温度、光電子増倍管の感度、あるいは干渉を起こす物質などに影響を与えるすべての要因を管理することができる。

現在、実際の分析試料(たとえば、河川水、金属合金など)と、その組成がよく似ているように調製された認証標準物質をしばしば購入することができる。こ こで認証標準物質を用いる理由は、認証標準物質は、実際の試料と同程度の妨害物質を含んでおり、また実際の試料と同様に前処理できることにある。認証標準物質による校正は、通常、この目的のために装置に用意されたソフトウエアで行えるようになっている。

もう一つの方法は、目的物質の標準溶液の一定量を、標準添加法の形式で、試料溶液に添加することである。この方法は、分析試料の組成がかなり複雑であるか、適当な認証標準物質が手に入らない場合などに推奨される。たとえば、土壌や塗料試料の分析などがその例である。

7.5.5 一酸化二窒素-アセチレンフレームの利用と空気-アセチレンフレーム

フレーム原子吸光分析法の低い検出限界は、他の多くの分析法と比べても勝っているが、空気-アセチレンフレームを用いることによりいくつかの限界が生じる。

フレームは、試料を原子化するために用いられるので、その温度の管理は重要である。理想的には、試料すべてを原子化し、さらに他の波長の光を吸収することになるイオンの生成が起こらないようにしたい。そのために、フレームバーナーと燃料・助燃ガスの混合気体の設計により、一定かつ一様で、また理想的には管理可能な温度を得られるようにすることがきわめて重要である。

もしも、フレームが混合チャンバーに戻っていくようなことがあれば、爆発の危険がある。爆発が起こらないように、ガスは燃焼に先立って混合されている。常に注意は必要であるが、高速のガス流をつくるためのガスの噴出し口の設計を適正に行い、また助燃ガスとして酸素の代わりに空気を用いることにより、爆発の危険性を最小限に抑えることができる。

空気を利用するとフレームの最高温度が制限されてしまう。もしも 2200 °C 程度よりも高い温度が必要な場合には、空気の代わりに一酸化二窒素を用いると、約 3000 °C までの温度を達成することができる。

7.5.6 Delves のカップ

空気-アセチレンフレームを試料の原子化のための熱源としてのみ用いることにより、さらに高感度、すなわち、低検出限界を達成できる。この場合、試料をフレームに導入する以前に溶媒を蒸発させてしまう。

溶解した試料は，Delvesのカップとよばれる金属の容器に置かれる．Delvesのカップはしばしばニッケル製で，そのため酸性の試料は前もって中和しないと測定できない．中和する代わりに，タンタルなどの他の適した材料でカップをつくることもできる．

Delvesのカップを，まずホットプレートや他の加熱手段で，ゆっくり加熱し，試料の溶媒を蒸発させる．その後，カップをフレームの中の最も温度の高い領域に挿入し，試料を蒸発させる．Delvesのカップはしばしば石英ガラス製の管と一緒に用いられる．その管はフレームの最も高温部分におかれ，カップから蒸発した試料はその管に導入される．この場合，この石英ガラス管は，原子を蓄えるセルとしてはたらくため，原子が吸収を示す時間をかなり延長することができ，方法の感度を改善することができる．

7.6 黒鉛炉原子吸光分析法

黒鉛炉原子吸光分析法(graphite furnace atomic absorption spectrometry)は，中空の管の形をした黒鉛製の電気的抵抗をもつ発熱素子を用いることにより，フレームを全く必要としない方法である．試料は**電熱原子化**(electrothermal atomization)とよばれる方法により原子化される．

黒鉛炉法は，電熱原子化法の中で最も広く用いられる方法である．電熱原子化法により，ほぼ100％の原子化効率が得られる．空気-アセチレンフレーム法における試料の原子化効率がしばしば0.1％に過ぎないことを考えると，黒鉛炉法により容易に1000倍の感度の上昇が得られるはずである．黒鉛管は内容積が小さく，その小さな内部に試料を包み込む．そしてフレーム法と比較してより精密な温度の管理が可能である．また，フレームの場合のように，熱の対流による光路長の変化がおきない．

試料は，マイクロピペットを用いて，黒鉛管の上側に開いた窓から注入される．黒鉛管は，通常，長さ5cm，直径約1cmである．黒鉛管は，洗浄と取替えのために，簡単に交換できるように設計されている．発熱素子としての電気的な接触は，管の両端でなされている．また黒鉛管は通常金属製の水冷されたジャケットで覆われている．外側の希ガス流(通常はアルゴン)は大気からの酸素の進入を防ぎ，結果として管の消耗を防ぐ．希ガスは，また，黒鉛管の両端から管に流入し，試料注入口を通って出てゆく．このガスは，酸素を除くと同時に，初期の加熱段階で発生する蒸気を追い出す効果もある．通常，最初に溶媒を蒸発させるためにゆっくりと温度を上昇させる．試料が完全に乾燥したのちは，目的物質を蒸発させるために温度を急速に上昇させる．中空陰極ランプからの入射光は，黒鉛管の一端から入り，蒸発した試料部分を通過する．その蒸発した試料は，通常，約1sあるいはそれよりも長く，その光路中にとどまる．この試料の比較的長い滞在時間は，フレーム原子吸光分析法に比べて，本法が高感度である理由の一つである．さらに，透過光は黒鉛管のもう一方の端から取出され，その強度が測定される．

試料の温度は急速に上昇するので，試料はある時間内で蒸発する．この場合，黒鉛炉原子吸光分析法の信号は最大値に到達し，その後再びベースラインの値に戻る．

元素間の相互作用によって生じる干渉は，残念ながらフレーム法に比べると，本法のほうがはるかに顕著に現れる．バックグラウンド吸収も，本法においてより顕著に現れる．これは，多量の有機物や無機塩を含む，たとえば，生物由来の試料や環境試料などで，特に問題となる．標準添加法は，通常，こうした問題を解決するのに役立つので，標準的分析操作として取入れるべきである．

黒鉛管(図7.6(a))は，しばしばL'vovのプラットホームと一緒に用いられる．プラットホームも黒鉛製で黒鉛管の試料注入口の真下に置かれる(図7.6(b))．この方法においては，試料はL'vovのプラットホーム上に注入され，黒鉛管の内壁面には接触しない．試料は，最初ゆっくり加熱され，通常の方法と同じように溶媒が除かれる．試料の原子化のために加熱すると，プラットホームのある管内の気体の温度は，黒鉛管の壁面よりもゆっくり上昇するが，プラットホームの温度もゆっくり上昇するので，試料の原子化が起こるときには管内の気体の温度は十分に高温に到達している．このことにより，より再現性のよい結果が得られる．

黒鉛炉やL'vovのプラットホームを製作するのに用いられる黒鉛は多孔性であるが，試料が黒鉛のその孔に吸収されてしまうので，測定感度を低下させてしまう．この問題は，パイロ化した黒鉛の薄層で黒鉛表面全体を被覆して黒鉛表面の孔をふさいでしまうこと

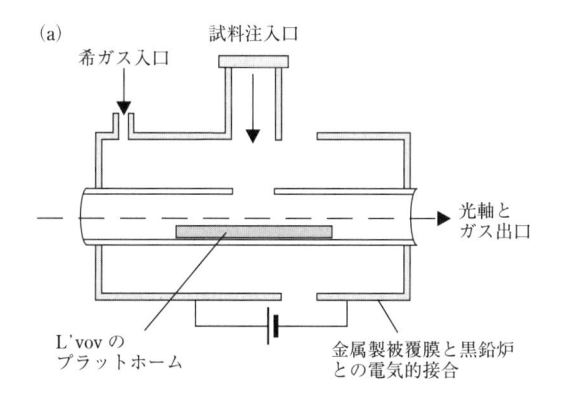

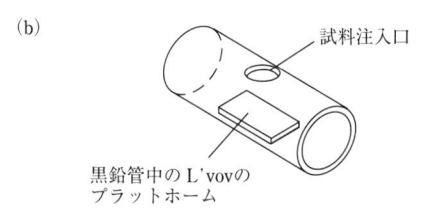

図 7.6 黒鉛炉(a)と L'vov のプラットホーム(b)

によりほとんど解決できる．パイロ化黒鉛は，メタンのような炭化水素ガスと不活性ガスの混合ガスを高温で黒鉛管に通すことで黒鉛管表面に堆積する．このような方法で被覆すると，一層ずつ堆積し，きわめて均質で不透過な被覆膜をつくることができる．装置によっては，黒鉛炉の被覆膜が，黒鉛管の寿命の範囲内では再生していくように設計されたものもある．

7.6.1 黒鉛炉原子吸光分析法の応用

黒鉛炉原子吸光分析法は，フレーム原子吸光分析法に比べても，簡便で，安全であり，また本来的に，より高感度であるため，急速に普及している．その検出限界は，しばしば ppb(10億分の1)のレベルか，場合によってはさらに低く，実際，最も高感度な分析法の一つである．さらに，黒鉛炉法は，試料量が $10 \mu L$ あるいはそれ以下で測定が可能であるため，ミクロ分析のための強力な手段になっている．

黒鉛炉原子吸光分析法は，液体から固体まで，もしも適当な前処理がなされるなら，場合によっては気体試料まで，さまざまな形態の試料の分析に利用できる．たとえば，環境中の大気試料，水試料あるいは土壌試料中の水銀を，過マンガン酸カリウム溶液に水銀を捕集したのち，分析することができる．過マンガン酸イオンは，有機水銀化合物も金属水銀も酸化して水銀(II)イオンの水溶液のかたちに変えてしまう．余分な過マンガン酸イオンは，ヒドロキシルアミンにより除き，塩化スズ(II)のような還元剤を加えて水銀(II)イオンを金属水銀に戻す．液体の金属水銀は，十分に高い蒸気圧をもっているので，試料の入った三角フラスコに N_2 ガスのような不活性ガスを吹き込んで泡立てると，水銀蒸気は，気体用試料管に送り込まれ，さらに，黒鉛炉の試料注入口から管内に導入される．

7.7 原子発光分析法の概要

原子発光分析法(atomic emission spectroscopy)にはいろいろな方法があるが，そのすべての方法は，原子の励起状態からの電子の緩和過程における光の放出(発光)に基づいている．試料の励起手段にはさまざまな方法があり，それにより，それぞれ異なる名前の分光分析法として知られている．最も一般的な原子発光分析法には，アーク発光，スパーク発光，フレーム発光，プラズマ発光などがある．

7.8 アーク発光分析法とスパーク発光分析法

アークやスパークを用いる原子発光分析法は，しばしば単に"発光分析法"とよばれることがあり，他の原子発光分析法と混乱しないよう注意が必要である．

アークやスパーク発光分析法は，固体，液体あるいは気体試料中の無機成分の定量に用いられる．アークやスパーク発光分析法の概念図を図7.7に示す．通常，固体試料を粉末にして中空の指ぬきのような形状の電極中に詰める(図7.7(a))．そして，この電極と対電極(図7.7(b))の間に高電圧を印加してアーク放電やスパーク放電を起こさせる．

その電極は，分析を妨害しない物質でつくる必要がある．炭素は，よい伝導体で，熱的に安定であり，また容易に適当な形状に加工できるので，よく用いられる．銀や銅電極も，これらの金属が測定を妨害しないときには，しばしば用いられる．多孔性の黒鉛電極も，溶液試料を染み込ませて試料の扱いと分析を容易にするために用いられる．しかし，溶液試料を支持電極上に載せて，溶媒を蒸発させてしまう方法も用いられる．対極には，先のとがった円錐状の電極が用いられるが，このかたちは，一般に，最も安定で再現性のよいアークやスパークを生成させる．装置によっては，全く同じ二つの試料支持用電極を用いて，その間

7. 原子スペクトル分析法

でアークやスパークを起こさせることもある．試料支持用電極を一つしか使わない場合には，その電極は，通常，陽極として用いられる．

金属試料を分析する場合，さまざまな形状の試料を支持しさらに電気的な接触を保つことができるように設計され，金属試料自体を電極の一つとして直接用いることのできる装置もある．一方，金属試料を機械加工により，通常の電極の形状に成形したほうがよい場合もある．粉末状の固体試料を分析する場合には，炭素の粉や銅粉と混ぜて高圧をかけて圧縮し，扱いやすいように"炭団"すなわちペレットにすることもある．スパークやアークの熱により試料を蒸発させる．その熱により励起された原子は，すばやく緩和し，そのときに発光する．励起状態の電子は，最終的に基底状態に戻る前に，さまざまな励起準位を経由するので，それぞれの元素は数多くの異なった波長の発光線を与える．

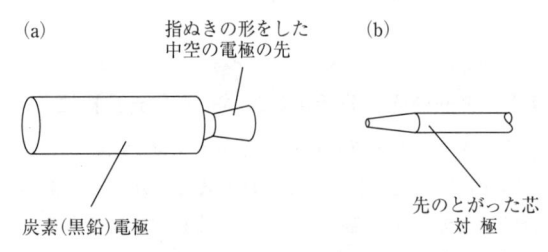

図 7.7 指ぬきの形をした中空の電極と高電圧放電

7.8.1 スパークソース

パルス状に印加されるDC電圧によって誘起される断続的なスパークは最も再現性が高く信頼しうる原子発光スペクトルを与える．このスパークの周波数は一般的には180～220 Hzである．一つのスペクトルを得るためには，通常20 s間程度，この断続的なスパークを維持する必要がある．スパークが断続的に生成するために，一定時間内に流れる<u>正味の電流</u>はアーク放電に比べるときわめて少ないが，瞬間的には1000 Aかそれ以上の電流が流れている．また，スパークを用いた場合の全体の温度はアーク放電の場合よりもかなり低い．しかし，電荷は，スパークの中心部の<u>ストリーマー</u>(streamer)とよばれる非常に狭い通り道を運ばれ，その部分の温度は，40 000～45 000 Kに達する．試料が原子発光を与えるのはこの部分で，その高温のために，スパークソースからの原子発光は，アークよりも強い傾向にある．

7.8.2 スパークソースとレーザーマイクロプローブ原子発光分析法

<u>マイクロプローブ原子発光分析法</u>のために，レーザーとスパークソースは一緒に用いられることがある．すなわち，パルスレーザー(たとえばルビーレーザー)を用いて，$5×10^{-3}$ mm^{2}程度かさらに小さな面積の試料表面のスポットから，物質を断続的に蒸発させ，その蒸気を1対の黒鉛電極の間隙に導入する．そして，そのレーザーパルスと同期したスパークにより，原子発光を発生させる．

7.8.3 アークソース

アーク放電は，通常，スパークによって開始させるか，あるいは二つの電極をほとんど接触するほど近づけて，その後，適当な間隙となるまでひき離すことによって開始させる．二つの電極間に流れる電流は，1～40 Aあるいはそれ以上まで変化し，また，20～300 Vあるいはそれ以上の範囲で印加されるDCあるいはAC電圧によって変化する．アークは，一つのスペクトルを測定するのに必要な時間である約20 s間程度維持されることが多い．

電荷は，プラズマ中の電子やイオンによって，アーク放電を通って運ばれる．イオンは，電流が流れる結果として生じる熱によって生成する．ひとたびアークが電極間に生成すれば，その後は自然に継続し，放電しつづける．アーク放電により生じるプラズマの温度は，通常4000～5000 Kであり，この熱で試料支持電極から試料が蒸発し，プラズマに導入される．大気からの-CNを含む分子からの発光が測定を妨害するので，CO_2，He，Arのガスを連続的に電極間の空間に流し，妨害分子を除去することが行われる．

原子スペクトルの強度は，いつでもアーク中の目的物質の濃度に依存することは明らかである．しかしながら，異なる試料は，異なる速度で原子化するので原子スペクトルの強度は時間の関数であることもまた重要である．ある場合は，発光強度はしだいに増加して最大になったあと，時間とともにゆっくり減少していく．一方，他の場合には，もっと短い時間内に，簡単にスペクトルが観測される．

アーク発光分析法は，たとえばICPやフレーム発光分析法に比べて測定精度は劣っているが，感度レベルは勝っており，微量元素の測定の場合には，それが利点となる．さらに，化学的な干渉はアーク内の温度

が高いため，あまり問題にはならない．

7.8.4 原子発光分析装置

原子発光は，回折格子あるいはプリズムにより，それぞれの波長に分けられる．スペクトルは，写真乾板，あるいは，より一般的には，電気的な方法によって記録される．スペクトルを電気的に記録すると，スペクトル線の強度が定量的に測定できるので，定量分析に適している．しかし，目的が2,3の元素の同定，すなわち定性分析である場合には，写真乾板でスペクトルを記録する方法がより簡単である．カメラは段階的に上げたり下げたりできるようになっていて，複数のスペクトルを逐次的に上下並べて測定することができる．これは，たとえば，認証標準物質と分析試料を分析のために比較する場合などに便利である．

スパーク発光分析装置の概念図を図7.8に示す．スペクトルは一連の線スペクトルからなっていて，それぞれの線スペクトルは，固有の電子遷移に対応している．実際の試料は，もちろんそれぞれ原子発光を与える複数の元素を含んでいる．したがって，スペクトルはそれぞれの元素のスペクトルが重なったものになる．そのため，特定の元素が試料中に含まれていると結論するためには，分析試料と認証標準物質の間で複数の発光線が一致するのを確認する必要がある．NiとCdを含む試料の発光スペクトルの例を図7.9に示す．放電発光分析法において，スペクトル線強度は分析試料中に含まれる個々の元素の濃度を反映するが，本法で定量分析を行うのはしばしば困難が伴う．さらに，これらの発光線強度は，たとえば，写真乾板の感度やさまざまな実験環境の影響を受ける．こうした問題にもかかわらず，放電発光分析法は，さまざまな応用課題で日常的に定量分析に応用されている．

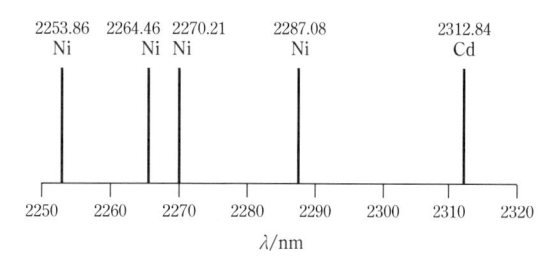

図 7.9 NiとCdを含む試料のスパーク発光スペクトル

7.8.5 アーク発光分析法とスパーク発光分析法の定量分析への応用と標準の利用

最適な条件では，アーク法もスパーク法もppb（10億分の1）レベルの感度をもつ．本法で定量分析を行う場合の最大の課題は（a）分析感度に影響を与える要因がたくさんあり，それらの問題を克服すること，（b）化学干渉によって生じる測定誤差を補正すること，の2点である．本法で，定量分析を行うときには，本質的に，内標準法，認証標準物質，さらにできれば標準添加法を利用することが必要である．

内標準法については第2章ですでに述べたが，方法の感度が変化しやすいときに，試料に目的物質以外の物質を加えて，それを感度の補正に用いる方法である．アークやスパーク発光分析法においては，できるだけ分析元素とその化学的性質が似ている元素を加える．理想的には，内標準元素は，温度変化の影響が分析元素と内標準元素でできるだけ同じになるように，分析元素とできるだけ近いイオン化エネルギーと励起準位をもっていることが望まれる．もしもこのような条件が満たされれば，測定条件が大きく変化しない限りは，両元素の発光線の強度比は一定となる．しかし，たとえば多元素分析のために1種類の内標準元素を用いる場合などでは，必ずしも理想的な条件は満たせないので，現実的には妥協することになる．

分析を行うためには，常に校正を行わなければならない．最も簡単な方法は，一連の標準試料を準備して検量線を作成することである．ここで重要なのは，標準試料は，物理的な性質も，また化学的な組成も分析試料とできるだけ似ていることである（もちろん分析元素に関しては検量線を作製するために，数段階の濃度を含んだものを用意する必要がある）．

アークやスパーク発光分析法においては，認証標準物質（CRM，第2章参照）で方法を評価することは大変重要である．既知の濃度の目的物質を含んだ試料

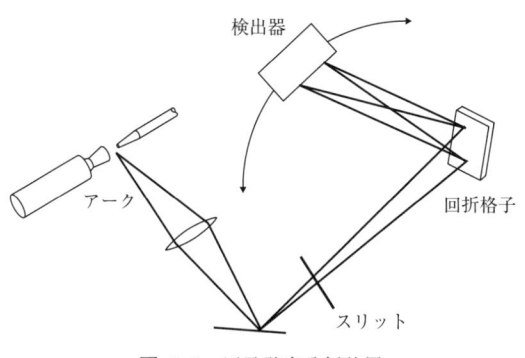

図 7.8 原子発光分析装置

は，NAMASやLGC（第2章参照）などの組織から入手できる．通常，その認証標準物質中の目的物質を検量線法で定量し方法を評価する．評価法としてさらに推奨できる方法として，認証標準物質中の目的物質の濃度の値を知る前に，その分析を行い，その後，得られた分析値と認証値と比較するという方法がある．このような取組みを分析値の信頼性保証の一環として取入れていくことが望まれる（第2章参照）．

7.9 フレーム発光分析法（炎光光度法）

フレーム発光分析法（flame emission spectrometry）は，**炎光光度法**（flame photometry）として知られている．本法により多くの金属元素の定量が可能であるが，特に，臨床検査室において血液中の電解質としてのカリウムやナトリウムの定量に広く用いられている．

分析試料としては，通常，溶液が用いられる．試料溶液は，ペリスタポンプで連続的に噴霧器に送られ，微細な霧としてフレーム中に導入される．試料はフレーム中で原子化され，さらに励起される．そして緩和過程における電子遷移に基づき，試料中の構成元素に特有の波長の発光を与える．比較的低温のフレームであるメタン-空気，あるいは天然ガス-空気フレームが通常用いられる．これらのフレームは，ナトリウムやカリウムを定量するのには十分な温度である一方，他の元素の干渉を最小限とすることができる．典型的なカリウムの原子スペクトルの例を図7.10に示す．

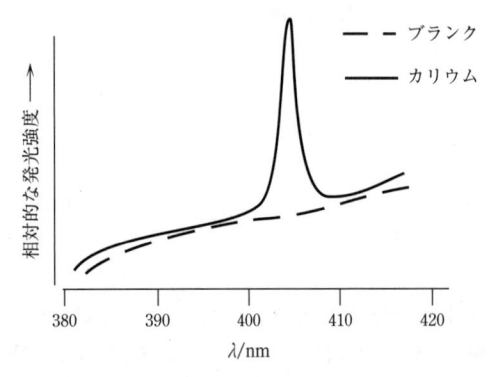

図7.10 空気-メタンフレームにおけるカリウム原子発光スペクトル

装置には，一般に，いくつかの元素の定性分析が同時にできるように，完全なスペクトルを一度に測定してしまう方式と，個々の元素の定量分析を行うための方式の2種類がある．一つの装置で両方の方式が可能なものもある．

スペクトル全体を測定する場合には，個々の元素は，その発光スペクトル中の λ_{max} から同定できる．また，個々の元素の定量を行うときは，その元素の一つの発光線の λ_{max} の周辺，幅0.05 nm程度の狭い波長領域における発光強度を測定する．

発光スペクトルは，フレームからの光を，まず干渉フィルターを通し，フレームの燃料ガスの燃焼によって生じる化学種からの発光を除いたのち，プリズムや回折格子でさらに分光し光電子増倍管で検出する．違った波長が観測できるようにプリズムや回折格子は回転できるようになっている．このようにして全体のスペクトルが観測できる．

ナトリウムやカリウムなどの個々の元素の定量用に設計されている装置では，測定元素の発光線の一つの波長用に設計されたバンド幅がきわめて狭い干渉フィルター（0.05 nmあるいはそれ以下）で，目的の発光のみを取出す．装置によっては，2組あるいはそれ以上の完全な測定システムを備えていて，一つの試料中の複数の元素を同時に定量できるように設計されているものもある．こうした装置では，フレームからの発光は，まず複数の別々のビームに分かれ（それぞれの元素について一つのビーム），それぞれのビームは異なる干渉フィルターを通過し，さらに別々の光電子増倍管で検出される．別の装置には，光電子増倍管は一つだが，違う元素が測定できるように複数の干渉フィルターを備えているものもある．しかし，この種の装置では，一度に1元素しか分析できない．

例題 7.1 標準添加法を用いて，フレーム発光分析法により血清中のカリウムを定量したい．1 cm³の血清試料を二つとり，それぞれ10 cm³の蒸留水で希釈し，これらを試料Aと試料Bとした．試料Aに，0.05 mol dm⁻³ KCl溶液 10 mm³を加えた．試料Aと試料Bの発光強度は，それぞれ144.0と78.9（任意単位）であった．血清中のK⁺濃度を計算せよ．

[解法]
1) 試料に加えたKClの物質量を計算する．
2) 添加したKClによる信号強度を計算する．
3) 血清試料中のK⁺の物質量を計算する．
4) 血清中のK⁺濃度を計算する．

ステップ1 試料に加えた KCl の物質量を計算.
加えた KCl の物質量 = $10 \times 10^{-6} \times 0.05$ mol(KCl)
$\qquad\qquad\qquad = 5 \times 10^{-7}$ mol(KCl)

ステップ2 添加した KCl による信号強度を計算.
添加した KCl による信号強度
$= 144.0 - 78.9$（任意単位）
$= 65.1$（任意単位）

ステップ3 血清試料中の K^+ の物質量を計算.
血清試料中の K^+ の物質量は
$5 \times 10^{-7} \times \dfrac{78.9}{65.1}$ mol(K^+) $= 6 \times 10^{-7}$ mol(K^+)

ステップ4 血清中の K^+ 濃度を計算.
もとの血清試料の体積は 1 cm³ であるので
$[K^+] = \dfrac{6 \times 10^{-7}}{1} \times 1000$ mol dm⁻³
$\qquad = 6 \times 10^{-4}$ mol dm⁻³
$\qquad = 0.6$ mmol dm⁻³

7.9.1 フレーム発光分析法における干渉と校正

フレーム発光分析法における干渉は，一般的にはフレーム原子吸光分析法と同様である．フレームによる発光強度のふらつきにより問題が生じる．したがって，一定の間隔で何度も標準試料を測定して装置を校正したり，標準添加法（第2章）を適用したりする必要がある．フレーム発光のふらつきは，2種の元素に対して，同じ割合で影響を与える．したがって，試料の中に含まれないことがわかっている元素を添加して，これを**内標準**として用いることにより，このふらつきの影響を補正できる．リチウムは，血液や血清中のカリウムやナトリウムの定量の際の内標準として広く用いられている．

7.10 プラズマ発光分析法

プラズマ発光分析法 (plasma emission spectrometry) は，原子発光の励起源としてプラズマを用いる方法である．プラズマは，多くの陽イオンと電子を含む電気的な伝導体である気体である．プラズマは，おもに，以下のような方法で生成される．すなわち，(a) マイクロ波の発生装置の利用，(b) 電極間の DC 電流の利用，(c) 高出力の高周波電磁場により誘起される電流を利用，である．DC プラズマのうち代表的なものは，**プラズマジェット** (plasma jet) とよばれる装置であり，一方，高周波コイルにより生成するプラズマは**誘導結合プラズマ** (inductively coupled plasma, ICP) として知られている．本節では，DC プラズマと ICP を学ぶ．なぜなら，これら二つが最も広く用いられているプラズマ発光分析法であるからである．マイクロ波誘導プラズマ発光分析法は，それほど広く用いられていないので，ここでは扱わないが，興味のある読者は他書を参照してほしい．

7.10.1 誘導結合プラズマ発光分析法

誘導結合プラズマ発光分析法 (inductively coupled plasma atomic emission spectrometry) は，現在，最も広く用いられているプラズマ発光分析法である．ICP はトーチとよばれる装置の中で形成される．その概念図を図 7.11 に示す．トーチは石英ガラス製の三重管であり，ICP の発生装置のおもな構成要素は，(i) トーチの中心にある先が噴出口になった先のとがった石英ガラス管で，そこを通ってアルゴン流にのって蒸発してきた試料や噴霧器で霧となった試料が ICP に導入される，(ii) 中心の石英ガラス管の外側にある同心円の石英ガラス製二重管で，管の間をアルゴン流が渦巻状に上方へと流れる（中心のガラス管と中側のガラス管の間にも少量のアルゴンを流す），(iii) トーチの一番外側の石英ガラス管を囲んでいる高周波誘導コイル．トーチの一番外側の石英ガラス管は，中の二重の石英ガラス管よりも上方に伸びた構造になっている．

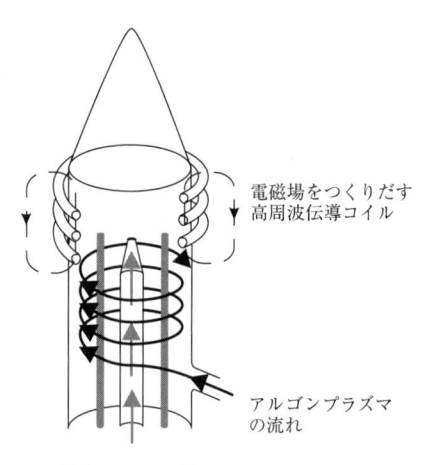

図 7.11 ICP トーチ

まず，テスラコイルでアルゴン流に小さなスパーク放電を起こす．この放電により，局部的にアルゴンのイオン化が起きる．トーチを囲んでいる銅製の誘導コイルにより，アルゴン流に高周波の電磁場が生じる．スパークによって生じたイオンと電子がこの電磁場により激しく運動を始める．その運動によって生じるジュール熱によりプラズマが維持される．プラズマの中心の温度は通常 10 000 K 程度である．外側を流れるアルゴンとトーチ中心の試験官を流れるアルゴンガスは混じりあってプラズマを維持する．一番外側のアルゴン流には，(a) プラズマの周辺を冷やす，(b) 外側の石英ガラス管の先とプラズマが接触して熱的なダメージを受けないようにアルゴンの流れる方向を決定する，というはたらきもある．アルゴンは通常は絶縁体であるが，アルゴンガスの中に発生する渦電流により加熱され，その結果電気伝導度が上昇する．5～80 MHz のラジオ波領域の高周波発生装置から，コイルを通して 1～2 kW のパワーがプラズマに送られる．イオン化したアルゴン流がひとたび生成すれば，誘導コイルから十分なエネルギーを吸収してプラズマを維持することができる．誘導コイルは，通常 27 MHz の周波数で 2 kW のパワーをプラズマに送ることができる．こうした石英ガラス管内の連続的なプラズマの熱は，原子発光の励起源としてはたらく．

プラズマは，先端が先のとがった尾のようになっており白く輝く核をもったフレームのような形状をしている．この核は，光学的に透明ではなく，試料の噴出口から数 mm 上のところまで広がっており，アルゴンイオンや他のイオンが電子と再結合するときに発する連続光により白く輝いている．その核の上方では連続光は減少する．この領域では，プラズマは光学的に透明になる．スペクトルの測定は，通常，コイルから 15～20 mm の高さで行われる．この領域ではアルゴンの発光線強度は減少し，分析目的には理想的である．

試料は，噴霧器により微細な霧として，あるいはさらに溶媒を蒸発させて微粒子として，アルゴン流にのって石英ガラス管から供給される．すなわち，分析試料は固体ではなく溶液を用いることができるのは，アークやスパーク発光分析法に比較したときの本法の明らかな利点である．

ICP からの発光は，プリズムや回折格子を用いて各元素からのそれぞれの発光線に分けられる．スペクトルの記録には，写真乾板も用いられるが，現在では個々の元素の定量に適したように，複数の分光フィルターと光電子増倍管を並べて測定する方式が一般に用いられる．

分析元素は，4000～8000 K の雰囲気の中で 2～3 ms 間熱せられて，プラズマの透明な部分（測定ポイント）に達する．これらの温度は，化学フレームでは最も高温の一酸化二窒素-アセチレンフレームよりもかなり高温である．これにより，試料の高い原子化効率が得られるとともに，酸化を押さえ，原子化した目的物質の損失を最小限にとどめる．プラズマの測定領域内の温度分布は一般にきわめて均一であり，これにより，原子化した目的物質からの安定な原子発光スペクトルが得られる．ICP は高温であるので，亜鉛，カドミウム，マンガン，カルシウムなどのように，励起に高エネルギーが必要な元素の定量にも適している．また，同時に，ホウ素，リン，ウラン，タングステンのように安定な酸化物をつくりやすい元素の定量にも適している．直線の検量線が容易に得られ，その濃度範囲は数桁にも及ぶ．検出限界は一般には ppm (100 万分の 1) のオーダーであるが，場合によっては ppb (10 億分の 1) あるいはそれ以下に及ぶこともある．それゆえ，ICP 発光分析法の感度は，一般にはフレーム発光分析法より勝っており，原子吸光分析法とほぼ同等であるといえる．

7.10.2 DC プラズマジェット発光分析法

DC プラズマジェットは，対になった電極間を，アルゴン流中を通って DC (直流) 電流が流れることにより生成される．三つの電極 (二つの陽極と一つの陰極) が通常 Y 字型に配置されている (図 7.12)．電流は陽極から陰極に流れる．陽極は中空の黒鉛棒で，その穴を通ってアルゴンが流れる．最初に陰極を十分陽極に近づけ，アーク放電を起こさせることにより，プラズマを発生させる．プラズマが安定に生成したときには 10～15 A の電流が流れる．また，プラズマの温度は，通常，5000～10 000 K の領域であり，ICP よりも温度が低い．噴霧器で霧とした試料を二つの陽極の間のプラズマの通り道に吹き付けると原子発光が起こる．

DC プラズマ発光分析法を用いる利点は，ICP 発光分析法に比べてアルゴンの消費が少ないことである．しかし，感度は，ICP 発光分析法に比べて 1 桁程度低い．DC プラズマ発光分析法で得られるスペクトルは，ICP に比べるとより簡単で，発光線の本数が少な

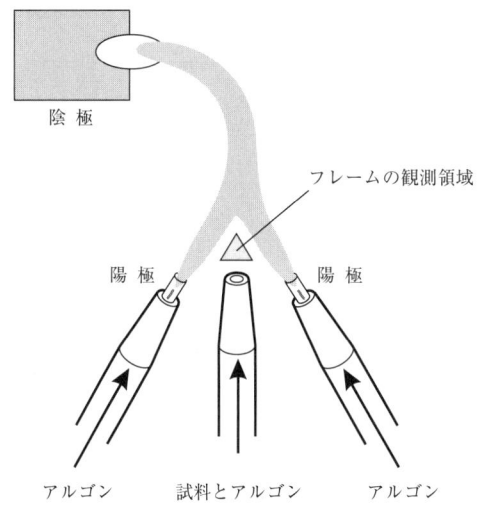

図 7.12 3本電極を用いる DC プラズマジェット

い傾向にある．これは，DC プラズマのスペクトルがおもに原子から生じイオンからのものは少ないことによる．上述のように，DC プラズマジェットの観測ポイントの温度は，ICP よりもかなり低いので試料のイオン化がより起こりにくいのである．DC プラズマ発光分析装置は，ICP を用いた装置に比べてかなり安価である．しかし，DC プラズマ発光分析装置にはいくつか欠点がある．たとえば，装置を数時間使用するごとに黒鉛電極を取替える必要がある．これは装置のランニングコストにかなり影響を与える．

7.11 ICP を用いる原子蛍光分析法

ICP 中で原子化した試料を中空陰極ランプで励起して得られる原子蛍光を測定する方法が知られている．この方法においては，中空陰極ランプの種類により，特定の元素のみが励起される．蛍光は，分光システムにより測定されるので（§7.5），異なる元素を測定するときは，単に，その元素の中空陰極ランプを用いればよい．装置によっては，光電子増倍管の前に，プラズマからのバックグラウンド光による干渉を減らすために光学フィルターを置いているものもあり，これは，実際の分析における装置の検出限界を下げるのに役立つ．

演習問題

7.1 原子吸光分析法と原子発光分析法の基本的な違いを説明しなさい．

7.2 原子吸光分析法において，なぜ中空陰極ランプが他の光源よりもよく使われるか，説明しなさい．

7.3 つぎの現象の意味を説明しなさい．
(i) ドップラー広がり　(ii) 圧力広がり

7.4 原子吸光分析法において，高温の一酸化二窒素-アセチレンフレームが場合により必要となる．その理由を説明しなさい．

7.5 ICP トーチを用いる方法の長所と短所を説明しなさい．

7.6 10 ppm のリチウム溶液は，光源光の 12% を吸収した．このときの原子吸光の感度(1% の光を吸収するリチウム溶液の濃度)を求めなさい．

7.7 原子発光スペクトルは，広がった帯状スペクトルではなく，断続的な線状のスペクトルからなる．この理由を説明しなさい．

7.8 飲料水が鉛で汚染されている可能性がある．その水試料を，直接，空気-アセチレンフレーム中に噴霧したところ，283.3 nm で吸光度 0.68 を与えた．鉛 0.5 ppm と 1.0 ppm の標準溶液は，それぞれ，吸光度 0.43 と 0.86 を与えた．ランベルト-ベールの法則が成り立つとして，水試料中の鉛の濃度を計算しなさい．

7.9 原子吸光分析法において，鋭い線状の発光線が光源として適している理由を説明しなさい．

7.10 フレーム発光分析法の原理を説明しなさい．

7.11 原子吸光分析法および原子発光分析法において，認証標準物質がしばしば用いられる理由を説明しなさい．

7.12 血清試料中のカリウムを，標準添加法を用いてフレーム発光分析法により定量する．1 cm^3 の同じ血清試料二つを，それぞれ 10 cm^3 の水に加え，試料 A, B とする．試料 A には，さらに 0.025 mol dm^{-3} KCl 溶液 20 μL を加える．これら二つの水溶液試料 A と B のカリウムの発光信号を測定したところ，それぞれ，88.5 と 58.9 (任意単位)であった．血清中の K$^+$ 濃度を計算しなさい．

7.13 海水のナトリウム(Na$^+$)量は，フレーム発光分析法で測定される．5 cm^3 の同じ海水試料二つを，それぞれ 10 cm^3 の水に加える．これらの試料のうちの一つは，発光強度が 3310 (任意単位)であった．もう一つの試料には，測定前に 0.1 mol dm^{-3} NaCl 溶液 50 μL を加え，その発光強度は 3550 であった．その海水試料中の Na$^+$ 濃度を計算しなさい．

ま と め

1. 原子スペクトル分析法は，価電子の遷移を利用している．

2. 原子スペクトル分析法は，大きく原子発光過程に基づく方法と，原子吸収過程に基づく方法の二つに分類される．

3. 原子発光分析法は，励起された電子が緩和過程により基底状態に戻るときの光子の放出を利用する．

4. 原子吸光分析法は，電子が励起される際に光子が捕獲されることに基づいている．

5. 原子スペクトルは，原子あるいは原子イオンそれぞれの電子軌道間の遷移に基づいている．

6. 原子スペクトルの線幅は，圧力や原子間の衝突などいくつかの現象によって広がる．

7. フレーム原子吸光分析法は，原子吸光分析法の中で最も広く用いられている．

8. 最も広く用いられているフレームは，空気-アセチレンフレームと，一酸化二窒素-アセチレンフレームである．

9. 特定の元素の中空陰極ランプは，その元素を励起するきわめて線幅の狭い単色の光を発する．

10. Delves のカップを利用すると，場合によっては，さらに低い検出限界を達成できる．

11. 黒鉛炉は電熱原子化法に用いられる．L'vov のプラットホームと一緒に用いられることもある．

12. 原子発光分析法には，アーク，スパーク，レーザーマイクロプローブ，フレーム，プラズマ発光分析法などがある．

13. プラズマは，(a) マイクロ波を利用する，(b) 電極間に流れる DC 電流を利用する，(c) 高出力高周波電磁場によって電流の流れを誘導する，などによって生成する．

14. DC プラズマでは，プラズマジェットとよばれる装置がよく知られている．高周波コイル中に発生するプラズマは，誘導結合プラズマ，ICP として知られている．

15. 光源に中空陰極ランプを用い，さらに ICP を原子化源とすることにより，原子蛍光分析が可能である．

さらに学習したい人のために

Broekaert, J. A. C. (2001). *Analytic atomic spectroscopy with flames and plasmas*. Wiley-VCH.

Cullen, M. (2003). *Atomic spectroscopy in elemental analysis*. Sheffield Analytical Chemistry. Blackwell Publishing.

Golightly, D. W. (1992). *Inductively induced coupled plasmas in analytic atomic spectra*. Wiley.

Hollas, J. M. (2002). *Basic atomic and molecular spectroscopy*. Tutorial Chemistry Texts, Royal Society of Chemistry.

Schlemmer, G. and Radzuik, B. (1999). *Analytical graphite furnace atomic absorption spectrometry : a laboratory guide*. Birkhauser Boston.

Softley, T. P. (1994). *Atomic spectra*. Oxford Chemistry Primers, Oxford University Press.

8 抽出分離法とクロマトグラフィー

この章で学ぶこと

- 目的物質が異なる相の間でどのように分離されるかを，分配係数を使って計算する方法
- 溶媒抽出の方法
- 固相抽出の意味とその使い方
- 固定相と移動相の役割を含むクロマトグラフィーの原理および R_f 値の計算
- 保持係数と分離係数のもつ意味と計算におけるこれらの使い方
- クロマトグラフィーにおけるバンドの広がりをひき起こす要因
- ペーパークロマトグラフィーと薄層クロマトグラフィーによる簡単な混合物の分離
- ガスクロマトグラフィー(GC)と液体クロマトグラフィー(LC)の両方に共通する基本原理
- GC および LC 分離に用いられるインジェクター(試料注入装置)の動作と使用法
- GC および LC に用いる種々のカラムの選択とその使用に影響を与える要因
- LC 分析に用いられるフォトダイオード，蛍光，電気化学(電流および伝導度測定)，赤外，示差屈折率，蒸発光散乱，および質量分析装置の動作原理と適切な使用法
- シリカ(およびその誘導体)，スチレン-ジビニルベンゼン，アルミナ，多孔質ガラス，ヒドロキシアパタイト，およびアガロースを充填したカラムのはたらきと適切な利用法
- キャピラリーゾーン電気泳動の原理と用いられる装置

8.1 混合物と分離法の必要性

試料は種々の成分の複雑な混合物であることが多い．たとえば，液状の食物試料，環境河川水試料，そして臨床血液試料などは，溶質，ミセル，コロイド状物質，および懸濁粒子状物質さえも含んでいる．多くの分析技術は本来選択性をもつように設計されているが，多くの"実"試料は途方にくれるほど複雑な成分のカクテルであり，所定の分析操作の一部として分離を行わなくてはならないことがしばしばである．このため，**分離科学**(separatory science)は分析化学の主要な土台を形づくっている．

ある場合には，たとえばある種のクロマトグラフィーまたは溶媒抽出操作によって，妨害成分を検出系から排除する必要があるだろう．また他の場合には，混合物から溶媒を一部あるいは全部除いて，目的物質を濃縮したいこともある．その例としては，沈殿反応(たとえば重量分析で用いられるようなもの)や溶媒の蒸発があげられる．これらの場合，相変化が成分の分離に用いられている．それぞれの成分の溶解度は溶媒によって，また境界をはさむ相の間で異なっているからである．たとえば塩化ナトリウムは水に可溶であるが，気体である空気には溶けない．もし水を蒸発させれば塩の濃度は増加し，ついには沈殿が生成する．また，四塩化炭素と水のように互いに混じりあわない二つの液体を振とうすると，たとえばカルボン酸の溶解度などは二つの相の間で異なる．このように，**溶媒抽出**(solvent extraction)を用いて分離を行うことができる．この方法を次節で考察してみよう．

8.2 溶媒抽出

溶媒抽出は，通常二つの互いに混じりあわない溶媒を混合することによって行われるので，**液液抽出**(liquid-liquid extraction)ともよばれる．有機化学者は新規に合成した分子化合物を分離するのに液液抽出をよく使用するのに対して，分析化学者は分析を簡単にするため複雑な混合物から目的物質を抽出するのに用いる．最も一般的な方法は，目的の化学種を水溶液系から有機溶媒に抽出するものである．通常，分子サイズが大きく，非イオン性で非極性の溶質は，水のような極性溶媒よりも有機溶媒によく溶ける．

一般に，この方法を使って，共有結合性の分子種，無電荷の金属キレート，およびイオン会合錯体を抽出して濃縮することが可能である．分離と選択性は，通常，pH などの多くの要因の影響を受けうる，互いに動的平衡にある多くの過程によって支配される．抽出率は，あらかじめ決められた条件下における二つの溶媒への抽出物の相対溶解度によって最終的に決まる．

分配係数(partition coefficient, K_D)は，計算上平衡状態における2相中の溶質濃度の比に等しく(式(8.1))，これによってどれだけの量の溶質が抽出されるかを予測することができる．K_D は二つの濃度の比であり，したがって分子と分母の単位は互いに消去しあうので，単位のないパラメーターであることに注意しなくてはならない．

$$K_D = \frac{[S]_{org}}{[S]_{aq}} \tag{8.1}$$

ここで $[S]_{org}$ と $[S]_{aq}$ はそれぞれ有機相と水相中の溶質 S の濃度である．

この型の液液抽出は分液ロート内で二つの互いに混じりあわない液体を所定の時間激しく振り混ぜ，ついで2相を分離させることによって行われる(図8.1)．その後，下層はロートの下部にあるコックから排出させることができる．溶質は常に2相間に分配し，その濃度比は分配係数から予測されるように一定である*．

このことから，もし水相から溶質を抽出するのに 100 cm³ の有機相があるなら，一度に 100 cm³ をすべて使うよりも，25 cm³ ずつ4回で水相から抽出する方がより抽出率が大きくなることがわかる．この点については例題 8.1 で説明する．

例題 8.1 ヘキサンと水の間でのある有機塩の分配係数 K_D は 90 である．この塩 0.1 mol を 100 cm³ の水に溶解した．水相から塩を抽出するのに，つぎの抽出を行うと水相には何モルの塩が残るかを求めなさい．
(a) 100 cm³ のヘキサンを用いる．
(b) 25 cm³ のヘキサンを連続して4回用いる．

[解 法]

1) 100 cm³ のヘキサンを用いて水相から抽出したとき，水相中に残っている有機塩の物質量を，分配係数 K_D を使って計算する．

2) 再び分配係数 K_D を使って，4×25 cm³ のヘキサンを用いて抽出したとき，水相中に残っている有機塩の物質量を計算する．

ステップ1

$$K_D = \frac{[\text{salt}]_{org}}{[\text{salt}]_{aq}} = 90$$

この式から

抽出後の水相中に残る溶質の物質量
$$= \frac{\text{水相の体積} \times \text{溶質の全物質量}}{(\text{有機相の体積} \times K_D) + \text{水相の体積}}$$

と導けるので，水相中の塩の物質量は

$$\left(\frac{100}{(100 \times 90) + 100}\right) \times 0.1 = 1.1 \times 10^{-3} \text{ mol}$$

したがって，100 cm³ のヘキサンを用いて抽出を行った後の水相には 1.1×10^{-3} mol の塩が残る．

ステップ2

4×25 cm³ のヘキサンを用いたときの物質量の計算は，同様の方法で行うことができる．したがって，

水相中に残る溶質の物質量
$$= \left(\frac{100}{(25 \times 90) + 100}\right)^4 \times 0.1 = 3.3 \times 10^{-7} \text{ mol}$$

したがって，4×25 cm³ のヘキサンで抽出を行った後の水相には 3.3×10^{-7} mol の塩が残る．

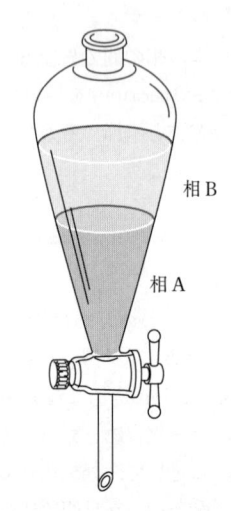

図 8.1 互いに混じりあわない二つの相の間での液液抽出

相 B
相 A

---

* 訳注：溶質濃度の比で定義される分配係数(式(8.1))は，温度はもとより，厳密には濃度にも依存して変化する場合がある．温度だけに依存する熱力学的分配係数は両相における溶質の活量の比として定義される．

8.3 固相抽出

固相抽出(solid-phase extraction)は，多量の有機溶媒を使用することが問題であったり，費用がかさんだりするとき，溶媒抽出の代わりに混合物を分離するのに利用することができる．固体分配相は，通常粉末状のシリカかあるいはポリマー粉末担体を，所定のカートリッジに充填したものである．ある場合には，図8.2に示したようなシリンジを使って加圧することにより，分離を速めることができる．目的物質は，ファンデルワールス力，静電的相互作用，あるいは水素結合などによって，またある場合にはサイズ排除や吸着型の相互作用により，固体担体に分配して液体混合物から分離すなわち抽出される．

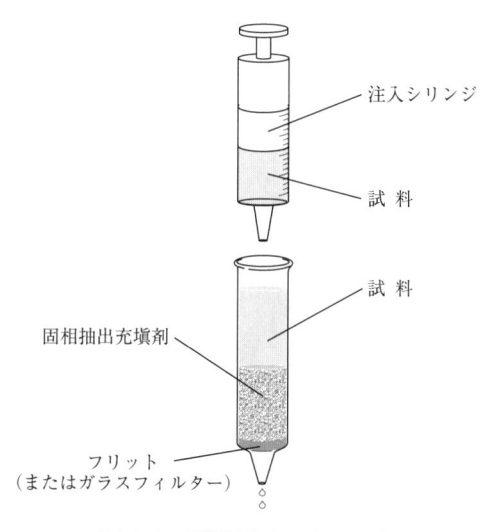

図 8.2 固相抽出カートリッジ

このほか，C_{18}基のような疎水性有機官能基を結合させた固体担体を使って，疎水性相互作用により有機物を水溶液試料から捕集する方法がある．カラムに試料を入れて，吸引するかあるいはプランジャー(ピストン)で加圧して流すと，微量の疎水性有機物がカラムに前濃縮される．溶質が固相抽出カートリッジ(あるいはクロマトグラフィーカラム)から離れるとき，溶質が**溶離される**という．溶質は固相抽出カートリッジから適当な溶媒によって溶離することができる．場合によっては溶媒を一部蒸発させて，分析を行う前に試料をさらに前濃縮することができる．

固相抽出担体としては，沪紙状の抽出ディスクの形をしたものが用いられることもある．これはブフナー型のロートに装着され，吸引して混合物の分離を行う．この膜として，C_{18}基などの官能基を結合したディスク状のシリカが作製されることがあるが，一般にもろくて壊れやすいので，機械的強度を高めるために周囲を高分子(たとえばPTFEなど)の支持体で補強することが多い(図8.3)．粉末状の表面化学修飾シリカを，一般に不活性な繊維状高分子支持体膜，たとえばPTFEなどでつくられたものに固定して，柔軟な抽出相がつくられている．これは，純粋なシリカのもろさや壊れやすさという欠点をもたない．

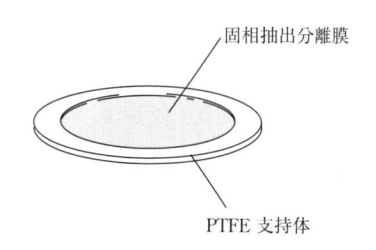

図 8.3 固相抽出分離膜

8.4 クロマトグラフィーの概要

クロマトグラフィー(chromatography)は多くの異なる分離技術について用いられる一般的な名前であり，1900年代初期にこの用語を初めてつくり出したロシアの植物学者Mikhail Tswettによるものである．Tswettは，キサントフィルやクロロフィルを含む多くの色素を，細かく粉砕した炭酸カルシウムを詰めたガラスカラムにその混合物溶液を通すことによって分離した．個々の色素はカラム内をそれぞれ異なる速さで移動し，最終的には色のついたバンドとして現れた．これが，ギリシャ語の色を意味する*chroma*と"描く"を意味する*graphein*からchromatographyという名前を生みだすことになった．

クロマトグラフィーはどのような様式のものであってもすべて，混合物が二つの相と相互作用し，そして一方の相に対して移動するというものである．この二つの相は，**固定相**(stationary phase)および**移動相**(mobile phase)とよばれる．試料成分は，二つの相の間でそれぞれの相に対する相対的な溶解度(または**親和性**(affinity))に従って分配する．

固定相と相互作用しない成分は，迅速に移動相中を通過する．反対に，固定相と強く相互作用する成分は非常にゆっくりと移動する．

成分は，移動相と固定相内で費やす時間で決まる速さで移動することになる．また，この時間は2相に対する個々の成分の分配係数に支配される．このようにして，異なる成分は固定相の間を通る互いの速さの違いによって分離できるのである．

8.5 溶離クロマトグラフィー──二液相を用いるクロマトグラフィー

溶離クロマトグラフィー(elution chromatography)は，いくつかの方法で実施することができる．すべての場合において固定相は，セルロースを基材とする濾紙，またはカラムに詰めたシリカのような固体の担体に吸着させて固定化した溶媒(たとえば水など)である．構成成分に**分離される**試料は，移動相として作用する少量の第二の溶媒に溶解する．

ついで試料溶液を固体の担体に固定化された固定相に添加する．移動相が固定相上を通ると，溶質がそれぞれに特有の分配係数に従って両相間に分配する．さらに移動相を加えていくと，固定相からそれぞれの成分が異なる速さで**溶離する**．この型のクロマトグラフィーは，液液抽出を連続して行っているものと考えることができる．最後にはすべての成分がカラムから溶離し，このようにして混合物が分離される．

8.6 クロマトグラフィー分離の理論

8.6.1 分配係数

すべてのクロマトグラフィー分離は，固定相と移動相の間の溶質の分配係数 K_D に支配されている．一つの溶質 S に対して一つの動的平衡が成り立ち，式(8.2)のように表される．

$$S_{mobile} \rightleftarrows S_{stationary} \quad (8.2)$$

また，分配係数 K_D は2相における溶質の濃度の比に等しい(式(8.3))．

$$K_D = \frac{[S]_{stat}}{[S]_{mob}} \quad (8.3)$$

ここで $[S]_{stat}$ と $[S]_{mob}$ はそれぞれ固定相と移動相における溶質の濃度である．

理論上は，K_D 値が溶質濃度の広い範囲にわたって一定であり，$[S]_{stat}$ と $[S]_{mob}$ の比は一定である．このような条件下で行われるクロマトグラフィーは，その保持挙動が直線的であると仮定でき，クロマトグラムから定性分析を行うことが可能になる．実際に，多くの一般的実験条件においては，K_D は一定とみなすことができる．ただし非常に溶質が高濃度である場合は，固定相が部分的あるいは完全に飽和してしまうことがある．

8.6.2 保持時間

クロマトグラフィーの多くはカラムを用いて行われる．分離する混合物はカラムの一端に導入され，それぞれ異なる時間で溶質が溶離する．図8.4は，異なる速さでカラム内を移動する二つの溶質 A と B について，この原理を示している．A が B よりも速く移動するとすれば，A は B が溶離する前にカラムの下端から捕集することができるので，二つの溶質を分離することができる．

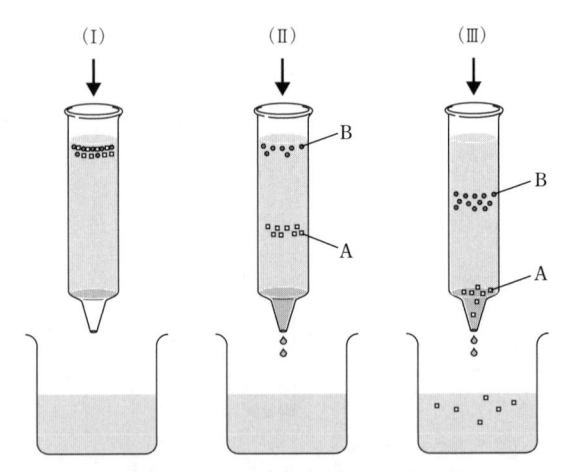

図 8.4 二つの溶質 A と B が分離する原理．(Ⅰ) A+B を含む混合物をクロマトグラフィーカラムの上端に注入する．(Ⅱ) A がカラム内を B よりも速く移動する．(Ⅲ) 溶質 B がカラムから溶離する前に A が捕集され，これにより分離が達成される

カラムから溶質が溶離するのに要する時間を**保持時間**(retention time, t_R)とよぶ．移動相中の溶質が固定相と全く相互作用しないならば，その溶質は移動相と同じ速さで移動する．このときの時間を t_{mob} と表記することにしよう．溶質がその時間の一部を移動相内で費やし，残りを固定相内で費やすとすれば，その移動速度は分配係数 K_D によって決まり，したがって異なる溶質はそれぞれのカラム内での分配係数に依存して異なる時間でカラムから溶離してくることになる．

移動相の平均移動速度 u は式(8.4)によって表すことができる．

$$u = \frac{L}{t_{\text{mob}}} \quad (8.4)$$

ここで L はカラムの長さである.

同様にして,すべてのクロマトグラフィーピークについて溶質の平均移動線速度 $\bar{v}$ を以下のように表すことができる(式(8.5)).

$$\bar{v} = \frac{L}{t_R} \quad (8.5)$$

溶質の移動速度を移動相の速度と移動相で溶質が費やす時間の割合で表すことによって,溶質の保持時間 t_R をその分配係数 K_D と関係づけることができる.

$$\bar{v} = u \times \text{移動相で費やす時間の割合} \quad (8.6)$$

しかし,固定相と移動相の体積を考慮に入れなくてはならない.これらはそれぞれ V_{stat} と V_{mob} と表記することにする.

以上より,特定のクロマトグラフィーピークについての溶質の移動速度を,以下のように表すことができる.

$$\bar{v} = u \times \frac{1}{1+\dfrac{K_D V_{\text{stat}}}{V_{\text{mob}}}} \quad (8.7)$$

8.6.3 保持係数

保持係数(retention factor)は,カラム内の溶質の移動速度を比較するのに用いられる.

溶質の保持係数 k は式(8.8)によって計算される.

$$k = \frac{t_R - t_{\text{mob}}}{t_{\text{mob}}} \quad (8.8)$$

k は1〜5の範囲にあることが望ましい.もし k が1よりずっと小さかったら,溶離があまりにも速く進行し,保持時間を正確に測定することが難しくなる.逆に保持係数が20よりはるかに大きければ,保持時間が非常に長くなる.

> **例題 8.2** あるクロマトグラフィーピークの保持時間 t_R が65 s で,t_{mob} が30 s であるとき,保持係数 k を計算しなさい.
>
> [**解法**] 式(8.8),すなわち $k=(t_R-t_{\text{mob}})/t_{\text{mob}}$ に従って k を計算する.
> $$k = \frac{65-30}{30} = 1.17$$

8.6.4 分離係数

二つの溶質についての**分離係数** α は,2相間での分配係数が大きいほう $(K_D)_l$ を分子に,小さいほう $(K_D)_s$ を分母にした比で定義される(式(8.9)).これは,大きい保持係数 k_l と小さい保持係数 k_s の比に等しい.

$$\alpha = \frac{(K_D)_l}{(K_D)_s} \quad (8.9)$$

このように表すと,α は常に1より大きな値になることを覚えておく必要がある.

式(8.8)と(8.9)から,二つの溶質についての分離係数 α は,つぎのようにクロマトグラムから容易に計算できることがわかる.

$$\alpha = \frac{(t_R)_l - t_{\text{mob}}}{(t_R)_s - t_{\text{mob}}} \quad (8.10)$$

> **例題 8.3** 二つのクロマトグラフィーピークの保持係数が2.4と3.8であるとき,分離係数を計算しなさい.
>
> [**解法**] $\alpha = k_l/k_s$ に従って α を計算する.
> $$\alpha = \frac{3.8}{2.4} = 1.58$$

8.6.5 クロマトグラフィーカラムの効率

クロマトグラフィーカラムの効率は**理論段数**(number of theoretical plates, N),または**段高さ**(plate height, H;**理論段相当高さ**(height equivalent to a theoretical plate), HETP ともよばれる)で表すことができる.理論段数と段高さは,式(8.11)の **van Deemter の式**で移動相の線速度と関係づけられる.この式は,クロマトグラフィーカラムの効率を定量的に示す式を理論的に導いた最初の科学者にちなんで名づけられている.

$$H = \frac{L}{N} = A + \frac{B}{\bar{\mu}} + C\bar{\mu} \quad (8.11)$$

ここで H は HETP,L はカラム長さ(通常 cm で表す),そして A, B, C は系によって決まる定数であり,$\bar{\mu}$ は移動相の線速度である.

三つの定数 A, B, C はクロマトグラフィー分離の効率に影響を与える種々のパラメーターに関連している.パラメーター A は本質的に,カラム内に不規則に充填されている粒子間に存在する拡散距離の変化に

よってひき起こされる渦流の効果を示すものであり、したがって移動相の速度には依存しない。B は移動相中での目的物質の縦拡散すなわち分子拡散に関連するものである。C は固定相と移動相との間の目的物質の物質移動速度を表す。

カラムの効率は、(a) 理論段数が増加するほど、また (b) 段高さが小さくなるほど良くなる。理論段数は数百から数万の範囲の値を取り、一方、段高さは数 mm から数 µm（1 mm の数百分の一）まで変化しうる。

クロマトグラフィーカラムの効率を示すのに、今ではほとんど使われることのないクロマトグラフィーの理論的モデルからの理論段数と段高さを用いているのは、歴史的な名残りである。"理論段" という用語が使われていることが、実際のカラムの構造やその機能を表していると考えてはならない。むしろ、その効率を表現する任意のパラメーターであると認識すべきである。

クロマトグラフィーピークは保持時間が大きくなるほど広がる。ピークの保持時間はカラム長さが増加するほど大きくなる。したがって、カラム長さが増加するほど、クロマトグラフィーピークは広がることになる。ピークはガウス分布曲線の形をとるので、プラスまたはマイナスの標準偏差 σ に相当する幅でその形状を表すことができる。したがってカラム効率を、式(8.12)のように分散 σ^2 で表すことができる。

$$H = \frac{\sigma^2}{L} \qquad (8.12)$$

L は cm の単位をもち、σ^2 は cm^2 の単位をもっているので、H も cm の単位をもっており、そして実際に目的物質全体の $\frac{\sigma}{2L}$ *1 を含むカラム長さに相当すると考えることができる。

理論段数もまた、つぎのように表すことができるので、クロマトグラムから直接求めることができる。

$$N = 16\left(\frac{t_R}{w}\right)^2 \qquad (8.13)$$

ここで t_R は保持時間、w はクロマトグラフィーピークのピーク幅*2 である。

すでに溶質の保持時間はカラム長さに依存することを示した。実際のところ、保持時間を直接クロマトグラムから測定し、これらを使ってカラム効率を表すほうが簡単である。

> **例題 8.4** あるクロマトグラフィーピークの保持時間が 52 s であった。このピークの幅はベースラインとピーク両側の接線との交点から 3.2 s と求められた。カラムの長さが 50 cm であるとして、HETP を 1 段あたりの cm で計算しなさい。

[解法] N を式 $N = 16(t_R/w)^2$ より計算し、ついで HETP を式 HETP $= L/N$ を使って計算する。

$$N = 16\left(\frac{t_R}{w}\right)^2 = 16\left(\frac{52}{3.2}\right)^2 = 16 \times (16.25)^2 = 4225$$

したがって

$$\text{HETP} = \frac{50}{4225} = 0.012 \text{ cm/段}$$

8.6.6 クロマトグラフィーピークの形状

二つの溶質 A と B の分離を図 8.5 に示す。クロマトグラフィーピークは一般にガウス分布の形をとることがわかる。これらのピークの形状は、溶液がカラムを通過するとき、溶質分子がランダムな運動をすることによるものである。

保持時間は、カラムから溶離する溶質分子数が最大となる時間に対応する。溶質分子の一部はこれより少し速く溶離し、一部は少し遅く溶離する。溶質分子

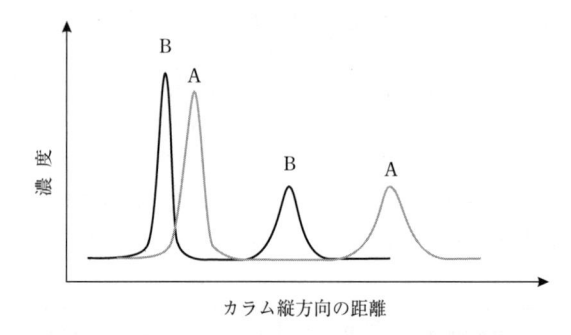

図 8.5 簡単なクロマトグラフィー分離

---

*1 訳注：溶質バンドが幅 2σ の矩形であると仮定すると、カラム内の段高さ H に相当する領域には溶質全体の $H/2\sigma$ が存在しうることになる。$H/2\sigma$ は、式(8.12)より

$$\frac{H}{2\sigma} = \frac{\sigma^2}{2\sigma L} = \frac{\sigma}{2L}$$

と置き換えることができる。

*2 訳注：ガウス分布で近似できるピークの両側の変曲点で接線を引き、この 2 本の直線とベースラインとの二つの交点の間の距離をいう。

は，カラムを通過する間に，移動相と固定相の間を何度も移動するが，一つの分子が一方の相で費やす時間の長さはランダムで，全く予測することができない．溶質は，それが移動相に存在しているときだけカラム内を移動することができる．したがって，もし溶質が固定相で費やす時間が長ければ，カラムをゆっくり移動することになる．逆に，溶質が移動相に滞在する時間の割合が大きければ，カラムを迅速に通過する．

一つの相からもう一方の相に溶質が移動するにはエネルギーを要するが，エネルギー移動が起こるどのような系でも，その過程は本質的にランダムである．2相間でのこのようなランダムな移動の結果，クロマトグラフィーピークの広がりが生じる．ピーク幅は溶質がカラムから溶離するのに要する平均時間，すなわち保持時間に依存する．このため，保持時間の長いクロマトグラフィーピークはその幅も広くなる．

> **例題 8.5** クロマトグラム上の溶質ピークの両側の変曲点間の距離が 5.2 mm であるとき，外挿により得られるピーク幅はいくらか．
>
> [解法] ピークの形状がガウス分布曲線であると仮定すると，二つの変曲点の間の距離は $1\sigma - (-1\sigma) = 2\sigma$ に等しい．同様に，ピーク幅は接線の外挿によって得られ，$2\sigma - (-2\sigma) = 4\sigma$ を与える．$2\sigma = 5.2$ mm であれば，$4\sigma = 2 \times 5.2 = 10.4$ mm となる．

8.6.7 バンドすなわちピークの広がり

クロマトグラフィーピークの広がりは，一般に**バンドの広がり**(band broadening)とよばれる現象である．バンドの広がりは多くの効果によってひき起こされる．バンドの広がりをもたらす主要な要因の一つは，カラム内の移動相の速度分布によるものである．内壁での流動（あるいは摩擦）抵抗効果によって，流れはカラムの中心で最も速くなり，この効果がカラム全体を通して続くため，クロマトグラフィーバンドはカラムが長いほど拡大し続けることになる．

第二の原因は，固定相上を通過する間に起こる移動相内での溶質の拡散である．すでに見てきたように，溶質の濃度は溶質バンドの両端よりも中心部のほうが大きいので，分子はバンドの両端に向かって拡散して濃度勾配を下げようとする．この過程はクロマトグラフィー分離が起こっている間ずっと続くので，クロマトグラフィーカラムが長ければ長いほど，そのバンドの広がりが大きくなる．

バンドの広がりをもたらす第三の効果は，溶質の渦流拡散(eddy diffusion)とよばれる．多くのカラムには，粒子状の充填剤が固定相として詰められている．ある溶質分子はカラム内をたまたま直線的に移動するのに対して，他の分子は回り道を通ってしまう．この動きは，ある溶質分子を他の分子よりもカラムから速く溶離させることになり，そのためクロマトグラフィーバンドが拡大する．

"停滞"移動相を含む微小領域がカラム内に存在すると，バンドの拡大をもたらすもう一つの原因になりうる．カラムに粒子状固定相が充填されているとき，粒子内には移動相が容易に通ることのできない細孔が存在するので，その中では移動相が"停滞する"可能性がある．このような場合，溶質分子はカラム内を流れに乗って運ばれることがなく，拡散によってこの停滞領域を離れるしかない．

8.7 ペーパークロマトグラフィー

多くの人が最初に学校で使うのは**ペーパークロマトグラフィー**(paper chromatography)である．ペーパークロマトグラフィーはおそらく利用できる最も簡単なクロマトグラフィーであるが，今もなお広く使用されている．

沪紙のセルロース繊維は直接固定相として機能したり，あるいは水のような液体固定相を吸着する担体となったりする（§8.5 参照）．まず細い線を沪紙の下端から 2 cm 程度のところに鉛筆で描き，R_f 値を計算するためのスタート基準線とする．［注意：インクはそれ自身溶解性の色素を含んでいるので，クロマトグラフィーを行うと分離する．このため鉛筆を使わなくてはならない．］ついで試料混合物溶液をスタートラインにスポットし，これを乾燥させる．このスポットは，試料が最初から広がるのを防ぐために，できるだけ濃く，かつ小さくすることが大切である．このため，非常に小さなスポットを，何回もその上に重ねてスポットするのが普通である．このとき，各スポットは 1 回ごとに完全に乾燥させたあとに行う．

溶液をスポット添加するのに，融点測定用のガラス管を用いることができる．ミクロバーナーの炎の中で毛細管を引き，冷却後にこの管を半分に切断したもの

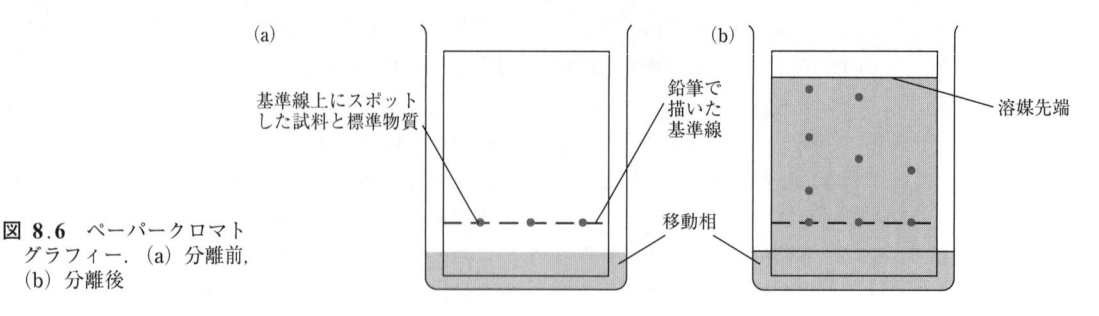

図 8.6 ペーパークロマトグラフィー．(a) 分離前．(b) 分離後

を使うと，より良い結果を得ることができる．このようにしてつくった非常に細い毛細管の先端で，試料は0.5 mm 以下のスポットに濃縮され，個々の成分のスポットの広がりを抑えることができるので，成分のより良い分離が達成される．

沪紙は支持台から吊るして，その下端がクロマトグラフィー液槽に漬かるようにする（図 8.6）．すると移動相が，毛管作用によって時間とともに沪紙を上昇してくる．このほか，沪紙を円筒状に巻き，クリップで固定して液槽内にまっすぐ立てるという方法もある（図 8.7）．このとき，鉛筆で描いた線とスポットは移動相溶媒の液面から 1 cm 程度上になるよう，注意しなくてはならない．

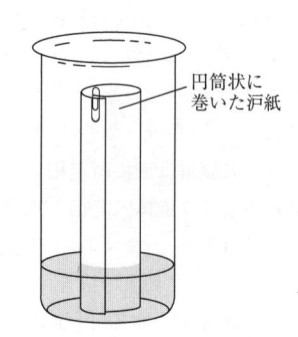

図 8.7 円筒状に巻いた沪紙を用いたペーパークロマトグラフィー

沪紙を 3〜4 cm 程度以上の幅になるように切ると，多くの異なるスポットを基準線上につけることができる．ただし，個々のスポットの間には十分な間隔を取らなくてはならない．液槽にはふたをして，沪紙の周囲の空気を移動相蒸気で飽和させなくてはならない．溶媒先端が沪紙の上端に達する直前に，鉛筆で線を描いて溶媒先端の移動距離を記録する．ついで，沪紙を液槽から取出して乾燥させる．

その後，個々の成分の R_f 値を，基準線からのスポットの移動距離と溶媒先端の移動距離の比として，式(8.14)のように計算する．

$$R_f = \frac{\text{スポット中心の移動距離}}{\text{溶媒先端の移動距離}} \quad (8.14)$$

成分の R_f 値は，それが複雑な混合物中の 1 成分として分離されたものであっても，沪紙を単独の化合物として移動したものであっても全く同じはずである．したがって，混合物中に存在するのではないかと予想される化合物の濃縮溶液をスポットすることにより，その R_f 値からスポットを同定することが可能である．

R_f 値は実験条件に大きく依存することに注意しなくてはならない．したがって，定性分析を目的とする場合は，混合物のクロマトグラムと存在する可能性のある種々の成分の単独のスポットを，同時にかつ同じクロマトグラフィー沪紙上で展開することが求められる．もし，混合物中の成分をできる限り確実に同定したければ，これは必須の条件である．

もしそれぞれの成分が着色していれば，スポットがどこまで移動したかを容易に知ることができる．多くの一般に用いられる染料やインクは，定性的にそれぞれの構成成分を分析することができ，このようにして青や黒のインクあるいは多くの市販されている食物色素中にどれだけ多くの種類の色素が含まれているかを調べることができる．

非着色成分も，種々の成分混合物から分離し，検出することができる場合がある．たとえばアミノ酸は，体積比 4:1:5 の 1-ブタノール/氷酢酸/水混合溶媒を移動相とすることによって分離することができる．ついで沪紙にニンヒドリン(2,2-ジヒドロキシ-1,3-インダンジオン，インダン-1,2,3-トリオンの水和物)を噴霧するとアミノ酸が紫色に染まり，種々のアミノ酸の位置を知ることができる．

ペーパークロマトグラフィーをどのようにして使うことができるかを示すために，どんな実験室でも行うことができる簡単な実験操作を述べることにしよう．

実際の分析例 8.6

多くの市販食品染料は，タートラジン，サンセットイエローFCS，インジゴカーミン，アマランスなどの食用色素を3種類以上含んでいる．これらの成分は，1：100のアンモニア/水混合溶液を移動相として用いることにより，ペーパークロマトグラフィーで分離し同定することができる．

[方法]

ステップ1　クロマトグラフィー槽の高さより2〜3cm短い長さに沪紙片を切る．このクロマトグラフィー用沪紙の下端から2.5cmのところに鉛筆で細い線を引く．ガラス棒や，それに類似した支持体から，沪紙を吊るせるようにつくられているものもある．あるいは，沪紙を幅10cm以上に切って，円筒状に巻けるようにしてもよい．このとき，沪紙の上部をクリップで留めて形状を固定する．

ステップ2　それぞれの染料のスポットを，引き伸ばした融点測定用チューブを用いて鉛筆で描いたスタートライン上につける．染料と2,3の市販食品染料のスポットをつくる（できれば濃い紫，赤，または青などの色を選ぶとよい．これらは多種類の色素を含んでいることが多い）．個々のスポットを添加する際にはできるだけ少量の染料をつける．小さいスポットを数回重ねて添加して，試料を濃くする．

ステップ3　移動相を液槽に1cmの深さで入れる．沪紙を液槽の横に置き，溶媒液面が鉛筆の線より下になることを確かめる．

ステップ4　溶媒が毛管作用によって沪紙上を上昇するように，注意深く沪紙を液槽の中に入れる．

ステップ5　溶媒先端が沪紙の上端から約3〜4cmのところに達したら，槽から取出し，注意してその部分にもう1本の線を鉛筆で引く．この段階で，沪紙を乾燥させる．

ステップ6　個々のスポットについて，スポット中心の移動距離を溶媒先端の移動距離で割ることによりR_f値を計算する．

$$R_f = \frac{スポット中心の移動距離}{溶媒先端の移動距離}$$

ステップ7　食品染料の中の色素が，個々の色素のR_f値と比較することによって同定できるかどうかを調べる．

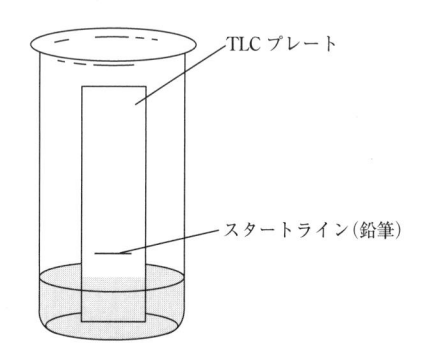

8.8 薄層クロマトグラフィー

薄層クロマトグラフィー（thin-layer chromatography, TLC）は，形の上ではペーパークロマトグラフィーと非常によく似ている．しかし，より良い分離が得られ，また再現性も比較的良い傾向がある．TLCは，アルミナなどの細かく砕いた固体をガラスあるいは高分子でつくった板の上に固定化したものを用いる．移動相は，水，アンモニア水溶液，またはアルコール/水/酢酸のような混合溶媒である．アルミナは非常に極性が高く，固定相と移動相の間での分離は，吸着，分配，イオン交換などの過程によって起こる．

TLCプレートは，ペーパークロマトグラフィーに用いられるのとほぼ同じ方法で展開される．クロマトグラフィー槽に上向きに入れたとき，移動相液面の少し上になる高さに細い鉛筆の線を引く（図8.8を参照）．このとき，TLCプレートの表面が削り取られないように注意しなくてはならない．これは，分離を損ねる可能性があるからである．

図8.8　薄層クロマトグラフィー

プレート上で成分が分離されるとき，それを目に見えるようにするために，蛍光物質をアルミナに塗布することがよくある．化合物は**消光剤**（quenching agent）としてはたらき，紫外線を照射すると暗点として見える．

> **注**　消光剤がどのように作用するかについての詳細は，§5.13および§6.5を参照せよ．

このスポットを確認し，鉛筆でマークしてR_f値を計算する．有機化合物はヨウ素染色によって着色することができる．

> 注　少量のヨウ素を入れたガラス製の展開槽にTLCプレートを入れることにより，ヨウ素染色を行うことができる．安全のために，この操作は常にドラフト内で行わなくてはならない．

TLCは，通常医薬品や染料などの非揮発性化合物の混合物の定性分析に用いられる．有機化学者は，合成試料が不純物を含んでいるかどうかを確認するのにTLCをよく用いる．TLCプレート上にたった一つのスポットが現れれば，それは1種類の化合物だけが存在することを示しているのに対して，二つ以上のスポットはその試料が化合物の混合物を含んでいることを示している．

ペーパークロマトグラフィーと同様に，TLCは一般に混合物中の成分の同定を目的とした定性分析法として使用される．これはプレート上に混合物の一定量を定量的に添加することが難しいからである．しかし，混合物中の微量成分を簡単に定量する方法が他にない場合には，TLCを定量分析に使うことがある．生物化学的な酵素を使った分析や試験に，この種の例が多い．定量分析はしばしば放射性標識蛍光物質を対象とする．最初に紫外線によってクロマトグラフィーバンドの位置を確認し，ついでアルミナをプレートから削り取って捕集し，放射能を測定することによって定量する．この種の方法は，大きな誤差を招くことなしに実施するのがきわめて難しい．これは，(a) 混合物試料をプレートに再現性よく添加することと，(b) 分離された目的物質をプレートからすべて回収することが困難であるからである．

肉眼では見ることのできない成分を目に見えるようにするために，TLCプレートをヨウ素や誘導体化試薬などの試薬で処理することがよくある．

8.9　ガスクロマトグラフィーと気液クロマトグラフィー

8.9.1　ガスクロマトグラフィーの概要と原理

ガスクロマトグラフィー(gas chromatography, **GC**)は，その名が示すように，充填または中空(キャピラリー)カラム中の固定相とともに，キャリヤーガスを移動相として用いる．液体固定相を用いる場合は，**気液クロマトグラフィー**(gas-liquid chromatography, **GLC**)とよぶ．ガスクロマトグラフの模式図を図8.9に示す．GLCはMartinとSyngeによって1941年に最初に報告され，そのとき以来，複雑な混合物中の成分の分離と同定に最も広く使用されている強力な機器分析法の一つとなっている．

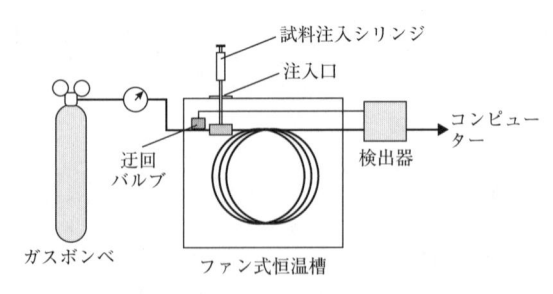

図 8.9　簡単なガスクロマトグラフ

分離は気体試料がキャリヤーガスと固定相の間で分配することによって起こる．試料はあらかじめ気体となっているか，あるいは加熱して気体に変換しなくてはならない．これにより，キャリヤーガスの流れに送られてカラム内を運ばれる．窒素，二酸化炭素，ヘリウム，あるいはアルゴンといった高純度で化学的に不活性なキャリヤーガスが用いられるが，どれを選ぶかはおもに使用する検出器の種類によって決まる．高密度のガスを使うと，遅いが効率の高い分離を行えるのに対し，低密度ガスではあまりよくないが迅速な分離が行える．ペンタン，ブタン，プロパンの典型的なGC分離を図8.10に示す．

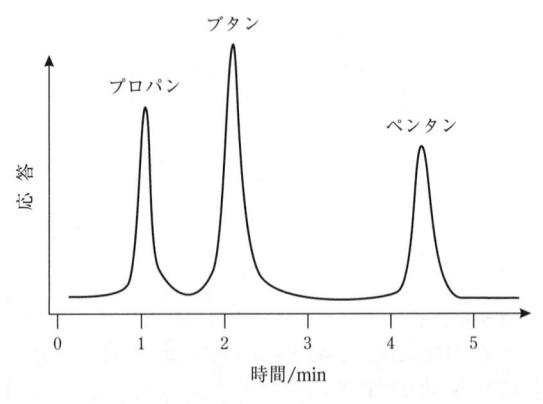

図 8.10　簡単なアルカンのGC分離

充填カラム　GLC充填カラム内では，細かく砕いて表面積を大きくし，液体を吸着するようにした耐火レンガ，けいそう土，溶融シリカなどの不活性な固体に，液相が吸着されている．粒径は一般に60メッ

シュ(平均粒子径250 μm)から100 メッシュ(150 μm)の範囲である．固相支持体は，通常 $1\,m^2\,g^{-1}$ 以上の表面積をもつものが選択される．固相支持体の中には，アルコールのような極性物質の不可逆的吸着を防ぐために前処理すなわち<u>不活性化</u>(たとえばシラン処理など)を行うものもある．

液相は化学的に不活性で，熱に対して安定であり，カラム操作温度より少なくとも $100\,°C$ 以上高い沸点をもっていなくてはならない．カラムはいろいろな方法で充填でき，液相の選択がカラムの分離特性を決める重大な要素になる．細かく粉砕した固体支持体を，たとえば，固定相とする液体を含む揮発性の溶媒に分散させる．そして，この懸濁液をカラムに流し込み，溶媒を蒸発させると，一般に0.1から $1\,μm$ の厚さをもつ固定液体膜をもった支持体を充填したカラムができる．

中空キャピラリーカラム 中空すなわちキャピラリーカラムは現在最も広く使用されているカラムであり，分離の速さと得られる理論段数の点において充填カラムよりもすぐれた分離性能を示す．キャピラリーカラムは，内径が約0.25～0.5 mm，長さが25～50 mのガラスまたは溶融シリカでつくられている．壁は充填カラムに比べて非常に薄く，外径は通常 0.3 mm であるが，外部を高分子で被覆して強化してある．得られたカラムは強くて曲げやすく，図8.9に模式的に示したように，コイル状にして恒温槽内に収納することができる．キャピラリーカラムの内壁は液体固定相で被覆されている．溶融シリカカラムは，目的物質の吸着がほとんどないという大きな特長をもっている．

8.9.2 注入口，カラム，および温度調節

図8.9に示した簡単なGC/GLCクロマトグラフの模式図を見てみよう．キャリヤーガスの供給は，一般に，ボンベ圧の変動があってもクロマトグラフ全体を通してガス圧が一定になるように調整される．キャリヤーガスの流れは，通常インライン流量計によって測定される．内部圧は通常10～50 psi(0.07～0.3 MPa)の範囲であり，キャリヤーガスの流量は25～150 $cm^3\,min^{-1}$ の範囲内になる．

一般に固定相はガラスあるいはポリマー製の管の内部全体に充填される．多くの場合，カラムは数mまでの長さのものを巻いてファン式恒温槽の中に収納する．カラムの温度は数分の1 Kの範囲内に制御することが望ましく，これによって複雑な混合物中のクロマトグラフィーピークを，近接したピークの保持時間と比べることによって確認することができる．

通常，恒温槽の温度は，混合物中の成分の平均沸点と同じか，それよりも少し高い温度に設定するのがよい．温度が低いと最適な分離を得ることができるが，温度を上げると保持が小さくなるので分離時間が短くなる．このため，温度は両者の妥協によって決まることが多い．もし試料が非常に異なる沸点をもつ化合物の混合物を含んでいることがわかっていれば，時間とともにカラム温度を直線的または段階的に上昇させることによって最適分離を達成できることが多い．

試料注入口もまた，通常は恒温槽内で一定温度に加熱される．これは，(a) 液体試料の迅速な気化を促進し，(b) キャリヤーガス，カラム，および分析試料を化学分離が始まる前に熱的平衡にするためである．実際，試料注入口は，注入口での試料の凝縮を防ぐためにカラム恒温槽よりも高い温度に設定されていることが多い．一般に，試料はゴム製の隔膜を通して，体積がマイクロリットルの特殊なGC用シリンジを使って注入する．

2チャンネルの検出器は，迂回バルブにより，純粋なキャリヤーガスの流れと試料を含む流出ガスを比較し，その差を測定する(図8.9参照)．これにより，バックグラウンド信号が連続的に全測定応答から差し引かれるので，クロマトグラムは分析される混合物中の成分のみに対応することになる．

試料をガスの流れの中に迅速かつできるだけ小さい体積で導入することは，良い分離性能を得るために重要なことである．液体試料注入口は，一般に0.1～20 μLの体積で試料を注入するようにつくられており，過剰の試料はオーバーフロー迂回路を通って排出される．気体試料は通常，ガスシリンジと特殊なガス注入バルブを用いて注入される．

8.9.3 GCとGLCの検出器

検出器は，クロマトグラフィーカラムから流出してくる目的物質を連続的に測定し，定量を可能にする．理想的には，(a) キャリヤーガス以外のすべての化合物に応答し，(b) その応答はできるだけ広い濃度範囲にわたって，目的物質の濃度の増加に対して直線的に増加することが要求される．多くの検出器は分析系に

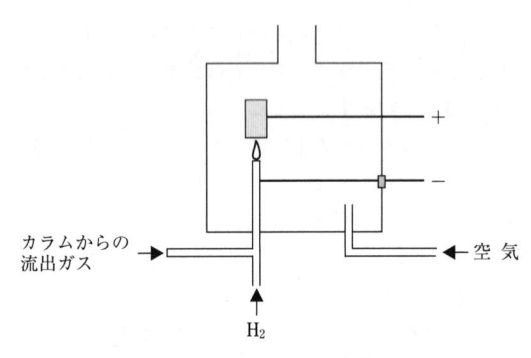

水素炎イオン化検出器

水素炎イオン化検出器は，水素/空気炎の両側に置かれた1対の反対の極性をもつ電極の間に流れる電流を測定する．水素炎イオン化検出器の模式図を図8.11に示す．この炎は，イオンが存在しないとき，高い電気抵抗をもつ気体プラズマを発生する．しかし，炎の温度によって多くの有機化合物が熱分解され，2電極間で電荷キャリヤーとしてはたらく陽イオン性の中間体と電子を生み出す．イオンは**コレクター** (collector) とよばれる陽極に捕集される．成分がカラムから流出する間，流れる電流は増幅されクロマトグラフィーピークとして記録される．応答は，目的物質の濃度はもちろん，分子中の炭素原子数に依存する．炭素の酸化還元状態もある程度検出器の感度に影響し，完全に酸化された炭素は炎中でイオン化しないこともある．このような場合，応答は低いか，あるいは全くないことさえある．

図 8.11 水素炎イオン化検出器

キャリヤーガスは，熱に安定で，非燃焼性であり，化学的に不活性である必要があるため，一般にヘリウム，窒素，あるいはアルゴンが用いられる．

水素炎イオン化検出器(図8.11)は広い濃度範囲にわたって応答する上に，簡単かつ頑丈で，高感度であるため(10^{-13} g cm^{-3} までの定量が可能である)，他のいかなる検出器よりも広く用いられている．

炎光光度検出器

炎光光度検出器は，おもにリンや硫黄を含む化合物，たとえば農薬や大気または水質汚染物質などの定量に用いられる．流出した物質は，検出器内で低温の水素/空気炎の中に噴霧され，紫外・可視部の発光が光学的に記録される(図8.12)．リンの場合，炎は約510 nmと526 nmの光を発する短寿命のH-P-O化学種を生成する．同様に，硫黄はS_2に変換され，394 nmの光を発する．ハロゲン，リン，および多くの金属を含むさまざまな化合物を，それぞれに特有の波長で発光を観測することによって検出することができる．

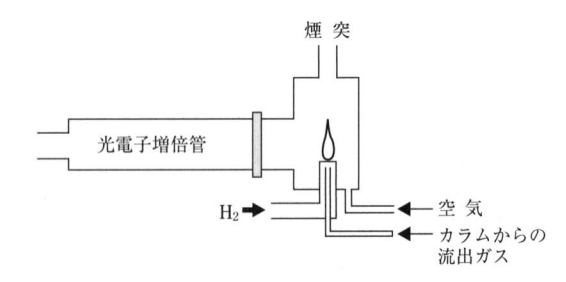

図 8.12 炎光光度検出器

原子発光検出器

この型の検出器では，流出ガスは最初にマイクロ波誘導ヘリウムプラズマの中を通過する(図8.13)．このプラズマは高エネルギー状態にあり，試料を原子化して特有の発光を発生させる．発光は回折格子によって分散され，分光されて一連の可動光電子増倍管により個々の原子発光が測定される．

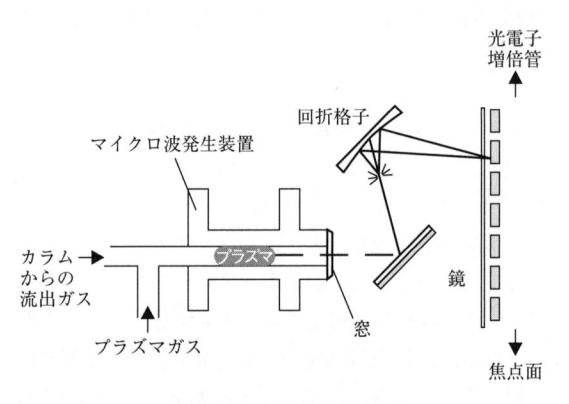

図 8.13 原子発光検出器

電子捕獲検出器

カラムからガスを流出させながら，トリチウムや^{63}Niのようなβ線放射性物質を用いてこれを照射す

る。^{63}Ni β 線源はカラム温度 350 ℃ まで使用できるのに対して，トリチウム β 線源は 220 ℃ までしか使用することができない．これは，この温度以上ではトリチウムが失われる速度が許容できないレベルになるためである．β 粒子（電子）はキャリヤーガス（窒素など）内でイオン化をひき起こし，さらにこれがまた電子を発生させる．反対の極性をもつ 1 対の電極が流出するガスの流れの両側に配置され，両電極間に流れる電流が測定されて検出器の応答を発生する（図 8.14）．有機化合物（目的物質）は電子を捕獲し，電極間の電流を減少させる．したがって電流の低下は，カラムから目的物質が流出する際のクロマトグラフィーピークに対応する．すなわち，測定される検出器の応答は電極間を流れる電流に反比例することになる．

動する．多くの有機化合物は，この検出器において最も一般的に使用される窒素やヘリウムよりも 6 倍から 7 倍低い熱伝導度をもっている．ガスの流れはフィラメントを冷却するので，少量の目的物質でもフィラメントをかなり加熱する可能性がある．通常，二つの同じ検出器が（迂回ループを通る）純粋なキャリヤーガスと，流出ガスの流れの中にそれぞれ比較するために置かれている．二つの検出器はホイートストンブリッジの反対側の腕を構成するように接続されており，これによって溶質によって生じるフィラメントの抵抗の差が，溶質がカラムから出てきたときに検出される．この抵抗の差は周囲の温度変化に依存せず，昇温プログラムを使用している場合も影響を受けない．

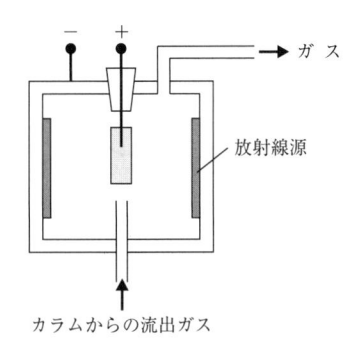

図 8.14 電子捕獲検出器

分子を構成する原子の電気陰性度が大きいほど，電子を捕獲する能力が大きいので，有機化合物の官能基によって感度が異なることになる．電子捕獲検出器はニトロ基，カルボニル基，ハロゲン，およびある種の金属を含む官能基をもつ化合物に対して高い感度を示す傾向があるが，低い電気陰性度の原子をもつ化合物でも，たとえばクロロ酢酸塩などによる誘導体化によって分析できることがある．

熱伝導度検出器

熱伝導度すなわち熱線検出器（図 8.15）は，分析対象分子が存在しているときとしていないときのキャリヤーガスの流れの熱伝導度を測定するものである．キャリヤーガスはカラムから流出して，電気的に加熱されたフィラメントの上を通る．このフィラメントの温度，およびその抵抗はガスの熱伝導度に依存して変化するので，カラムから流出するガスの流れの中に存在するあらゆる目的物質の存在とその濃度によって変

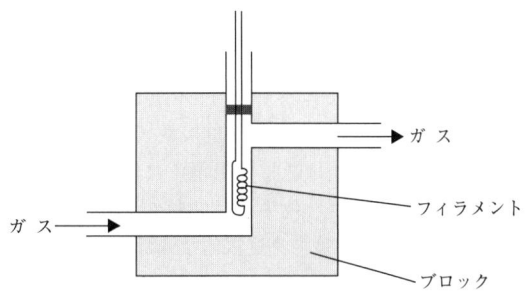

図 8.15 熱伝導度検出器

8.9.4 検出を目的とした他の機器分析と GC または GLC の結合

GC と GLC は，分析感度をさらに高くするためにしばしばもう一つの分析技術と結合される．このような方法は**結合法**（hyphenated method）とよばれ，通常，GC または GLC の分離能力を利用して混合物をその成分にまず分けてから，たとえば質量分析法（GC-MS），赤外分光法（GC-IR），あるいは核磁気共鳴法（GC-NMR）によって定量する．

初期の方法は，溶出液の分画を捕集して 2 番目の分析技術で別々に分析するというものであった．今日では，最新のコンピューター制御機器により二つの分析装置を直接オンラインで結合し，カラムから出てきた溶出液をリアルタイムで定量することができる．この方法は，時間を短縮するだけでなく，分離能を向上させることが多い．溶出液を分割して捕集するにはある一定の時間が必要であるから，一つ一つの捕集分画は，分離した成分が若干ではあるが再度混じりあった混合物になってしまうからである．

8.10 高速液体クロマトグラフィー(HPLC)

8.10.1 HPLC の概要

HPLC は今日最も広く用いられているクロマトグラフィーの形態の一つである．HPLC という語は，最初は**高圧液体クロマトグラフィー**(high-pressure liquid chromatography)の略号としてつくられた．しかし，この技術の性能が向上するにつれて，この略号は残ったが，しだいに**高速液体クロマトグラフィー**(high-performance liquid chromatography*)の短縮形として使われるようになった．"高速(高性能)"という名は，非常に選択性が高く，それゆえに短時間で質の高い分離を可能にする HPLC の能力をさしている．この分離能は，微細な固定相担体(一般的な粒子径は直径が数 μm)の間を高圧下で移動相を流すことによって達成される．典型的な高速液体クロマトグラフの模式図を図 8.16 に示す．固定相担体は内径 3〜4 mm, 長さ 10〜30 cm のステンレスカラムに均一に充填され，このカラムは通常恒温槽内に収納される．HPLC は，複雑な混合物中の目的物質を同定し，定量するための，高感度で高選択的な分析技術として最も広く用いられている．製造目的の操作においても，HPLC は生成物あるいは化合物の精製に使用することができる．

目的物質は，通常単一の溶媒，あるいは混合溶媒に溶解する．移動相は，最短の時間で最高の分離ができるものを選ぶ．実際に，移動相は分析試料溶液を調製するのと同じ溶媒(または同じ混合溶媒)を用いることが多い．しかし，場合によっては，分離をよりよくするために1種類またはそれ以上の溶媒を移動相に加える場合もある．清涼飲料中のビタミン C, カフェイン，および安息香酸ナトリウムの簡単なクロマトグラフィー分離を図 8.17 に示す．移動相はポンプで加圧することによってカラムに送液され，試料は一般にこの移動相の流れの中に注入される．ポンプの動きはなめらかで，移動相に脈流(流速の変動)を与えてはならず，一定圧力下で定流速を保証しなくてはならない．HPLC カラムの移動相と固定相(充填剤)の間で溶質(目的物質)が分配することによって，分離が起こる．

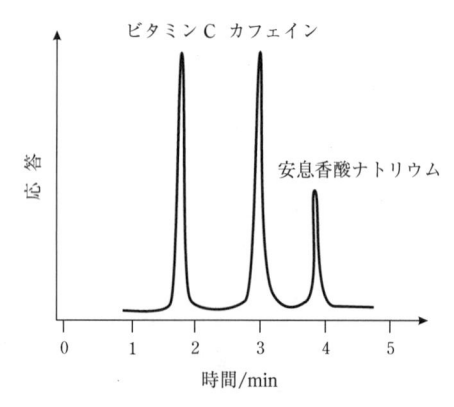

図 8.17 ビタミン C, カフェイン，および安息香酸ナトリウムの HPLC 分離

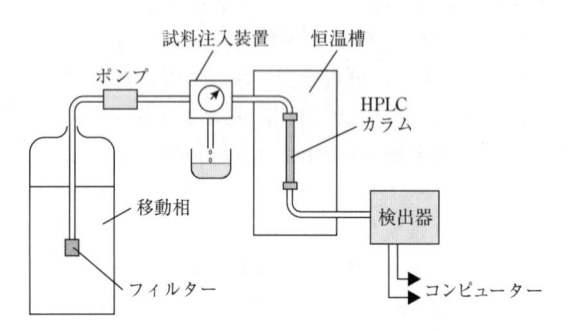

図 8.16 簡単な高速液体クロマトグラフ

8.11 HPLC 用検出器

8.11.1 フォトダイオードと紫外・可視吸光検出器

紫外・可視検出器は，高い感度と，広い直線応答範囲，そして多様な溶質を HPLC カラムから溶出すると同時にモニターする能力があることから，最も一般的に用いられている検出器である．ほとんどの紫外・可視検出器は，図 8.18 に示すように，紫外・可視光源と一つあるいは複数のフォトダイオード，そして溶離液が通過するフローセルを備えている．

目的物質が紫外あるいは可視，または近赤外領域の光を吸収する発色団をもっていれば，約 200〜900 nm の波長範囲で光学(光子)吸収検出器を使用することができる．このような発色団としては，不飽和二重結合(芳香環を含む)，臭素，ヨウ素，あるいは硫黄を含む官能基，カルボニル基などがある．他の紫外・可視吸

---

* 訳注：直訳すると高性能液体クロマトグラフィーとするべきであるが，わが国では高速液体クロマトグラフィーという語が定着した．

光光度法の場合と同様に，吸光度は分析する化合物ごとに異なり，それぞれの目的物質のモル吸光係数 ε によって決まる．この種の装置のスペクトルバンドは単色光源を使用する装置ほど狭くはない．しかし，この装置が元来もっている波長可変能力により，多くの異なる目的物質に対して非常に大きな適応力をもつことになる．これは，異なる溶質に対応して，それがHPLCカラムから溶出してくると同時に波長をそのλ_{max}に合わせることができるからである．

低圧水銀蒸気カドミウムおよび亜鉛ランプなどの多くの異なる単色紫外・可視光源を，特定の応用に用いることができる．しかしながら，最も広く用いられている検出器には，重水素ランプとタングステンランプの組合わせが使われており，これにより200〜900 nmの波長範囲にわたる連続発光スペクトルが得られる．単色フィルターまたは回折格子を用いて，フローセルすなわち溶出液に狭い波長範囲の光が照射される．

において，蛍光は照射光よりも長い波長（低いエネルギー）をもっている．一般に蛍光検出器には，体積が20 μL以上の比較的大きなフローセルが用いられ，これにより感度をさらに高めている．これは，特にカラムから溶出する非常に低濃度の目的物質を検出するときに有効である．

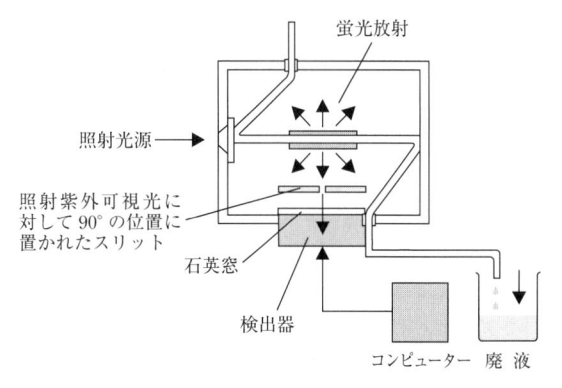

図 8.19 HPLC用蛍光検出器

多くの蛍光検出器は，プリズムあるいは回折格子を用いたモノクロメーターにより励起（照射）および蛍光（検出）波長を選択することができるので，適応性が大きい．励起光および蛍光のスペクトルバンド幅は狭く，個々の化合物に対して非常に特異的であるから，文献を参照したり，実験によって測定したりしてそれぞれの波長を選択しなくてはならない（第16章）．

分析者はまた，試料中の他の化合物またはイオンによる消光効果に注意すべきである．消光（第7章）は分析対象化合物と他の化合物またはイオンとの分子衝突によって起こる．このため，分子衝突を増す要因（加熱，溶離液のイオン強度など）はすべて消光を大きくすることになる．

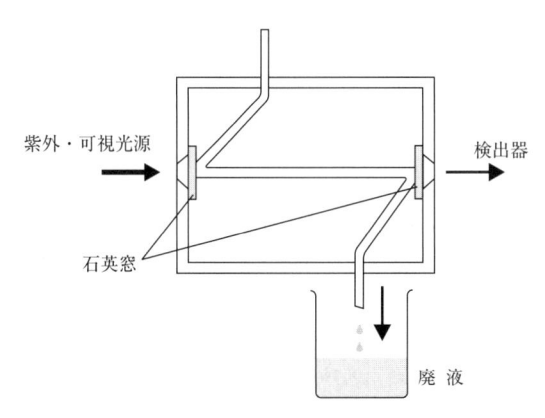

図 8.18 HPLC用紫外・可視検出器

8.11.2 蛍光検出器

蛍光検出器は，もちろん蛍光化合物を検出するためにしか用いることができないが，場合によっては紫外・可視検出により得られる感度に比べて1000倍も高い感度が得られることがある．さらに蛍光検出器は，非蛍光性化合物に応答しないので高い選択性を示し，たとえば複雑な混合物中の微量化合物を定量しようとするときには，HPLC分離のあとであってもきわめて有用である．フローセル中の試料を照射（励起）するのには単色光が用いられる．蛍光はあらゆる方向に放射するが，照射光に対して90度の角度方向で検出するのが一般的である（図8.19）．すべての蛍光法

8.11.3 電気化学電流測定検出器

電気化学電流測定検出器（electrochemical amperometric detector）は，一般に多様な目的物質に対して非常に優れた選択性と高い感度を示す．さらにこの検出器は，保守および部品交換に要する費用が小さい上に耐久性があり，使用が容易である．

電流測定電気化学検出器は，電気化学活性な目的物質が**作用電極**（working electrode）とよばれる電極上で，還元あるいは酸化されるときに流れる電流を検出する．この検出器は，このほかに二つの電極をもって

いる．作用電極は白金や金のような不活性な貴金属でつくられていることが多いが，グラッシーカーボンやカーボンペーストのような材料が用いられることもある．カーボンおよびカーボンペースト電極の特長の一つは，新しい電極表面が容易に得られることである．ただし，実際にはこの種の電極は金属電極よりも扱いにくい．作用電極に印加する電位は，ポテンショスタットを用いて参照電極を対照にして設定する(第10章参照)．参照電極(Ag/AgClなど)の溶液-金属表面は非常に高い電気抵抗をもつように設計されているので，電流はこの電極を通って流れない．電流は対極または外部電極とよばれる第3の電極を通って流れる．この電極は少なくとも作用電極の5〜10倍大きくつくられている．このため，作用電極表面で起こる電気化学反応の速度は対極によって制限されることがない．

移動相は，溶媒中すなわち電極間を電流が流れるようにその伝導性を十分大きくすることが大切である．必要であれば，移動相の伝導率を高くするために電解質(リン酸塩緩衝剤など)を加えてもよい．

一般に電流測定検出器は，目的物質がHPLCカラムから溶出すると同時に連続的に検出できるように，薄層フローセル中に吊り下げられた三つの電極でつくられている(図8.20)．

フローセル中の電極間の伝導率が大きくなる．伝導率は温度によって大きく変化するので，温度補正が必要になることが多い．伝導性の高い溶媒中では小さな伝導率の変化を検出することが難しいので，イオン強度が高く，したがって伝導率も高い移動相は使用を避けなければならない．

8.11.5 赤外検出器

赤外検出器(infrared detector)は，有機分子の赤外吸収をそれがHPLCカラムから溶出すると同時に測定する．一つの問題は，ほとんどすべての有機化合物がある程度は赤外線を吸収することである．すなわち，アセトニトリル，ジクロロメタン，ヘキサンなどの溶媒を含む移動相を用いると，これも赤外線を吸収する．したがって，検出波長を移動相の吸収が最小になるように設定することが重要である．

8.11.6 示差屈折率検出器

示差屈折率検出器(differential refractive index detector)は，図8.21に示すように，溶存する目的物質による移動相の屈折率の変化を測定する．移動相がHPLCカラムから溶出すると，その屈折率は個々の目的物質の種類と濃度に依存して変化する．溶出液の屈折率は，HPLCカラムを通らない移動相の一部を対照にして，その差を測定される．溶出液は光学的に透明なフローセルを通り，純粋な移動相(溶離液)がもう一方のセルを通る．両方のセルを照射光が通り，この光の偏向を検出器が検出して，それにより二つの溶液の屈折率が測定される．移動相と溶出液の両方の屈折率を測定することにより屈折率の変化が記録されて，クロマトグラムが描かれる．

示差屈折率検出器は事実上すべての目的物質を確実に検出でき，さらにその感度は流量が小さくても変わ

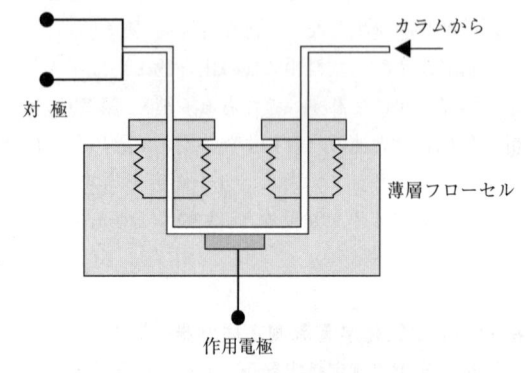

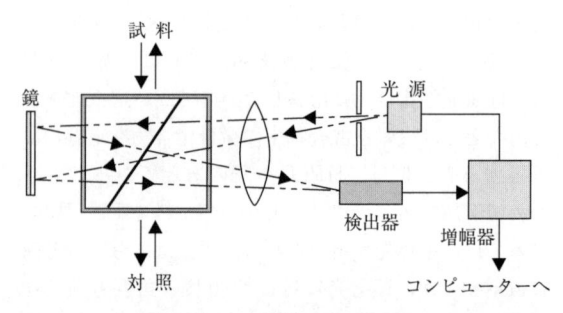

図 8.20 HPLC用電流検出器薄層セル

8.11.4 電気化学伝導度検出器

電気化学伝導度検出器(electrochemical conductivity detector)は，移動相がカラムから溶出してフローセルを通るときの伝導率を測定する．イオンは移動相の伝導率を変えるので，この検出器はイオンを検出するのに用いることができる．イオン濃度が高いほど，

図 8.21 示差屈折率検出器

らないので，多くの利点をもっている．しかし，この検出法は温度変化に非常に敏感である．実際のところ，一般にカラム温度を数十分の一度以内に保つ必要があるが，これは難しいことである．原理的な欠点の一つは，その感度が赤外や電気化学検出器のような他の多くの検出器のもつ感度ほどには通常高くないことである．溶媒組成勾配（グラジェント）や温度勾配を用いるHPLCを行う場合には，移動相の屈折率が変化するため示差屈折率検出器を使用できないことも理解しておかなくてはならない．屈折率が変化する移動相を対照にして溶出液の屈折率の差をモニターすることは不可能である．これは，移動相がカラムを通過するのに要する時間のほうが，迂回路を通る時間よりも長くなるためである．

8.11.7 蒸発光散乱検出器

非揮発性化合物をHPLCカラムから溶出すると同時に検出するのに，**蒸発光散乱検出器**(evaporative light scattering detector, ELSD)が用いられることがある．ELSDは一般に示差屈折率検出器により得られる感度よりも高感度で，ほとんどの有機化合物に対して通常同程度の感度を示す．HPLC溶出液がこの検出器に入ると，最初に噴霧器を通って，空気または窒素気流中に溶媒および目的物質の細かい霧を生成する．この霧は温度制御されたドリフト管内を通り，その中で溶媒が蒸発して微細な目的物質粒子の気相懸濁状態になる．この粒子群はフローセルによってレーザー光の光路中に導かれる．粒子は光を散乱し，この散乱光がレーザー光に対して通常90度の角度でフォトダイオードを用いて測定される．

溶媒は蒸発するので，目的物質は移動相中の溶媒よりも非常に高い沸点をもっていなくてはならない．これは欠点になる場合もあるが，分析の選択性を高める方法として利用することもできる．

8.11.8 HPLCの検出器としての質量分析計

質量分析法(mass spectrometry)はきわめて強力で選択的なHPLCの検出法として用いることができる．これは，個々の分子種の質量をHPLCカラムから溶出すると同時に測定することができるからである．HPLCを質量分析法と結合する上での基本的な問題は，HPLCでは移動相として比較的多量の溶媒を用いるのに対し，質量分析においては真空室に試料を導入する必要があることである．いくつかの方法が用いられているが，最も重要なもののうちの一つを解説することにしよう（詳しくは第9章を参照せよ）．

一つは**サーモスプレーインターフェイス**を使用する方法である．この装置では，HPLC溶出液が加熱されたステンレスキャピラリー管内を通って溶媒の大部分が蒸発し，目的物質と溶媒のエアロゾルを生成する．酢酸アンモニウムのような塩も，通常移動相中に溶質として添加される．これによりイオン化が促進され，多くの極性分析対象化合物のマススペクトル分析が容易になるからである．これらの制限があるものの，サーモスプレー質量分析HPLCによって非常に高い感度と低い検出限界を得ることができる．

8.12 HPLC用カラム

HPLC用のカラムは，使用する高圧に耐えられるよう，一般にステンレス管に充填されている．内径は通常3〜10 mmであり，長さは10〜30 cmである．粒子径は3〜10 μmの範囲で，1 mあたり40 000〜100 000（理論）段を与える．

8.12.1 充填剤の種類

薄膜型(pellicular)および**多孔性**(porous)の，二つの充填剤がおもに一般に用いられている．薄膜型充填剤は，直径が30〜40 μmの球形の非多孔性ガラスまたはポリマー粒子からつくられる．たとえば，イオン交換樹脂，シリカ，アルミナなどの薄い多孔性層がこの粒子表面上に被覆され，これが分配HPLCで用いられる液体固定相の支持体として機能する．薄膜型充填剤は，粒子状物質を除去するために，分析カラムの前に置かれるガードカラムに充填して用いられることがある．粒子状物質は分析カラムに蓄積してHPLC分離を損ねる可能性があるからである．分析目的の分離は，一般に直径が3〜10 μmのイオン交換樹脂，シリカ，またはアルミナの多孔性粒子を充填したカラムを用いて行われる．粒径はできるだけ均一にすることが重要で，これは充填カラムの分離性能の再現性に決定的な影響を与える要因の一つである．

8.12.2 シリカおよび化学結合型シリカカラム

シリカは充填剤として広く使用されており優れた吸着性をもっている．ケイ素は，酸素で結合した四面体

型構造のゆるい三次元結晶を形成する．酸素原子は近接するケイ素原子をSi-O-Si結合で架橋し，極性で反応性の高い多くのシラノール(Si-OH)末端基で覆われた構造をとる．このためシリカは，官能基を結合した化学修飾固定相を合成するのに用いられることが多い．

シリカは，要求される粒子サイズおよびそのシリカを化学修飾するか否かによって異なる方法で合成される．化学修飾を行う最も簡単な方法の一つは，四塩化ケイ素，ケイ酸ナトリウム，またはテトラアルコキシシランを加水分解し，ついで縮合を行うものである．この方法では，サイズの多様な不規則な形をしたシリカ粒子ができ，脱水とサイズ分離が必要である．より規則的なサイズの球形シリカ粒子は，液体ポリエトキシシロキサンを部分的に加水分解し，ついでエタノール-水混合溶媒でエマルジョン化することによってつくることができる．

カラム充填剤の比表面積($m^2 g^{-1}$と測定される)はシリカの細孔径に反比例するが，これは多様な性質をもつ充填剤を製造するために設定する反応条件によって決められる．細孔径が小さく(たとえば直径5 nm)，比表面積が大きいカラムほど保持時間が長く，分離が困難な非常によく似た化学的性質をもつ目的物質を分離するのに用いられる．対照的に，大きな細孔径(30 nm 以上)をもつシリカ充填剤はタンパク質などの高分子の分離や分析に用いられる．

シリカは，それがどのようにつくられたかによって，酸あるいは塩基として作用することがある．不規則な形状のシリカ粒子は一般に中性から弱塩基性であるが，球状のシリカは本質的に中性から弱酸性である．通常，酸性のシリカは酸性化合物の分離に使うのがよく，同様にして塩基性シリカは塩基性化合物の分離に用いられる．一般にシリカは1～8のpH範囲でのみ安定であるので，この範囲内の移動相を使用するのが望ましい．シリカ表面のシラノール基は化学的に修飾してさまざまな性質をもつ固定相をつくりだすことができる．

エステル化シリカ

シリカのシラノール基をアルコールでエステル化すると，図8.22に示す尾が突き出たような形の表面修飾型充填剤をつくることができる．しかしながら，エステル化シリカは加水分解を受けやすく，このため水やエタノールといった高極性溶媒とともに使ってはならない．

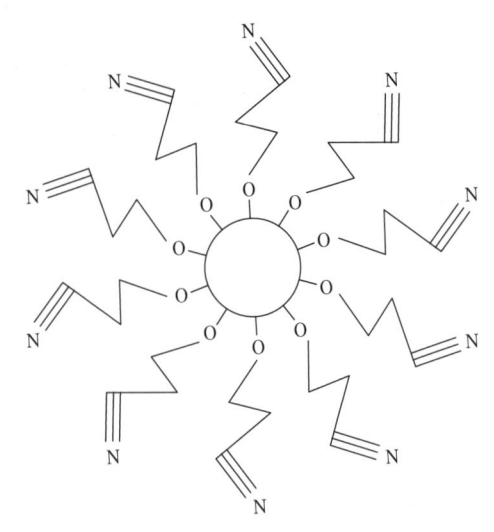

図 8.22 エステル化シリカの例

Si-N 結合シリカ

シリカは塩化チオニル$SOCl_2$と反応してアミン(R-NH_2)と結合する塩化物を生成し，Si-N結合誘導体化シリカにすることができる．アミン残基Rにはいろいろなものがあり，自由に選ぶことができる．これらの充填剤は一般にエステル化充填剤よりも加水分解に対して高い安定性を示す．

Si-O-Si-C 結合シリカ

モノあるいはジクロロシランとの反応により誘導体化したシリカはすべての化学修飾シリカ固定相の中で最も安定であり，Si-O-Si-C結合をもっている．この型の化学修飾シリカのうち最も広く見られる例は，R=-$(CH_2)_{17}CH_3$のオクタデシルシラン(ODS)である．この充填剤は非常に極性が低く，逆相系分離に最も一般的に使用されている．この反応後，未反応のシラノール基は"エンドキャッピング"とよばれる操作によりトリメチルクロロシランで処理して，不活性化する．

ポリシロキサンまたはケイ素誘導体化シリカ

ケイ素(ポリシロキサン)誘導体化シリカはクロロシラン(通常はジクロロシラン)との反応により，シリカ支持体上に化学結合高分子被膜を形成させてつくられる．この充填剤は高分子被膜がシリカ基材を保護するので，一般に非常に優れたpH安定性をもつ．

8.12.3 スチレンジビニルベンゼン共重合体

スチレンジビニルベンゼン共重合体は多目的な固定相支持体として用いられており、スチレンとジビニルベンゼンの共重合によって合成される。架橋度と細孔構造は二つの単量体の比を変えることによって制御することができる。8%以上のジビニルベンゼンを含む半剛性充填剤は、約60 bar (6 MPa) までの圧力下で使用することができる。この充填剤は溶媒が変わると膨潤したり収縮したりするので、もっぱら単一溶媒系で用いられる。対照的に、硬いスチレンジビニルベンゼン共重合体充填剤は異なる溶媒と接しても膨潤したり収縮したりせず、330～350 bar (33～35 MPa) 以上の圧力下でも安定である。

スチレンジビニルベンゼン共重合体充填剤はシリカよりも広いpH範囲で安定で、1～13のpH範囲で普通に使うことができる。イオン交換基やオクタデシルシランをこの高分子基材に結合させて、機能性固定相をつくることもできる。

8.12.4 アルミナ固定相

アルミナ (alumina) は本質的に塩基性であるが、適当な処理を施すことにより中性あるいは酸性に変えることができる。酸性アルミナは陰イオン交換体として、一方塩基性アルミナは陽イオン交換体として用いることができる。アルミナは優れたpH安定性を示し、2～12のpH範囲で一般的に使用される。

8.12.5 多孔質ガラス

細孔径を制御した多孔質ガラス (controlled pore glass, CPG) は、ホウケイ酸塩を最初に懸濁させ、ついでホウケイ酸塩母液中からB_2O_3を除去して脱ガラスすることによりつくられる。その結果生成した物質中では、その名前が示すように、細孔のサイズを容易に制御することができる。CPGは一般に高圧に耐え、強塩基を除いては化学的に不活性であり、分配、吸着、イオン交換、サイズ排除、そしてアフィニティーHPLCに使用することができる。

8.12.6 ヒドロキシアパタイト

ヒドロキシアパタイト (hydroxyapatite) はリン酸カルシウム$Ca_{10}(PO_4)_6(OH)_2$の結晶形の一つであり、150 bar (15 MPa) 以上の圧力に耐えることができる。ヒドロキシアパタイトカラムは、おもにタンパク質などの高分子を含む混合物の分離、および同定に使用される。

8.12.7 アガロース

アガロース (agarose) はpH安定性がきわめて高い架橋多糖類で、たとえばアフィニティークロマトグラフィー用に誘導体化することができる。

8.12.8 多孔質グラファイトカーボン

多孔質グラファイトカーボンは化学的にきわめて安定で、均一な非極性の表面をもち、高速逆相クロマトグラフィー用カラム充填剤として用いられる。

8.13 ゾーン電気泳動

電気泳動法は物質を電気泳動によって分離する方法で、イオン化した物質あるいは少なくとも非常に極性の高い物質が電場の影響下で移動する。物質の移動速度はその分子量と電荷に依存する。これは、物質の移動に対する抵抗、すなわち物質が移動しなくてはならない媒体が示す粘性抵抗によるものである。

電気泳動法には多くの種類がある。そのうち最も用途が広いものの一つで、おそらく最も一般的に見られるのはゾーン電気泳動 (zone electrophoresis) とよばれる方法である。ゾーン電気泳動における溶質は、泳動相中で固定支持体を通り抜けて移動する。したがってこの方法による分析は、目的の分離を達成するためにクロマトグラフィーと電気泳動法の両方を用いていることになる。

支持体固定相は一般に充填されるか、あるいはブロック状またはプレート状に製造される。これらはデンプン、ポリアクリルアミドゲル、ポリウレタンフォームでつくられており、沪紙が用いられることもある。

デンプンまたはポリアクリルアミドゲル電気泳動においては、試料混合物が支持体材料両端の中ほどに、細いバンドとして添加される。ブロックの両端が電極を通して高圧電源につながれ、ブロックが分極すると同時にそれぞれの成分 (溶質イオン) が極性に応じて陽極か陰極に向かって移動する。分離したバンドは混合物内の溶質に対応するものであり、一般に分離後にその成分を染色することによって目に見えるようにする。デンシトメーター (densitometer) を使って発色し

たバンドの色強度を測定し，ついで，あらかじめ得た色強度検量線を対照に混合物中の異なる成分の濃度比を求めることができる．

プレートあるいはブロックを通る電場は 1 cm あたりの電圧(V)で表され，500 から 5000 V cm^{-1} の範囲，あるいはそれ以上の値である．高分子量タンパク質のような高分子量溶質は，分離するのに低分子量物質より大きな電場を必要とすることが多い．

当然のことながら，移動相の pH は混合物中の溶質のイオン化の程度に影響を与え，したがって速度や分離度を左右することをここで述べておかなくてはならない．このことは，特に混合物中のアミノ酸含有量の分析において重要である．アミノ酸はゾーン電気泳動法により臨床生化学実験室で分離されることが多い．アミノ酸は両性イオンとして存在するので，等電点とよばれる特定の pH ではアミノ酸のもつ正味の電荷が 0 になる．この条件においては，そのアミノ酸は陽極にも陰極にも移動しない．

キャピラリーゾーン電気泳動

キャピラリーゾーン電気泳動(capillary zone electrophoresis, CZE)は，複雑な混合物でさえも少量(1 nL の桁)の試料量で比較的容易に分離し，定量できるので，生物学実験室において広く使用されるようになりつつある．必要な機器の模式図を図 8.23 に示す．まず，通常長さ 1 m，内径 10〜100 μm 程度の溶融シリカキャピラリー管に，選択した電解質溶液を満たす．ついで分離したい混合物の少量を，通常混合物中に管を単に浸すか，または静水圧あるいは空気圧を使って試料を管の一端に導入する．場合によっては，キャピラリーの両端に小さい電圧を印加し，電気泳動により溶質を取込むことによって試料の導入を行うこともできる．

その後キャピラリー管の両端を，白金(Pt)電極を挿入した別々の電解質緩衝液槽に入れる．キャピラリー管はイオン化するシラノール基をもつものを使用することが多く，これは pH 2 以上の溶液中では負に荷電している．陽イオン(正の電荷をもつイオン)はキャピラリー内壁に吸着し，電気二重層あるいは対イオン層を形成する．1000〜30 000 V あるいはそれ以上の電位をキャピラリーの両端に印加すると，陰イオン(負の電荷をもつイオン)を陰極(負の電位をもつ電極)に向かって移動させる．移動相内でキャピラリー表面に存在する陽イオンは，電気泳動の影響を受けて陰極(負の電位をもつ電極)に向かって移動する．これらの陽イオンは溶媒和しているので，溶媒分子と他のすべての溶質を，陰極に向かう流体の一方向の流れ(**電気浸透流**(electroosmosis))に乗せて運ぶことになる．浸透流の速度は毎分数百ナノリットル程度であることが多いが，これは電解質溶液の pH，印加電位，および緩衝液濃度に依存して変化する．

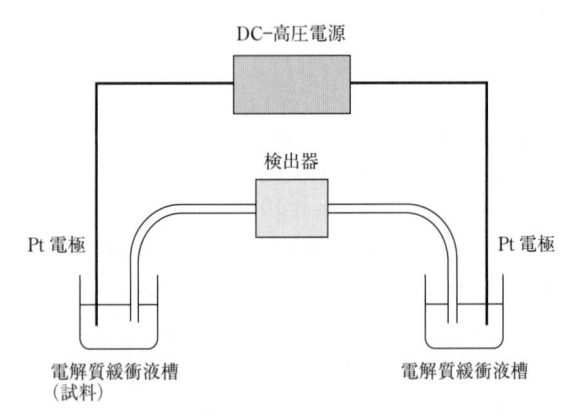

図 8.23 キャピラリーゾーン電気泳動装置

最も大きな正電荷と最も小さい分子量をもつ目的物質(陽イオン)は，最も速く検出される．中性分子は，一般に浸透流の速度よりもわずかに小さい速度で移動するが，これは中性分子が電場の直接の影響を受けず，溶媒の流れによってのみ移動するからである．最も大きな負電荷をもつ陰イオンは，電場がその移動を遅らせるので最もゆっくりと進み，最後に検出される．

演習問題

8.1 ペーパークロマトグラフィーでスタートラインをマークするのに，なぜ鉛筆をいつも用いなくてはならないのだろうか．

8.2 クロマトグラムの R_f 値とは何か．また，R_f 値がとり得る最大の値と最小の値は何か．

8.3 固定相と移動相は何をさすか．

8.4 電気泳動分離の基礎になっているのは何か．

8.5 クロマトグラフィーにおけるバンドの広がりをもたらす現象にはどのようなものがあるか．また，長いカラムを使うとバンドの広がりが大きくなるのはなぜか．

8.6 ペーパークロマトグラフィーと薄層クロマトグラフィーがもっている長所を論じなさい．

8.7 ガスクロマトグラフィーの原理を述べなさい．

8.8 HPLCによって分離できるが，GLCでは分離できない試料にはどのようなものがあるか．

8.9 なぜガスクロマトグラフィーを質量分析法と結合することがあるのだろうか．またそれはどのようにして達成することができるのだろうか．

8.10 ある溶質の水とヘキサンの間での分配係数は9.5である．この溶質10 gを50 cm^{3}の水に溶解した．10 cm^{3}のヘキサンを用いて，1，2，および3回抽出を行ったあとに，水相に残る溶質の濃度をそれぞれ計算しなさい．

8.11 クロマトグラフィーのカラムの理論段数はどのようにして測定できるか．

8.12 ある溶質ピークの2σが7.5 mmであるとすれば，外挿により得られるベースラインでのピーク幅はいくらか．

8.13 クロマトグラフィーピーク幅が2.4 sの時間に相当するとき，このピークの2σを計算しなさい．

8.14 あるクロマトグラフィーピークの保持時間が72 sであった．ピークの両側に引いた接線とベースラインとの交点から，ピーク幅は6.5 sと求められた．カラムの長さが1 mであるとして，HETPを1段あたりのcmで計算しなさい．

8.15 クレゾールのオルトおよびパラ異性体の混合物のガスクロマトグラムは，積分した面積がそれぞれ35.7と10.5のピークを示した．検出器が両異性体に対して等しく応答すると仮定して，混合物中のそれぞれの異性体の割合（%）を計算しなさい．

8.16 あるクロマトグラフィーピークの保持時間 t_R が85 sで，t_{mob} が40 sであるとき，保持係数 k を計算しなさい．

8.17 保持時間 t_R が95 sで，t_{mob} が45 sであるとき，このクロマトグラフィーピークの保持係数 k を計算しなさい．

8.18 あるカラムのHETPが1段当たり0.01 cmで，理論段数が5000であるとき，このカラムの長さを計算しなさい．

8.19 クロマトグラフィー分離において，異なる物質間の分離度を高めるのに役立つ方法を考えなさい．

8.20 (a) 分離係数と (b) 保持係数はそれぞれ何を意味するのかを定義しなさい．

8.21 二つのクロマトグラフィーピークの保持係数が1.4と3.4であるとき，分離係数を計算しなさい．

ま と め

1. 二つの互いに混じりあわない液体の混合物を用いる溶媒抽出は液液抽出として知られている．

2. 分配係数 K_D は，平衡状態における2相間での溶質の濃度の比に等しい．すなわち，$K_D = [S]_{org}/[S]_{aq}$ である．

3. 小体積の溶媒を何回かに分けて行う多重溶媒抽出は，溶媒を1回ですべて使う場合よりも抽出率が大きい．

4. 固相抽出は溶媒抽出にかわる分離法として利用され，たとえば，C_{18}官能基を結合した固体担体を使用することができる．

5. クロマトグラフィーは固定相と移動相を用いる分離技術をさすのに使われる用語である．

6. 溶離クロマトグラフィーは2液相を用いる分離法で，そのうち1相は固体担体に固定化されている．

7. 保持時間 t_R は溶質がクロマトグラフィーカラムによって保持されていた時間を示す．

8. 保持係数 k はカラム中を溶質が移動する速度を比較するのに用いられる．

$$k = \frac{t_R - t_{mob}}{t_{mob}}$$

ここで t_{mob} は移動相の通過時間である．

9. 二つの溶質についての分離係数 α は2相における小さい分配係数 $(K_D)_s$ に対する大きい分配係数 $(K_D)_1$ の比であり，以下のように表される．

$$\alpha = \frac{(K_D)_1}{(K_D)_s}$$

10. クロマトグラフィーカラムの効率は理論段数 N または理論段相当高さで示すことができ，これらはVan Deemterの式によって以下のようにまとめられる．

$$H = \frac{L}{N} = A + \frac{B}{\bar{\mu}} + C\bar{\mu}$$

ここで H は理論段相当高さ，L はカラム長さ（通常 cm で表す），そして A, B, C はその系についての定数である．$\bar{\mu}$ は移動相の平均線速度である．

11. クロマトグラフィーバンドの広がりは，溶媒の渦流拡散，移動相の流速分布，カラム内での停滞移動相領域の存在などの多くの効果によってひき起こされる．

12. バンドの広がりはカラム長さが増大するほど大きくなる.

13. ペーパーあるいは薄層クロマトグラムの R_f 値はつぎのように計算される.

$$R_f = \frac{スポット中心の移動距離}{溶媒先端の移動距離}$$

14. ガスクロマトグラフィーにおいては,充填カラム内の固体固定相とともに移動相としてキャリヤーガスが用いられる.

15. 気液クロマトグラフィーでは液体固定相が固相に吸着している.

16. GC および GLC 法においては,水素炎イオン化,炎光光度,原子発光,電子捕獲,そして熱伝導度などを利用した,多くの異なる検出器を用いることができる.

17. 高速液体クロマトグラフィーは多様な溶媒を用いて混合物を分離するのに用いられるが,高圧下で微細な固定相内に移動相を通液する.

18. 多くの異なる検出器を HPLC カラムと結合して用いることができる.その中には紫外・可視吸収,蛍光,電気化学,赤外,示差屈折率,蒸発光散乱,および質量分析などの装置が含まれる.

19. 多様な充填剤を分離したい混合物に応じて選ぶことができるが,それらは薄膜型かあるいは多孔性粒子型充填剤のいずれかに分類される.薄膜型充填剤は,球状ガラスまたは非多孔性ポリマー粒子を表面被覆してつくられている.

20. 電気泳動法は電気泳動によって物質を分離する.ゾーン電気泳動においては,溶質は泳動相中で固定支持体を通り抜けて移動する.

21. キャピラリー電気泳動においては,溶融シリカキャピラリーが用いられ,最も複雑な混合物の分離が可能である.

さらに学習したい人のために

Jennings, W., Mittlefehldt, E., and Stemple, P. (1997). *Analytical gas chromatography*. Academic Press.

McNair, H. and Miller, J. M. (1997). *Basic gas chromatography*. Techniques in Analytical Chemistry Series, Wiley.

Meyer, V. (2004). Practical high-performance liquid chromatography. Wiley.

Miller, J. M. (2004). *Chromatography : concepts and contrasts* (2nd edn). Wiley.

Robards, K., Haddard, P. R., and Jackson, P. (1994). *Principles and practice of modern chromatography*. Academic Press.

9 質量分析法

この章で学ぶこと

- イオンが質量電荷比 (m/z) に従って分離されるという質量分析法を支えている原理
- すべての質量分析計が構成要素としてもっている試料導入部,イオン化部,イオン検出部
- 試料の通常の一括導入法,直接プローブ導入法,クロマトグラフからの導入法
- 質量分析における各種のイオン化法,電子衝撃イオン化法,高速原子衝撃イオン化法,二次イオン質量分析法,電界脱離イオン化法,サーモスプレイオン化法,エレクトロスプレーイオン化法,誘導結合プラズマイオン化法,大気圧電子衝撃イオン化法
- イオン分離部を構成する磁場収束型質量分離部,二重収束型質量分離部,四重極型質量分離部,イオントラップ型質量分離部,イオンサイクロトロン共鳴型質量分離部および飛行時間型質量分離部
- 質量分析法のイオンの検出に電子増倍管,Faradayカップ,シンチレーション検出器および写真フィルムがどのように使われているか
- タンデム質量分析法とは何か,また分析の目的に,なぜタンデム質量分析法が利用されるのか
- 質量分析法が他の機器分析法,たとえば,ガスクロマトグラフィーとどのように組合わされて利用されるか

9.1 質量分析法の概要

質量分析法(mass spectrometry)は,気体状のイオンを質量と電荷の比によって分離する方法で,広く使われている機器分析法の一つである.さまざまな質量分析法があるので,この章では,最も広く実際に使われている方法について概説する.質量分析法は,この本で取上げた他のいかなるスペクトル測定法(電磁波を照射することによって分析するスペクトル測定法)とも,関連も原理的な類似性も全くないものである.しかしながら,光学的なスペクトル測定法では吸収線が写真にとった線として記録されたように,質量分析の結果も初期の装置では線として写真に記録されたために,その記録結果の見かけの類似性から光学スペクトル測定法に擬せられて英語では"spectrometry"が用いられるようになった.しかし,最近のほとんどの質量分析のデータは電気的な記録として表されるので,名残の"spectrometry"という名前は誤解を招くかもしれない.

質量分析法は,つぎの (a)〜(c) の分野で,きわめて強力で応用性の広い定性,定量分析法である.(a) 複雑な混合物中の無機および有機成分の構造解析,(b) 混合物中の成分の相対濃度あるいは絶対濃度の測定,(c) 未知検体に含まれる同位体組成あるいは,同位体の相対比.

また,質量分析法は他の測定法と連結する形で広く用いられており,この点については後述する.このような利用法は,高速液体クロマトグラフィー(HPLC)やガスクロマトグラフィー(GC)の検出器として質量分析計を用いるものである(第8章参照).

原子,イオンおよび分子の質量は,質量分析法では,**原子質量単位**(atomic mass unit, **amu**)で表示される.1原子質量単位(1 amu)は,炭素 ^{12}C 原子質量の1/12と定義されている.化学で用いられる分子量は各元素の同位体の天然存在比に基づく平均値として計算されるので,質量分析で求まる分子量は,この値とはほとんどの場合,異なる値として求まることに注意しなければならない.

質量分析計にはさまざまなタイプのものがある.しかし,根本的な仕組みはどの装置でも同じである.装置は,(a) 試料導入部,(b) イオン化部,(c) 電場によるイオン加速部,(d) イオンの質量電荷比 (m/z) による分離部,そして (e) 検出部とデータ処理・記録部からなる.基本的に,イオンの分離部と検出部の原理がどのようなものであるかによって,装置の分類と名称のつけ方がきまっている.一般に広く用いられている質量分析装置は,二重収束型,磁場型,四重極

型，あるいは飛行時間分離型(time of flight; TOF)の装置である．これらの個々の装置については，次節以下に述べる．

装置内でイオンが通過する部分(すなわち，イオン加速部，質量分離部，検出部)は，通常 $10^{-4} \sim 10^{-8}$ Torr という真空条件に保たれなければならない．このためにオイル拡散ポンプがよく用いられる．

きわめて微量の試料は，最初に試料導入部に入れられる．試料導入部では，試料をイオン化する前に気化する目的で，ヒーターとともに噴霧器(ネブライザー)や原子化装置(atomizer)が組込まれている．つぎに，気化した試料は熱電子，電磁波，高エネルギーの原子やイオンと衝突することでイオン化される．この試料導入装置とイオン化の装置は一体化されたものとなっているが，装置によっては，独立したユニットとして質量分析計本体に接続できるようになっているものもある．いずれの場合も，試料導入部では，目的物質のイオン流をつくり出し，この試料イオンが加速され，質量分離部を通過する．試料のイオン化では，プラスに荷電したイオンも，マイナスのイオンも生じるが，プラスのイオンを観察することのほうが一般的である．

イオン化された試料は電荷をもっているので電場によって加速され，収束された後に質量分離部に導入される．それぞれのイオンは固有の運動モーメントと電荷をもっている．イオンの運動モーメントは，そのイオンの質量と電場によって得られる加速度によって定まるが，この加速度はイオンのもっている電荷によって決まる．そこで，質量分離部では，イオンの質量電荷比によってイオンを分散させ，あるいは物理的に分離する．最後に検出されたイオンはそれぞれの質量電荷比に応じてまとめられ，得られた情報は"**質量(マス)スペクトル**(mass spectrum)"という形で記録される．

つぎの節以降では，質量分析法の分析ツールとしての利用と応用について述べる前に，最初に質量分析装置の各部の詳細について記す．

9.2 試料導入部

試料導入部は，真空度をできるだけ損なわずに試料を装置に導入できるよう設計されている．ほとんどの装置には，二つ，あるいはそれ以上の試料導入システムが備えられており，それらによって，気体，液体，固体のいずれの状態の試料も取扱うことができる．最も一般的なものは，一括導入システム，直接プローブ導入システム，クロマトグラフィー用試料導入システムの3種類である．つぎに，これらの導入部について順にみてみよう．

9.2.1 一括導入システム

一括導入システム(batch inlet system)は現在用いられている試料の導入法の中では最も簡単な試料導入法で，マイクロシリンジなどで直接に注入した試料を，内部の高真空を利用して，直径が 1/1000 mm 程度の小さな穴があいた多孔性の金属板あるいはガラス製の"絞り"となる隔板を通過させて少量ずつイオン化部に送り込むというものである(図 9.1)．

試料貯留室(reservoir chamber)の内表面は，試料の吸着を防ぎ，また，つぎに導入される試料を汚染するのを防ぐ目的で表面をガラス質のコーティング剤で覆ってある．溶液状の試料(通常は数マイクロリットルの量)は，セプタムを通して試料貯留室に注入される．そこは，およそ $10^{-4} \sim 10^{-5}$ Torr の真空条件なので，直ちに溶媒とともに試料が気化してからイオン化室に入る．気化しにくい試料を気化することができるように，試料貯留室は最高 500 ℃ 程度まで加熱できる．

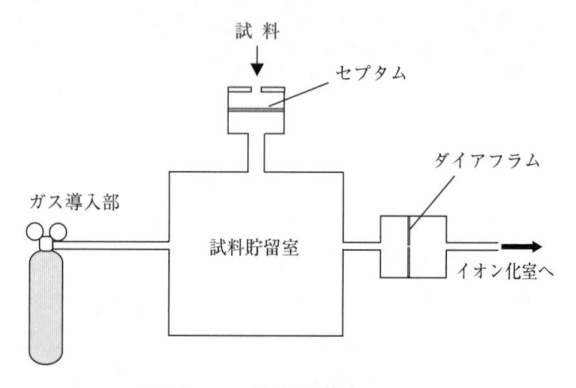

図 9.1 一括試料導入システム

9.2.2 直接プローブ導入システム

きわめて微量(しばしば数ナノグラム程度の量)しかない試料の場合には，試料を細長い棒(試料プローブ)につけて，直接にイオン化室に導入する方法がとられ

る．直接プローブ(direct probe)を装着できるように，イオン化室は装置本体の真空系とは独立しており，試料導入部に真空ポンプをもち，真空を利用して本体に固定されるように設計されている(図9.2)．このようにすることで，試料導入による真空度の低下を抑えて，分析を行うたびに真空度を上げる時間を節約している．実際には，試料そのものの量がもともと少ないために，このような極微量な量で分析しなければならないという場合が多い．

固体と液体の試料は通常プローブを用いて導入され，その場合，プローブ先端にガラス製あるいはアルミ製のキャピラリー，サンプルカップ，あるいは針金が装着される．これらの試料は，装置内に挿入された状態では，イオン化室のイオン源のほんの数mm手前の位置にくる．試料の気化は，イオン化室の高真空と，必要ならイオン化室を加熱することにより行われる．熱的に不安定な試料は，イオン化室を気化に必要な真空度に達することによって，ほとんど加熱することなく気化，分析されることが多い．

ならない．実際の装置では，移動相の大半を除去できるジェットセパレーターによってこれがなされる(図9.3)．真空のセパレーターにカラム出口から高速で入った移動相の気体は質量が小さい(拡散が速い)ので，進行方向からそれて取除かれる．これに対し，質量が移動相よりも大きな目的物質は運動モーメントが移動相よりも大きく，ジェットセパレーターの出口から直進してイオン化室に入る．

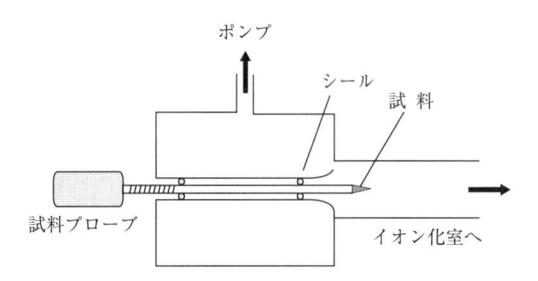

図 9.2 直接プローブ導入システム

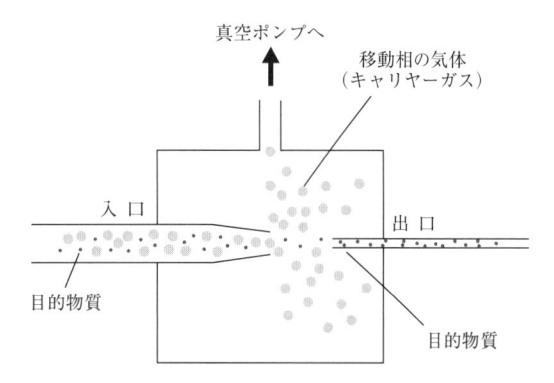

図 9.3 ジェットセパレーター導入システム

9.2.3 クロマトグラフィー用試料導入システム

質量分析計はガスクロマトグラフィー(第8章)の検出器としてカラムから出てきた目的物質を定量するのに用いられる．質量分析法は，定量だけでなく，同定(質量電荷比という物質固有の物理量を用いて同定できるので)と検出という点で，きわめて有力な検出法である．

ガスクロマトグラフィーのカラムから目的物質が出てくるときには，移動相である気体の流れに乗って出てくることを思い出そう．この移動相の気体(キャリヤーガス)はそのまま質量分析計に導入するわけにはいかない．装置内部の必要な真空度を維持するためには，移動相として用いた気体(通常は水素やヘリウム)を，目的物質がイオン化室に入る前に取除かなければ

9.3 イオン化部

すでに理解できたと思うが，試料は最初から気相状態で装置に導入されるか，イオン化に先立って気化されなければならない．イオン化の方法にはいくつかあるので，つぎにそれらについて順にみてみよう．

9.3.1 電子衝撃イオン化法

電子衝撃イオン化法(electron impact ionization, **EI**)は種々のイオン化法の中で最も広く用いられている方法である．このイオン化装置の内部では，気相の試料は加速されて陽極に向かう電子の流れに交差して通過する(図9.4)．真空下に，陰極として用いられるタングステンを加熱することで熱イオン化により電子が放出されて電子流を生じる．この電子流に対して直交するように気体試料が導入される．熱電子は気相の試料と衝突して試料をイオン化する．この衝突で生じるイオンの大半は正に荷電した陽イオンであり，イオンとなった試料は装置内に形成された電場の電圧Vに応じて，陰極に向かって加速される．電子との衝突で生じた試料イオンに対して，直列に配置された

抽出レンズ，加速レンズおよび焦点レンズが電気的なレンズの役割を果たすので，細い試料のイオン流となって質量分離部に送られる．試料イオンの電荷が1価であると仮定すると，試料イオンの運動エネルギーE_{kin}に関してつぎの等式が成り立つ．

$$E_{kin} = eV = \frac{1}{2}mv^2 \quad (9.1)$$

ここで，mは試料イオンの質量，vは試料イオンの速度，eは電子1個のもつ電荷を表している．

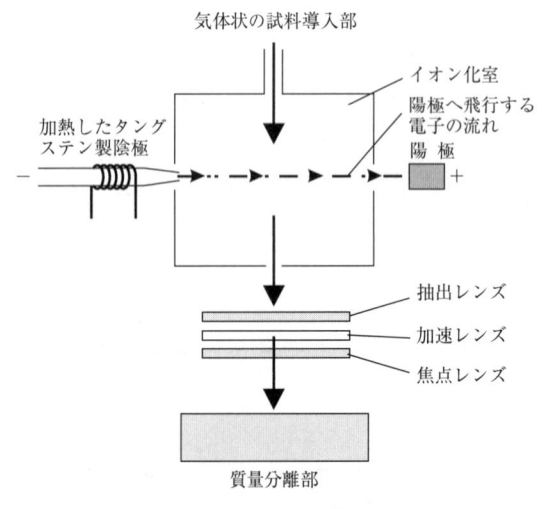

図 9.4 電子衝撃イオン化法

すべてのイオンに対して，全く同じ等式が成立することは重要である．実際には，可能な限り加速レンズに近い位置でイオン化するように注意を払ってイオン化室が設計されているので，この式が利用できるのである．

9.3.2 高速原子衝撃イオン化法

高速原子衝撃(fast atom bombardment, **FAB**)型質量分析法(FAB mass spectrometry)は，たとえば，キセノンやアルゴンの高エネルギー(数kV)の原子ビームを試料分子に衝突させることにより，イオン化する方法である．通常，試料はグリセリンや，他の不揮発性の溶媒に溶解しておく．溶液にすることで，試料中の目的物質がイオンとなって脱離し，残りの他の分子の束縛を切って試料から飛び出すときに必要となる格子エネルギーを小さくすることができる．

高速原子ビームは，10^{-5} Torr程度の圧力でキセノンあるいはアルゴンをイオン化し，これを電場により加速してつくり出される．高速となったイオンは他のキセノンやアルゴンとの電荷移動反応によりもとの電気的に中性な原子に戻るが，しかし高速のままの原子ビームとなる．FAB銃の仕組みを図9.5に示す．FAB銃を出た高速の原子ビームは，上に述べたような仕組みで試料をイオン化する．FABイオン化法は分子量の大きな物質(たとえば，分子量範囲3,000～10,000 amu)や熱的に不安定な物質，あるいは生物試料の分析に適している．

9.3.3 二次イオン質量分析法

二次イオン質量分析法(secondary ion mass spectrometry, **SIMS**)は，FAB型質量分析法の一種と考えることができる．SIMSは通常固体表面の分析に用いられる．一方，液体二次イオン質量分析法(liquid secondary ion mass spectrometry, **LSIMS**)は，その名称のとおり目的物質が不揮発性の液体に溶解した試料の分析に用いられる．

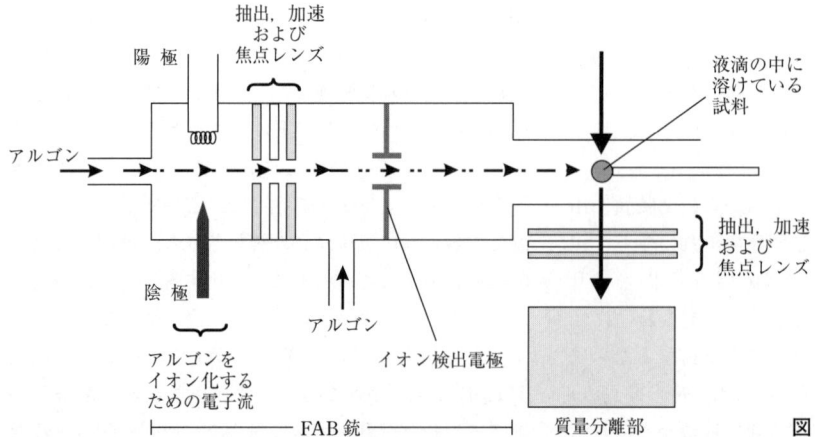

図 9.5 高速原子衝撃イオン化法

SIMS装置内では，高速原子衝撃(FAB)イオン化法で生じた高エネルギー($5\sim20$ kV)の Ar^+，Cs^+，N^{2+}，あるいは O^{2+} イオンが固体試料の表面に衝突する．この一次イオンは試料内の原子を脱離させ，そのうちのかなりの原子がイオン化するのに十分なエネルギーも与える．このようにして生じたイオンは**二次イオン**(secondary ion)である．この二次イオンは，質量分離部で分離される．

固体表面の目的物質の分布を調べられることが，SIMSが他の質量分析法と比べて有利な点である．実際，一般に使用されるSIMS装置では，一次イオンが照射される焦点の面積はわずか 0.5 mm^2 にすぎない．一次イオンビームのエネルギーは可変なので，一次イオンが固体試料の表面から貫入する深さを10 nmかそれ以上にもすることができる．そのためこの焦点の面積で，その下の10 nm程度の深さにある目的物質を分析できる．

イオンマイクロプローブSIMSでは，一次イオンビームの焦点の面積が $1\sim2$ μm^2 に絞り込まれているので，文字通りミクロの分析が可能である．試料の分析したい場所にイオンビームを照射するために，SIMSに顕微鏡を組合わせて用いている．イオン源を出た一次イオンビームは四重極(§9.4参照)などのマスフィルター装置を通過することで均一なエネルギーをもって試料表面を照射することができる．これにより，複雑な試料表面にある目的物質を選択的にイオン化することも可能になる．

LSIMSはグリセリンのような不揮発性の溶媒に試料を溶かして分析が行われる．高エネルギー(30 keVかそれ以上)の重いイオン，たとえば Cs^+ によって試料は照射される．

9.3.4　電界脱離イオン化法

電界脱離イオン化法(field desorption ionization, **FD**)では試料を塗布した金属(あるいは炭素)の先のとがった電極の近くに 10^3 V cm^{-1} 程度の静電場の勾配をつくる．試料電極の先端は刃物の刃か針のようにきわめて細くつくられ，これによって電場が先端に集中するようになっている．この先端から試料が気化するときに電子が電極に移動することで試料がイオン化される．

9.3.5　レーザー脱離イオン化法

レーザー脱離イオン化法(laser desorption ionization)は，10^{-3} cm^2 よりも狭い範囲に焦点を絞った $10^6\sim10^8$ Wのレーザーパルスを照射することで，試料の気化(脱離)とイオン化を同時に行う．試料上の狭い面積を分析できるので，レーザー脱離イオン化法は，表面での組成が変化に富む，たとえば鉱石などの表面での元素組成の分析に適している．さらには，微生物の細胞内小器官(organelle)の構造を解析できる可能性もある．複雑な試料内の特定の化合物を選択的にイオン化し定量できるように，レーザーの波長を設定できることも多い．

マトリックス支援レーザー脱離イオン化法(matrix-assisted laser desorption ionization, **MALDI**)はレーザー光線をよく吸収するマトリックスで試料を包み込むように混ぜてレーザー脱離を行う方法である．このようにすると，レーザー光が最初にマトリックスに吸収されてマトリックスが試料の気化をひき起こすとともに，光励起されたエネルギーが試料に渡されて試料のイオン化が起こる．この方法ではレーザー光の波長を試料の吸収波長にする必要はない．目的物質ではなく，マトリックスがレーザー光を吸収するからである．

9.3.6　スパークイオン化法

スパークイオン化法(spark ionization)は，二つの電極の一方に試料を塗布，あるいは，穴の開いた，あるいは指貫き様のカップ状の試料ホルダーを電極として用い，交流($80\sim100$ kHz)の高電圧(kV)をかけて電極間に放電を起こすことでイオン化する．

9.3.7　表面(熱)電離法

表面(熱)電離法(surface thermal ionization)は，タングステンフィラメントに目的物質を塗布し，これを直接加熱することで熱エネルギーにより気化とイオン化を行う方法である．この方法は，不揮発性の試料を分析するのに適している．

9.3.8　プラズマ脱離イオン化法

プラズマ脱離イオン化法(plasma desorption ionization, **PDI**)は，アルミニウムを貼ったナイロンの薄膜の小片に試料を吸着する．ここに ^{252}Cf などの放射性核種の分裂によって生じる高エネルギー粒子を衝突させて目的物質の脱離とイオン化を行う方法であ

る．実際には，MALDIなど本法にとってかわる方法が出現したために，PDIはさほど利用されていない．それでもPDIは分子量が10,000以上の目的物質のイオン化には，いまだに有効である．

9.3.9 サーモスプレーイオン化法

サーモスプレーイオン化法(thermospray (**TSP**) ionization)は，目的物質溶液の試料を細い鋼鉄製のキャピラリーを通して高速（超音速）で真空のイオン化室に入れることでイオン化された目的物質の微細なスプレーを形成する．試料がキャピラリーを通過して真空下で急激に気化するために，液滴が凍結しないように鋼鉄製のキャピラリーは加熱されなければならない．目的物質のイオンは電場によって集められ，抽出され，加速されて真空のイオン化室から質量分離部に導入される．

9.3.10 エレクトロスプレーイオン化法

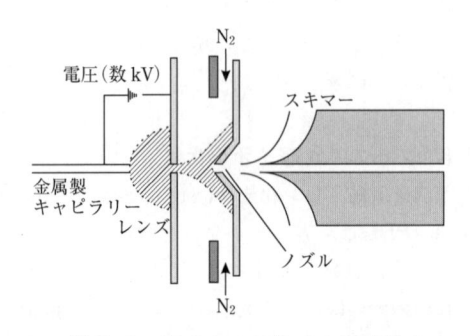

エレクトロスプレーイオン化法(electrospray ionization)は，しばしばESIあるいはEIと略記される．エレクトロスプレーイオン化のイオン源の概要を図9.6に示す．目的物質の溶液は最初にエレクトロスプレーイオン源内の金属製のキャピラリー管を通って微小な試料の液滴となる．このキャピラリー管と，これと数mmの距離にある最初のレンズ電極との間に3〜6kVの電圧が印加されている．これにより，液滴は大きな電場内を通過することでイオン化される．このようにして生じるイオンは，一つの分子内に複数のイオン化が可能な部分がある場合には，多価イオンを生成することがある．多価イオンの生成は高分子量の化合物ではとてもよく起こる．したがって，高分子量の化合物を含む生物試料を分析するときにはこの多価イオンの生成がスペクトルの解析に関係してくる．

図9.6 エレクトロスプレーイオン化法

9.3.11 誘導結合プラズマイオン化法

誘導結合プラズマイオン化法(inductively coupled plasma (**ICP**) ionization)は，分析に先だって行う試料のイオン化を，原子発光分析法（第7章）で述べたのと同じような方法で行うものである．ICPイオン源には，高周波誘導発振コイルによって不活性ガス（通常はアルゴンが使用される）からプラズマ流が生成し，プラズマは維持される．コイルの中心と同心円状にプラズマが生成する．試料は霧状となり不活性ガスの流れに乗って装置に導入され，コイル中のプラズマによってイオン化される．プラズマの温度は非常に高く，10,000K以上に維持されている．

9.3.12 大気圧電子衝撃イオン化法

標準的な**電子衝撃イオン化法**は，生じたイオンを真空状態の分離部に導入するために，高真空下でイオン化が行われる．しかし，電子衝撃によるイオン化そのものは，大気圧下では高真空条件下と比べて$10^3〜10^4$倍も効率がよい．しかし，質量分析法に大気圧下でのイオン化を利用することを考えると，（大気圧の）イオン源から（真空状態の）質量分析計にイオンが入るという点が問題となる．そこで，なんらかの方法で大気圧のイオン源と真空の質量分析計とをうまく結合する必要がある．この結合は，実際にはイオンの絞り（直径10μm以下の開口部）をイオン源と質量分離部との境界に設け，ここを通して質量分析計にイオンを導入するという方法で実現している．イオン源と質量分析計とのつなぎには，しばしば加熱できる短い管が用いられるが，加熱するのは，狭い絞りを通過して高速で真空の質量分析計に入るときに断熱膨張による温度低下でイオンが凝縮するのを防ぐためである．

9.4 質量分離部

質量分離部（質量分析部，mass analyzer）は，イオン源あるいはイオン化室から抜け出てきたイオン化された試料を，その質量電荷比の違いに応じて分離するものである．ここで思い出してほしいのは，イオンとなった試料は，試料イオンがもっている電荷と反対の電荷をもった電極のスリットをつぎつぎと通過することによって細いイオンビームとなると同時に運動エネルギーを与えられることである．このようにして加速されたイオンは質量分離部に導入される．すべてのイ

オンに対して等しい運動エネルギーが付与されるように，装置の設計の際，あらゆる努力がなされている．しかし，イオンはそれぞれ異なる質量をもっているので，運動エネルギーが等しくても速度は異なるために速度に関してはある幅をもつ．最も軽いイオンは最も速く装置内を移動するし，最も重いイオンは移動速度が最も遅くなる．この速度の差を利用して質量による分離がなされるが，最近市販されている装置では，さまざまなタイプの質量分離法があるのでつぎにそれらについて考えてみよう．

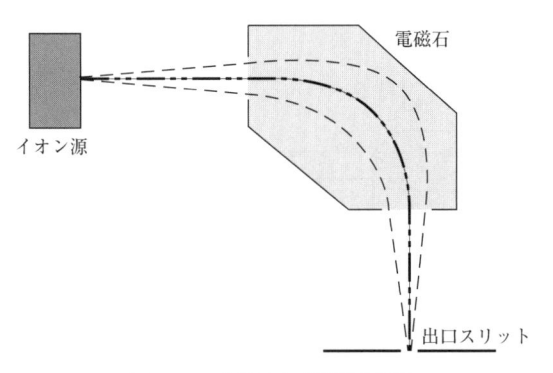

9.4.1 磁場収束型質量分離部

磁場収束型(扇形磁場)**質量分離部**(magnetic sector analyzer)の概要を図9.7に示した．磁場収束型質量分離部には，金属製のチューブが組込まれている．その管中を気相状態の，加速されたイオンが，管の出口スリットのうしろに置かれた検出器に向かって加速されながら通過する．管は，60，90，あるいは180°の扇形の円弧の形に曲がっている．この管の中で，イオンは磁石(通常は電磁石が使われる)によって飛行する軌道の方向が変更され，管の円弧にそった円軌道を描いて出口スリット，そしてイオン検出器へと向かう．磁石の磁場によってイオンが変更を受ける角度，すなわちイオンが通過する軌道はイオンの質量と電荷に依存する．同じ質量電荷比をもつイオンは同じ軌道を飛行し，異なる質量電荷比のイオンは軌道が異なる．このように，イオンはその質量電荷比によって分離される．イオンが質量分離部に入るときに，もともとわずかな飛行軌道のずれがあるかもしれない．しかし，扇型磁場によって同じ質量電荷比のイオンは同じ軌道を飛行するように集められる．このタイプの分離部をもつ装置は，単収束型質量分析計とよばれることがある

が，これは§9.4.2で述べる二重収束型質量分離部をもった装置に対比してよばれたものである．

質量分離部からイオン検出器への出口スリットは，質量電荷比の違いがほとんどないイオンだけを通過するように，きわめて狭くつくられている．イオンの軌道はつぎの操作により変化する．

i) イオンが通過する磁場の強度を変化させる．
ii) イオン加速電極の電圧を変化させる．

この二つの操作により異なる質量電荷比をもったイオンが，出口スリットを通過できるようにすることができる．磁場強度と加速電圧の組合わせは任意であるが，一度この組合わせを決めれば，その条件で定まった質量電荷比のイオンをイオン検出器で検出することができる．なぜなら，この二つの条件が決まると，この条件にあった質量電荷比のイオンだけが出口スリットを通過してイオン検出器に到達できるからである．

磁場強度を変化させるか，イオンの速度を変化させる(これは加速電極の電圧を変化させることで可能)か，のいずれかによって，すべての質量電荷比のイオンを出口スリットを通過させて検出することができる．

磁場型質量分析計の分解能は，実際には，イオン源で生じたイオン化に際しての運動エネルギーの分布によって制限されている．電場によって加速されるときにすべてのイオンが等しい運動エネルギー(eV)を獲得するとしても，それ以前にもっていた運動エネルギー(E_{int})は，それぞれのイオンごとに異なるため，任意のイオンが質量分離部に入るときにもっている全運動エネルギーは，

$$E_{kin} = E_{int} + eV \tag{9.2}$$

と表すことができる．ここで，E_{kin}はイオンの全運動エネルギー，eは1電子あたりの電荷量，Vは加速電圧である．同じ質量電荷比のイオンであっても質量分離部の出口スリット付近で軌道の空間的分布あるいは広がりが生じてしまうのは，最初のエネルギー(E_{int})に分布があることをどうしても避けられないためである．このイオンの広がりが，このタイプの装置の分解能(R)を，測定試料の分子量に比較して$R = 2000$，あるいはそれよりやや小さい程度に制限していて，これ以上に分解能をよくすることはできない．

> **注** 質量分析計の分解能については§9.5.1を参照のこと．

図 9.7 磁場収束型質量分離部

9.4.2 二重収束型質量分離部

二重収束型質量分析計(double focusing mass spectrometer)は,磁場収束型質量分析計の欠点を克服するために,イオンの収束を行う装置を二つ組込んだものである.同じ質量電荷比をもったイオンの収束には,電磁石(磁場収束質量分離部)が第一選択として用いられるが,これはイオンの飛行軌道に沿った広がりの狭い収束を実現するからである.この電磁石に加えて,二重収束型の装置には**静電場質量分離部**(electrostatic analyzser, **ESA**)とよばれる装置が組込まれている.この装置は,一組のなだらかな曲線をもった電極板で,この2枚の電極の間に直流電圧が印加される.この静電場によって,イオン源でそれぞれのイオンが最初にもっていた運動エネルギー(E_{int})のわずかな違いを補正することができる.

ESAはイオン源と磁場収束部との間に置かれ,イオン源を出たイオンは静電場がかかった1組の電極板のすき間を通過することになる.ここを通過するときに,電極板の間にかかった直流電圧によってイオンの運動エネルギー分布が狭く制限され,続けて磁場分離部に進むことになる.設定されたカットオフ電圧よりも運動エネルギーの大きなイオンは,電極板の曲率よりも大きな半径の軌道を描いて飛行するために,外側の電極板に衝突して取除かれる.また,カットオフ電圧よりも小さな運動エネルギーのイオンは内側の壁に衝突して同じように取除かれるので,イオンの全運動エネルギー(E_{kin})の幅がきわめて狭いイオンだけが磁場収束型質量分離部に進むことができる.繰返すと,静電場をかけた電極を通過することで,同じ質量電荷比をもったイオンが最初の運動エネルギーの違いによる軌道幅が狭くなるよう修正される.このようにして分解能(R)を相対質量比として 10^5 か,それ以上に向上できることがある.この分解能は,上述の単収束型の装置だけで得られる分解能に比べて優に2桁の改善がなされている.

二重収束型装置で使用される磁場収束型質量分離部は,単収束の磁場収束型質量分析計で述べたのと同様の原理でイオンを収束する.実際の装置では,磁場収束型質量分離部やイオン検出器の配置にさまざまな種類があって,たとえば Mattauch-Herzog 型(図9.8),あるいは,Nier-Johnson 型二重収束型質量分析計(図9.9)など,最初に装置をデザインし組立てた人の名前がついている.

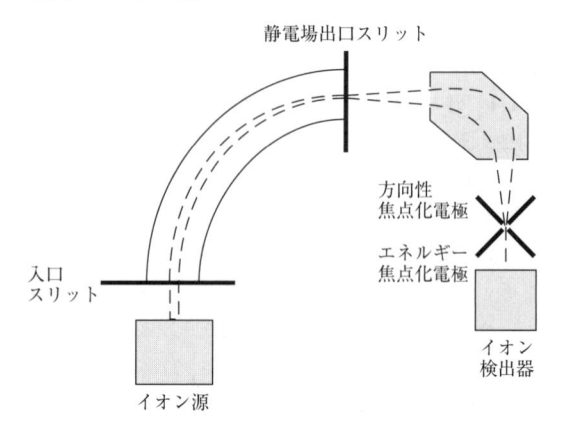

図 9.9 Nier-Johnson型二重収束型質量分析計

9.4.3 四重極型質量分離部

四重極型質量分離部は,100 ns(10^{-7} 秒)あるいはそれ以下というきわめて短い時間で分析できる.実際には,この分析に要する時間の短さは,クロマトグラフィーのカラムの出口から出てきた試料をリアルタイム分析できることを意味しており,このため,四重極型質量分析計はガスクロマトグラフィーに質量分析計を連結したシステムである GC-MS の検出器として利用されることが多い.

四重極という名称は,この装置の心臓部に,4本の金属製の棒(電極)があることに由来している.その構

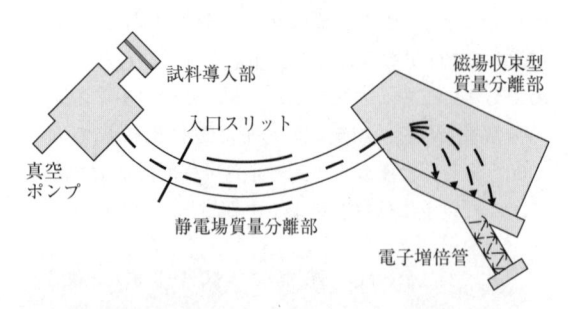

図 9.8 Mattauch-Herzog型二重収束型質量分析計

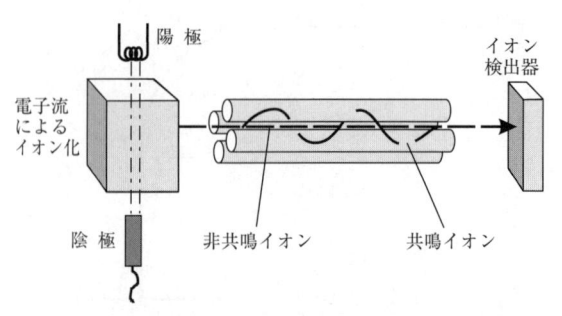

図 9.10 四重極型質量分析計

造を図9.10に示す．さまざまな四重極型質量分析計が市販されているが，一般的に用いられる金属棒の長さは10〜15 cmで直径は5〜6 mmである．最初に10〜15 kVの加速電圧により加速されたイオンは，4本の金属棒の間に飛び込む．イオン検出器はこの4本の棒の反対側の出口にあり，どのようなイオンでも，イオンが出てきて検出器に入れば，検出できるようになっている．4本の棒には，ある質量電荷比をもったイオンだけがこの4本の棒の間の空間を通過できるように電圧がかけてある．すなわち，この記述からわかるように，イオンを分離していないので，これまで述べてきたイオン分離部に対して，より厳密には，四重極型質量分離部はイオンフィルターとよばれることがある．

それでは，直流電圧と交流電圧がこのようにかけられると，イオンの飛行軌道にどのような影響を与えるのか考えてみよう．

4本の棒にかける電圧は，隣りあう2本の電位が逆になるようにかけてある．すなわち，図9.11に示すように，4本の棒は，対角にある2本が+に，もう一方の対角の2本が−という組合わせになっている．直流電場がこれら2組の棒の間にかけられており，+の棒が陽極，−の棒が陰極となる．さらに，低電圧の高周波数の交流電場がこれらの180°の位相差をもって陽極と陰極との間にかけられている．

検出されるイオンは，この四重極の空間を通過してイオン検出器に到達しなければならない．もしもイオンが4本の電極のどれか一つに引き付けられて衝突すると，電荷を失いもはや四重極の空間を通過できなくなる．直流と交流電圧とを組合わせて四つの電極間に電場を形成することにより，四重極の交流電場は，後述するように，高域(high-pass)の質量フィルターとして，また，直流電場は低域(low-pass)質量フィルターとして機能する．したがって，きわめて狭い幅の質量電荷比をもったイオンだけが四重極を通過して検出器に到達できる．

四重極を通過するイオンの通路空間に対して，電極にかけられる直流電場と交流電場とがどのようにはたらくのかを考えてみよう．試料のイオンはおもに正電荷をもっていることを思いだそう．すなわち，試料イオンは陽イオンである．交流電場に加えて，直流電場が2組の電極棒にかけられている．

ある時刻には陰極となる電極に対して相対的に正電位をもつように陽極に電圧が負荷されているが，そのつぎの瞬間には，陽極が陰極に対して負の電位となるように電圧が変化する．この交流電場がなければ，おもに陽イオンから成るイオンビームは負に帯電した陰極にひき寄せられ，正に帯電した陽極には反発する．そこで，直流電場が強いと質量の小さなイオンは，この電場を通過できなくなる．

しかし，そこに交流電場がかかると，交流電場の正の位相の半周期では，イオンは4本の電極の中の空間に集められ，負の位相の半周期にはイオン・ビームは4本の電極に向かって発散する．

質量の小さなイオンは，質量の大きなイオンに比べてより容易に軌道を変更できることを思い出そう．そうすると，質量の小さなイオンは交流電場によって，質量の大きなイオンよりも大きく軌道を曲げられることになる．陽イオンは当然のことながら陽極からは反発されるが，ある質量よりも重くなると，そのイオンは負の位相の電場のときに陽極と衝突を余儀なくされてしまうことになろう．このようにして，イオンビームから質量の大きなイオンが取除かれる．すなわち，交流電場は決められた分子量よりも小さなイオンだけを通過させるフィルターとして作用する．このため，**高域フィルター**(high-pass filter)とよばれる．

さて，つぎに陰極(マイナスの電荷をもった2本の電極)にかけられた直流および交流電場がイオンの透過する四重極の道筋に与える影響について考えてみる．最初に，陰極となる四重極のうちの2本の電極は四重極の中央の位置から見て，いずれも陽極とは90度(直角)の位置にあることを思い出そう(図9.11)．イオンビーム内の陽イオンは，交流電場がないときは，マイナスの電荷を帯びた陰極に引き付けられる．陰極に衝突してしまったイオンはどんなイオンであっ

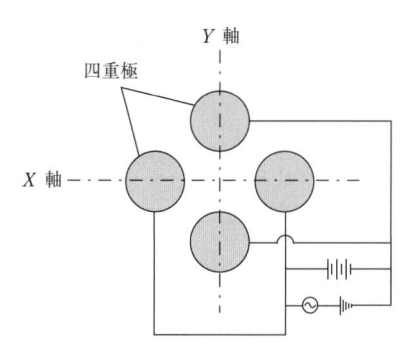

図9.11 四重極型質量分離部内部の電極棒の配置と電場のかけ方

ても，電荷を失い，イオンビームから取除かれる．直流電場が強く，交流電場の周波数が低いときには，イオンの直進性は質量の大きなイオンほど強いので，質量の小さなイオンは陰極に衝突して四重極を通過できないが，質量の大きなイオンは無事に通過する．このようにして，陰極は**低域フィルター**(low-pass filter)として作用する．

高域フィルターおよび，低域フィルターが排除する質量電荷比のしきい値(threshold)は，4本の電極にかける交流および直流電場の電場強度と，交流の周波数を変化させることで制御される．通常は，きわめて狭い質量電荷比の幅をもったイオンだけが，四重極を通過して検出器に到達できるように，電場が設定される．

質量スペクトルは，直流電圧を直線的に(線形に)増加しつつ，それと同時に交流電場を4本の電極にかけて記録される．このようにして，最初に質量電荷比の小さなイオンが四重極を通過するように選択され，つぎに質量電荷比が順に大きなものが通過するようになっている．

9.4.4 イオントラップ型質量分離部

イオントラップ法は，その名称が示すとおり，イオンが生成されたあと，しばらくの時間とどめておく装置である．さまざまなタイプのイオントラップ装置が質量分析計の質量分離部に利用されている．最初に簡単な原理のイオントラップ装置についてみたあと，イオンサイクロトロン共鳴(ICR)装置について述べることにする．

最も簡単な装置は，ドーナッツ状のリング電極と，その空間を両側からふたをして覆うような二つのエンドキャップ電極をもったものである(図9.12)．リング状の電極に高周波電圧をかけると，その電圧に応じてリング平面内で円運動するイオンの軌道が質量電荷比(m/z)に応じて変化する．電圧を掃引していくと，それに応じたm/zの異なるイオンがつぎつぎと安定化され，リング状の電極を離れてエンドキャップ電極のすき間から飛び出して検出器に到達するようになる．この種の単純なイオントラップ型質量分離部は，四重極型などの複雑な装置に比べて，機構も単純でコストも安いという利点をもっている．

イオンサイクロトロン型の装置では，イオンは通常電子衝撃法によって生成され，**サイクロトロン**(cyclotron)という名称で知られるイオンを閉じ込め，あるいはイオンをトラップする装置に送り込まれる(図9.13)．強力な電磁石(ときに1.5 Tかそれ以上の磁場強度をもつ)は，この磁場に飛び込んできたイオンを，磁場とは直行する平面内で回転運動をさせる．磁場強度をBとすると，質量m，電荷zのイオンの回転運動の角振動数ω_cは，式(9.3)に示すように電荷に比例し，質量に反比例する．

$$\omega_c = \frac{zeB}{m} \qquad (9.3)$$

イオンの角振動数ω_cは，測定条件が定められているときには，サイクロトロン振動数ともいわれる．式(9.3)は，イオンの質量が大きいほど回転運動の角振

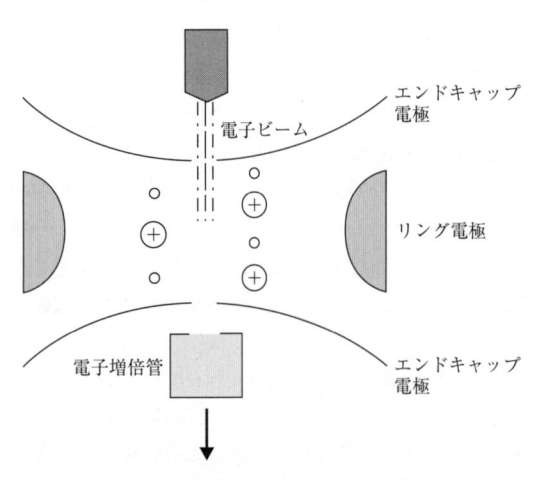

図 9.12 単純なイオントラップ装置

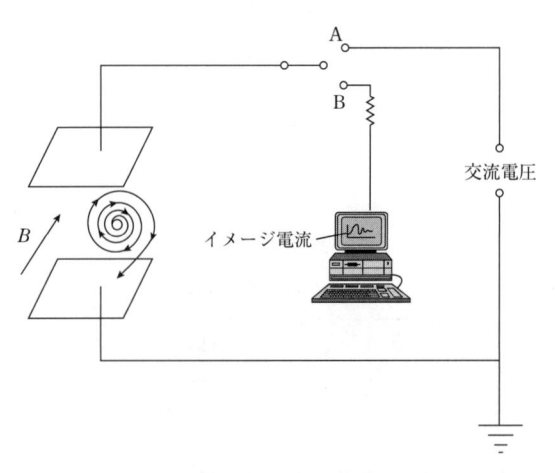

図 9.13 イオンサイクロトロン共鳴(ICR)型質量分析計．スイッチAを短時間接続すると渦巻き状に描いたようなイオンの動きが起こる

動数 ω_c が小さく，逆に，電荷が大きければ，角振動数が大きくなることを示している．

磁場にトラップされて回転運動をしているイオンは，与えられる交流電場の振動数がサイクロトロンの振動数にほぼ等しいという条件において，交流電場からエネルギーを吸収し，その結果として加速度を得ている．もしもこの交流電場がイオントラップ空間で磁場と直交する方向から加えられたときは，ある定められたサイクロトロンの振動数と等しい角振動数をもち，共鳴できる（すなわち，式 (9.3) の質量電荷比をもった）イオンが加速されることになる．交流電場がある限り，共鳴できるイオンは加速され続けるので，回転運動の半径がだんだん大きくなる．交流電場のオン，オフは，図 9.13 のスイッチを A か B に接続することでなされる．

共鳴したイオンは回転半径が大きくなって，最後にはイオントラップ空間の上下の電極のいずれかに衝突し，その結果，減衰振動の形の電流波形が検出される（図 9.13）．この電流（イメージ電流（image current）とよばれる）は時間とともに減衰するが，加える交流電場によって，数十分の一秒から，数秒のあいだ観察される．イメージ電流の電流量は，共鳴したイオン数に比例するので，共鳴したイオンの質量電荷比が求まる．

質量スペクトルは，交流電場の振動数を掃引しながら，その振動数に共鳴する質量電荷比のイオンが電極に到達するときに生じる電流を m/z の違いに基づいて連続的に記録してゆくことで得られる．この掃引には時間がかかり退屈な操作であるが，実際には，一定の速度で交流電場の振動数を増加して m/z の異なるイオンをつぎつぎと時間依存的に検出し，そのシグナルをフーリエ変換することで，質量スペクトルを得ている．現在では，この ICR 型質量分離部がフーリエ変換質量分析計の心臓部となっている．

> 注　フーリエ変換法は数学的な演算法で，たとえば，1 組の複雑な質量分析により得られたデータを，コンピューターを利用して独立の成分に分離して解析する方法である．

9.4.5　飛行時間型質量分離部

飛行時間型 (time-of-flight, **TOF**) 質量分析計は，イオン源で一度にイオン化した質量の異なるイオンを，質量電荷比の違いに従って順々に検出する．簡単な飛行時間型質量分離部の概略を図 9.14 に示す．

イオン源において，パルス状の電子や陽子を照射したり，イオンの衝突によって生じた二次イオン（陽イオン）を一度に，大量に発生させる．これらのイオンは $10^3 \sim 10^4$ V の電圧をかけた移動管中を急速に加速されて検出器に向かって移動する．イオンの電荷が等しければ，電場から得る運動エネルギーは等しいので，質量が異なれば，異なる速度で移動管中を飛行して検出器に到達する時間は異なる．イオンが発生してから検出器に到達するまでの時間はとても短く，一般に数 μ 秒かそれ以下である．イオン検出器では，移動管から出て検出器に到達したイオンを検出し，イオン量を記録する．この装置は，イオンは分散して移動管の長さを移動するのにかかる時間を測定するので，飛行時間型質量分析計とよばれる．

一度にイオン化されたイオンが検出器に到達するまでの時間がとても短いので，質量電荷比の違いに従ってイオンをつぎつぎと検出するためには，きわめて高速の電子回路とデータ処理を行う必要がある．このタイプの装置の分解能はおよそ 500〜1000 で，磁場収束型，あるいはフーリエ変換型の質量分析計の性能には及ばないが，装置の機構が単純であることと，故障が少ないことが分解能が低い欠点を補うので，それがこ

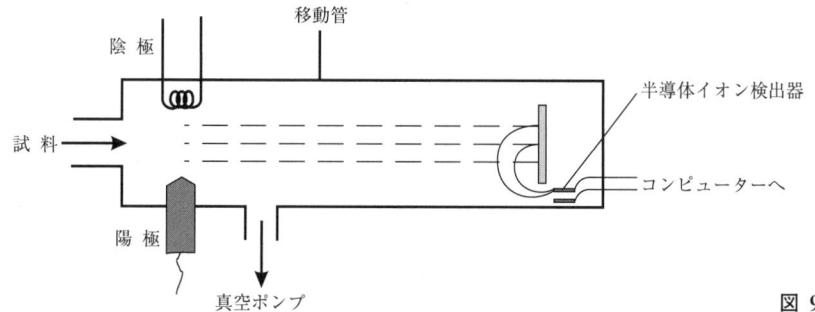

図 9.14　飛行時間型質量分離部

の型の質量分析計を購入する判断のもととなることもある．

9.5 イオン検出部
9.5.1 質量分析計の分解能

質量分析計の分解能を記すにはいくつかの方法がある．この本の目的からみて，ここでは二つの最も広く用いられている方法を紹介する．

分解能を定義するときの最初の思考モデルは，分解能 R は $M/\Delta M$ に等しいとするものである．ここで，ΔM は，ピークの高さが等しい二つのピークが重なり，そのピーク間の谷の高さがピーク高さの 10% になるときの m/z の差である(図9.15)．ΔM が，二つのピークが分離していると認識できる最小の質量の差であるならば，分解能 R を式(9.4)で計算することができる．

$$R = \frac{M}{\Delta M} \tag{9.4}$$

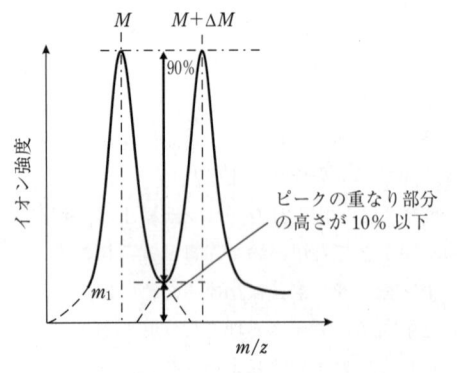

図 9.15 質量分析計におけるピーク分解能の表し方(1)．10%ピーク分解能を求める方法

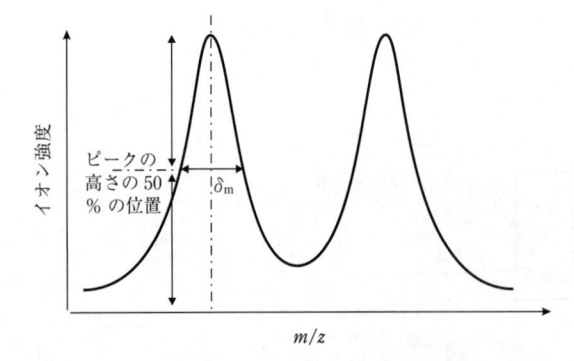

図 9.16 質量分析計におけるピーク分解能の表し方(2)．ピーク半値幅を利用して全ピーク幅を求める方法

もう一つの方法は，一つ，あるいは単独のピークについて，δ_m で分解能を定義するものである．δ_m は，最大ピーク高さの半分の高さにおけるピーク幅(full peak width at half the peak maximum, **FWHM**)である(図9.16)．

装置の分解能は，イオンの質量が変わっても一定ということはなく，高分子量の領域では悪くなるのが一般的である．実際には，多くの装置では，1 amu の違いがあれば異なるピークとして分離できるので，同じ化学組成式をもったイオンでも質量数の異なる同位体を区別できる．

9.5.2 電子増倍管

電子増倍管(electron multiplier)は，きわめて丈夫で，しかもさまざまな質量分離部に接続できるために，おそらく，世の中の質量分析計に最も広く用いられているイオン検出器である．

電子増倍管の心臓部は**ダイノード**(dynode)で，エネルギーをもったイオンが衝突すると，二次電子を多量に放出する，表面が Cu あるいは Be で被覆された電極でできている．

電子増倍管には，さまざまなデザインのものがあるが，いずれも最初に電子が放出されると，つぎつぎに他のダイノードあるいは，同じダイノードの別の部位からさらに電子が放出されるように設計されていて，これが繰返され，遂には，なだれのように電子が放出される．この結果生じる電流は 10^7 倍かそれ以上に達する．

電子増倍管によるイオン検出器の原理は，紫外・可視分光光度計で使用される光電子増倍管ととても似ている．このイオン検出器は，質量分析計内部の高真空の環境にあるため，ガラス管に納める必要がないことは注意しておこう．

図 9.17 ダイノード電子増倍管．ダイノードは検出器に向かうに従って徐々に高電位になるように電圧が設定されている

電子増倍管には多くのダイノードが組込まれており（ときに20以上），図9.17に示すようにずらりと並んでいる．それぞれの電極，あるいはダイノードには並んだ順に，前のダイノードよりも高い電圧になるように電場がかけられていて，電子が加速されてダイノードに衝突すると，飛び込んだ数以上の電子が表面から放出されてさらにつぎのダイノードに向かうようになっている．

連続ダイノード電子増倍管

連続ダイノード電子増倍管（continuous dynode electron multiplier）は，たった一つの大きな曲がった角型のガラスに鉛をドープしたダイノードを用いている（図9.18）．この型の検出器は，電子増倍管の節で述べたように，質量分析計の高真空な環境にあるので，周囲を保護すべき覆いは必要ではない．角の内面は，アースに対して全面$-2 \sim -3\,\mathrm{kV}$の電圧がかかっている．この角に入ったイオンは，内面のどこかに衝突して表面から電子の放出が起こる．この二次電子は，角の内面の対面に次なる電子の放出をひき起こし，やがて角の底に向かってなだれをうって大電流が発生する．この電流が記録され，その強さによって，最初に検出器に到達したイオンの数を定量することができる．

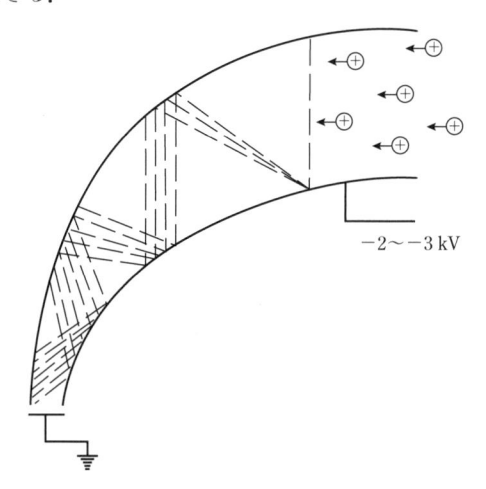

図9.18 連続ダイノード電子増倍管

9.5.3 Faraday カップ

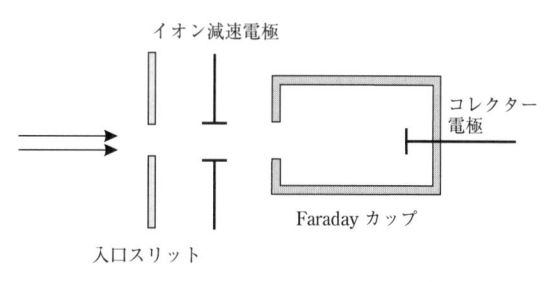

この型のイオン検出器は，カップ状のFaradayカップ（Faradayケージともいう）がイオンコレクター電極を取囲むような構造をしている（図9.19）．

質量分離部を出たイオンは，最初にスリットを通過してFaradayカップ検出器に入る．Faradayカップの入口のスリットは，明らかにすべてのイオンを通過してイオンコレクター電極に到達するように配置されている．Faradayカップとコレクター電極は電気的に接続されている．カップ内のどこにイオンが衝突してもシグナルとして検出され，あるいは衝突によって二次電子を放出する．この二次電子がさらにFaradayカップの他の場所かコレクター電極に衝突をすれば，シグナル強度は増強される．コレクター電極自身も，飛び込んできたイオンビームを反射してカップ内部に衝突させるような角度に設置されており，このようにして検出器に入ったイオンのシグナルは増強されるのである．

コレクター電極とFaradayカップは，高抵抗の抵抗器によってアースに対して高電圧になるように電圧が負荷されている．イオンとカップ内で生じた二次電子は最終的にはコレクター電極に到達することによりFaradayカップの電流が変化する．この電流の変化が記録され，イオン分離部から出てきたイオン量が定量される．

Faradayカップイオン検出器の感度は，前述の電子増倍管型のものに比べ，0.1%に過ぎないので，一つのFaradayカップだけを用いた検出器では，シグナルの増強の点で将来性はあまりない．しかし，Faradayカップイオン検出器は，質量分析計に用いられるイオン検出器の中では，最も構造が単純で丈夫であり，価格も低廉である．そのため，さほど感度を要しない日常の質量分析計には，いまだに用いられている．

> **注** Faradayカップはアースされた金属製の中空の箱のようなものである．

図9.19 Faradayカップイオン検出器

9.5.4 シンチレーションイオン検出器

シンチレーションイオン検出器は，イオン（あるいは二次イオン）がリンで被覆した検出器の壁面に衝突したときに発光する可視光を記録するものである．シンチレーションイオン検出器にはさまざまな種類のものが認められる．一例を挙げれば，光電子増倍管にリンをコーティングした細いアルミニウムの窓を取付けたものがある．この窓の部分にイオンが衝突すると，発光が起こり光電子増倍管の電流量として質量分離部を出てきたイオン量が定量される．別な型のシンチレーションイオン検出器は，質量分離部を出たイオンを陰極にひき付けて衝突させ，生じた二次電子がリンをコーティングした壁面に衝突して生じる発光量を定量している．

9.5.5 質量分析法における写真検出

写真乾板あるいはフィルムは，今日では質量スペクトルを記録するのに用いられることはほとんどなくなったが，ある測定環境下では利点ももっている．イオンは写真フィルムを直接に感光することができる．したがって，質量電荷比に応じて空間的にイオンを分散できるような質量分析計と接続して用いることができる．

実際には，写真による検出は，スパークイオン化源と磁場を利用した質量分離部を基本構造とする装置に限られている．フィルムとしては，臭化銀を用いる写真フィルムが最も一般的に用いられるが，これは他のフィルムよりもエネルギーをもったイオンによって感光されやすいためである．フィルム上で感光される場所の違いは，質量電荷比の違いに対応しており，それぞれのイオンの量は，それらのイオンに対応する位置でフィルムが感光して生じる相対的な明暗をデンシトメーターを用いて定量することができる．ある時間，到達するイオンにフィルムを露出すると，その時間内に到達するイオン量を積算した分だけフィルムは感光する．この露出時間を長くすることによって，写真検出法はきわめて高い感度を得ることができ，きわめて低濃度の目的物質を定量することが可能になる．

> 注　デンシトメーターは，写真フィルムがイオンによって感光された結果生じる明暗から定量することのできる装置である．

9.6 他の機器分析装置と結合して使用される質量分析法

質量分析法は，きわめて微量な試料を分析することができ，したがって分析化学者にとっては，最も高感度な分析法の一つとなっている．

分子内にイオン化しうる基が2箇所以上に存在するか，あるいは，実際に認められることであるが，フラグメンテーションを起こしやすい場合には，構造上関連の深いピークが二つ以上生成する．この結果，質量スペクトルは一般にその解釈が難しく，もしも試料中に多種類の物質が多量に含まれているときには，このことはもっと問題となってくる．多成分の試料の分析をするときに起こる問題を単純化する方法の一つは，質量分析計を他の分析機器と接続して，質量分析を行う前に混在する不要な成分を取除いてしまうことである．

このような方法には二つの例があって，質量分析法をガスクロマトグラフィー，あるいは高速液体クロマトグラフィーに接続するものである．これらは，それぞれ，**ガスクロマトグラフィー-質量分析法**(gas chromatography-mass spectrometry, **GC-MS**)，あるいは**高速液体クロマトグラフィー-質量分析法**（**LC-MS**）とよばれる．もう一つの方法は，高分子量のイオンがフラグメンテーションを起こす場合，2台の質量分析計を連結して分析するというもので，この場合には，最初の質量分析計はイオン化した分析したい目的物質を単離するために用いられ，2台目はこの一次イオンが分解して生じるフラグメントイオンを分析するのに用いられている．

9.6.1 ガスクロマトグラフィー-質量分析法

質量分析法はガスクロマトグラフィー（第8章）で分離され，溶出された目的物質を検出するシステムとして利用可能である．ガスクロマトグラフィーに質量分析法を接続するときに問題となるのは，大量のキャリヤーガスを質量分析計の中の高真空下に保たれている質量分離部に入れるわけにいかないことである．

ガスクロマトグラフィーカラムの出口から質量分析計に試料を導入するには，いくつかの方法がある．これら二つの装置をつなぐ最も簡単な方法は，数mmの直径の小さな穴をあけた仕切り板を用いて，その穴

から漏れ出るほんの少量の試料だけを，質量分離部に取込むものである．これによって，質量分離部が必要とする真空度が低下しないようにしようというわけである．

もっと精密な結合装置がいくつもあるが，それらに共通して重要なことはどれも同じなので，ここではこれ以上述べない．しかし，一つだけ，考えておかなければいけない因子は，ガスクロマトグラフから出てくるキャリヤーガス中に含まれる目的物質の濃度である．質量分離部の真空度が低下する危険があるので，できる限り少量のキャリヤーガスを質量分離部に入れるのがよいが，一方，これとは逆に，十分な量の目的物質が質量分離部に入ったほうが分析が容易になる．したがって，キャリヤーガスの流れの中に含まれる目的物質の濃度が高ければ高いほど，質量分離部に取入れるべき気体の体積は少なくてすむことになる．ガスクロマトグラフィーのカラムと分析条件を，クロマトグラムの分離能を高くするように設定するということは，ピーク幅を狭くし，カラム出口でのキャリヤーガス中の試料濃度を高くすることになることを思い出そう．

9.6.2 高速液体クロマトグラフィー-質量分析法

HPLCと質量分析法とを接続するのは，GC-MSよりももっと問題が多い．というのは，質量分析計，あるいは質量分離部には気化した試料が導入されなければならないからである．ところが，HPLCでは目的物質が溶解している液体の移動相を用いている．

これに対処する多くの方法は，目的物質を選択的に気化するもので，試料を質量分析計に導入する前に溶媒を除去してしまうという方法をとる．さまざまなタイプのインターフェースがこの考えに基づいてつくられ，**PB**(particle beam)あるいは，**MBC**(moving belt coupling)インターフェースなどがある．しかし，これらインターフェースの詳細についてはこの本では取上げないことにする．

他の方法としては，（たとえば，流路を分割するバルブなどによって）質量分析計に導入できるくらいに，HPLCカラムから流出する溶出液の流量を下げる方法がある．その結果，カラムから溶出された試料を直接質量分析計に導入できる，**DLI**(direct liquid introduction)インターフェースが利用できるようになった．

最後に，HPLC溶出液中の試料を直接にイオン化し，その中からイオン化された目的物質だけを質量分析計に導入するという方法に基づく手法もたくさんある．この方法の多くはすでにサーモスプレー(TSP)イオン化法あるいは，スパークイオン化法やエレクトロスプレーイオン化法として述べた方法である．

9.7 質量スペクトルにおけるイオンの同定と異なる質量分離部を用いたときのスペクトルの違い

分子あるいはイオンの同定は，質量数，あるいは（より一般的には）特定の質量電荷比をもつピークの帰属(assignment)を行うことが必要である．質量数の標準マーカーとしては水銀蒸気やペルフルオロケトン(PFK)が用いられる．水銀蒸気はm/z 198～204の領域に特徴的なスペクトルを与える．また，PFKは，m/z 69(CF_3)，93(C_3F_3)，124(C_4F_4)と131(C_3F_5)に特徴的なピークをもつ質量スペクトル(マススペクトル)を与える物質である．

質量分析法はおもに定性分析に向いている．もちろん，GC-MSなどの他の測定法と結合した質量分析法によって定量分析を行うことも十分に可能であるが，これは§9.6で述べた．

分析されるほとんどすべての化合物は，イオン化によってフラグメンテーションを起こす．得られる質量スペクトルの特徴は測定に用いたイオン化の方法によって決まる．これは，イオン化の方法によってフラグメントになる割合が変わるからである．フラグメンテーションが多く起こるほど，得られる質量スペクトルは複雑になる．

質量スペクトル上現れる各フラグメントイオンのピークは，スペクトルの横軸のm/zに対してY軸(縦軸)にその相対強度をプロットすることで示される．このタイプのスペクトルは棒グラフ表示として知られている．分子量を示す分子イオンピークは通常，スペクトル上認められるピークのうち，最もm/zの大きい部分に現れる．しかし，この分子イオン強度が最も強いということは，きわめてまれで，ときには，全く認められないこともある．この場合，もとの目的物質の分子量を決めることができないということが起こる．

化合物のフラグメントは，もとの化合物の構造に依存していることは明らかである．したがって，未知化合物の構造は，フラグメントイオンを残基としてもっていたか，特徴的なフラグメントイオンは，もともといくつかのフラグメントが集まっていたと考えることで構造解析を行うことが可能となる．

図 9.20 に 1-デカノールを化学イオン化(CI)法(a)によりイオン化して得られたスペクトルと，電子衝撃イオン化(EI)法(b)によりイオン化したときのスペクトルとを比較して示す．化学イオン化法はフラグメンテーションが少ないことが特徴で，通常は単純なスペクトルを与える．

CI 法のスペクトルで最も m/z の高い位置に観察される最初のピークは $(M-1)^+$ イオンで，つぎに OH 基が脱離した $(M-OH)^+$ イオンである．さらに左にいくつかの小さなピークが観察されるが，その質量数差が 14 マスユニットだけ違うのは，メチレン(CH_2) 基が脱離したことに対応している．

これに対し，EI 法によるスペクトルではずっと多くのフラグメントの生成が認められる．m/z 41 を中心としてみられる一群のピークは $C_3H_5^+$ と，これと水素の数が異なるもので，m/z 55，70，83，112 にみられるピークは m/z 41 のフラグメントに CH_2 基がさらに結合したイオンに対応する．

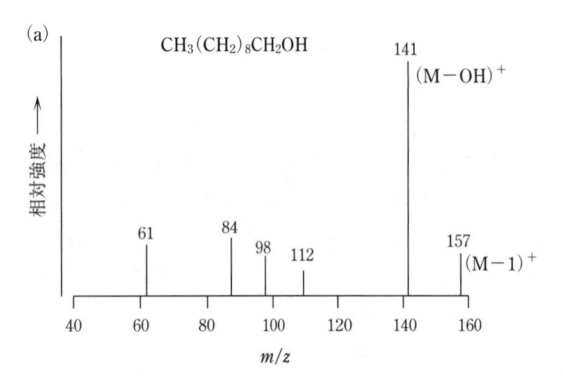

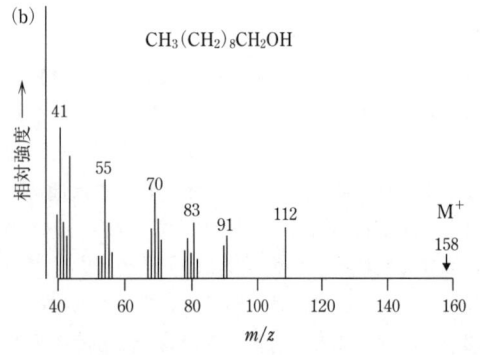

例題 9.1 質量スペクトル上，分子イオンピークが m/z 130 にある化合物がある．もしも，この化合物からメチル基(CH_3)が脱離したときに生じるイオンのピークは m/z いくつに認められることになるか．

[解法] 失われる質量を分子イオンの質量から差し引けばよい．
$$CH_3 の質量=12+(1\times 3)=15$$
したがって，新たに生じるフラグメントイオンのピークは，$m/z=115$ になる．
$$130-15=115$$

例題 9.2 つぎに示すエチルアミンのマススペクトルのおもなピークを同定しなさい．

[解法] エチルアミンの分子に存在する部分構造を考えて，それらに相当する質量数を計算し，スペクトル上のおもなピークの m/z の値と合致するか調べて分子の構造と比較対照する．

ピークの同定
エチルアミン $CH_3CH_2NH_2$ (MW:45)
45 : M^+
44 : M^+-H
30 : M^+-CH_3
28 : $CHNH^+$
15 : CH_3

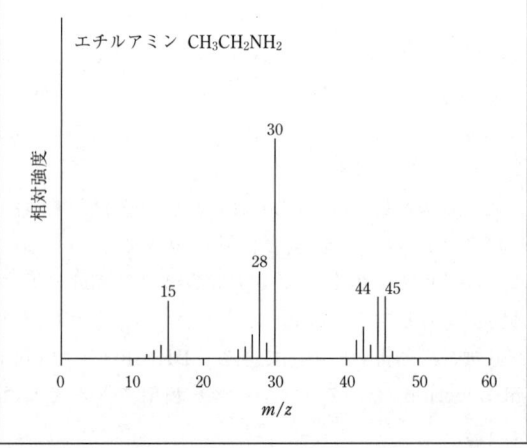

図 9.20 1-デカノールの化学イオン化(a)と電子衝撃イオン化(b)によって得られる質量スペクトル

9.8 タンデム質量分析法

タンデム質量分析法(MS/MS)は,2台の質量分析計を結合して用いる分析法である.1台目の質量分析計で目的とする目的物質のイオンを単離し,そのイオンが式(9.5)に従って,よりm/zの小さなイオンと電気的に中性な生成物とにフラグメンテーションしたものを2台目の装置で検出するというものである.

$$m_p^+ \longrightarrow m_d^+ + m_n \qquad (9.5)$$

観察しようとするイオンがさらにフラグメンテーションや脱離反応を起す場合には,さらに3台目あるいは4台目の装置を接続することもある.装置を接続するときに,同じタイプの装置を接続するか,異なるタイプの装置を接続するかは,目的によって違う.たとえば,飛行時間型(TOF)の装置に磁場分離型の装置を接続することがよくあるが,TOFの装置でイオン化された生成物を磁場分離型の質量分析装置でさらに分析するということになる.

質量分析計の接続部に**コリジョンセル**(collision cell)を用いることがよくある.この方法では,最初の質量分析器で前駆体イオンあるいは親イオン(parent ion)を選び出し,コリジョンセルに入れる(図9.21).ここで**衝突によるフラグメンテーション**(collision induced fragmentation, **CIF**),あるいは**衝突活性化反応**(collision activated reaction, **CAR**)によって生じたフラグメントや生成物を2台目の質量分析計で検出する.タンデム質量分析法は純粋に分析を目的とした場合だけでなく,フラグメンテーション反応の機構の解析を目的として,よく用いられる.

タンデム質量分析法を分析目的で用いる多くの応用例がある.1台の質量分析計で十分であるのに,2台の装置を使って分析しようとはだれも考えもしない状況で,素晴らしい想像力の結果として,質量分析計を結合して使う方法が生み出された.質量分析計を2台結合して用いることにより,他の分析法では不可能であるような複雑な混合物中に微量に含まれる化合物を検出するという応用法も開発された.たとえば,倫理的,かつ法律的に禁じられている薬物が体液(薬物を使用した患者からの試料)中に存在するかいなかを検出する方法として,タンデム質量分析法を用いる方法が確立されている.また,タンデム質量分析法は,構造が類似した化合物の混合物中の目的物質の元素組成比を決定,あるいは,確証することにも用いられる.

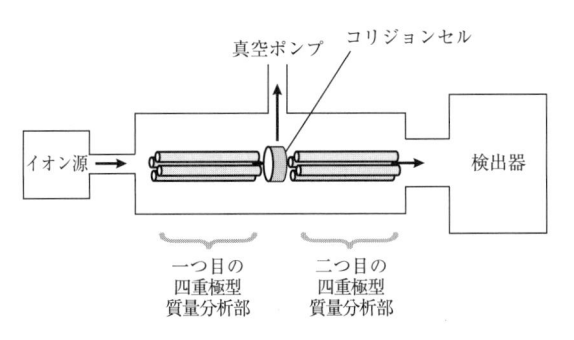

図 9.21 タンデム(直列)四重極型質量分析計

9.9 質量分析法の一般的な応用

1970年代の半ばまで,化合物の分子量を決定するにはサイズ排除クロマトグラフィー,超遠心分離法,それに電気泳動法が用いられていた.しかし,これらの方法は,それぞれに,どのように分子量を算出するか,というところで,不正確さと不確実さという問題をかかえていた.本当に正しい分子量を知るためには,イオンあるいはその分子の構造を決定したのち,その構造式に基づいて質量数を計算するほかに方法がなかった.質量分析法がこの世に現れるまでは,混合物を試料とした場合,その中に含まれる個々のイオン,あるいは化合物の分子量を決定することはできなかったのである.

質量分析法の応用は今日では非常に多く,環境,工業分野から医療分野の隅々にまで及んでいる.応用の大部分は,複雑な混合物中の微量の目的物質(たとえば毒物)の有無を(その分子量を決めることにより,さらに,あるいはフラグメンテーションによって)まず決めるというものである.このような混合物の試料としては,河川水から食品までいろいろある.すでにみてきた多くの応用では質量分析に先立って目的物質を分離する必要がある.なぜなら,多成分試料の質量スペクトルには無数のピークが現れ,それらすべてのピークはそれぞれが異なる化合物に由来して生じたピークであるからである.つぎの節では,質量分析法の最も主要な応用である生物学的な応用について特に取上げて考えることにしよう.

9.10 質量分析法の生物学的な研究分野への応用

生物の体液を試料として、その中にあるタンパク質、ペプチド、オリゴ核酸、オリゴ糖、および脂質の分子量を個々に決めることは質量分析法が最初に生物学分野で広く応用された例である。質量分析法は生命科学の領域において最も強力な分析法の一つとなり、日夜進歩を続ける分野であるプロテオミクスとゲノミクス（§14.10）で、その広い応用性が認められている。生体分子の分子量が誤差0.01％かそれ以下の精度で決定できる。すなわち、ほんのわずかな分子の変化、たとえばタンパク質中のたった1箇所のアミノ酸残基の違いを質量分析法により決定することができる。現在では、質量分析法が多くの生体分子の検出に広く用いられている。この本では、生物学的方法の章を別に設けてあるが、以下に、最も有用でよく目にする質量分析法の生物工学および医学への応用について簡単にふれることにしよう。

9.10.1 ペプチド、ポリペプチドおよびタンパク質の分析

タンパク質とポリペプチドは、アミノ酸が長く鎖状に結合してできたものである。質量分析法、特にタンデム質量分析法は、(a) タンパク質のアミノ酸の配列を決定する、(b) タンパク質の総分子量を決定する、そして (c) 混合物試料中にある特定のタンパク質を定量するのに用いられる。

試料は通常、FAB, ESI, MALDI法によりイオン化されるが、これらのイオン化法では、構造決定を可能にするようなフラグメンテーション反応がよく起こるからである。個々のタンパク質はそれぞれ固有の分子量をもっているので、単に質量スペクトルだけで、特定のタンパク質を容易に同定できることが多い。しかし、フラグメンテーションのパターンが、ほとんど同じ分子量のタンパク質が含まれているときに、その存在比を決める助けになることがよくある。

§9.10.2で、現在は、質量分析法がタンパク質のアミノ酸配列を決定し、タンパク質の構造を決めるための、日常の分析に用いられていることと、さらに§9.10.3でオリゴ核酸の核酸の配列の決定に質量分析法が用いられていることを述べる。タンパク質の構造解析を行うにあたり、最初にタンパク質分解酵素を用いてより小さなペプチド鎖としてそれぞれのペプチドの配列を決めるという便利な方法もある。

9.10.2 ペプチドのシークエンシング（アミノ酸配列の決定）

質量分析法によるペプチドのアミノ酸配列の決定（シークエンシング）は、タンデム質量分析法で行われる（§9.8）。ペプチドのシークエンシングは今やプロテオミクスの分野にとって非常に重要である。ペプチドは予測できる様式で解裂し、どのアミノ酸か容易に判別できるようなフラグメントイオンを生じる。質量分析法でアミノ酸配列を決定できるのは、まさにこのフラグメンテーションの情報に基づいている。通常は、酵素により消化（位置特異的に加水分解）したタンパク質を分離することなく分析できることで、この方法はアミノ酸配列を決定するのに強力な武器となっている。多くの場合、一つのペプチドに対して4～5個のアミノ酸からなる**シークエンスタグ**(sequence tag)が見つかれば、プロテインデータベースの中から一つのタンパク質を同定するのに十分な情報が得られる。

ペプチドは主鎖にそって切断してフラグメントイオンを生じる。もちろん側鎖のフラグメンテーションも同時に起こるが、これらのフラグメンテーションを総合した情報によって個々のアミノ酸の位置が決定できるのである。アミノ酸配列の情報量は、それぞれのペプチドによって異なるが、分子量2500程度のペプチドのときに最も有効な情報が得られる。いくつかの例では、タンパク質を構成するすべてのアミノ酸配列が決められることがあり、また、部分的な配列が決まるだけの場合もある。

アミノ酸の主鎖、すなわちペプチド鎖においてフラグメンテーションを起こす三つのタイプの結合がわかっている。フラグメンテーションを起こす結合は、図9.22に示したCH−CO, CO−NH, NH−CHの三つである。これらのどれかの結合が解裂して二つのフラグメントが生じると、そのうちの一つは電荷がないものとなるが、もう一方は電荷をもっているイオンとなる。この二つのうちどちらが電荷をもったフラグメントとなるかは、それぞれの化学的な性質とプロトンに対する親和性に依存している。しかし、質量分析

9.10 質量分析法の生物学的な研究分野への応用

法では電荷をもったフラグメントしか検出できないことは重要である.

これら三つの結合のどこかで解裂してフラグメントを生じるが, 解裂したときのどちらにも電荷が残る可能性があるので, 1種のアミノ酸がフラグメンテーションを起こすと, そのアミノ酸に対応して合計6個のフラグメントイオンが生成することになる. 図9.22に解裂する可能性のある箇所と, それによって生じることになるフラグメントイオンを示した. この図では, $N_1 \sim N_3$ がN末端側に電荷が残ったときに生じるフラグメントイオンを, $C_1 \sim C_3$ がC末端側がフラグメントイオンとなったときの構造を示している.

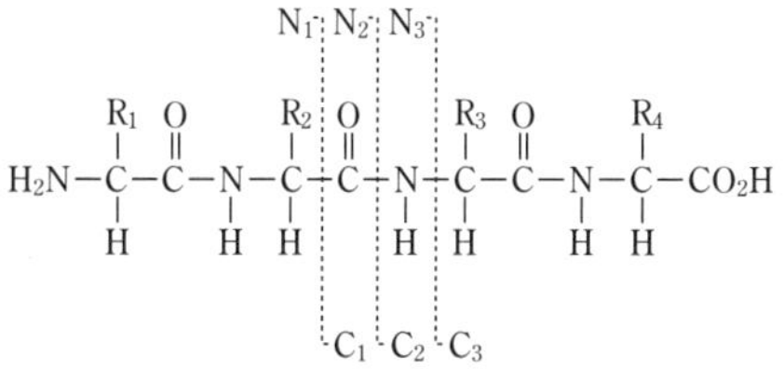

図 9.22 直線形ペプチドの主鎖の切断によるフラグメントイオンの生成

側鎖がどの程度フラグメンテーションを起こすかは, 用いた質量分析計に依存している. たとえば, 磁場収束型の分離装置を用いたときは, 高エネルギーの衝突が起こるので, さまざまな位置で多くの解裂が起こって, 結果として多くのフラグメントが生じる. 逆に, 四重極型あるいは, 四重極-飛行時間型の装置では, 低エネルギーでの衝突なので, 側鎖の解裂はずっと少ない.

質量分析法のプロテオミクスへの応用という点で, このアミノ酸側鎖のフラグメンテーションが生じることはタンパク質のアミノ酸配列の決定にとって重要なことではあるが, これ以上詳細にここで述べるのはこの本の目的からはずれるので, ここでやめる (§14.10 参照).

最後に, アミノ酸残基からイミニウムイオン ($H_2N^+=CHR$) が生じることについては考えておくべきであろう. イミニウムイオンは, ペプチド鎖に含まれるアミノ酸が何であるかを同定できるので, とても有用なものである. もちろん, そのアミノ酸がもとのペプチドのアミノ酸配列上の, どの位置にあるかということに直接つながる情報を与えてくれるわけではないが.

9.10.3 オリゴ核酸の分析

オリゴ核酸は, 長い直鎖状に核酸が結合したポリマーでリボヌクレオチドに見いだされる. RNAの中で四つの主要なヌクレオチド (アデノシン, シチジン, グアノシン, ウリジン) の相対的な配列を決定する目的で質量分析法がしばしば利用される. 総分子量の測定はEI, FAB, ESIによるイオン化と単磁場収束型の質量分離部あるいは四重極型質量分離部が組合わせて用いられる. 個々のヌクレオチドの塩基配列を決定するなどのさらに複雑な分析を行うには, 質量分析を行う前に制限酵素による加水分解を行い, ついでタンデム質量分析法により加水分解で小さくなったヌクレオチド鎖を分析することが多い. tRNAとrRNA上にある個別の塩基に起こった核酸の修飾を質量分析法で解析することにより, RNAに化学的な, 構造の変化が起こったことを知る助けになることがある.

9.10.4 オリゴ糖の分析

オリゴ糖は, グルコース, フルクトース, マンノースやガラクトースなどの単糖がグリコシド結合によっていくつか結合したものである. 比較的長い多糖, あるいはオリゴ糖の糖鎖の構造を決定するのは, タンパク質の構造を決めるよりも複雑である. これは, 糖鎖にはよく枝分かれがあるためである. 質量分析法は, 糖の配列を正しく決定するのに役立つが, 特殊なオリゴ糖の配列を決定するには十分な情報を得られないことも多い. もともと, 単糖のユニットには異性体 (アノマー) 構造上可能な多くの組合せが生じ, 構造の推定は難しくなる.

質量分析法によるオリゴ糖の分析には, FAB-タンデム質量分析法が最も広く用いられているが, ESI法を用いた例もある. これら二つの方法はいずれもグリコシド結合の解裂によるフラグメンテーションを起こす方法である. いくつかの例では, 十分に注意深くスペクトルを解析することが必要ではあるが, 得られた質量スペクトルからオリゴ糖の総分子量とその構造を推定できる.

9.10.5 脂質の分析

脂質はすべて非水溶媒に溶解性を示す化合物で, 広くさまざまな種類の化合物群をなしている. 脂質は多くの生物学的な機能をもち, 自然界のいたるところに見いだすことができる. 食品工業の分野から基礎研究

まで，脂質を検出し定量する方法の応用範囲が広い．

脂肪酸を分析するときは，通常は質量分析法による化合物の同定に先立ってHPLCやGCによって，目的物質を原試料から分離，精製しなければならない．脂質の構造決定には，おもにFABイオン化とタンデム質量分析法を組合わせた方法が用いられるものの，それ以外の多くの組合わせの質量分析法も，脂質の構造決定の助けになることがしばしばある．質量スペクトル上で，脂質のフラグメンテーション反応の情報が得られることが多い．フラグメンテーションの情報によって，側鎖の分岐位置や構造を決定できることもあり，またある脂質の構造がわかると，今度はこの情報がもっと複雑な分子の構造推定を容易にすることがある．

グリセリン（グリセロール）の脂肪酸によるエステル化によってアルキルグリセロールが生じるが，このアルキルグリセロールは生物学的に重要な意味をもっている．グリセロールの3個のヒドロキシ基のうち，エステル化を受けるヒドロキシ基が1,2,3個の場合，それぞれモノ-, ジ-, トリグリセリドを生じる．最初に，試料から抽出を行い，クロマトグラフィーにより精製したアルキルグリセロールを質量分析法で分析する．つぎに，この精製した脂質をリパーゼによって構成する脂肪酸とグリセロールとに加水分解した後に，再度，質量分析法により分析するという分析手法がとられる．

胆汁酸塩（bile salt）はコレステロールから生じる一群の化合物である．尿中あるいは血清中に含まれるさまざまな胆汁酸類の塩を質量分析法で定量することが日常的な臨床分析として行われており，代謝異常の診断や治療に利用されている．胆汁酸塩あるいはその抱合体のいずれも，その質量分析は，FABイオン化とタンデム質量分析法を組合わせて行われている．この場合も，個々の化合物の分子量が判明するだけでなく，親化合物のフラグメンテーションが，全体の構造を推定することが多い．

リン脂質と糖結合リン脂質は，細胞膜と細胞内の小胞体の脂質二重層を形成する基本骨格となる分子種であるという，きわめて重要な生物学的な意義をもっている．これら，リン脂質と糖結合リン脂質は同様にFABイオン化とタンデム質量分析法の組合わせで分析され，フラグメンテーション反応を解析することで，個々の化合物の側鎖と残基の構造を解明することができる．

演習問題

9.1 質量分析計では，なぜm/zによってイオンが分離されるのか説明しなさい．

9.2 二重収束型の質量分析計では，なぜ高い分解能と狭い質量分布をもったピークが得られるのか説明しなさい．

9.3 電子衝撃イオン化法による質量スペクトルと化学イオン化法によるスペクトルがどのように違うか説明しなさい．

9.4 電荷が1のイオンが1.2×10^3 Vの電場で加速されたときに獲得する運動エネルギーを計算しなさい．

9.5 100 Vの電場で加速された電子はどのくらいエネルギー（J/mol）を獲得するか計算しなさい．

9.6 スパークイオン化質量分析法では，なぜ二重収束型の質量分析計が用いられるか説明しなさい．

9.7 分子イオンから求めた分子の質量が59.97であった．これはどのような化合物の分子であるか同定しなさい．

9.8 ある化合物の質量スペクトルはm/z 145以下に現れた．もしもこの分子からCH_3基が脱離したとき，いくつのm/zにピークが現れると推定されるか．

9.9 つぎに示す1-ブテンの単純化した質量スペクトルのおもなピークを帰属しなさい．

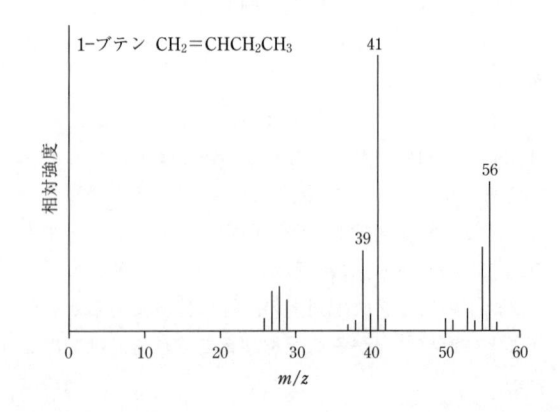

9.10 つぎに示すシクロヘキサノールの単純化した質量スペクトルのおもなピークを帰属しなさい．

シクロヘキサノール $C_6H_{11}OH$

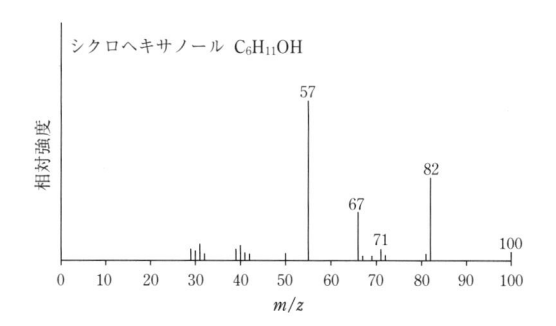

9.11 つぎに示すジクロロメタンの質量スペクトルのおもなピークを帰属しなさい．

ジクロロメタン CCl_2H_2

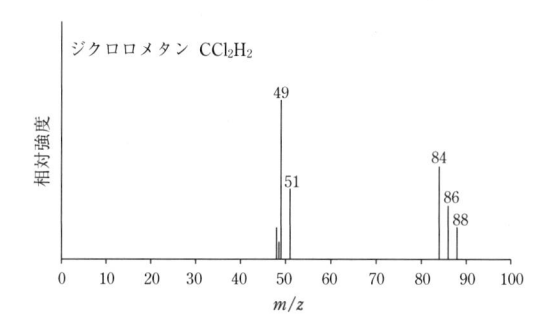

9.12 つぎに示すエチルベンゼンの質量スペクトルのおもなピークを帰属しなさい．

エチルベンゼン

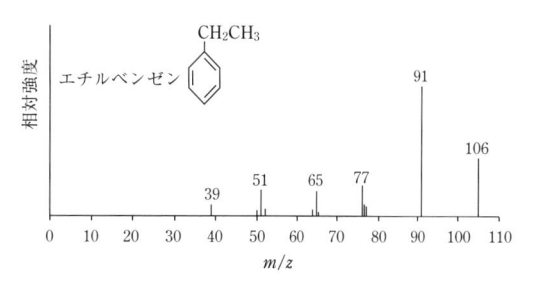

9.13 つぎに示すシクロヘキサンの質量スペクトルのおもなピークを帰属しなさい．

シクロヘキサン C_6H_{12}

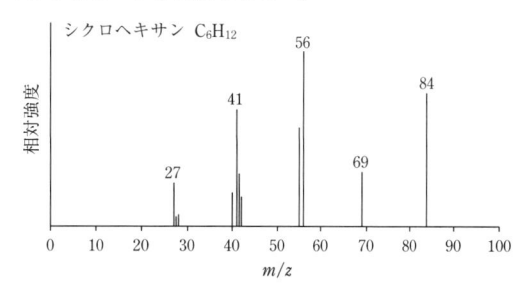

9.14 四重極型質量分析計と磁場型質量分析計の利点と欠点を比較対照して述べなさい．

9.15 質量分析法によってどのようにポリペプチドやタンパク質のアミノ酸の結合順（シークエンス）を推定できるか述べなさい．

9.16 オリゴ糖は質量分析法によってどのように分析されるか述べなさい．

9.17 プロテオミクスに質量分析法がどのように利用できるか述べなさい．

まとめ

1. 質量分析法は，気相状態のイオンを質量電荷比によって分離することを基本原理とする機器分析法である．

2. 試料導入システムは，質量分析計の真空度をできるだけ損なうことなく，質量分離部に試料を導入できるように設計されている．

3. 最も一般的に使用されている試料導入システムは，(i) 一括導入法，(ii) 直接プローブ，それに (iii) クロマトグラフィー用導入システムである．

4. 日常の分析に利用されているイオン化法は種々ある．電子衝撃イオン化法，高速原子衝撃イオン化法，二次イオン質量分析法，電界脱離イオン化法，レーザー脱離イオン化法，スパークイオン化法，表面電離法，プラズマ脱離イオン化法，サーモスプレーイオン化法，エレクトロスプレーイオン化法，誘導結合プラズマイオン化法，大気圧電子衝撃イオン化法がある．

5. 質量分離部は，イオン化部を出てきたイオン化された試料を，その質量電荷比（m/z）の違いに従って分散する．

6. 日常の分析に利用される質量分離部にはつぎに示すように多くの異なるものがある．
- 磁場収束型質量分離部
- 二重収束型質量分離部
- 四重極型質量分離部
- イオントラップ型，イオンサイクロトロン共鳴型，フーリエ変換型質量分離部
- 飛行時間型質量分離部

7. 磁場収束型質量分離部は，60°，90°，あるいは180°のチューブ状のイオン透過路をもっており，その中で検出器に向かって加速される．それぞれのイオンの m/z の違いによって異なる軌道をとるので，これが m/z による分離の原理となっている．

8． 二重収束型質量分離部は，その名称が示すとおり，イオンを収束する装置を二つもっている．静電場質量分離部(electrostatic analyzer, ESA)は，表面が滑らかな2枚の円筒状に平行になった金属板の壁の間に直流電圧をかけ，電場によってイオンビームを曲げて，そのすき間を通過することができるようなイオンビームだけを通過させると同時に，それらのイオンの運動エネルギーはボルツマン分布に従ったものだけが通過できるようにした装置である．

9． 二重収束型質量分統計のうち，Mattauch-Herzog型と，Nier-Johnson型の二つが広く用いられている．

10． 四重極型質量分離部には4本の電極棒が組込まれている．それぞれの棒は，隣の棒と電気的に接続され，直流電圧がそれら2組の棒の間にかけられており，さらに交流電場が重ね合わされている．これらの電位を変化させてゆくと，4本の電極の空間，すなわち質量分離部を通過できるイオンの m/z が変化する．

11． イオンサイクロトロン法は，イオンをイオントラップに導入することで分離するものである．導入されたイオンは交流電場によって加速され，装置内の磁場に対して直交する平面内を，円形軌道を描いて運動する．

12． イオンサイクロトロン法により得られる質量スペクトルは，異なる m/z に対して，交流電場の周波数を時間とともに変化させて得られたデータを，フーリエ変換により周波数のデータに変換し，最終的に m/z の違いとして表す．

13． 飛行時間型の装置は，移動管の中を m/z によって異なる速度で検出器に向かって飛行してきたイオンをつぎつぎと検出するというものである．飛行時間型の装置で得られる質量スペクトルの分解能はこの他の方法と比肩できるほど良いものではないが，この装置は比較的安価で丈夫である．

14． 質量スペクトルの分解能には多くの定義法がある．その一つは，二つのピークの重なった谷の高さがピーク高さの10%以下になるときに二つのピークが分離された，とするものである．すなわち，分解能 R は $M/\Delta M$ に等しいと定義する．ここで ΔM は，M と $M+\Delta M$ の二つのピークが重なった状態を考えたときに，重なった谷の高さがピーク高さの10%以下になる二つのピークの最小の質量差をいう．もう一つの定義は，ピークの分解能を δ_m で表す方法で，δ_m は，最大ピーク高さの半分の高さにおけるピーク幅(full peak width at half the peak maximum; FWHM)で定義する．

15． 電子衝突検出器が質量分析計のイオン検出部に，電子増倍管あるいは連続ダイノード電子増倍管として広く用いられている．

16． 他のイオン検出器には，Faradayカップ検出器，シンチレーション検出器，そして写真フィルム検出器がある．

17． 質量分析法は，他の分析手法と結合して用いられることがあり，たとえば，ガスクロマトグラフィー-質量分析法，HPLC-質量分析法，タンデム質量分析法(2台の質量分析装置をつないで用いる)がある．

18． 質量分析法は，分析化学の多くの分野で用いられており，生命科学の分野にもその応用がたくさん見られる．

さらに学習したい人のために

Constantin, E., Schell, A., and Thompson, M. (1990). *Mass Spectrometry*. Ellis Horwood Series in Analytical Chemistry, Ellis Horwood.

Downard, K. (2004). *Mass Spectrometry : a foundation course*. Royal Society of Chemistry.

Hamdam, M. (2005). *Mass Spectrometry for proteomics*. Wiley.

Rose, M. E. and Johnstone, R. E. W. (1996). *Mass Spectrometry for chemists and biochemists*. Cambridge University Press.

Siuzdak, G. (1996). *Mass Spectrometry for biotechnology*. Academic Press.

10 電気化学分析法

この章で学ぶこと

- 電気化学セルの個々の主要な構成部の機能
- 電気化学セル内での参照電極の使い方
- 異なる参照電極を対照としたときの電位の示し方
- 標準水素電極，銀/塩化銀電極，および標準カロメル電極の特徴
- 簡単なpH電極とそれ以外の多くのイオン選択性電極の機能と使用法
- イオン選択性電極の濃度に対する対数応答挙動
- 分析のための，線形掃引およびサイクリックボルタンメトリーの使い方
- 水溶液中の金属イオン定量のためのポーラログラフィーの操作
- 示差パルスポーラログラフィーの使用法とこの方法の長所
- 高感度な電気化学分析のための吸着ストリッピングボルタンメトリーの使い方
- 平面電極の使用に対比して，半球状拡散物質輸送経路をもつ微小電極を用いることにより得られる利点
- 実際の分析における有機ポーラログラフィーの使い方といくつかの電気化学分析における微小電極の使い方
- pH電極および他のイオン選択性電極を用いる電気化学滴定の原理
- 酸素電極の動作
- 電位検出型，電流検出型，および伝導度センサーなどの分析用電気化学センサーの動作と使用法

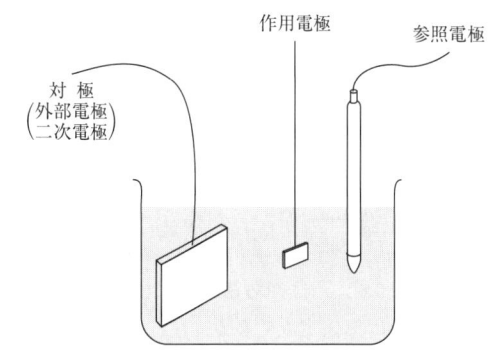

図 10.1 電気化学セル

10.1 電気化学セルの概要

電気化学分析においては，**電気化学セル**(electrochemical cell)内に組込んだ**電極**(electrode)が使用される．簡単な電気化学セルの模式図を図10.1に示す．

すべての電気化学セル内には，少なくとも二つの電極があって回路が完成しているが，多くの場合3電極構成である．

2電極構成の場合は，セルには**作用電極**(working electrode；すなわち検出電極)および**参照電極**(reference electrode)と**対極**(counter electrode)を兼ねる電極がある．参照電極の重要性については§10.3でより詳しく考察する．

3電極構成の場合は，セル中に作用電極，参照電極，および対極が含まれる．対極は**外部電極**(auxiliary electrode)または**二次電極**(secondary electrode)とよばれることもある．対極は，作用電極の少なくとも10倍の表面積をもつように設計されることが望ましい．これにより対電極が作用電極での電気化学反応を制限してしまうことはなくなるからである．

10.2 ネルンスト式と電気化学セル

すべての電気化学セルは，少なくとも二つの電極をもっていなくてはならないことを学んだ．作用電極で起こる電気化学反応は，半電池反応の形で書くことができる．同様にして対極で起こる反応は対応する半電池反応で書き表すことができる．

一つの電極での電気化学反応は，他の電極で起こる対応した電気化学反応なしで起こることはありえない．言い換えると，どんな半電池反応も単独では進行しえないのである．すなわち，電子供与体(還元剤)と電子受容体(酸化剤)が存在しなくてはならない．仮に半電池反応の電位が直接測定できるとすれば，どちらの半電池が他の半電池に対して酸化剤としてはたらく

のか，あるいは還元剤としてはたらくのかを決定できるであろう．幸いにも異なる半電池間の電位差を，参照電極を対照として測定することができる(§10.3)．半電池の電位は標準参照半電池である標準水素電極(§10.3.1)を対照として測定される．この電池の電位は0.0 Vと規定されている．標準水素電極を基準としたときの，**活量**(activity)が1の半電池の電位を**標準電位**(standard potential, E^0)という．実際には半電池の活量は濃度と温度の両方に依存し，観測あるいは記録される電位 E はネルンスト式(式(10.1))により，標準電位と関係づけられる．

半電池反応 $aOx+ne^- \rightleftarrows bRed$ については

$$E = E^0 - \frac{2.302RT}{nF}\log_{10}\left(\frac{[Red]^b}{[Ox]^a}\right) \quad (10.1)$$

と書ける．ここで T は絶対温度，F はファラデー定数であり，R は気体定数である．

空間的に離れてはいるが電気的には(たとえば図10.2に示すように塩橋などで)つながっている二つの半電池の間の電位差は，陽極半電池の標準電位(より正の値)から陰極半電池の標準電位(より負の値)を差し引くことによって求められる．第一段階は，どちらの半電池が陽極としてはたらき，どちらが陰極として作用するかを決めることである．

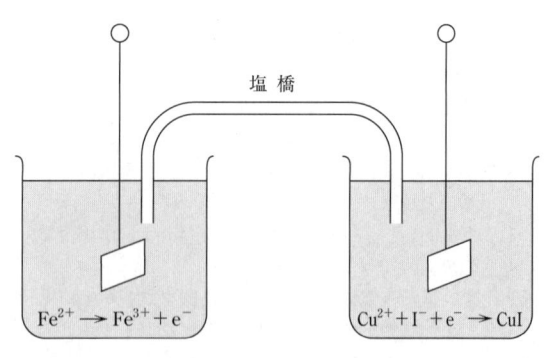

図10.2 塩橋でつないだ二つの半電池の例

例題 10.1 1×10^{-3} M MnO_4^- と 1.5×10^{-2} M Mn^{2+} を含むpH 3の水溶液がある．半電池反応の電位を計算しなさい．

[**解法**]
1) 半電池反応とその E^0 を書く．
2) ネルンスト式から E を計算する．

ステップ1
$$MnO_4^- + 8H^+ + 5e^- \rightleftarrows Mn^{2+} + 4H_2O$$
$$E^0 = 1.51\ V$$

ステップ2
$$E = E^0 - \frac{2.302RT}{nF}\log\left(\frac{[Red]}{[Ox]}\right)$$

移動する電子が5個であるから $n=5$ であり，反応式左辺には8個のプロトンがあることに注意しなくてはならない．

反応の化学量論を考慮してネルンストの式に代入する．

$$\begin{aligned}E &= 1.51 - \frac{0.059}{5}\log\left(\frac{[Mn^{2+}]}{[MnO_4^-][H^+]^8}\right) \\ &= 1.51 - 0.0118\log\left(\frac{1.5\times10^{-2}}{1\times10^{-3}\times(10^{-3})^8}\right)\ V \\ &= 1.51 - 0.0118\log\left(\frac{1.5\times10^{-2}}{1\times10^{-27}}\right)\ V \\ &= 1.51 - 0.0118\log(1.5\times10^{25})\ V \\ &= 1.51 - 0.0118\times 25.176\ V \\ &= 1.21\ V\end{aligned}$$

例題 10.2 以下の二つの半電池反応式から電池の電位を求めなさい．
$$Ce^{4+}+e^-=Ce^{3+} \quad E^0=1.61\ V$$
$$I_3^-+2e^-=3I^- \quad E^0=0.5355\ V$$

[**解法**] どちらの半電池が陽極，陰極になるかを決め，ついで陽極半電池の電位から陰極半電池の電位を差し引いて全体の電池の電位を求める．

ステップ1 $Ce^{4+}+e^-=Ce^{3+}$ 半電池は $I_3^-+2e^-=3I^-$ 半電池よりも電位が高い．したがって $Ce^{4+}+e^-=Ce^{3+}$ 半電池が陽極半電池である．

ステップ2 電池の電位は，
$$V=1.61-0.5355\ V=+1.07\ V$$

10.3 電位差法とイオン選択性電極

電位差法(potentiometric method)は電位を測定して分析を行う方法である．

すべての電位差法においては，何らかの検出電極すなわち**作用電極**が**参照電極**とともに使用される．3番目の**対極**も用いられる．ここではまず，参照電極の構成と使用法について考えてみよう．

10.3.1 参照電極

参照電極はほとんどの電気分析において非常に重要である．電位は常に参照する電極の電位との差で表される．したがって，電位は**電位差**(potential difference)とよばれることが多い．電荷を運ぶ多くの可動イオンを含む電気化学セル内において，安定な参照電位を示し，かつその値を定めることができる電極の存在は必須である．参照電極はこのために用いられる．参照電極によって安定な参照電位を定めるということは，地図上であらかじめわかっている地点を基準にして目的の地点を示すことにより，そこへの道順を説明することにたとえることができる．たとえば，A町からB町への行き方を尋ねる観光客に，北東に100km車で行けばB町に着きますと教えるのとよく似ている．

どの電極も，その表面と電極が入っている溶液との界面領域との間に電位差をもっている．単純なモデルでは，電極表面の電荷は一層から成り，また溶液中の反対電荷をもつ（電極近傍に存在する）イオンが第二の荷電層として作用すると考える．このモデルは**電気二重層**(electrical double layer)とよばれる．参照電極は，安定な電気二重層をもっているという理由で決められているので，安定な電位差を維持することができ，それゆえにその電位差を基準とすることができる．目的物質の酸化還元対の電気化学的電位は，通常参照電極に対して，すなわち参照電極を基準として示される．

理想的な参照電極は完全に**非分極性**(non-polarizable)でなくてはならない．これはセル内を流れる電流にかかわらず，参照電極とそれが浸漬している溶液との間の界面を電流が流れてはならないことを意味している．

電気化学分析に最も広く用いられている参照電極はつぎの二つである．

1) **銀/塩化銀電極**(silver/silver chloride electrode, Ag/AgCl)
2) **飽和カロメル電極**(saturated calomel electrode, SCE)

したがってAg/AgClまたはSCEに対する電位差をmVで表して，電位を表記するのが一般的である．

最初に報告された参照電極は**標準水素電極**(standard hydrogen electrode, **SHE**)であるので，Ag/AgClまたはSCE参照電極についてみる前に，まずこの参照電極をみてみよう．

標準水素電極

標準水素電極(SHE)は他のすべての電位が最終的に基準とする参照電極である．今ではSHEを日常的な分析において使うことはほとんどない．これは，この電極の取扱いがやっかいである一方で，他にもっと簡単に扱えるものがあるからである．しかし，SHEはかつて初期の電気化学の研究において広く用いられ，このために，今日でも他の参照電極（そしてその電位）を定義する基準参照電極として定められている．SHEはすべての温度において電位が0.00 Vと規定されている．すべての他の参照電極は，これを基準としてその電位が示されている．

銀/塩化銀電極とカロメル電極は現在最も広く用いられている参照電極である．

もしある電位が一つの参照電極，たとえばAg/AgClを基準として得られており，そしてこの電位を，SHEを基準として表したいなら，まずその参照電極とSHEとの間の電位差を計算し，ついでこの電位差によって値を補正しなくてはならない．

SHEは，H_2とH^+が平衡状態にある水溶液，およびこの溶液中に浸漬した白金黒付き白金電極で構成されている（図10.3）．水素ガスはあらかじめ決められた分圧で溶液内に連続的に通気される．白金黒付き白金表面は特殊な方法でつくられた白金の薄層で，微粒子状表面になっている．それゆえ非常に大きな表面積をもっており，以下に示す電気化学反応が可逆的かつ

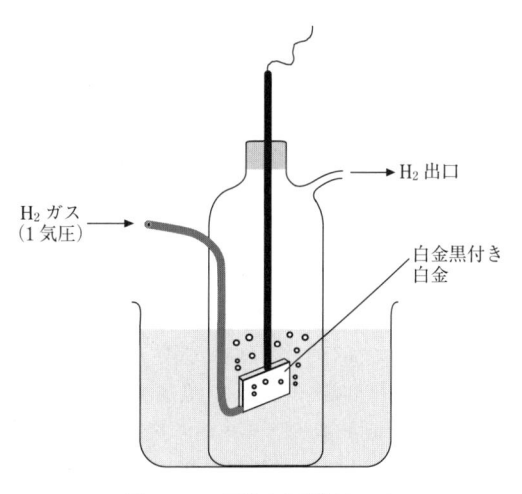

図 10.3 標準水素電極(SHE)

迅速に進行する(式(10.2)).

$$2H^+_{(aq)} + 2e^- \rightleftharpoons H_{2(g)} \quad (10.2)$$

水素電極の参照電位は水素イオン活量とセル中に通気される水素ガスの分圧に依存する．SHE には，溶液内に H_2 が正確に1気圧で連続的に通気されることが要求される(図10.3)．

銀/塩化銀電極

銀/塩化銀(Ag/AgCl)電極は，その単純な構成と使いやすさのために今日の電気分析化学において最も広く用いられている参照電極の一つである．この電極は，塩化銀の薄膜で被覆された所定の長さの銀線から成っている(図10.4)．Ag/AgCl 参照電極は，塩化物を支持電解質とするほとんどすべての電気化学セルに使用する場合に理想的なものである．

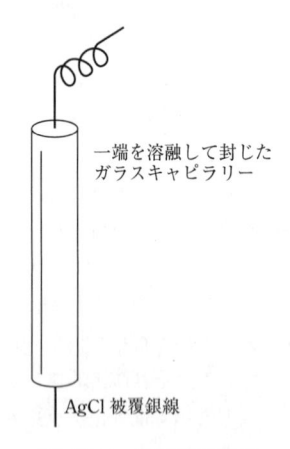

図 10.4 銀/塩化銀電極

Ag/AgCl 電極は KCl 飽和溶液中で金属銀表面を**陽極処理**(anodizing)することによって作製する．これは KCl 溶液中でこの電極を陽極にすることによって行うことができ，銀が酸化されて塩化銀の層が形成される(式(10.3))．

$$Ag^+_{(aq)} + Cl^-_{(aq)} \longrightarrow AgCl_{(s)} \quad (10.3)$$

市販の Ag/AgCl 電極はガラスキャピラリーの中に銀線を挿入してつくられることが多い．ガラスキャピラリーの一端は溶融してガラス-金属接合部を封じ，銀線を2～3cm キャピラリーから突き出るようにする．Ag/AgCl 電極を溶液にどれほど浸すかは重要なことではない．第一に，電位は電解質溶液と Ag/AgCl 界面におけるイオンの電気二重層で決まり，また第二に電流は参照電極を通って流れないからである．

Ag/AgCl 電極は一つの欠点をもっている．それはこの電極が示す参照電位が試料溶液中の塩化物濃度に依存することである．Ag/AgCl 電極は飽和 KCl 溶液中で SHE に対して +0.199 V の電位を示す．

カロメル電極

カロメル電極(calomel electrode)は電気化学分析に広く用いられるもう一つの市販参照電極である．この電極(図10.5)は，通常塩化水銀(I)(カロメル)の飽和溶液(水銀と塩化水銀(I)から成るペースト状のもの)で満たされた管でできている．$Hg_2Cl_2/Hg/KCl$ ペーストは，ガラス製外とう管内の飽和 KCl 溶液と接触できるように，底に小さな穴をあけた管の中に入れられている．ガラス外とう管もまた，その底にガラスフィルターがあり，試料溶液と電気的に接触できるようになっている．

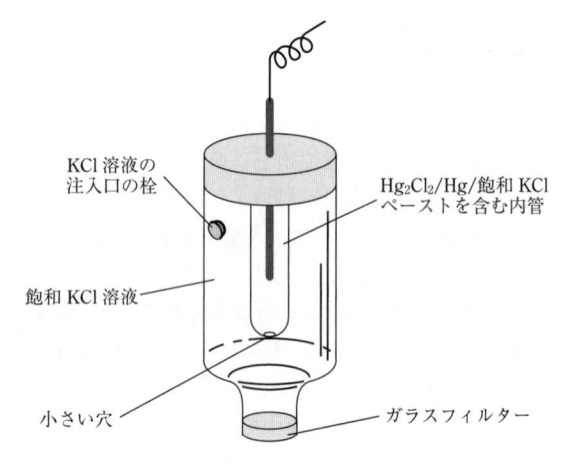

図 10.5 飽和カロメル電極

この電極の参照電位は外とう管内の KCl 溶液中の塩化物イオン濃度に依存し，その平衡は式(10.4)で与えられる．

$$Hg_2Cl_{2(s)} + 2e^- \rightleftharpoons 2Hg_{(l)} + 2Cl^-_{(aq)} \quad (10.4)$$

電極の信頼性を保つために，KCl 溶液とカロメル $Hg_2Cl_2/Hg/KCl$ ペーストは定期的に交換しなくてはならない．電極液は通常 KCl で飽和しておき，計測可能で信頼性の高い参照電位を維持する．その電位は25℃で SHE に対して +0.242 V である．

例題 10.3 ある半電池の電位は SCE 参照電極を基準としたとき $-0.577\,\mathrm{V}$ である。SHE を基準としたときの電位を計算しなさい。(電池の SHE を使った電位は，SCE で使ったものより $0.242\,\mathrm{V}$ だけ小さい負の値になる。)

[解法] 参照電極の電位の差を補正する。
$$E \text{ vs SHE} = E \text{ vs SCE} + 0.242\,\mathrm{V}$$
$$= -0.577 + 0.242\,\mathrm{V}$$
$$= -0.335\,\mathrm{V}$$

10.4 イオン選択性電極

多くの電位検出型**イオン選択性電極**(ion selective electrode, ISE；**イオン応答性電極**(ion sensitive electrode)ともよばれる)が市販されている。最も一般的に用いられているのは，特別につくられた**イオン選択性ガラス**(ion selective glass)を隔てた電位差を測定するものである。この型の電極はすべて現代的な pH 電極の開発がその原点となっているが，pH 電極は今も最も広く用いられている ISE である。pH 電極が商業的に成功を収めたのは，おもにその高い信頼性と頑健性，そしてほとんどすべての水溶液中の H^+ イオン濃度を測定できる選択性の高さによる。したがってここでは，最初に pH 電極の動作原理と構造を考察し，ついでこれまでに開発されたその他の ISE のいくつかを考察することにしよう。

10.4.1 pH 電極

溶液の pH は，$[H^+]$(H^+ 濃度)の負の対数($-\log_{10}[H^+]$)に等しいと定義されている。pH 電極は $[H^+]$ を測定し，出力は通常直接 pH 値として表示される*。実のところ，pH 電極は H^+ イオン選択性電極である。これからみていくように，pH 電極は溶液界面での $[H^+]$ に対して対数で変化するガラス薄膜両側の電位を測定する。したがって電極の応答はわれわれがなじんでいる pH 尺度に従うことになるので，都合がよい。

市販の pH 電極は一般に二つの電極から成っている。参照電極(通常 SCE か銀/塩化銀電極が用いられる)と pH 応答性ガラス薄膜電極である(図 10.6)。電位はこれら二つの電極の間で測定され，あらかじめ

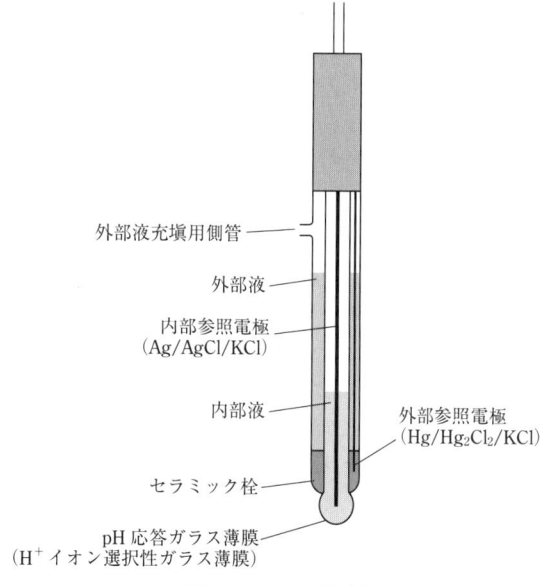

図 10.6 pH 電極

(ラベル: 外部液充塡用側管, 外部液, 内部参照電極 (Ag/AgCl/KCl), 内部液, 外部参照電極 (Hg/Hg$_2$Cl$_2$/KCl), セラミック栓, pH 応答ガラス薄膜 (H^+ イオン選択性ガラス薄膜))

求められた pH-電位差校正曲線と比較される。

測定される電位 E は一般化され単純化された**ネルンスト式**(Nernst equation)によって予測することができる。

$$E = E^0 + \frac{RT}{nF}\ln[X] \qquad (10.5)$$

ここで E^0 は温度と濃度の標準条件下での電位(単位 V)，R は気体定数，F はファラデー定数，T は絶対温度，n は当該還元反応または酸化反応において移動する電荷数，そして $[X]$ はイオンの濃度で，pH 電極の場合は H^+ イオンである。この最後の項は厳密にはイオンの活量であるが，多くの場合，濃度で置き換えられると仮定できる。25°C における RT と F の値を代入すると，水素イオンの場合 $n=1$ であるから式(10.5)は式(10.6)のように簡単になる。

$$E = E^0 + 0.059\log_{10}[H^+] \qquad (10.6)$$

この式は実際の測定において観測される応答，すなわち**水素イオン濃度が 10 倍増加すると電位差が 59 mV 変化すること**を示している。式(10.5)中の温度を示す T 項を忘れてはならない。式(10.6)では電極を 25°C で使用していると仮定されている。実際には，ほとんどの市販 pH メーターは操作温度の変化を補正する温度制御装置を備えている。

---

* 訳注：正しくは，溶液の pH は水素イオン活量 a_{H^+} により，pH $= -\log a_{H^+}$ と定義されている。

H⁺イオン選択性膜とpH電極

H⁺イオン選択性ガラスは、通常およそ 63% SiO_2, 28% Li_2O, 5% BaO, 2% La_2O_3, 2% Cs_2O の組成をもつ特別に製造されたガラスである。このガラスは水和している限り、H⁺イオンに対して高度に選択的である。したがって、この電極は蒸留水中に浸漬して保存しておかなくてはならない。さもないとその応答性を失うことになる。乾燥してしまった電極は、再度使用する前に2日間程度蒸留水に浸しておくことによって通常は元に戻すことができる。H⁺イオンが取込まれるとその境界面を隔てて電位差が生じ、これが一般にガラス薄膜と(HCl溶液内に浸すことにより)電気的に接続している金属線と参照電極との間で測定される。すでに見てきたように、電位差は pH 値に変換される。H⁺イオン濃度が大きければ大きいほど、ガラス薄膜を隔てて測定される電位差が大きくなり、もちろんこれは試料溶液がより低い pH をもつことに対応する。

例題 10.4 ある溶液のpHが4.2と測定された。酸をこの溶液に加えたところ、pH電極の電位が 118 mV 上昇した。酸を添加したあとの溶液のpHはいくらか。

[解法] 59 mV の上昇は [H⁺] が 10 倍増加したことに対応する。このことから溶液のpH変化を計算する。pH は pH 電極の応答の増加に従って減少する。

ステップ1 pH電極の電位が 118 mV 上昇した。これは 118/59 pH 単位 = 2 pH 単位に相当する。

ステップ2 最初のpHは4.2であった。したがって新しく調製した溶液のpH = 4.2 - 2.0 = 2.2。

10.4.2 他の市販イオン選択性電極

ほかにも、F⁻, Na⁺, K⁺, NH₄⁺, Li⁺ などいろいろなイオンに対する多くのISEがある。しかしpH電極は、H⁺イオンサイズが小さいがゆえに、現在手に入れることができるすべてのISEのうち最も信頼性の高いものである。これより大きなイオンについての電極は、同じようなサイズと電荷をもつイオンからの妨害を常に多少なりとも受けてしまう。多くの市販pHメーターは、pH電極の代わりにISEを取付けることができる。これは必要な装置が全く同じであるからである。ネルンスト式(式(10.5))によって、この場合も測定される電位差とイオン濃度の $\log_{10}$ の値とが関係づけられる。認証された参照溶液中での電極の応答(mV の単位)をプロットすることによって実験的に検量線を作成し、その ISE が正しく動作していることを確認する。ついで、イオン濃度を検量線から求める。

10.5 線形掃引ボルタンメトリーとサイクリックボルタンメトリー

線形掃引ボルタンメトリー(linear sweep voltammetry)と**サイクリックボルタンメトリー**(cyclic voltammetry)は、どちらも印加(すなわち**分極**(polarizing))電位を変化させる動的な電気化学技術である。その際、電流が印加電位または時間に対して測定される。ボルタンメトリー測定はしばしば診断法として用いられる。非常に多くの電気化学分析(**吸着ストリッピングボルタンメトリー**(adsorptive stripping voltammetry, **ASV**)や**ポーラログラフィー**(polarography) など)が線形掃引ボルタンメトリーかサイクリックボルタンメトリーに基づくものである。

線形掃引ボルタンメトリーの技術は、ある電位から他の電位へ電位を直線的に変化させることに基づいている。電位の掃引速度範囲は毎秒数mVから数百Vにまで及ぶ。電位を掃引している間ずっと電流を測定し、電位に対して電流値をプロットすると**ボルタンモグラム**(voltammogram)とよばれる電流-電位曲線が得られる。電位をある電位から他の電位へ掃引してそこで止めるならば、その方法は線形掃引ボルタンメトリーとよばれる。線形掃引ボルタンメトリーにおける電位変化を図10.7(a)に示す。掃引の終点で電位勾配を反転させ、もう一度最初の電位まで戻すとき、その方法を**サイクリックボルタンメトリー**(cyclic voltammetry)とよぶ(図10.7(b))。必要であれば、この電位サイクルを何回か繰返すことができる。ボルタンモグラムの性質(すなわち、その形状、大きさ、そしてピーク電位)は、作用電極における電気化学反応に関する多くの情報を与えてくれる。

動的電気化学測定を行う場合には、常に3電極構成でなくてはならない。動的ボルタンメトリーでは分極電位を時間とともに変化させる。作用電極(WE)で起こる電気化学反応は、参照電極を基準として分極させて測定される。**対極**(CE)を入れることによって回路

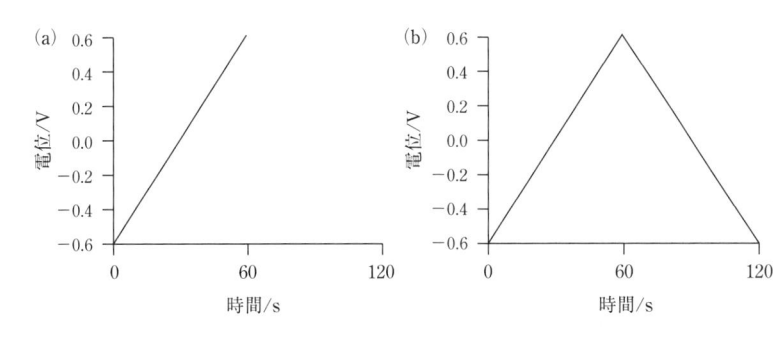

図 10.7 (a) 線形掃引ボルタンメトリーの電位掃引. (b) サイクリックボルタンメトリーの電位掃引

が完成され，電流が作用電極と対極の間を流れる．電荷は電解質溶液中のイオンによって運ばれるので，電解質のイオン濃度を常に測定しなくてはならない．できれば電解質濃度を一定に保つのが望ましい．たとえば，0.1 M KCl を溶液に加えて支持電解質として作用させることがしばしばある．対極の表面積は（図 10.1 に示したように）少なくとも作用電極の 10 倍は大きくなくてはならない．これは，対極での電気化学的反応が律速になることによって作用電極で起こる電気化学反応速度が抑制されることがあってはならないからである．

10.5.1 線形掃引およびサイクリックボルタンモグラムの形状と性質

　測定される電気化学過程は作用電極の表面で起こる．したがって目的物質は，それが酸化あるいは還元されるために溶液内を電極まで移動しなくてはならない．目的物質は**電気泳動**(electrical migration, クーロンの法則による静電引力)，**対流**(convection, たとえば溶液の物理的撹拌など)または**拡散**(diffusion)の影響を受けて作用電極に到達する．

　撹拌を行っていない溶液中では，作用電極に向かったり，そこから離れたりする際の物質輸送の主要な機構は，一般に拡散である．電極と目的物質との間の電子移動が十分に大きな速度で起こるならば，拡散が律速因子となり，その電極反応は**拡散律速**(under diffusional control)であるという．また，酸化/還元過程が可逆的であれば，正反応と逆反応のピーク電位が $59/n$ mV だけ離れていることが**ネルンスト式**から示される（ここでもまた，n は電子移動過程において 1 分子あたりの移動電子の数を示す）．

　線形掃引ボルタンモグラムはサイクリックボルタンモグラムの正反応の電流-時間曲線に相当するので，両者の形状を一緒に考察するのが好都合である．サイクリックボルタンモグラムを記録するとき，正の電位掃引の終点で電位を反転させ，逆の電位掃引における電流を記録する．

　図 10.8 に示す理想的なボルタンモグラムについて考えてみると，なぜボルタンモグラムがこのような形状を示すのかを理解することができる．ここでは，フェリシアン化カリウムのように単純な 1 電子過程（式(10.7)）によって還元され，また再酸化される可逆的な酸化還元対の還元と再酸化を考察してみよう．

$$[Fe^{(III)}(CN)_6]^{3-} + e^- \rightleftharpoons [Fe^{(II)}(CN)_6]^{4-} \quad (10.7)$$

$[Fe^{(III)}(CN)_6]^{3-}$ の還元についての線形掃引ボルタンモグラムを図 10.8(a) に示す．$[Fe^{(III)}(CN)_6]^{3-}$ から $[Fe^{(II)}(CN)_6]^{4-}$ への還元と，それにひき続いての $[Fe^{(III)}(CN)_6]^{3-}$ への再酸化についてのサイクリックボルタンモグラムは図 10.8(b) に示す．

　最初，電位は Ag/AgCl に対して約 +0.8 V から −0.2 V に掃引する．（いくつかの国では，より負の電位を X 軸の右側にプロットするのが，電気化学の慣例になっている．）およそ +0.7 V と +0.4 V の間では電流が観測されていないが，この領域では電気化学反応が起こっていない（**領域 A**）．+0.4 V 付近で $[Fe(CN)_6]^{3-}$ から $[Fe(CN)_6]^{4-}$ への還元（式(10.7)）による陰極電流が現れ始める（**点 B**）．電流値は電位の増大とともに，電子移動速度の増大によって大きくなる（**領域 C**）．$[Fe(CN)_6]^{3-}$ が消費され，その表面濃度が減少すると，電極表面とバルク溶液との間に拡散濃度勾配が生じる．$[Fe(CN)_6]^{3-}$ の表面濃度が 0 に近づくと陰極電流は E_{pc} でピークに達し（**点 D**），ついで拡散濃度勾配が溶液の中に広がるにつれて減少してゆく（**領域 E**）．作用電極への物質輸送速度が律速段階になると，電流は電位掃引の方向が反転するまで（**点 F**）新たな平衡状態の一定値になる．

　この点で掃引を止めると，線形掃引ボルタンモグラムが得られる（図 10.8(a)）．また，この点で電位を反

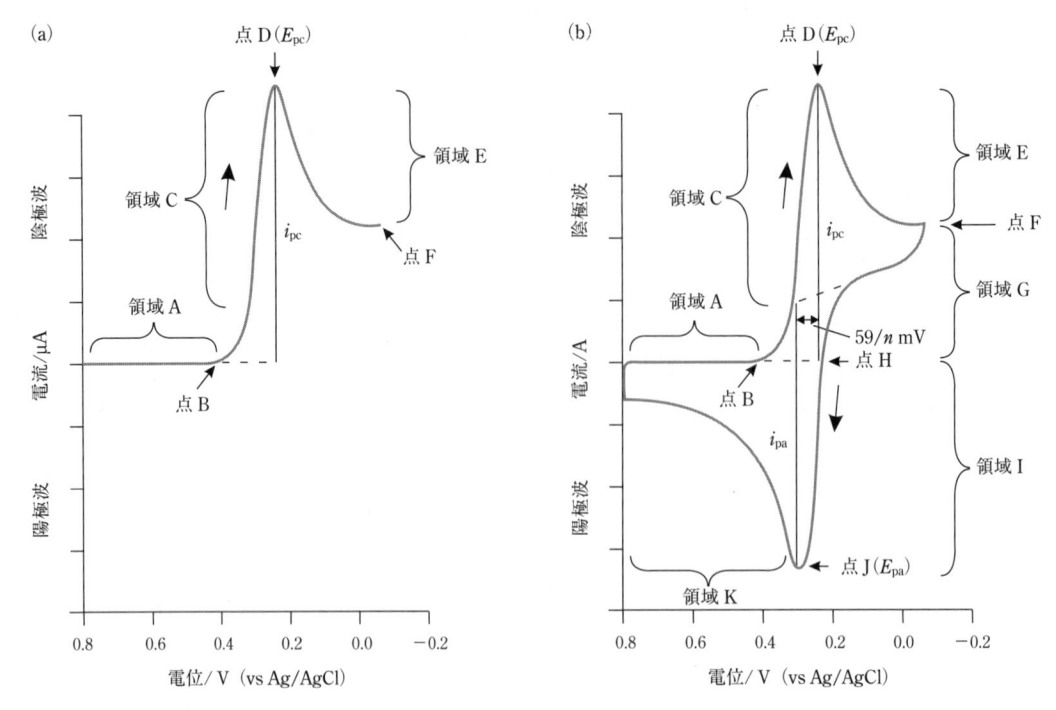

図 10.8 (a) $[Fe(CN)_6]^{3-}$ の還元の理想的線形掃引ボルタンモグラム．(b) $[Fe(CN)_6]^{3-/4-}$ のような可逆的酸化還元対の理想的サイクリックボルタンモグラム

転させると，サイクリックボルタンモグラムとなる（図10.8(b)）．

ピーク陰極電流が観測された点をもう一度通過する（**点 H**）までの間は，還元電流が観測される（**領域 G**）．この点で電流は瞬間的に0を通過する．ここから$[Fe(CN)_6]^{4-}$ の再酸化がはじまり（**領域 I**），酸化（陽極）電流が観測される．この値は同様に $[Fe(CN)_6]^{4-}$ の表面濃度が0に近づくまで増加する．ピーク電流 E_{pa} がここでも観測される（**点 J**）．電流は，元の電位に近づくにつれて再び減少する（**領域 K**）．

10.5.2　表面固定反応

目的物質が何らかの方法で電極表面に結合されれば，電荷移動反応を起こすために電極に移動する過程が不要になる．そうすれば，目的物質の拡散による正および逆のボルタンメトリーピークの分離が起こらなくなる．実際に酸化還元反応が可逆的であれば，正反応と逆反応のピークは全く同じ電位に（上下対称的に）現れるものと考えられる．この種のボルタンモグラムは，**表面固定ボルタンモグラム**（surface bound voltammogram）として知られている．

10.5.3　装　　置

電流が，たとえば電池から取出されると，電流が流れ始めたとたんに両極間の電位が低下する．このことから，もしこのような電源が分極電位を印加するのに用いられると，測定される電流は印加電位に直接依存する値ではなくなることがわかる．そこで，**回路から取出される電流にかかわらず，電極間の電位を一定に保つポテンショスタット**（potentiostat）とよばれる装置が用いられる．**ポテンショスタット**という語は電位の維持を意味し，静的な電位自体を指すものではないことを覚えておくべきである．

多くのポテンショスタットが市販されている．しかし，電気化学者の中には，独自の，しかし簡単な，非常に低い信号対雑音比特性をもつ電池で動く装置を組立てる人たちもいる．ほとんどのポテンショスタットはコンピューター制御されており，データをデジタル化して保存し，これをプロットしたり，望みのままに処理したりすることができる．X-Yプロッターでボルタンモグラムを記録する安価な装置もあるが，プロッターの速度が遅いために電流あるいは電圧変化が歪むことのないように注意を払う必要がある．

10.6 ポーラログラフィーとその関連技術

ポーラログラフィー(polarography)は作用電極として水銀を使う特殊な型のボルタンメトリーである．水銀を電極材料として使用するとき，他の金属より明らかに優れた点が二つある．一つは，他の金属あるいは炭素電極では問題となりうる水素の電気化学的発生が起こらないことである．もう一つの長所は，水銀が常温で液体であることに基因する．すなわち，新しい(したがって非常にきれいな)電極表面が個々の分析ごとにすぐに形成できるからである．固体電極の場合は一般に洗浄が必要で，これは時間がかかる上に難しいことがある．**滴下水銀電極**(dropping mercury electrode, **DME**)とよばれる特殊な電極(図10.9)では，分析を行う間，ほぼ1秒ごとに新しい水銀表面がつくり出される．貯留槽から液体水銀が細いキャピラリー管を一定の速度で通る．水銀の液滴が形成され，それが時間の経過とともに大きくなって，重くなりすぎるとキャピラリーの先端から落下する．またつぎの水銀滴が生成しはじめ，この過程が周期的に繰返される．

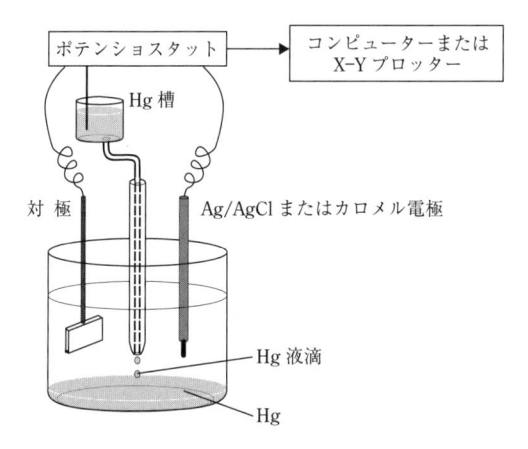

図 10.9 滴下水銀電極 (DME)

キャピラリー内の水銀は(そして液滴となった水銀も)，時間とともに電位を(図10.7(a)のように)変化させることによって，実験の間中，しだいに分極される．電位はこの場合もポテンショスタットを用いて制御される．すでに述べたように，参照電極(通常SCEが用いられる)と対極(たいていの場合，Ptを用いる)が回路を構成するために必要である．この装置全体を**ポーラログラフ**(polarograph)とよぶ．

連続的に変化する水銀滴の表面積は，**ポーラログラム**(polarogram)とよばれるかなり奇妙で特徴的なボルタンモグラムをつくりだす．予想されるように，電位を掃引していくと目的物質が還元(または酸化)される電位に達する．すると電流が電位(あるいは時間)の関数として記録される(図10.10)．最初に気づく特徴は，電流値が時間とともに規則的に増加と減少を繰返すことである．電流は作用(水銀)電極の表面積に正比例する．水銀滴が大きくなってはキャピラリー先端から落下するので，当然電流は時間とともに連続的に変化するのである．水銀滴が最初に形成されるときは，その表面積は非常に小さい．その水銀滴の寿命が続く間，水銀滴は大きくなり続けるのでその表面積が増加する．したがって，観測される電流も増大する．水銀滴が大きくなりすぎて重くなるとキャピラリー管から落下し，新しい非常に小さい水銀滴が形成される．この過程が同様に繰返される．このためこの周期に従う電流曲線は，水銀滴寿命の振動とともに波打つことになる．

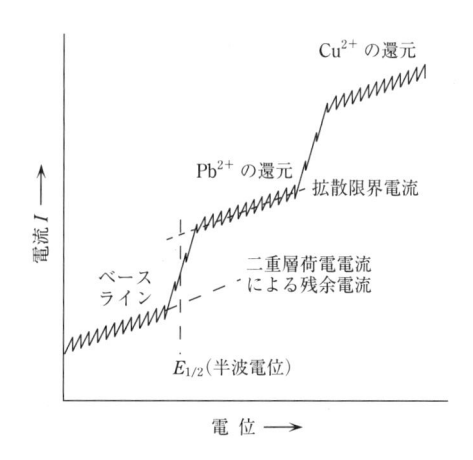

図 10.10 Pb^{2+} と Cu^{2+} の還元ポーラログラム

目的物質が測定される電位に達すると，平均電流値は急激に上昇する．ポーラログラフィーは還元可能な重金属イオンの定量に最も広く用いられており，この場合，電流勾配(掃引)は陰極方向(電位が負の方向)になる．図10.10に示したように，電位が目的物質を還元または酸化する値に達すると，平均電流は階段状に上昇して新たな**拡散限界電流**(diffusion limited current)に達する．この値を超える電位は**過電位**(overpotential)とよばれ，陰極または陽極電流の上昇はそのあとの電位掃引の間も観測される．ベースライン電流と定常拡散限界電流の中間電流値に対応する電位を**半波電位**(half-wave potential, $E_{1/2}$)とよぶ．第二の

目的物質が還元または酸化される電位に達すると，その電流は最初の電流に上乗せされたものになる．この例も図10.10にみることができる．Pb^{2+} と Cu^{2+} がともに Ag/AgCl に対しておよそ $-600\,mV$ を超えた電位で還元されている．

しかし，それぞれの場合についてこの方法により定量することができる．それは電流が目的物質の濃度に正比例するからであり，この関係は **Ilkovich 式** によって表される（式(10.8)）．

$$i_d = kc \qquad (10.8)$$

ここで，i_d は拡散限界電流であり，c は目的物質の濃度，そして k は温度や水銀の流下速度などの条件に依存する定数である．

ポーラログラムの形状に内包されているもう一つの物理化学的要因を述べておく必要がある．平均電流は，検出される目的物質が存在するか否かにかかわらずゆっくりと上昇している．したがって，目的物質の還元による電流は，このベースラインに上乗せされる．このドリフトするベースラインは，水銀滴と溶液の界面がコンデンサーのように荷電されることによるものである．この効果は**二重層荷電電流**(double-layer charging current, I_{dl})として知られているもので，この方法の感度を制限し検出限界を悪くする．水銀滴が連続的に補充されているのならば，荷電電流は時間とともに増加するはずがないと考えるかもしれない．この主張はある程度正しい．しかし，一部の水銀は実験の間中電解質と接触し続けており，分極した状態のままなのである．

二重層荷電電流による好ましくない影響は，その大半を**示差パルスポーラログラフィー**(differential pulse polarography, **DPP**)を用いることによって克服することができる．これについてはこのあとで考察することにする．

ポーラログラフィーは，水銀の取扱いやその毒性に関連する難しさという短所をもっている．その装置も扱いにくく，電解質水溶液は分析を行う前に脱気（脱酸素）して分子状酸素を除去しておかなくてはならない．酸素は滴下水銀電極(DME)上で電気化学的に還元される可能性があるためである．これらの欠点があるにもかかわらず，ポーラログラフィーはその感度と到達しうる非常に低い検出限界のために，今なお広く用いられている実験技術である．たとえば，多くの重金属イオンは ppm レベルまでも測定することができ，この感度は原子吸光光度法などの技術の性能にも，わずかな費用と簡単な装置で匹敵しうるものである．

10.6.1 示差パルスポーラログラフィー

すでにみてきたように，ポーラログラフィーは電位を変化させて DME を分極する．直流電圧は水銀滴-溶液界面に充電するので，二重層荷電電流が観測され，これが分析感度を低下させる．一連の振動する電流波から平均電流値を正確に求める（あるいは追跡する）のも困難である．

示差パルスポーラログラフィーは，線形電位掃引上に一連の小さい電位パルスを重ねるという巧みな方法でこれらの問題をほとんど克服している（図10.11）．

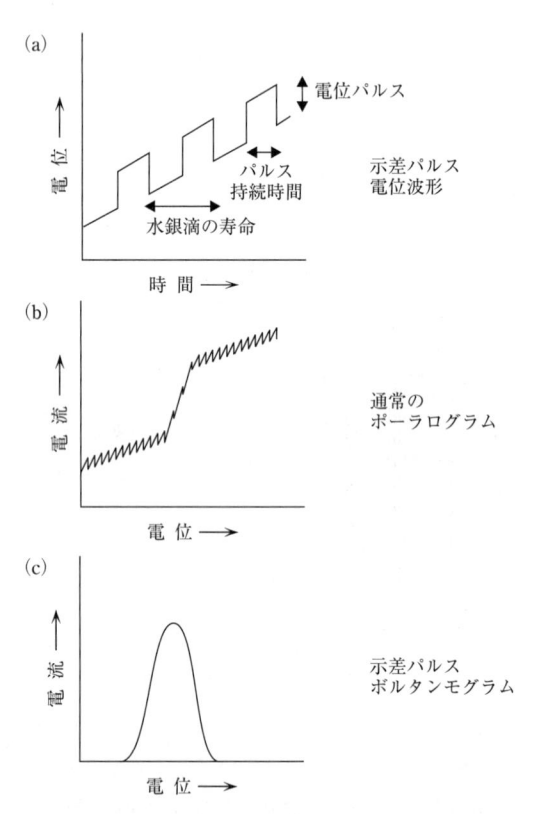

図 10.11 示差パルスポーラログラフィーと通常のポーラログラフィーの比較

水銀滴がキャピラリーからたたき落とされる直前，そのサイズが最大に近づくのに合わせて，水銀滴の寿命が尽きるところでパルスを発生させる．水銀滴は，電位パルス終了後1秒以内に，物理的にカラムを揺する小さな棒でキャピラリーから機械的にたたき落とさ

電流は電位ステップの直前と直後に測定する．これら二つの電流の差を電位の関数としてプロットする．電位パルスは水銀滴寿命の最後の部分に合わせて発生させるが，これは表面積の時間変化が最も遅くなる部分であるからである．水銀の流速が一定に保たれているので，水銀滴の体積は時間とともに直線的に増大する．しかし，球の表面積は $4\pi r^2$ で与えられるので，水銀滴表面積の変化する速度は時間とともに減少する．二重層荷電電流は水銀滴の表面積に比例するので，二重層荷電電流が最も小さい速度で増加するのは水銀滴寿命の最後の段階である．

目的物質の**電流検出**(amperometric detection)による電流値は線形電位掃引によって到達した電位に依存する．電流は個々のパルスの開始時と終了時に測定し，荷電電流は非常に低い値であるので，その影響は最小に抑えられている．

もう一つの非常に重要な効果がある．この方法では示差電流(これは時間とともに電流が変化する速度に従う)を測定しているので，この値は酸化還元電流の増加速度が増すに従って増大するが，電流が定常状態に達するに従って再び減少する．DPP 電流ピークの電位はボルタンメトリー酸化還元波の中点，すなわち半波電位に対応する．

通常のポーラログラフィー酸化還元波と DPP ピークの関係を，図 10.11 にわかりやすく示す．示差パルスボルタンモグラムの解析は，特に半波電位の正確な位置を定めようとする際には，通常のポーラログラムの解析よりもずっと簡単である．半波電位の測定は，そのポーラログラフ波を与える目的物質の同定に役立つことが多い．DPP はまた，二つの部分的に重なったポーラログラフ波を区別するのに役立つ．二つの分離したピークを区別するのは(多少重なりあっているとしても)，階段状の電流が互いに重なっていて，さらにそれらがドリフトするベースライン上に乗っているのを解析しようとするよりは容易である．

10.6.2 吸着ストリッピングボルタンメトリー

吸着ストリッピングボルタンメトリー(adsorptive stripping voltammetry, **ASV**)は，標準的なボルタンメトリー分析に比べてきわめて低濃度まで検出限界を下げることができる，非常に強力な技術である．この方法では，目的物質が作用電極上に濃縮され，濃縮後にのみ実際の分析が行われる．しばしば ppm あるいは ppb レベルの濃度の定量を行うことができる．このように，他の方法では測定することができないようなきわめて低濃度の目的物質が分析される．

では，いったいどのようにして分析が行われるのであろうか．多くの目的物質は溶液中で解離する．溶質イオンは電場の影響を受けて溶液内を通過(移動)する．陰イオン(負の電荷をもつイオン)は陽極(正極)に向かって移動し，陽イオン(正の電荷をもつイオン)は陰極(負極)に向かって移動する．作用電極を一定時間分極して，イオン化した目的物質をひき寄せて濃縮する．この時間を**前濃縮段階**(pre-accumulation step)または**吸着段階**(adsorption step)とよび，1～2 s から数分続けられる．作用電極に印加する電位は，同様に**前濃縮電位**(pre-accumulation potential)または**吸着電位**(adsorption potential)とよばれる．

いったん十分な量の目的物質(または溶液中のすべての目的物質)が作用電極上に前濃縮すなわち吸着されると，電位を反転し，時間に対して直線的に電位を掃引する(図 10.12)．そして電流がボルタンメトリー的に電位の関数として記録される．記録されるボルタンモグラムは，目的物質が作用電極表面から引きはがされることから，**吸着ストリッピングボルタンモグラム**(adsorptive stripping voltammogram)とよばれる．**ストリッピング段階**(stripping step)で陰イオンは酸化され，陽イオンは還元される．陰極に陽イオンを濃縮する吸着ストリッピングボルタンメトリーは，目的物質のアノーディックストリッピング(電位を反転し陰極を陽極にすることによるストリッピング)を用いるもので，**アノーディックストリッピングボルタンメトリー**(anodic stripping voltammetry)とよばれる．同様にして，陰イオンを陽極に濃縮し，続いてカソーディックに溶出するとき(陽極を陰極に反転することによる)，その方法を**カソーディックストリッピングボルタンメトリー**(cathodic stripping voltammetry)とよぶ．これら二つの方法はしばしば ASV および CSV と略記されるが，前者の略号は吸着ストリッピングボルタンメトリーと混同することがある．したがって，これらの略語を使おうとするときは，それが何を意味するかを常に正確に定義するのが賢明である．

吸着ストリッピングボルタンメトリーには多くの多様な電極が使われるが，おそらく，最も一般的なのは

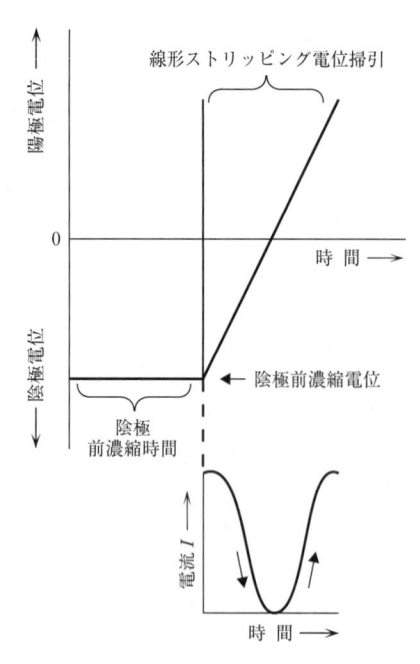

図 10.12 吸着ストリッピングボルタンメトリー

吊り下げ水銀滴電極 (hanging mercury drop electrode, HMDE) である．HMDE は，水銀が連続的にキャピラリーから流し出されるのではなく，分析を行う間キャピラリーの下端にぶら下がっている静的な水銀滴をつくるという点を除いては，基本的に DME に非常によく似ている．この水銀滴は，新たな分析を行う前に，カラムの上端にセットしたバーニアねじプランジャーでキャピラリー内の水銀を少量押し出して落とす．

HDME もまた，新しい水銀滴がつくられるたびに非常に清浄な Hg 表面が生成するという特長をもっている．重金属原子は水銀に溶解してアマルガムを形成するので，これによって多量の目的物質を，分析する前に濃縮することができる．他の電極も吸着ストリッピングボルタンメトリーに用いられ，特に化学修飾電極は多様な物質の分析に適用を拡大する可能性を与える．§10.7 で化学修飾電極について簡単に解説することにしよう．

10.7 化学修飾電極

化学修飾電極 (chemically modified electrode, **CME**) は最近研究対象として大きな興味がもたれており，この傾向は今後もしばらく続くものと思われる．

これまで，金属そのものの電極のみを考察してきたが，たとえば炭素のような他の導電性物質でつくることも可能である．それぞれの場合，電極は基本的にその使用前に特別な処理を施してはいない．これとは対照的に，化学修飾電極はなんらかの方法で処理されて，その表面が変えられ，すなわち修飾されて，異なる分析機能が付与されている．

電極を化学的に修飾する方法にはいくつかあり，電解前処理，表面に分子を共有結合することによる電極の化学的被覆，吸着高分子膜による全電極表面の被覆などが含まれる．ここでは，後者の二つについてのみ考察することにしよう．これらは最も広くみられるCME である．

10.7.1 表面特性が明確な分子の固定化

電極表面は，非常に明確な特性をもつ分子を化学的に固定することによって，望ましい電気化学的性質を損なわずに反応性を根本的に変えることがある．たとえばポリエチレングリコール (PEG) は生物医学的装置の表面を被覆して，タンパク質の収着を防ぐのによく用いられる．PEG を電極に化学的に固定して生体適合性を高め，臨床分析に使用することができる．この種の電極の修飾は劣悪な環境中で多くの分析を行うための電極の有効寿命を長くしようとするとき特に有用である．PEG は他の多くの有機分子と同様に，チオールすなわち(-SH)結合によって金属電極(この場合は Au が特に適している)に固定することができる．酸化還元酵素も，電極表面に電気的に接続することによって直接電気化学反応を起こさせることができる．酵素の酸化還元中心と金属電極は，その分子鎖に沿って電子移動できる不飽和度の高い炭化水素によって結合される．現在，ほかにも特異的あるいは機能的な官能基をもつ特殊な分子を固定化する多くの方法が研究されている，これらの分野をより広く知りたいならば第 14 章を参照してほしい．

10.7.2 高分子修飾電極

今日まで最も広く見られる種類の CME は，ある種の高分子を吸着することによって修飾したものである．高分子はきわめて多様で，疎水性，親水性，絶縁性，電気伝導性などの性質をもったものをつくることができる．また，高分子は酵素などの他の分子をその構造内に取込むのに用いることができる．あるいは，

作用電極に妨害化学物質が近づくのを防ぐのに用いられることもある．

いわゆる導電性高分子は，少なくとも一つの酸化還元状態で電気伝導性を示す高分子である．高分子は通常酸化または還元されるので，高分子の導電性はその酸化還元状態に依存する．たとえばポリアニリンは三つの酸化還元状態をもっており，これを分極することによって適度な導電性あるいは絶縁性を示す．ポリアニリンはアニリン（塩酸塩）の水溶液から容易に電解重合される．さらに酵素のような酸化還元分子を，この高分子を基材として固定化することができる．このようにして酸化還元状態に依存する導電性の多くを測定することができる．また，この方法によって多くのいわゆる"化学トランジスター"あるいは"酵素トランジスター"が開発されている．このほかにも電極表面に電解重合できる多くの導電性高分子があり，ポリピロール，ポリインドール，ポリ-N-メチルチオフェンなどが最もよく知られているものである．

高分子による電極修飾のもう一つの重要な利用目的は，電気化学的に活性な妨害物質が作用電極表面に到達しないように排除する，高分子選択透過膜を作製することである．これにより電気分析技術の特異性が改善される．ほとんどの選択透過膜は，イオン化した分子あるいは少なくとも非常に極性の分子を，同じ電荷間の反発によって電荷排除することを作用原理としている．たとえば，Du Pont 社の市販高分子膜である Nafion® は高分子中に陰イオン官能基をもっており，その薄膜を隔てて陽イオンあるいは中性の溶質は容易に透過させるが，陰イオンが電極表面に接近するのを著しく妨げる．

10.8 微小電極

これまで本書では，大きな（平面状の）電極で起こる反応過程について述べてきた．ここでは，非常に小さい（マイクロメートル程度の大きさの）微小電極（micro-electrode）が分析化学においてどのように用いられているかをみることにしよう．

あらゆる信号（たとえば電流測定においての応答）が電極の表面積に正比例するのだから，どうして微小電極を使用したいなどと考えることがあるのだろうという疑問が当然おこるだろう．その答えは，溶質が電極表面に向かうときと電極表面から離れるときの経路にある．大きな電極では直線的な拡散経路をとる．これは，溶質（この場合は反応物と生成物）が，電極との間を直線的に拡散して移動することを意味する（図 10.13）．実際には溶質はあらゆる方向に拡散することができるが，立体障害のため，正味の効果としては溶質があたかも直線的に移動するようにふるまうことになる．もし電極表面での電子移動が目的物質の拡散よりも速ければ，拡散が電極反応の律速段階になるであろう．このような反応は，拡散律速であるという．このような状態の意味することは，すでにサイクリックボルタンメトリー（§10.5）とポーラログラフィー（§10.6）について考察したときに述べた．この拡散律速挙動は分析する際に大きな問題をひき起こす可能性がある．試料溶液の撹拌は溶液内の拡散濃度勾配を乱し，このため電極の応答を変化させるからである．

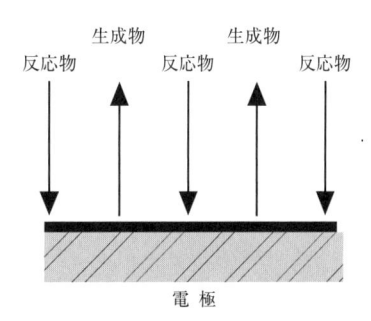

図 10.13 平面電極との間での直線的拡散

微小電極は，これとは対照的にこれらの制限を受けることがない．これは電極が十分に小さく，一つの点としてふるまう限り，半球面溶質拡散経路（hemispherical solute diffusional profile）をとるからである．この場合溶質は，二次元的には180°の弧状に半球を描

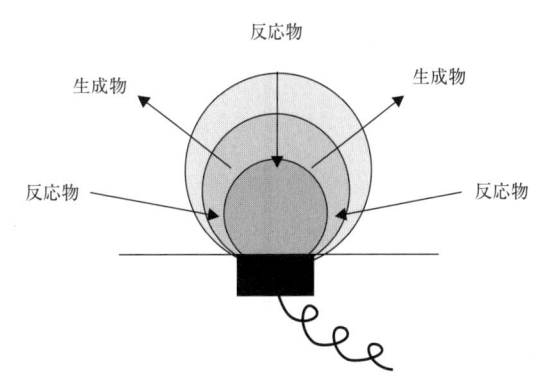

図 10.14 微小電極との間での半球面拡散

いて，電極に接近したり離れたりすることができる（図10.14）．溶質の物質輸送速度は通常大きな平面電極が到達できる速度よりかなり大きく，多くの分析は拡散律速ではなくなり，**撹拌に無関係**になる．電極が撹拌や溶液内の他の物理的にひき起こされる運動（たとえば対流など）の影響を受けなくなると，たとえば実験室環境ではない場合（遠隔操作など）に溶液の流れを制御する必要がなくなるので，好都合である．

微小電極にはいくつかの欠点がある．このうち最も明確なのは，信号（通常電流測定の場合）が小さいこと，すなわち信号は電極面積に比例するので非常に小さくなることである．このため，信号がベースラインノイズに埋もれて役に立たない状態にならないよう，電極を電気的ノイズの発生源から保護する必要がある．また何個かの微小電極を使ってその信号を一緒に併せ，合成測定信号として大きくするという方法もある．

皮肉なことに，非常に小さい信号の使用にはある利点がある．それは，ポテンショスタットがなくても分析を行うことがしばしば可能であるからである．これは，(a) 電流が電気化学反応によるものであること，および (b) 溶液を隔てたオーム降下 (iR) の寄与が非常に小さいこと，したがってポテンショスタットを分極電位 V を維持するために用いる必要がないことによる．

> **注** "オーム降下"(iR)とは，溶液内を通る電流によって溶液間に観測される電位差の低下であり，オームの法則から以下のように表される．
> $$V = iR$$

微小電極を作製する一般的な方法は，一端を溶融したガラスキャピラリー内に金属線（通常は白金）を挿入

することである．そのあと電極の先端をアルミナ (Al_2O_3) 粉末で研磨して平面にする（図10.15）．

多重微小電極はプリント回路基盤やシリコンマイクロチップの製造と同様に，光平板印刷技術を用いて作製されることが多い．たとえば生物医学的応用（第14章参照）において，またより広い研究分野から，微小電極がこれまで以上に興味をひく対象であることは間違いない．微小電極がさらに多くの電気化学分析において，これまでより広く使用されるであろうことは明らかである．

10.9 有機相電気分析化学と有機化合物の電気化学分析

10.9.1 有機溶媒と有機化合物試料の溶解度

私たちはこれまで，目的物質は水に可溶であり，KClのような単純な支持電解質を加えることによって溶液に十分な導電性が与えられると仮定してきた．残念なことに，ボルタンメトリーあるいはポーラログラフィーで分析を行いたい多くの有機分子は，水にわずかしか溶解しないか，または全く不溶である．

これらの目的物質は，酢酸，ジオキサン，アセトニトリルまたはアルコール類を加えることによって溶かすことができる場合がある．この方法が問題解決の役に立たず，目的物質が非プロトン性溶媒にのみ溶解するという場合でもなお，§10.9.2に述べるように電気化学分析が可能になることがある．

10.9.2 有機相ポーラログラフィー

有機相ポーラログラフィーは，ジエチルアミンやジメチルホルムアミドなどの溶媒中で行うことができる．この種の非プロトン性溶媒は，残念なことに非常に高い抵抗をもっており，溶液中での電荷移動を可能にするイオン性電解質の添加なしでは電気化学分析が全く不可能である．リチウムまたはテトラアルキル塩は完全な非プロトン性環境で溶解してイオン解離するので，これらをこの目的のために用いることが多い．

ポーラログラフィーは水溶液中の重金属イオンの定量に最も一般的に使用されることをすでに学んだ．しかしいまやポーラログラフィーは，水に溶けるか，あるいは非極性有機溶媒にのみ可溶であるような有機化合物の分析にも，ますます広く用いられるようになってきている．

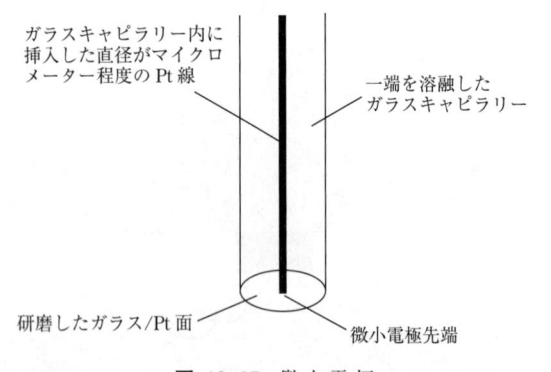

図 10.15 微小電極

有機相ポーラログラフィーは目的物質の還元または酸化のどちらの場合にも用いることができる．重金属イオンの分析では還元が利用されるが，多くの有機物の定量には酸化が必要である．残念なことに，Ag/AgClに対しては約+0.4 Vまでの分極電位しか用いることができない．これはこれ以上の電位では水銀自身が酸化されるからである．しかしながら，この問題は炭素，白金，または金などのほかの電極材料を使うことによって克服することができる．

10.9.3 有機化合物の電気化学分析

多くの有機化合物は，以下に詳しく述べるように分析目的に利用できる電気化学的挙動を示す官能基をもっている．

1) 還元反応
   ・有機ハロ官能基は，ハロゲンが水素に置換して還元される
   ・アルケンおよびいくつかの不飽和環状有機化合物
   ・ニトロ，ニトロソ，酸化アミン，およびアゾ基
2) 酸化反応
   ・ヒドロキノンとメルカプタン

10.10 電気化学滴定

酸化還元滴定の当量点を決めるには，最も一般的に指示薬を使用する．しかし電気化学に基づく滴定が，当量点を通常の滴定法よりも正確に決めることができるので，広まってきている．電気化学滴定は電位差測定によって行われるのが最も一般的であるが，電流測定によって当量点を決定することができることもある．

10.10.1 電位差滴定

電位差滴定は一般に容易に行うことができる．参照電極を対照にして指示電極の電位Eを測定し，加えた滴定液の体積に対してEをプロットする．電位差は当量点付近で急激に変化する．当量点は，標準指示薬を用いた容量分析よりもはるかに正確に求められるが，これには二つの理由がある．第一に，変色を肉眼で観測するときの測定者による誤差が除かれる．しかしもっと重要なのは，測定する電位差が，滴定全体を通して起こる反応の化学的活性の変化を直接表していることである．滴定の当量点を求めようとしているのであるから，指示電極の電位の絶対値は正確に知る必要がない．重要なのは電位の変化であり，電位が滴定曲線の形を表し，それゆえ滴定曲線の当量点を与える．電位差滴定は手動でも，また市販の自動滴定装置でも行うことができる．実際のところ，ほとんどの市販自動滴定装置は反応を追跡する電位差測定指示電極を用いている．

pH滴定

酸塩基滴定のpHが当量点に達するときいかに劇的に変化するかをすでに学んだ(第3章)．この種の滴定を追跡する簡単な方法の一つは，標準電位差測定ガラス薄膜pH電極を用いることである．pHを滴定液の体積の関数としてプロットすることによって，滴定曲線を容易に描くことができる．当量点はpH-体積滴定曲線の傾きが最も大きくなる点に対応する(図10.16)．SCEまたはAg/AgClや他の適当な参照電極を使うことができる．pH電極と参照電極は，両電極間の溶液抵抗を最小にするために，できるだけ互いに近い位置に置くのが理想的である．

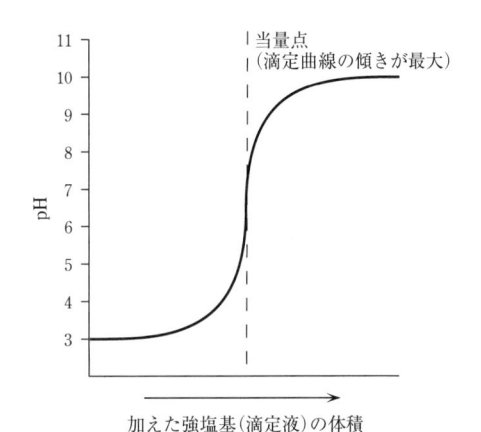

図10.16 pH滴定曲線

滴定分析のためのイオン選択性電極

§10.4で，多様な電位差測定イオン選択性電極(ISE)がさまざまな陰イオンと陽イオンの分析用に市販されていることを学んだ．この種のISEは，酸化還元反応においてこれらのイオンが消費されるような滴定を追跡するのに用いることができる．たとえば，Ca^{2+}ISEはカルシウムとEDTAの滴定(式(10.9))を追跡するのに使用できる．

$$Ca^{2+} + EDTA^{4-} \longrightarrow Ca(EDTA)^{2-} \quad (10.9)$$

硝酸銀滴定に Ag^+ ISE を使用する方法も，もう一つのよい例である．

電位差滴定当量点の正確な測定

図 10.16 に示したような電位差滴定の当量点は，曲線の傾きが最も急な点，すなわち変曲点に対応する．これを手作業で測定すると誤差が大きくなりやすいが，コンピューターを使って曲線の傾きを（滴定液の体積に対する電位の一次微分として）連続的に測定することができる．ついで，用いた滴定液の体積の関数として傾きをプロットする．その結果得られたプロットは，加えた滴定液の体積に関しての電位の変化速度（加えた滴定液の体積に対する $\Delta emf/\Delta$ 体積）を表す（図 10.17）．S 型の $\Delta pH/$ 体積曲線が，ここではピーク曲線になっている．ピーク頂点が当量点における滴定液体積の値に対応する．

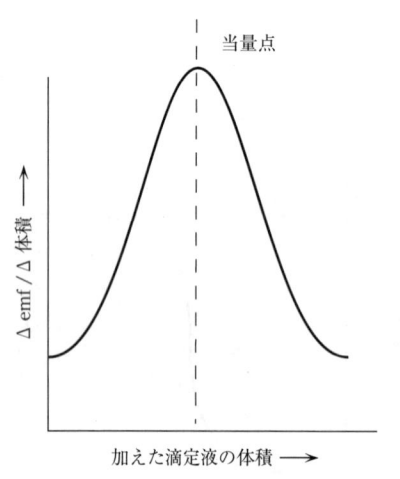

図 10.17 加えた滴定液の体積に対する $\Delta emf/\Delta$ 体積

電位差滴定曲線の一次微分をとることには，二つの明確な利点がある．第一に，ピークの上昇と下降を追跡することによって電位差滴定の終点を求めるほうが目で見て容易に判断できる．しかし，より重要なのは当量点をより正確に検出できることである．これは，滴定曲線の一次微分を連続的に追跡しており，変曲点を目視で決定する必要がないからである．

10.10.2 電流滴定

電流滴定では分極電位が作用電極に印加されたときの電流を測定する．電位は固定されるのが一般的である．この型のボルタンメトリーは**対流ボルタンメトリー**（hydrodynamic voltammetry）あるいは**定常状態電流測定法**（steady-state amperometry）とよばれる．ここでの対流という語は，この過程が**拡散物質輸送律速**（diffusional mass transport control）であるならば電流が溶液内での物質輸送の関数になることをさす．

注　物質輸送とは，電極表面と溶液との間の反応物あるいは分析対象物質（または電気化学反応によって生成する物質）の移動をさす用語である．

少なくとも一つの反応物質あるいは生成物が電気化学的に酸化または還元されるならば，対流ボルタンメトリーを滴定の当量点を決めるのに用いることができる．このとき電流は滴定液体積の関数として測定される．反応物のいくつかが電気化学的に活性であれば，その化学種の酸化あるいは還元による電流はその物質が消費されるに従って減少する（図 10.18(a)）．逆に，もし生成物（もしくは生成物の一つ）が電気化学的に活性であれば，その化学種の電気化学的酸化あるいは還

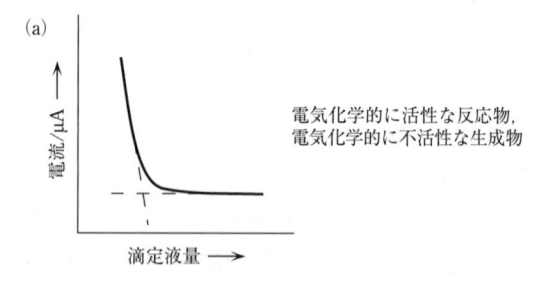

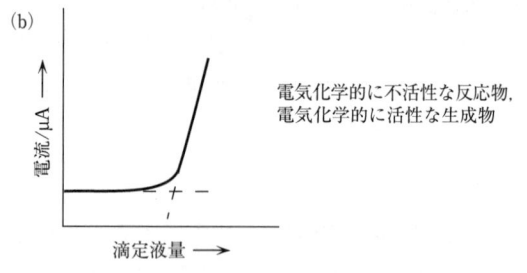

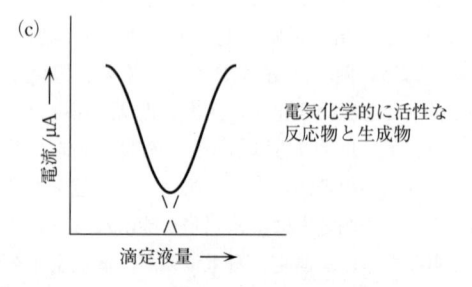

(a) 電気化学的に活性な反応物，電気化学的に不活性な生成物

(b) 電気化学的に不活性な反応物，電気化学的に活性な生成物

(c) 電気化学的に活性な反応物と生成物

図 10.18 電流滴定

元により電流が上昇する(図10.18(b)). 生成物と反応物が両方とも電気化学的に活性であれば, 電流は当量点に向かって直線的に減少し, その後さらに滴定液が添加されるに従って再び直線的に上昇する(図10.18(c)). このとき, 反応物または生成物に起因する電流はそれらの濃度に比例することを覚えておく必要がある. 個々の場合について, 当量点は電流-体積プロットの二つの直線部を外挿することによって求めることができる.

対流ボルタンメトリーにおいては常に, 少量ではあっても, 一つあるいはそれ以上の反応物または生成物の消費が起こっている. それゆえ消費をできるだけ小さくするために微小電極を用いることが多い.

電流滴定は, 滴定反応が安定な錯体あるいは沈殿を生成する場合によく用いられる. たとえばEDTA滴定においては, Fe^{2+}, Cu^{2+}, Pb^{2+} などの重金属イオンと安定な錯体を生成する. 他に沈殿試薬としては, ハロゲン化物イオンの沈殿に用いられる硝酸銀や硫酸イオンの沈殿滴定に用いられる硝酸鉛がある.

10.11 酸素電極

酸素電極は Leyland Clark によって1960年代に最初に報告され, 今では水溶液中の酸素濃度の測定に広く用いられている. この電極は, Ag/AgClに対して約 $-600\,\mathrm{mV}$ で陰極に分極された作用電極における酸素の電流還元を利用している. 作用電極は通常 Ptで, その上を薄い酸素透過膜テフロンが覆っている(図10.19). テフロン膜は酸素がその下にある作用電極に容易に拡散していけるようにつくられている一方で, あらゆるイオン化した溶質の透過を阻止する. こ

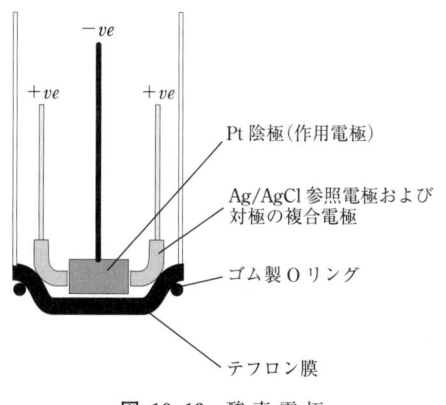

図 10.19 酸素電極

れに対極(作用電極の周囲に巻かれた同心円状の輪の形状をとることが多い)が取付けられて回路が完成する. 作用電極と対極の間の電気伝導性を保つために, 両電極の間に電解質溶液に含浸した小さい芯を設置することがある. 対極と参照電極を一緒にして一つの電極にしたものもある.

酸素は式(10.10)に従って還元される.
$$O_2 + 4H^+ + 4e^- \longrightarrow 2H_2O \quad (10.10)$$
電流は試料中の酸素分圧に比例する. 電極は脱気した試料と酸素を飽和した試料の両方であらかじめ校正しておかなくてはならない. 酸素で飽和した水は, 298 K において常圧下, 近似的に $28\,\mu\mathrm{g\,cm^{-3}}$ の酸素を含んでいる. 脱気した試料の電流(ベースライン)と酸素飽和試料についての電流はいずれも実験的に求められる. ついで2点直線検量線を作成し, これより未知試料の O_2 濃度を測定することができる.

塩素(Cl_2)のようなハロゲンガスは, 水に溶けて ($Cl_{2(g)}+H_2O_{(l)} \rightleftharpoons HCl_{(aq)}+HOCl_{(aq)}$), 酸素電極に対して妨害をひき起こす可能性がある. これは, どちらもテフロン選択透過膜を透過できるからである.

現在酸素電極は, 臨床用の多種ガス分析器に組込まれて血液や血清中の酸素の定量(§14.3参照)に日常的に用いられているほか, 酸素消費酵素を用いた電流測定バイオセンサー内の構成要素として使用されている.

10.12 電気化学センサーの適用領域

現在, 多くの多様なセンサーの開発に向けた研究への取組みが, 医学, 環境, そして工業品質管理部門への応用とともに急速に増えている.

電気化学センサーは最も重要な現代的センサーの一つを代表するものであり, この節ではその応用範囲を考えてみることにしよう. 第14章には, 生物医学的センサーとバイオセンサーについてさらに詳しく述べられている.

いくつかのわかりやすい例をあげる. 糖尿病患者は, 小型バイオセンサーを使って自分の血中グルコース濃度を測定することができる. 自動携帯pH電極はもう一つの優れたセンサーの例であり, 今では専門家の訓練を受けることなくほとんどだれでも使うことができる段階に達している. pH電極が現れて何年もたつが, その頑健性, 選択性, そして単純さという点で

ほぼ理想的なセンサーである．現代のセンサーの大半は，いまだにこれらの条件を満たすべく改良の努力がなされている．

新しいセンサーの開発に現在注がれている膨大な研究努力にもかかわらず，まだ比較的少数の装置しか商業的に成功していない．この状況は明らかに変化しはじめているが，多くのセンサーは数多くの重要な性能基準を，特に特異性，感度，寿命，頑健性，さらには経済的実行可能性という点で満たせずにいる．科学社会における技術発展が遅いことも見逃してはならない．

センサーは，多くの確立された技術の代替法となりうる技術をおもに提供する．分析者に使用技術を切替えさせるには，彼らにつぎのことを満足させなくてはならない．(a) 新しい方法は少なくともすでに用いられている方法と同じくらい信頼性が高いこと．(b) 新しいセンサーはすでに用いられている技術の主要な性能基準すべてと同等であるか，おそらくはそれを超えていること．そしてひょっとしたら (c) 何らかの費用削減ができることである．新しいセンサーがこれらすべての条件を満たしているとしても，顧客が必要な分析能力をすでにもっていれば，彼らが新しい技術導入のための初期投資をするのに満足な理由が必要となるであろう．

10.12.1 動作方式

最初に電気化学センサーの種々の動作方式について考察し，そのあとにそれらが用いられている多様な応用について考えてみよう．

電気化学センサーはつぎのいずれかの動作方式で機能する．(a) 電位検出，(b) 電流検出，(c) 伝導度測定．

電位検出型センサー

電位検出型センサーは，測定において目的物質を破壊したり消費したりしないという，他の多くの技術にはない一つの重要な特長をもっている．電位は目的物質に応答して測定されるが，電流が流れないので，物質は酸化も還元もされず，したがって消費されることがない．目的物質が作用電極で消費されないので，バルクの試料溶液とセンサー表面の間に拡散勾配が形成されない．したがって，電位検出型センサーは本質的にその電気化学的挙動が撹拌の影響を受けず，その使用を容易にする．これは，一般に応答が撹拌速度に強く依存する電流検出型センサーと対照的である．

ISE はこれまでに最も広く用いられている電位検出型センサーであり，現在市販されている．**化学選択電界効果型トランジスター**(chemically selective field effect transistor, CHEMFET, 図 10.20)はもう一つの開発の成果であり，**電界効果型トランジスター**(field-effect transistor)を変形したものである．電界効果型トランジスターにおける電流はゲート領域に印加した電位によって制御されている．CHEMFET ではイオン選択膜が用いられており，これがゲート領域に接続されている．このようにして，イオン選択層での電位がソースとドレイン間の電流を調整する．CHEMFET がセンサー市場をあっという間に支配するのではないかと予想された時期があった．これまでのところ，そのような事態にはなっていない．CHEMFET が抱えているおもな問題は，トランジスターのゲート領域がすぐだめになってしまうことである．CHEMFET の製造は非常に高くつくわけではないが，使い捨ての CHEMFET は広範な使用という面では商業的に見合うものではないであろう．

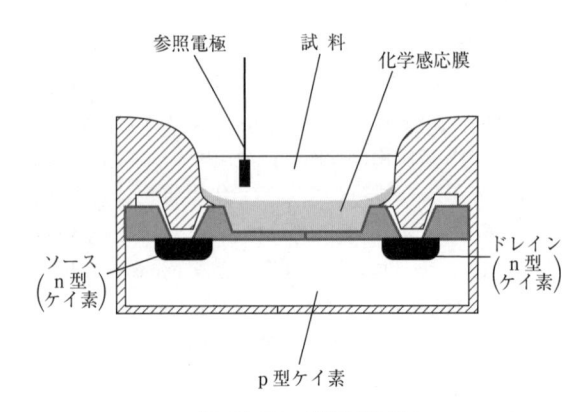

図 10.20 CHEMFET

電流検出型センサー

電流検出型センサーは広い応用範囲をもっており，本書を執筆している時点では化学センサーおよびバイオセンサーの大部分を占めている．電流測定技術は，多くの場合，最も信頼性の高い電気化学技術であるが，この方法は本質的に目的物質を多少とも消費する．ごく少量の目的物質の消費は全体の物質濃度に大きな影響を与えないかもしれないが，溶質拡散勾配が形成され，撹拌に依存する望ましくない応答を与え

る．したがって，電流測定センサーは製造工程のオンライン測定には不適切であることが多く，使用に当たっては専門家の管理が必要である．微小電極はしばしばこういった問題の多くを克服するが，測定しなくてはならない電流が小さいことによるこの電極固有の欠点をもっている．微小電極はまた，大きな平面電極よりも作製に費用をかなり要することが多い．

伝導度センサー

イオンは電気化学セルの電極間で電荷を輸送する．一般に，電解質のイオン伝導度が十分に高く，検出電極の電気化学反応がいかなる場合でも妨げられないことが望まれる．しかし，ときにはイオン伝導度が実際に測定したいパラメーターである場合がある．

伝導度センサー(conductimetric sensor)は，実験室の水精製装置の質を測定するのに広く用いられている．蒸留したての水は $[H^+]$ と $[OH^-]$ がそれぞれ 10^{-7} M に等しいはずである．空気中の二酸化炭素がゆっくりと水に溶解し，炭酸水素イオン $[HCO_3^-]$ の溶存濃度とともに溶液の伝導度を増加させる．イオン化する不純物は劇的に水の伝導度を増加させる．

伝導度計は弱塩基と強酸(あるいは強塩基と弱酸)の滴定を追跡するのにも用いることができる．弱酸あるいは弱塩基の解離度と強酸または強塩基の解離度との差は，当量点に達したとたんに溶液の伝導度に非常に大きな変化を与える．

10.12.2 導電性高分子センサー

多くのバイオセンサーと化学センサーは，二つの近接して置かれた電極間を橋架けする**導電性高分子**(conducting polymer)の伝導度を測定するものである．

いわゆる導電性高分子は，少なくとも一つの酸化還元状態において電荷の移動が可能な高分子と定義できる．ほとんどの導電性高分子は他の酸化還元状態では電気的に絶縁性を示すので，酸化還元状態間の伝導度の変化を高分子の酸化還元状態を追跡するのに用いることができる．そして，もし高分子の伝導度が化学反応の酸化還元活性によって変化しうるならば，これを伝導度センサーの基本原理として用いることができる．最近用いられている方法は，酸化還元酵素(グルコースオキシダーゼなど)をポリアニリンやポリピロールのような導電性高分子に導入するものである．

酵素を含む導電性高分子で橋架けした二つの近接して置かれた電極間の伝導度は，酵素の酸化還元活性，したがって酵素基質の濃度により直接影響を受けて変化する．この種のセンサーは第14章でより詳しく解説する．

10.12.3 応　用

電気化学センサーはさまざまに応用されており，その中にはつぎのようなものが含まれる．

- 工業製造工程の監視用センサー
- 健康管理用センサー
- 環境汚染監視用センサー
- 研究装置として使用するためのセンサー

それぞれのセンサーに要求される条件は，最終的にセンサーが何のために使用されるかによって大きく異なることを覚えておかなくてはならない(しかし，これは設計段階で見落とされていることが多い)．たとえば，病院病理学実験室で使用するための臨床用グルコースセンサーは，長期間にわたって保守なしで検査を繰返し行えることが要求されるだろう．これとは対照的に，自宅で糖尿病患者が使用するためのグルコースセンサーには，おそらくは取扱いを簡単にするために，1回しか使用しない使い捨ての電極が用いられる．しかし，食物製造ラインのオンライン監視産業用グルコースセンサーには，最も長い寿命が要求される．これらのセンサーの保守は製造工程を中断し，必然的に生産量の低下を招くことが多いからである．大まかにいうと，センサーは四つの動作方式に分類することができる．

- **使い捨て型**：1回だけの分析に使用する．
- **連続分析型**：一定期間内の使用が想定されている．
- **オンライン監視型**：リアルタイム情報を提供する．この型の場合は，少量の目的物質をセンサー内に通し，その後バルクの反応溶液または試料溶液に戻すのが一般的である．
- **インライン型**：センサーは試料内に設置され，リアルタイムで測定データを提供する．

センサーを利用した分析法の適用範囲はしだいに増加している．多くの欧米諸国では，大気や水質汚染物質の測定に関する法規制がかつてよりさらに厳しくなってきており，センサーはこれらの分析および規制についての課題を解決する助けとなるであろう．同様

に，私たちが口にする食物中の残留農薬が監視されており，また私たちが呼吸する空気の質が許容できるものであることの保証が求められている．

現在ある分析技術すべてをセンサーで置き換えることはできないが，センサーがより複雑で多額の費用を要する分析の数を減らす助けとなれば，明らかに有効な役割を果たすことになる．これを達成する一つの方法は，センサーに最初のスクリーニング試験を担わせることである．センサーが，たとえば河川中に工業汚染物質が存在することを確認するといった潜在的な問題を特定できれば，より精密な検査をさらに行うことができる．この種のスクリーニングは実施しなくてはならない厳密な検査の数を劇的に減らすことができ，これによって分析操作を簡単にするとともに，費用を削減し，そして真に厳密さを要求される検査に分析作業を集中させることができるのである．

演習問題

10.1 すべての電気化学セルが参照電極を備えているのはなぜだろう．

10.2 標準水素電極が今ではあまり使われなくなっているのはなぜだろう．

10.3 電極表面への物質輸送の三つの型を説明しなさい．

10.4 以下の二つの半電池式から標準状態での電池の電位を求めなさい．

$Fe^{3+} + e^- = Fe^{2+}$　　$E^0 = 0.771$ V
$I_3^- + 2e^- = 3I^-$　　$E^0 = 0.5355$ V

10.5 以下の二つの半電池式から標準状態での電池の電位を求めなさい．

$Fe^{3+} + e^- = Fe^{2+}$　　$E^0 = 0.771$ V
$Zn^{2+} + 2e^- = Zn$　　$E^0 = -0.763$ V

10.6 以下の二つの半電池式から標準状態での電池の電位を求めなさい．

$I_{2(aq)} + 2e^- = 2I^-$　　$E^0 = 0.6197$ V
$Sn^{4+} + 2e^- = Sn^{2+}$　　$E^0 = 0.154$ V

10.7 pH 3 の水溶液中に 1×10^{-3} M CrO_4^{2-} と 1.5×10^{-2} M Cr^{3+} が含まれている．半電池反応の電位を計算しなさい．

$E^0 = 1.33$ V : $Cr_2O_7^{2-} + 14H^+ + 6e^- \rightleftharpoons 2Cr^{3+} + 7H_2O$

10.8 ある半電池の電位は SCE 参照電極を基準としたとき -0.845 V であった．SHE を基準としたときの電位を計算しなさい．（SHE を用いたときの電池の電位は SCE よりも 0.242 V だけ負の値が小さくなる．）

10.9 ある半電池の電位は SCE 参照電極を基準としたとき -0.793 V であった．Ag/AgCl 電極を基準としたときの電位を計算しなさい．（Ag/AgCl を用いたときの電池の電位は SCE よりも 0.014 V だけ負の値が小さくなる．）

10.10 pH 電極で測定したところ pH 6.1 という値が得られた．この溶液に酸を加えたところ，pH 電極の電位が 177 mV 増加した．酸添加後の溶液の pH はいくらか．

10.11 イオン選択性電極が目的物質の濃度に対してなぜ対数応答を示すのかを説明しなさい．

10.12 電気化学分析の前に分析試料に電解質を加えることがよくあるのはなぜか．

10.13 化学修飾電極とは何を意味するのか説明しなさい．

10.14 微小電極を使って得られる利点は何か．微小電極を使ったときに直面する可能性のある欠点は何か．

10.15 拡散律速可逆 1 電子過程のサイクリックボルタンモグラムを描きなさい．このボルタンモグラムは 2 電子過程と形がどのように違っているだろうか．

10.16 固体電極に比べて滴下水銀電極を使用することによる長所と短所は何か．

まとめ

1. 電気化学セルには回路を構成するために少なくとも二つの電極が必要である．多くの場合，三つの電極が用いられ，それぞれ作用電極，対極（二次電極または外部電極ともいう），および参照電極とよばれる．

2. 対極は，作用電極における電気化学反応が決して律速段階にならないよう，常に作用電極の少なくとも 10 倍の表面積をもたなくてはならない．

3. 二重層荷電は電極が分極されたときに電極/溶液界面の両側に二つの電荷層が集積するときに起こる現象である．

4. 最も広く使用されている二つの参照電極は，銀/塩化銀電極（Ag/AgCl）とカロメル電極（SCE）である．すべての参照電極電位は，標準水素電極を基準として表される．

5. pH電極は定電位法によって動作し，その応答はネルンスト式で与えられるように H^+ イオン濃度の対数 ($\log_{10}[H^+]$) に比例して増加する．

$$E = E^0 + \frac{RT}{nF}\ln[X]$$

ここで E^0 は温度と濃度が標準状態にあるときの電位（単位 V），R は気体定数，T は絶対温度，F はファラデー定数，n は当該還元または酸化過程において移動する電子の数，そして $[X]$ はイオンの濃度，pH電極の場合は $[H^+]$ である．

6. 他にも多くのイオン選択性電極がある．たとえば，F^-, Na^+, K^+, Li^+, NH_4^+ などがある．

7. 線形掃引ボルタンメトリーでは電位を時間に対して直線的に変化するように作用電極に印加し，電流を記録する．サイクリックボルタンメトリーは線形掃引ボルタンメトリーと同様であるが，電位掃引の終点で電位を反転させる．

8. ポーラログラフィーは滴下水銀電極の分極を用いる方法で，たとえば溶液中の金属イオンの分析に使用することができる．電位は通常時間とともに直線的に変化させる．記録される電流はポーラログラムとよばれ，一つ一つの水銀滴がキャピラリー先端から成長して落下するので，のこぎりの歯のような曲線をもっている．

9. 示差パルスポーラログラフィーでは二重層荷電効果に関連して生じる制限を克服するために，一連の小さい電位パルスを直線電位掃引上に重ねる．この方法により検出限界も低下することが多い．

10. 吸着ストリッピングボルタンメトリーは前濃縮段階で電極表面に目的物質を吸着させる分析法である．電極を分極することによって濃縮が起こり，目的物質は電気泳動によって電極に向かって移動する．前濃縮の間，目的物質は電極表面に吸着する．目的物質は，作用電極における電位を反転させるストリッピングの過程（通常電位変化の形で示す）で定量される．流れる電流を吸着ストリッピングボルタンモグラムの形で記録する．

11. 化学修飾電極は，たとえば電極に何らかの性質を付与するために高分子で被覆するといった方法で改質された表面をもっている．

12. 微小電極は数マイクロメートルの大きさの電極で，撹拌に依存しない反応特性を与えるほか，検出限界を下げるといった利点をもつ．これらの長所は，平らな表面がもつ線形拡散に対比される，微小電極がもつ半球面拡散物質輸送経路の結果として生じるものである．

13. 電気化学技術は，電位差および電流測定法によって滴定を追跡するのに日常的に用いられている．

14. 酸素電極は水溶液中の酸素濃度の測定に用いることができ，臨床および生物分析に応用されている．

15. 電気化学バイオセンサーは多くの臨床，生物，および環境分析への応用に用いられている．最も広く用いられているバイオセンサーは，糖尿病治療のための血中グルコース測定用のものである．

16. 他の電気化学的センサーには，たとえば，電界効果型トランジスターによる化学測定用装置があり，CHEMFETとよばれている．

さらに学習したい人のために

Bard, A. J., and Faulkner, L. R. 2nd edition (2003). *Electrochemical methods: fundamentals and applications*. Wiley.

Fischer, A. C. (1996). *Electrode dynamics*. Oxford Chemistry Primers, Oxford University Press.

Monk, P. M. S. (2001). *Fundamentals of electroanalytical chemistry*. Wiley.

Riley, T. and Watson, A. (1987). *Polarography and other voltammetric methods*. Wiley.

Wang, J. (2000). *Analytical electrochemistry*. Wiley.

11 核磁気共鳴(NMR)分光法

この章で学ぶこと

- 磁場内で磁気的な操作を行ったときに磁気回転比およびラーモア周波数が意味すること
- 高分解能NMR分光法の実際と線幅の広い(低分解能装置による)NMR分光法との違い
- 化学シフトが意味するものと,テトラメチルシラン(TMS)がNMRで標準物質として広く使用される理由
- 隣接する元素の間でカップリングが起こる原因とその意味するもの.また,未知化合物の構造の推定に,ピークの分裂パターンがどのように利用されるか
- 官能基に含まれる原子核の数が,ピークの積分値からどのようにして決められるか
- NMRによる構造解析に ^{1}H-NMR が最も広く用いられる理由
- NMR装置において,磁場強度あるいは発振周波数をどのように変化して変えたり,制御しているのか
- 核オーバーハウザー効果(NOE)とは何か,またNOEがどのように分解能の向上に利用されているか
- プロトン(^{1}H)以外の核種がNMR測定に利用される例
- NMRスペクトル測定法の多くの実分析への応用

11.1 核磁気共鳴分光法の概要

核磁気共鳴(**NMR**)分光法(nuclear magnetic resonance spectroscopy)は,核磁気モーメントをもつ原子核に外磁場が与えられたときに,外磁場の中でその原子核が照射された電磁波を吸収する様子を観察する機器分析法である.

NMRの現象が起こるはずであるという理論的な基礎は,Pauliの研究にまでさかのぼる.1924年に,彼はある種の原子核はスピン量子数(核スピン)をもち,核磁気モーメントに基づく性質を示すことを示唆した.Pauliは,十分な強さの外磁場を与えれば,核スピンをもつ原子核はそのエネルギー準位が分裂することを予想したのである.しかし,1946年にPurcellとBlochが(Harvard大学とStanford大学で)それぞれ独立に,外磁場を与えた状態において原子核が電磁波を実際に吸収することを実験的に証明するまでは,理論上可能性があるというだけであった.

この実験に続くつぎの10年間に,隣接して存在する原子核どうしが化学結合を介して形成する化学的環境*が,観察する原子核に対してどのような作用をするのかを明らかにする研究が,集中的になされた.このために,現在でも分子の化学構造を決定するときに用いることのできる基本的な規則が,この時期に見いだされた.

世界初のNMR装置が市販されたのは1953年のことである.このときの装置は,特に構造決定とその応用に用いられるべく設計されていた.これ以後,NMR分光法は空前の勢いで急成長を遂げた.NMRは有機化学,無機化学,生化学の多くの領域に,きわめて大きな影響をもち続けてきたと言っても過言ではない.

11.1.1 NMRにおける電磁波の吸収

原子核が電磁波を吸収することができるのは,磁気双極子モーメントをもつ原子核が電磁場に置かれたときだけである.磁気双極子がある核は,核スピン I がゼロでないものに限られる.^{12}C,^{16}O あるいは ^{32}S などの同位体の原子核は,$I=0$ であるため,外磁場が存在する条件下においても電磁波を吸収することはない.それ故これらの核をNMRによって観察することはできないし,調べることもできない.これらの核に対し,たとえば,^{1}H,^{19}F,^{31}P あるいは ^{29}Si の

---

* 訳注:化学的環境とは,観察する原子核のまわりの電子密度の違いや,分子内に π 電子が存在する場合には,π 電子と外磁場との相互作用の影響が,観察する原子核の分子内での位置によって異なることなどをいう.

ように $I=\frac{1}{2}$ の核では強い吸収ピークが観察される．

電磁波の吸収を測定するように設計されたNMR装置には電磁石（コイル）が一つだけあって，この種の装置は単一コイル型装置とよばれている．このタイプの装置で吸収される電磁波は4～900 MHzの範囲の周波数である．

静磁場中で核の磁気双極子が相互作用をして首振り運動する様子は，重力場内でジャイロスコープが回転するのと似ている．この例では，それぞれの核が一つの小さな磁石として磁場内で回転していると考えられている．

NMRの原理を理解するためには，与えられた磁場（外磁場）内で磁石が回転するモデルを最初に考えてみるとよい．一本の棒磁石（方位磁石の磁針のようなもの）が磁場に従って静止している状態を考えてみよう．もしも，磁石の向きを磁場に対して90°変えたとすると，磁石の先端は最初に磁場方向に振れ，つぎに磁場の軸方向を中心にして，左右に振れ，往復の振動をする．この往復振動は，外から摩擦などの力が加わって静止するまで繰返される．

もしも，これとは対照的に，磁気モーメントをもつ原子核がN極-S極軸のまわりに回転しているときに，原子核を磁場の軸方向からずらすと原子核は図11.1に示すように磁場の軸のまわりの円の中を首振り運動（**歳差運動**という）をする．この運動は，ジャイロスコープの運動に似ている．鉛直方向の軸に沿って回転しているジャイロスコープの回転軸を，外力によってずらすと，重力の影響下に回転している間は，歳差運動をする．歳差運動の角振動数 ω_0 は外磁場の強さ B_0 と**磁気回転比** γ の両方に依存していて，つぎのような簡単な式(11.1)で示すことができる．

$$\omega_0 = \gamma B_0 \quad (11.1)$$

このモデルをさらに磁場内で回転する原子核に適用してみよう．そうすると，一つ一つの核が回転する軌道は決まったエネルギーをもっていて，その軌道から別の軌道に遷移するためには軌道間のエネルギーに相当する電磁波を吸収するか，放出しなければならない．

量子力学によれば，磁場内での核の回転は $2I+1$ 個の方向（すなわちエネルギーの準位）をとることができる．水素原子核（陽子，あるいはプロトン）の核スピン I の値は $\frac{1}{2}$ であるから，水素原子核は2個のエネルギー準位をとることが可能である．この二つのエネルギー準位の差は，式(11.2)によって表すことができる．

$$\Delta E = \frac{\mu B_0}{I} \quad (11.2)$$

ここで，μ は回転している核の磁気モーメントである．

これらの異なるエネルギー準位の差に相当するエネルギーは，それぞれのエネルギー準位が決まっているので量子化されている．一つのエネルギー準位からもう一つの準位に核を励起するときに必要なエネルギーが吸収されるが，このエネルギーは式(11.3)によって計算できる．

$$\Delta E = h\nu \quad (11.3)$$

ここで，h はプランク定数である．

そこで，式(11.3)を変形して式(11.2)を代入すると，観察すべき核が吸収するはずの電磁波の周波数を式(11.4)のように予想できる．

$$\nu = \frac{\Delta E}{h}$$

$$= \frac{\mu B_0}{hI} \quad (11.4)$$

原子核が吸収する特有な電磁波の周波数は**ラーモア周波数**（Larmor frequency）として知られている．この周波数は磁場強度に依存して変わり，磁場が強いほど周波数は高くなる（式(11.4)）．

核の角振動数 ω と，磁場の強さ B_0 との比は，磁気回転比（gyromagnetic ratio または magnetogyric ratio, γ）といわれ，式(11.5)で定義される．

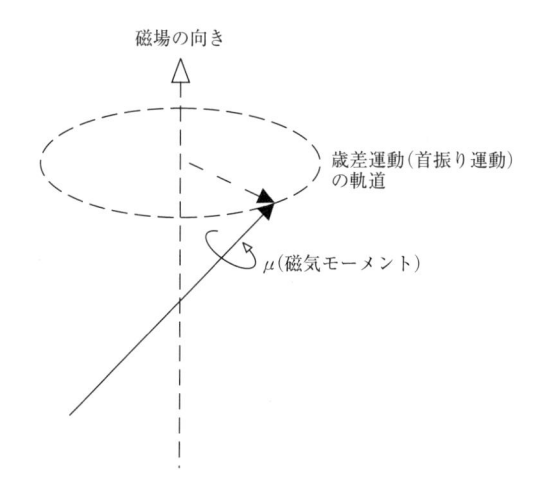

図 11.1 外磁場が与えられたときの磁石の歳差運動

$$\gamma = \frac{\omega}{B_0} \qquad (11.5)$$

実際には，固定された静磁場の方向に対して90°になるように磁場内に配置された発振コイルから核に電磁波が照射される．電磁波が照射されると，磁気モーメントをもつ原子核にとっては，回転磁場が与えられたことになり，その結果，原子核の磁気モーメントの方向が反転する．この過程で電磁波の吸収が起こる．回転磁場を与える電磁波の周波数は，一般的な装置では数MHz～900MHzで，時にそれよりも高い装置もある．

式(11.2)で表される二つのエネルギー準位の差は通常はとても小さい．このことは，発振装置が小さくてすむのに対して，検出器の感度は高くなくてはならないことを意味している．

11.1.2 NMR発振分光法

核磁気共鳴を起こすことのできる核種はすべて，電磁波の吸収を起こすと核の振動を起こすが，その後，吸収したエネルギーを放射する．ラーモア周波数で回転している核は，同じ位相で回転をしており，集団として位相のそろった電磁波の発振源となる．この発振された電磁波は，二次コイルを固定された静磁場と，発振コイルのいずれとも直交する方向に置いて検出する．このタイプの装置は共鳴により発振するエネルギーを観察するもので，2コイル装置とよばれている．

NMRスペクトルでは，観察されたシグナルが吸収による場合も，発振による場合も，どちらもスペクトルのベースラインよりも上側に描かれることは注意しておくべきであろう．NMRスペクトルを見た人には，吸収を観察したものか，発振を観察したものかを示す情報は直接には得られないのである．しかし，これがどちらなのかは，測定に使用された装置をみれば一目瞭然である．

11.2 広幅（低分解能）NMR分光法

広幅(あるいは低分解能)NMRスペクトルの測定は，核スピン$I>0$の核子であればなんでも，共鳴吸収シグナルか発振シグナルの，いずれかを測定することが可能である．

図11.2に広幅NMR測定装置の概略を示す．試料はガラス管に入れて，静磁場と可変磁場の中央に置かれる．電磁波の吸収か発振は，適切な検出器で検知される．

スペクトルは可変磁場の強度を$0 \sim 1\,\mathrm{T}\,(0 \sim 10^4\,\mathrm{G})$くらい掃引することにより得られる．

このようにして得られたスペクトルには核スピン$I>0$の核であれば，それらのピークがおのおのの核に対応して現れる．きわめて微量の銅とケイ素を含む水を試料としたNMRスペクトルを図11.3に示す．それぞれの核の相対的な存在比は，それぞれのピークの下側の面積に比例する．したがって，対照となる標

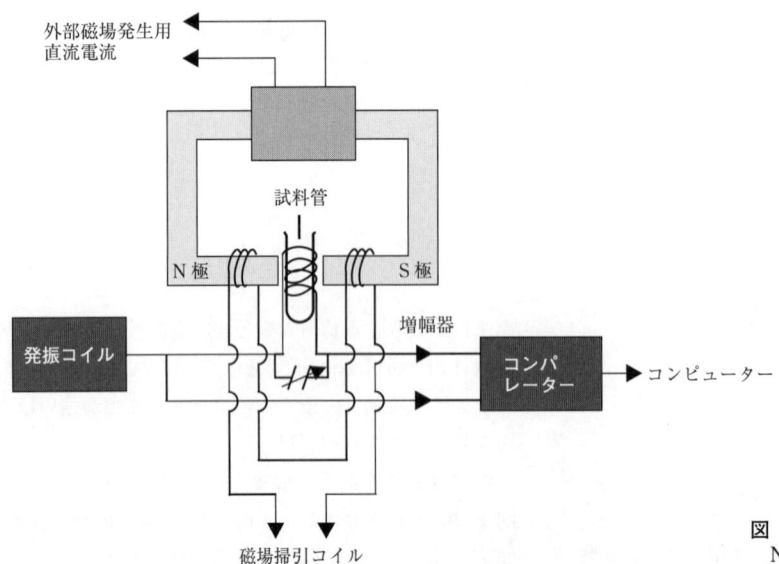

図 11.2 広幅(低分解能)単コイルNMR測定装置

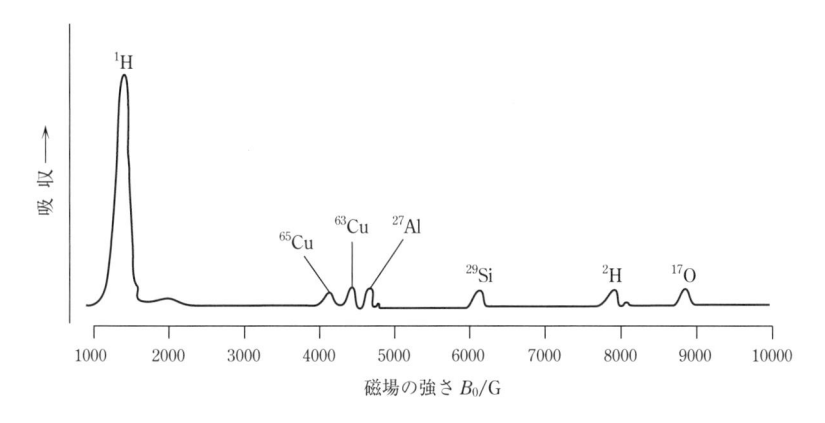

図 11.3 微量な銅，ケイ素，およびアルミニウムを含む水のNMRスペクトル

準（すなわち確認できる）物質を用いて検量線を作成すれば，それぞれのピーク面積を積分することにより定量分析が可能となる（第2章参照）．

広幅（あるいは低分解能）NMRスペクトル測定法は，定量分析法としてはあまり広くは用いられなかった．それは，一つには，装置の維持に費用がかかることとNMR装置そのものの価格が高いことにもよる．

11.3 高分解能NMR分光法の概要

NMRの装置は，ただ一種の核の磁気共鳴を観察するようにデザインされているが，これによって，実際には化学情報が最大限に得られている．現実の試料では，ほとんどいつでも多くの異なる元素が含まれているが，最も広くNMRによる観察の対象とされている核はプロトンである．このため，NMR分光法を<u>プロトンNMR分光法</u>ということがある．プロトンNMRは，ほとんどあらゆる有機化合物に水素が含まれているので，有機化合物の構造決定にきわめて有用である．NMR分光法は対象となる核の定量ができるだけでなく，その核が分子内でどのような化学的な環境にあるかという情報を与えてくれる．対象となる核が分子内で位置している場所の化学的な環境に関してNMRスペクトルから得られる情報は，NMRスペクトルの**微細構造**(fine structure)として知られている．

原子核は特定の原子軌道の電子，あるいは他の原子との結合によって一部は非局在化した電子によってさまざまな程度で<u>遮へい</u>(shield)されている．この遮へい効果は，NMRスペクトルに微細構造をもたらす．この結果，同じ核種であっても，分子内でわずかに異なる化学的環境にあれば，遮へいの程度が異なり，これらの核を共鳴吸収させるのに必要な磁場強度が異なることになる．共鳴吸収を起こさせるには，試料中の同一核種のすべてが共鳴できるように磁場強度をわずかの幅で掃引して測定する．

高分解能NMRスペクトルで観察される微細構造には2種類あり，それらはケミカルシフトとスピン－スピン結合効果である．つぎにこれらについて順に考えてみよう．

11.3.1 ケミカルシフト

上で，観察する核のまわりの電子雲の電子密度が異なると，電子による遮へい効果が異なることをみた．**ケミカルシフト**(chemical shift, δ)は，磁場強度が一定のとき，標準物質の共鳴吸収周波数と，観察しようとした核が共鳴吸収を起こす周波数との差がどのくらいあるか，を示すものである．ケミカルシフトは，観察する核の吸収周波数と遮へいがゼロの核の周波数との<u>比</u>として表されるので，単位のない数値となり，通常は，ppm(parts per million)をつけて表す．

実際には，電子による遮へいが全くないプロトンを測定することは不可能なので，他の化合物のプロトンのケミカルシフトを計算できるような，化学的環境の標準となるようなプロトンを用いなければならない．この目的で，**テトラメチルシラン**(tetramethyl silane, **TMS**)にある12個の化学的に等価な環境にあるプロトンが用いられる．そこで，測定の前に少量のTMSが試料に加えられる．TMSを含む試料のNMRスペクトルにおいて，TMSのプロトンのピークを$\delta=0$ ppmとする．分子内で非等価なプロトンは，化学的環境も異なり，電子の遮へいの大きさが異なるので，NMRスペクトルのケミカルシフト値も異なる．

ケミカルシフトはNMRスペクトルの横軸(x軸)に目盛られる．ケミカルシフトが異なれば，化学的な

環境も異なることを思い出そう．例として，一つの分子内に CH_2 と CH_3 という2種類のプロトンが存在するヨウ化エチルを§11.3.2にあげる．

それぞれのプロトンがNMRスペクトルのどこにどのように現れるかを解釈する前に，NMRスペクトルのもう一つの微細構造を与えるスピン-スピン結合について考えなければならない．

11.3.2 スピン-スピン結合

スピン-スピン結合(spin-spin coupling)は，(異なる化学的環境下にある，すなわちケミカルシフトが異なる)二つあるいはそれ以上の核スピンをもつ核どうしが相互作用することによってNMRスペクトルに微細構造を与えるものである．スピン-スピン結合が起こると，ピークは本来の吸収位置であるケミカルシフトのところに，分裂したピークとして認められる．

ある官能基のプロトンは，隣接する基のプロトンと相互にスピン-スピン結合をする．隣接するプロトンによってどのようにピークの分裂が起こり，複数のピークとなって現れるか，については，これを予測できるつぎのような簡単なルールがある．

<u>観察するプロトンが結合している原子に，N 個のプロトンが隣接(たとえば，メチル基なら $N=3$)し，スピン-スピン結合があって，結合が自由回転できるときは，$(N+1)$ 本に分裂したシグナルが観察される．</u>

このルールは，分子内の他のすべての基に適応されるので，特定の分子において，隣接基によるスピン-スピン結合の影響によるピークの分裂パターンを予測することができ，あるいは，得られたスペクトルの分裂したピークの本数からスペクトルを解釈することができる．

もしも二つの核が同じ化学的環境にあるときにはこれら二つの核のシグナルの分裂は起こらないので，スピン-スピン結合の効果は隣接するプロトンが異なる化学的環境にあるときにのみ観察される．

スピン-スピン結合に関するこの"$N+1$則"は，磁場の方向に対してプロトンがとりうる配向の数がいくつあるか，ということの結果である．この効果はNMRスペクトル上で隣接する基のプロトン数を示すピークの分裂として確認することができる．なぜこのような分裂が起こるかということについては，量子論に基づく理論によって詳しく説明されなければならないが，この本の目的を超えるのでここでは省略する*．どのようにして，プロトンが磁場内で $N+1$ 個の配向をとりうるかということを考えてみよう．

さて，代表的な化合物の高分解能NMRスペクトルを例に考えてみよう．最初にヨウ化エチル CH_3-CH_2I(^1H NMRスペクトルを図11.4に示す)を取上げてみる．これは，異なる化学的環境にあるプロトンがあって，互いにスピン-スピン結合をすることができる最も単純な化合物の一例である．この分子には5個のプロトンがあって，そのうちの3個はメチル基に，2個はメチレン基にある．^1H NMRスペクトルには2箇所にピークがまとまってみられる(0 ppm のピークは内部標準物質であるテトラメチルシラン(TMS)のものである)．この例では，メチル基のプロ

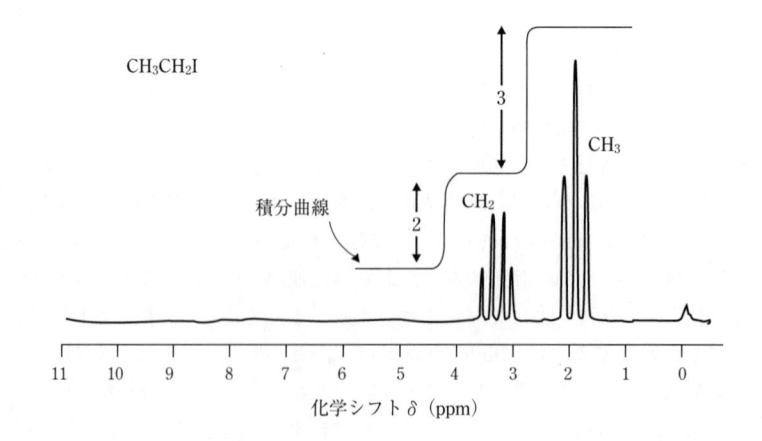

図 11.4 ヨウ化エチル CH_3CH_2I のNMRスペクトル

---

* Atkins, P. W. and Friedman, R. S. (1997), "Molecular Quantaum Mechanics (3rd edn)," Oxford: Oxford University Press を参照．

トンはメチレン基のプロトンとカップリングして，その結果メチル基のピークはトリプレットに分裂している（$N+1=2+1=3$ となっている）．メチレン基のピークも隣がメチル基でプロトンが3個あるので，$N+1=3+1=4$ でカルテット*に分裂している．

積分曲線（integration curve）も図11.4に示してある．メチレン基，メチル基のところで階段状になった積分曲線の高さは，その下の各ピークの面積に対応している．したがって，メチルプロトンのピーク面積はメチレンプロトンの1.5倍あることがわかる．このピーク面積は，比で表すと3：2となり，それぞれの基にあるプロトン数を表している．

NMRスペクトルに基づいて構造を推定できるときは，NMRスペクトルの各ピークを推定構造にある官能基のプロトンに帰属（assign）することができ，分子内でこれらの官能基がどのような配置であるかを解釈できる．

つぎの例として，1,3-ジクロロプロパン $ClCH_2$-CH_2CH_2Cl を取上げよう．この化合物のNMRスペクトルは図11.5に示した．スペクトルをみると，2箇所にピークがまとまっている．構造式をみると，ちょうど中央にあるメチレン基と等価で区別のつかない二つのクロロメチル基がある．スペクトルをみると，強度比で4：2あるいは2：1で二つのグループのプロトンがあることがわかる．3.9 ppm を中心としたピークは CH_2Cl のプロトンによるもので，隣接するメチレン基のプロトンの影響でトリプレットになっている．メチレン基のプロトンは，2.1 ppm を中心に現れており，等価な4個のプロトンの影響でクインテットになっている．

11.4　NMR 装置

11.4.1　発振周波数および磁場の制御装置

ある核の磁気共鳴吸収を起こすためには，その核によって正確に決められた磁場強度／発振周波数比の装置が必要になる．そのためには，装置の磁場強度と発振周波数にわずかな変化が生じたときに，それが正確に補正される必要がある．

試料が置かれる磁場は，試料空間全体にわたって非常に均一なものでなければならない．要求される均一性は，100 MHz の装置では，吸収周波数のずれとして，10^7 分の 1 Hz 以下のひずみしかない均一な磁場をつくりだしていることになる．このような均一性は，シムコイル（shimming coil）によって実現されている．このシムコイルは主電磁コイルに補助的に巻きつけた形になっており，シムコイルに直流電流を流すことで，主電磁コイルに磁場の不均一性が生じるのを防いでいる．磁場内に置かれる試料そのものとサンプルホルダーによって磁場の不均一性が生じるという問題が起こるが，これに対処するため試料管をホルダーごと磁場内で回転することにより均一な磁場がかかるように工夫されている．

磁場内で観察する核を励起するための電磁波は，水晶発振器により発生させている．装置の分解能は，観察に用いる電磁波の周波数が高いほど高くなるが，励起周波数を高くすると磁場強度も強くしなければならないので，今度は装置の値段が高くなってしまう．簡単な測定に用いる高分解能 NMR 装置は 60 MHz の電磁波を用いるが，900 MHz あるいはそれ以上の"芸術的な"装置もある．

発振周波数を自動的に制御する機構に，周波数ロックとよばれる方法があって，NMR 装置に専用の電気回路（とソフトウェア）として組込まれている．周波数ロックは，測定する核と同じ核種を対象として行う場合（homonuclear locking）と，測定する核とは異なる

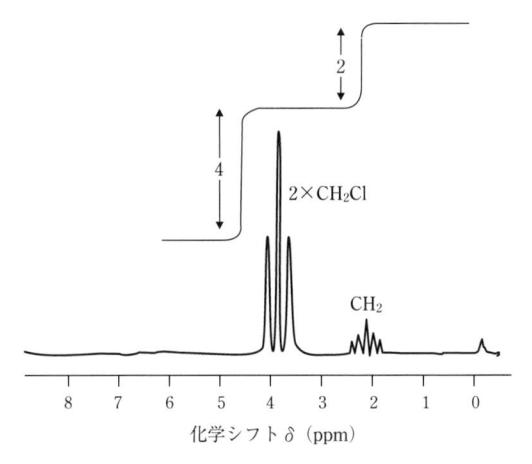

図 11.5　1,3-ジクロロプロパンの NMR スペクトル

---

*　訳注：分裂の本数を示すとき，1本：シングレット，2本：ダブレット，3本：トリプレット，4本：カルテット，5本：クインテット　などという．

核を用いる場合(heteronuclear locking)とがある．周波数ロックに用いる核は試料中に存在する核を用いるべきであるが(internal lock)，試料とは別の対照試料を用いてロックする(external lock)ことも可能ではある．

11.4.2 スピンデカップリング法

§11.3.2で述べたスピン-スピン結合を利用すると共鳴系の解析は非常に容易になる．しかし，特に大きな分子の場合にはスピン-スピン結合によるピークの分裂によってスペクトルは複雑すぎてわからなくなることがある．

このような場合には，しばしばスピンデカップラーが用いられる．この装置は，共鳴電磁波を発生するコイルに対して補助的な電磁コイルとして組込まれているもので，デカップラーに交流電流を流すと，共鳴電磁波に重なる形で別の周波数の電磁波が発振されることになる．デカップラーから発振される電磁波は，スピン-スピン結合した1組のプロトンの一方が共鳴する周波数に設定される．これによって，デカップラーの電磁波を吸収したプロトンは二つのエネルギー状態間の速い熱平衡状態に達するので，隣接するプロトンからは，この配向の区別はつかなくなる．

このようにして，デカップラーから発振される2次的電磁波によって複数のピークに分裂していたスペクトル(スピン結合していたもう一方のプロトンのシグナル)は，分裂が消失する．すなわち，最初に複数本に分裂して現れていた位置に，分裂が消失した鋭いピークとして観察されるので，デカップルされたプロトンと隣接するプロトンはどれなのか，容易に判別できる．

11.4.3 核オーバーハウザー効果による
　　　　シグナルの変化と分解能の向上

核オーバーハウザー効果(nuclear Overhauser effect, **NOE**)は，デカップリング法と同様の二重共鳴法の結果として起こる現象で，補助電磁コイルにより飽和状態が生じるために，以下のようにしてひき起こされる．励起された核は時間の経過とともに基底状態に戻る(緩和という)．これに対応してその核のNMRシグナル強度は減少する．実際には，核は装置内でつぎつぎと励起され，緩和するので，この平衡状態が記録されることになる．

もしも，空間的に近い位置にあり，互いにスピン-スピン結合をしている核がもはや共鳴吸収を起こさないくらい平衡が飽和に達すると，スピン結合している相手の核の緩和の速度が遅くなる．この結果として，その核のシグナル強度が増強されることになる．このようにして起こる特定の核のシグナル強度の増強はスペクトルのある領域のS/N比(signal to noise ratio)を向上することは明らかであろう．これにより，スピン結合している核を同定することができるようになる．

核オーバーハウザー効果はスピン結合している核間の距離の6乗に反比例して弱くなる．したがって，NOEは空間的に近い位置にある核を決めるのに利用でき，分子構造がきわめて複雑な分子の構造を推定するのを助ける方法となる．

11.5 フーリエ変換NMR

フーリエ変換NMRは，試料に広い周波数域の電磁波を照射する(いわゆる白色照射)方法で，同時にすべての核の共鳴吸収を起こさせる．つぎに時間に依存したシグナルから，周波数としてのシグナルへ変換する操作を，フーリエ変換という数学演算により行っている．

実際には，試料に非常に短い時間だけ電磁波を照射する(パルスを与える)．このとき，与える電磁波の周波数帯(バンド)の中心の周波数が観察する核の吸収周波数の中央値になるようにする．バンド幅は，パルスの照射時間に依存し，10 μsのパルスでは，およそ10^5 Hzのバンド幅になる．このようなパルスで励起された核は，緩和過程でそれぞれのラーモア周波数の電磁波を放射して基底状態に戻るが，この過程は**FID**(free induction decay)とよばれている．パルス照射後に試料の核が放射する電磁波はプローブコイルによって検出される．実際には，繰返して何回かの測定結果を積算し，平均化したのち，シグナルはフーリエ変換される．

11.6 NMRシフト試薬

分子の特殊な残基にある特別なプロトンの位置を決めるためにNMRシフト試薬が用いられる．シフト試薬の利用は，かなり複雑な化合物の構造推定に有用

である.

一般的なシフト試薬にはEuかPrを含む有機試薬が用いられ，これらは，目的分子の非共有電子対(unshared electron pair)をもつ残基とルイス型の錯体を形成する．このタイプのシフト試薬は錯体を形成することによって(電子を吸引することにより)，錯体を形成した非共有電子対の近くのシグナルを低磁場にシフトするので，構造上の情報を与えると同時に，シフトが起これば，ケミカルシフトが重なっていたシグナルを分離して観察することもできる．

11.7 プロトン(^{1}H)以外の核種のNMR

水素以外の原子核をNMRスペクトル測定法で測定するときの原理は，これまで述べたことと全く同じである．水素以外に，核スピン $I = \frac{1}{2}$ の核が天然存在する元素は18種ある．理論的には，これらの核はNMRで分析することができる．しかし，実際には，天然存在比が小さかったり，他に多くの同位体があったり，NMRでの感度が低いために，^{19}F，^{31}P，^{13}Cだけが一般的に測定される核種となっている．

一般的にいって，ケミカルシフトは原子番号が大きくなるにつれて大きくなる．これは，プロトンNMR装置よりも感度の低い装置でNMRスペクトルを得ることができることを示すものである．(もちろん，試料にその元素が相対的に十分含まれているときにこう言えるわけではあるが．)

^{19}F NMRスペクトルの測定は，ほとんど^{1}H NMRの測定と同じやり方でできる．感度は低いものであるが，^{19}F NMRによって，(i) 複雑な混合物中のフッ素を含有する有機物を測定する，(ii) フッ素化試薬によって標識した化合物を同定することができる．フッ素標識法は，(i)で述べたように，混合物中の化合物の分析に特に有用である．

^{31}P NMR分光法は，^{1}Hや^{19}Fよりも感度は悪いが，測定法そのものは全く同じである．^{31}P NMRはリン酸エステル，チオリン酸エステル，ホスフィンなどのリンを含有する有機化合物の分析に，特に有用である．

^{13}C NMRは，^{13}Cの天然存在比が低いために，もともとはきわめて感度が悪かったが，最近のNMR装置とコンピューターの進歩によって現在では微量な試料でも良好な^{13}C NMRスペクトルが得られるようになった．

^{2}D，^{15}N，それに固体NMRも分析目的で利用できるが，この本の目的を超えているのでここでは述べない．

11.8 NMRの定性分析，定量分析への応用

この節のはじめに，NMRの第一の応用は，通常は化合物の構造の決定と確認であることを明記しておきたい．NMRは定性分析，定量分析にも有用な分析手法であるにもかかわらず，分析化学そのものを目的とした分析法として利用されることはあまりない．

11.8.1 定性分析――構造解析

NMRスペクトル測定法は，つぎの二つのうちいずれかの方法による定性分析によく用いられる．(i) 混合物中に特定の化合物が存在するかどうかを決める．(ii) 化合物に存在する特定の官能基の構造推定，あるいは，化合物の全構造の解析．

11.8.2 定量分析――方法と実際の応用例

NMRシグナルのピーク面積が，試料中に存在する核の数に直接比例するというのはNMRだけの特徴である．このため，定量分析には純粋な試料は必要ではない．そうは言っても，試料混合物が複雑になるにつれ，スペクトル上でピークの一部あるいは全部が重なることが多くなり，ついにはスペクトルが複雑になりすぎてわからなくなってしまう．

多くの場合，終濃度が既知になるように(テトラクロロメタンやシクロヘキサンなどの)内部標準物質を試料に加えることによりプロトン1個あたりのシグナル強度は容易に決定できる．標準物質のシグナルが目的物質のシグナルと重なってはならないことはいうまでもない．このため，ケイ素化合物が内標準物質として用いられるが，これらのプロトンのピークは高磁場に現れるためである．

もしも適切な内部標準物質を選ぶことができれば，それらのプロトンのピーク面積から目的物質の濃度を直接決定できる．

NMR分光法の分析的応用にかかわる最も重大な問題の一つは，残念なことに，装置の維持費が高いことである．もしも，他のもっと費用のかからない測定法で十分であるなら，経済的なことを考えた方がずっと

多成分の混合物の定量分析

NMRにより，比較的単純な混合物に含まれる多くの成分の定量分析が可能である．目的物質を含む混合物を試料としてNMRスペクトルを測定する前に，混合物中に存在すると推定される各成分の純粋な試料を用いてNMRスペクトルを最初に測定し，試料中のプロトンの環境に従って現れる個々のピークを同定しておく．このような同定を行うときに重要なことは，定量分析を可能とするために，成分ごとに，それぞれの成分に特有のピークを少なくとも一つは決定しておくことである．

混合物中の元素の定量分析

NMR分光法は，試料中の特定の原子核の総濃度を定量するのに用いることができる．たとえば，^{1}H-NMRは有機化合物，あるいは未知試料や組成が未知の試料中の水素の総濃度を決定することができる．^{19}F-NMRも同様にフッ素を含有する有機化合物中のフッ素含量を測定することができる．化合物中のフッ素含量の定量は，NMR以外の他のほとんどの方法ではうまくできず，特に難しいことがわかっているので有用である．

有機化合物中の官能基の定量分析

NMRによって，ヒドロキシ基やカルボキシ基などの官能基が試料中に総数でどのくらいあるかを定量することができる．このような分析は，分析の対象となる化合物の族（たとえば，アルコール，あるいはカルボン酸など）が特定されていてしかも試料には1種類だけの化合物が含まれているときには容易になる．同じ官能基のプロトンは，たいてい同じ化学的な環境にあるからである．このような官能基の定量は，同じ族でも異なる分子の混合物を試料としてもできることもある．既知化合物の濃度がわかっていれば，それを標準として未知化合物の濃度と比較することにより定量が可能となるであろう．

演習問題

11.1 二つの瓶に液体が入っていて，どちらにもトリクロロエタンというラベルがはってあり，異なる沸点が記されている．それぞれのNMRスペクトルを測定したところ，つぎのように異なるスペクトルが得られた．これら二つの化合物の構造式を同定しなさい．

A：2箇所にピークが認められた．4.0 ppm，ダブレット，2H；5.9 ppm，トリプレット，1H．

B：1本のシグナルだけが観察された．2.9 ppm，シングレット．

11.2 NMRスペクトル測定法を行うときにできるだけ磁場強度の大きな装置を用いたほうが有利になる点を説明しなさい．

11.3 つぎの化合物の高分解能NMRスペクトルの様子を推定して描きなさい．
(i) 酢酸　　(ii) アセトン　　(iii) シクロヘキサン

11.4 NMR装置の周波数ロックシステムはどのような意味があるのか説明しなさい．

11.5 NMR装置のシムコイルとは何か，また，何に利用されているのかを説明しなさい．

11.6 NMRを用いて，ペンタン（C_5H_{12}）の異性体がどのように区別できるか述べなさい．

11.7 ある化合物が反応液から単離されその実験式がC_2H_4Oであるとわかった．そのNMRスペクトルを測定したところ，1.3 ppm，トリプレット；2.0 ppm，シングレット；4.1 ppm，カルテットで，その面積比は3：3：2であった．この化合物の構造式を示しなさい．

まとめ

1. 核磁気共鳴（NMR）分光法は磁気双極子をもった原子核が磁場の中で電磁波を照射されたときにどのようにふるまうかを観察する機器分析法である．

2. 磁気双極子をもっている原子核だけが電磁波を吸収することができる．核磁気双極子は核スピンが0でないときに生じる．

3. 原子核の磁気双極子は，静磁場と相互作用し，首振り運動をする．この首振り運動は，重力場内でジャイロスコープが歳差運動するのと類似の運動である．

4. 歳差運動の角振動数ω_0は，磁場の強さB_0と原子核の磁気回転比γに依存し，$\omega_0 = \gamma B_0$と表すことができる．

5. 回転磁場を与える電磁波（吸収されるべき電磁波）の周波数 ν は, $\nu = \Delta E/h$ で与えられ, この周波数はラーモア周波数として知られる.

6. 核磁気の反転をひき起こす電磁波の周波数は数 MHz～900 MHz であるが, ときにはそれ以上の装置もある.

7. 広幅あるいは, 低分解能 NMR は核スピンが >0 の核の電磁波の吸収, あるいは放射を観察する. この装置では, 磁場強度を 0～1 T に掃引して測定を行っている.

8. 高分解能 NMR は, 低分解能の装置よりも多様な測定ができる. その結果, 未知化合物の構造を同定することもできる.

9. 多くの異なる核種に対する核磁気共鳴分光法が開発されたが, プロトン (^{1}H) NMR が最も広く用いられている.

10. 高分解能 NMR スペクトルの特徴は, 隣接する官能基の核との相互作用によるシグナルの分裂が起こることである. これは, スペクトルの微細構造とよばれる.

11. 目的とする核のケミカルシフト (δ) の値は, 与えられた静磁場内で, 目的とする核が共鳴する電磁波の周波数が標準となる核の共鳴周波数とどのくらいずれているかを示す.

12. ケミカルシフトは標準物質により校正されることが多い. テトラメチルシランの四つのメチル基にある等価な 12 個のプロトンがこの目的に用いられる. TMS のシグナルは通常 $\delta = 0$ とされる.

13. スピン-スピン結合は, 二つあるいはそれ以上の環境の異なる（普通は分子内で隣接する官能基による違い）プロトンの間の相互作用により起こり, NMR スペクトルの微細構造となる.

14. もしも官能基 R にプロトンがあって, 隣接するプロトンの数が N 個のとき, N 個のプロトンとのスピン-スピンカップリングにより, R のプロトンシグナルは $N+1$ 本の多重線に分裂して現れる.

15. ピークの積分値（または積分曲線）は, NMR スペクトルで観察されたピーク面積の相対比を表し, それぞれのケミカルシフトに現れるプロトンの数に比例する.

16. 磁場の不均一性を調整するために, シムコイルが NMR 装置ではよく利用される.

17. 核オーバーハウザー効果は, 補助的に照射するコイルを用いた二重照射法によって生じる現象を別な角度から見たものと考えてよい.

18. NMR 分光法は, ^{2}H(D), ^{13}C, ^{15}Na, ^{19}F, ^{31}P などの核を用いて測定することができる.

19. NMR 分光法の分析化学的な応用にはつぎのようなものがある. (i) 混合物のまま, 特定の成分の定量ができる, (ii) 混合物中の特定の元素の定量ができる, (iii) 有機化合物の試料に含まれる官能基の定量的な測定ができる.

さらに学習したい人のために

Abraham, R. J. and Fischer, J. (1988). *Introduction to nuclear magnetic resonance spectroscopy*. Wiley.

Callanghan, P. T. (1993). *Principles of nuclear magnetic resonance microscopy*. Clarendon Press.

Hore, P. J. (1995). *Nuclear magnetic resonance*. Oxford Chemistry Primers, Oxford University Press.

Jackson, L. M. (1969). *Applications of nuclear magnetic resonance spectroscopy in organic chemistry*. International Series of Monographs in Organic Chemistry, Pergamon Press.

12 赤外分光法

この章で学ぶこと

- 分子の振動が起こる原因．赤外線(IR)領域において，どのように電磁波の吸収が起こるか
- 分子の振動の自由度の数の計算法
- 波長でなく，波数を使うことの利点
- 特性吸収帯から，どのようにして分子内に特性吸収を与える官能基が存在すると推定できるか
- 赤外分光法に用いられるさまざまな光源
- 熱電対，ボロメーター，熱電気的検出器，半導体検出器などのさまざまな赤外線検出器を用いたときの利点と欠点
- 汎用型の回折格子を用いた分散型装置，およびフーリエ変換型多波長IRスペクトル測定装置の操作法
- 気体試料の測定には気体試料測定用装置がどのように用いられるか
- IR発光分析の応用

12.1 赤外分光法の概要

赤外線(infrared rodiation)は電磁波の波長領域の一つで，およそ800~1 000 000 nm(0.8~1 000 μm)の波長範囲の電磁波のことである．しかし，実際には波長範囲で2 500~25 000 nm(2.5~25 μm)の赤外線が測定に用いられる．

赤外分光法(infrared spectroscopy)は，分子による電磁波の吸収を利用したもので，この点，紫外・可視吸光光度法と類似しているが，分子による電磁波の吸収という以外は，全く異なる原理によっているものである．

紫外・可視吸光光度法の原理は，光子の吸収モデル(第5章)で説明され，量子化された電子の軌道間のエネルギー差にちょうど等しいエネルギーの光だけが吸収される．しかし，赤外線の吸収についてこれから示すモデルは，電磁波の性質というよりは，波動の性質に基づいているといったほうがより適切であろう．

個々の原子や官能基が，(程度の差はあれ)分子内の結合のまわりで自由に位置を変え，ゆらゆらと動き，振動している中を赤外線という波動性の電磁波が通過すると考える．ここで，分子内の原子はばねやギターの弦のように定まった振動数，あるいは予測できる振動数で振動をしていると考えられる．分子内の個々の結合は結合双極子モーメントに基づいて予測できる振動数で振動をしているからである．この双極子モーメントは結合性分子軌道の価電子によって質量の異なる原子が結合していることから生じるものである．

ある分子に，分子内の結合の振動の振動数と全く等しい波長(すなわち振動数)の赤外線が照射されると，その結合と赤外線との共鳴が起こる．この共鳴が起こると，赤外線のエネルギーは分子に与えられ，赤外線の吸収が起こる．エネルギーの吸収が起こっても，分子振動の振動数には変化がないが，振動の強度に変化が起こる．このようなことから，赤外線の吸収はギターの弦を弾いたときに起こる共鳴吸収と類似した現象と考えることができるであろう．

分子の振動は官能基の原子間結合が単純に**伸縮振動**(stretching and contraction)するだけでなく，**縦ゆれ振動**(rocking)，**横ゆれ振動**(wagging)，**はさみ振動**(scissoring)，**ねじれ振動**(twisting)といった**変角振動**によっても起こる(§12.3参照)．

それぞれの振動は決まった振動数をもっており，吸収された振動数によってどのようなタイプの分子振動があるかを推定でき，分子内にある官能基が存在することを決定できることが多い．それ故，IRスペクトルは，有機化学者が構造解析を行うのに用いられる．化学の分野では，この構造解析に最も広く応用されている(§12.4参照)．

赤外線の吸収はランベルト-ベールの法則(第5章)に従うので，測定される吸光度は試料中の目的とする結合(あるいは官能基)の濃度，すなわち特定の目的物質の濃度と直接の関係がある．しかし残念なことに，赤外線の吸収に関する分子吸光係数は紫外・可視光の

吸収と比べると一般にきわめて小さく，このため，一般に IR 法は，微量な化合物の分析に日常的には用いられてはいない．

12.2　IR スペクトルの表し方

歴史的な経緯から IR スペクトルは紫外・可視スペクトルとは若干異なった表し方をしている．オクタン (octane) の IR スペクトルを図 12.1 に示す．この図を用いて，説明しよう．IR スペクトルの縦軸 (y 軸) は，吸光度 (absorbance) ではなく，一般に透過率 (T%) が記録される．したがって，スペクトルのベースラインは図の最上部 (透過度が最大となる部分) にあって，IR の吸収ピークは下に向かって現れることになる．

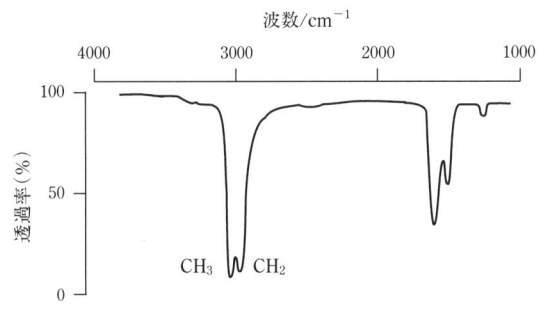

図 12.1　オクタンの IR スペクトル

横軸 (x 軸) の目盛りもまた，波長あるいは振動数では表されておらず，"波数" (wave number) が目盛られている．波数は，波長の逆数 ($1/\lambda$) であり，その単位には cm^{-1} が用いられる．波長ではなく，波数が用いられるのは IR 吸収スペクトルに関する研究が始まったときの歴史的な経緯によるものではあるが，波数の数値は IR の結果を記述するのに扱いやすいものである．吸収の波数が大きくなることは，吸収する赤外線の振動数が大きくなること，したがって，よりエネルギーの大きな赤外線が吸収されていることを意味していることは覚えておこう．

12.3　分子振動および異なる振動間の"結合"

§12.1 で少し述べたように，分子内の原子の相互の位置関係は，全く変化しないように固定されているのではなく，それぞれの結合が弾性をもって振動し，動いている．分子内に振動があるとき，その振動数はつぎの因子により支配されている．(i) 分子内に存在するすべての結合一つ一つがどのように振動するか，(ii) 振動に直接関与している分子内の残基はどのようなタイプか．

すでにみたように，分子の振動は一般的に，伸縮振動，変角振動，およびその他の振動に分類できる．伸縮振動は，原子間の結合軸にそった方向に二つの原子，あるいは分子内で原子団を構成する原子間の距離が変化するものである．これに対し，変角振動は，結合の角度が変化する振動で，おもな変角振動のタイプは図 12.2 に示したように，**縦ゆれ振動，横ゆれ振動，はさみ振動，ねじれ振動**である．

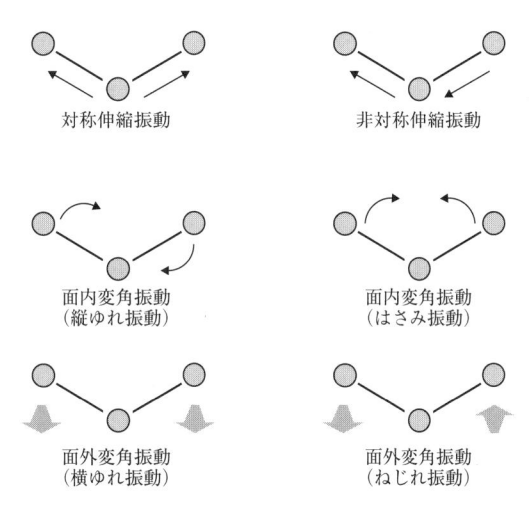

図 12.2　分子のさまざまな振動モード

分子振動は 3 次元の運動として起こるので，異なる振動が結合して新たな振動となり，それがもととなる振動数とは異なるが，特徴的な振動数 (波数) に赤外線の吸収を起こすこともある．ある種の振動は，もとの振動の倍音 (基準となる振動数の単純な整数倍の周波数の赤外線) 吸収を起こすことも知られ，もちろん，この倍音がさらに他の振動と結合して共鳴吸収を起こすこともある．

> **注**　倍音 (overtone) 吸収とは，最も低い周波数をもつ基準周波数の数倍，すなわち，×2, 3, 4,… の位置に現れる吸収である．

非線形 (直線状の形をしていない) 分子で，n 個の原子からなる分子の振動モードの総数は，$(3n-6)$ となる．しかし，線形分子では，$(3n-5)$ の振動モードが

ある．

これらの数は，つぎのような推論に基づいて計算されている．一つの原子は3個（3次元空間の x, y, z 軸の方向に対応する3個）の自由度をもっており，これが n 個の原子それぞれにあるので，総数は $3n$ の自由度があることになる．しかし，分子全体としての自由度を考えたときに，重複して計算されたものをここから差し引かれなければならない．x 軸方向にすべての原子が同時に移動（併進運動）するという運動は，分子全体の重心を考えて，この分子がそっくり x 軸方向に移動することと同じになるので，このように，x, y, z 軸方向それぞれへの移動について3個の自由度を差し引く．これにより，自由度は $(3n-3)$ となる．さらに，分子全体が回転する運動に関して，重心を中心とする x, y, z の三つの軸のまわりの回転の自由度3を差し引かねばならない．これにより，**非線形分子では，振動の自由度は $(3n-6)$** となる．線形の分子は特殊な場合で，線形分子の重心を通って，縦長の分子の横方向の回転というのは，まったく区別できない同じものと考えられるので，回転の自由度に関して3ではなく，2を差し引くこととなり，**線形分子では，振動の自由度は $(3n-5)$** となる．

実際には，以下のような理由によって，予想される振動のモードの数よりも少ないピークしか観察されないことが多い．

1) 対称性の良い分子では，分子の振動によって双極子モーメントが変化しないような振動モードでは赤外線の吸収が起こらないので，観察される吸収ピークは少ない．
2) 異なる振動のモードであっても，吸収する赤外線のエネルギーが互いに非常に近い振動は，同時に同じ波数の赤外線を吸収するために一つの吸収ピークとして現れる．
3) きわめて弱い吸収しか示さない振動は，時にはスペクトル上では観察されないこともある．
4) 装置の測定波数の範囲，あるいは測定条件として設定した波数範囲外で吸収を起こす振動のピークは観察されない．

分子内のある振動によって吸収される赤外線の振動数，すなわち波数は，分子内に存在する他の振動が，隣の振動と干渉，あるいは"結合"することによって影響されることがある[*1]．二つの振動が"結合"する程度は，つぎのような因子によって影響を受けている．

1) 二つの振動モードが"結合"する．これは，二つの振動の中心に，一つの化学結合があるときに起こるが，これが起きたときには強い結合音となる．
2) 二つの振動が，二つの化学結合，あるいはそれ以上離れている場合にはほとんど，あるいは，全く振動の"結合"はない．
3) 振動が直接に"結合"する．これは，二つの振動の中心に一つの原子があるときに起こり，結合音としては最も強いものになることが多い．
4) 変角振動と伸縮振動とが"結合"する．これは，変角振動をしている一方の結合が，伸縮振動をするときに起こる．
5) "結合"している二つの振動のエネルギーがほとんど等しいときに"結合"は強くなる．
6) 結合が起こるためには，二つの振動が群論で定義される同じ対称群になければならない[*2]．

12.3.1　簡単な分子による赤外線吸収の例

分子の IR スペクトルに振動の結合効果などの吸収過程がどのように現れるかについて確かめるために，ここで二つの簡単な例を考えてみよう．

線形の三原子分子の例 —— CO_2

IR スペクトルに"結合"効果を示す例として二酸化炭素 CO_2 の分子を考えてみよう．CO_2(O=C=O) は，線形（直線状）の分子なので，"結合"が起こらない場合には，自由度 $(3n-5)$ から計算して四つのモードの振動，すなわち4本の吸収ピークが認められるはずである．実測してみると CO_2 は 667 と 2360 cm^{-1} に2本の吸収ピークがみられるだけである（図12.3参照）．

[*1] 訳注：振動が"結合"することによって観察されるピークは結合音とよばれることがある．
[*2] 群論の扱いについては，Atkins, P. W and Friedman, R. S. (1977), "Molecular Quantum Mechanics (3 rd edn.)," Oxford: Oxford University Press を参照．

この食い違いはつぎのように説明される。CO_2 には二つの伸縮振動のモードを考えることができる。このうち、一つは対称伸縮振動であり、もう一つは非対称の伸縮振動である。しかし、分子の双極子モーメントに変化がある振動は、非対称の振動だけであるので、この振動だけが吸収を示す（2360 cm^{-1}）。

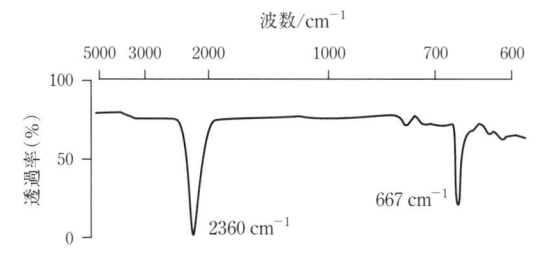

図 12.3 CO_2 の IR スペクトル

はさみ振動による変角振動のモードも二つ考えられるが、これらは、エネルギー的には互いに同等なので振動のエネルギー準位が**縮退**（degenerate）しているといわれる。

非線形の三原子分子の例 —— H_2O

水、H_2O は、非線形の分子である。二つの水素原子が酸素原子と一つの分子結合で結合しており、これら二つの水素原子と酸素原子とは同じ直線上にはなく、永久双極子をもつ分子である。理論的には、分子には三つの振動の自由度がある（$3 \times 3 - 6$）。この例では、実際に三つの吸収が認められて、対称伸縮振動、非対称伸縮振動、それにはさみ振動による変角振動に対応する。はさみ振動による吸収は 1595 cm^{-1} に、対称伸縮振動による吸収は 3650 cm^{-1}、非対称伸縮振動による吸収は 3760 cm^{-1} に現れる（図 12.4）。

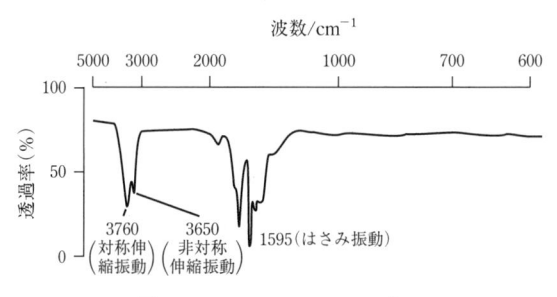

図 12.4 H_2O の IR スペクトル

12.4 代表的な官能基の IR 吸収スペクトルと通常の振動モード

すでにみたように、分子内の結合が伸縮振動や、はさみ振動のように折れ曲がる振動によって、特徴的な周波数の赤外線が吸収されることがわかった。官能基による特徴的な吸収が認められるのは、1250～3600 cm^{-1} の波数域であるので、この波数域を**官能基領域**（group frequency region）とよんでいる。実際の振動による吸収周波数は"結合"によって変化するので、吸収する波数に幅が生じ、官能基それぞれの吸収は、**特性吸収帯**とよばれる。吸収ピークを解析することで、試料の分子にどのような官能基が存在するかを決定できる。たとえば、アルコールであるとか、アルデヒドである、などとわかる。分子が異なれば全く同じ吸収周波数を示すことはないので、IR 吸収の波数は未知化合物の同定の助けとなる。

官能基と特性吸収の相関は表形式にまとめられており、IR スペクトルから未知化合物の構造解析を行うときに助けとなる。代表的な官能基の特性吸収帯をまとめたものを表 12.1 に挙げる。

表 12.1 有機化合物に一般的な官能基の特性吸収

結 合	官能基	特性吸収 波数 cm^{-1}
C−H	アルカン	2850～2970 1340～1470
C−H	アルケン	3010～3095 675～ 995
C−H	アルキン	3300
C−H	芳香環	3010～3100 690～ 900
O−H	単量体アルコール、フェノール	3590～3650
O−H	単量体カルボン酸	3500～3650
O−H	水素結合したカルボン酸	2500～2700
N−H	アミン、アミド	3300～3500
C=C	アルケン	1610～1680
−C≡C−	アルキン	2100～2260
−C−N	アミン、アミド	1180～1360
−C≡N	ニトリル	2210～2280
−C−O−	アルコール、カルボン酸、エーテル、エステル	1050～1300
−C=O	アルデヒド、ケトン、カルボン酸、エステル	1690～1760
−NO_2	ニトロ化合物	1500～1570 1300～1370

官能基領域の吸収ピークは，互いに重なり合ったり，他のピークの肩として現れるので，構造の推定あるいは決定が難しくなることがある．さらに，スペクトルの変化が起こるのはつぎのような要因である．

(i) どのように測定試料を調製したか（たとえば，液膜か，錠剤か，粉状か）．

(ii) 試料そのものは気体か，液体か，固体か．

官能基の吸収帯による相関係数だけから化合物の構造が同定できることはきわめてまれである．ただし，後述するスペクトルの指紋領域によって同じ化合物であると確認できることはしばしばある（§12.5 参照）．

例題 12.1 ベンジルアルコールを酸化して安息香酸を合成しようとしていた．しかし，反応生成物をクロマトグラフィーで分離したところ，三つの有機化合物が得られた．それらのIRスペクトルを下に示す．これらの化合物の構造を推定しなさい．

注 これらの化合物は，NMR スペクトルか質量スペクトルで確認できる．もちろん，混融試験や沸点の測定などの簡単な物理的な方法で確認することも可能である．

[解法]

ステップ1 最初のスペクトル(a)は，強く，幅の広い吸収が 3000 cm^{-1} よりも高波数にあるので，これは $-$OH 基の伸縮振動に基づくものと思われ，アルコール，あるいはカルボン酸である可能性が高い．スペクトルの 1600〜1500 と 800〜600 cm^{-1} にも強い吸収がある．これらは二重結合の伸縮振動と，環に結合する水素の面外変角振動にそれぞれ対応しており，芳香環の存在を示している．しかし，カルボニル基はないことから，カルボン酸の構造は除外される．そこで，この化合物は未反応のベンジルアルコールであると思われる．

ステップ2 つぎのスペクトル(b)は，はっきりした OH 基の吸収は認められないので，アルコールとカルボン酸である可能性はない．しかし，カルボニル基の伸縮振動に基づく強い吸収があるので，ケトンかアルデヒドであると推定される．このスペクトルにも芳香環の吸収がある．行った反応が酸化反応であるから，論理的に考えてこれはベンズアルデヒドである．

ステップ3 三番目のスペクトル(c)は，強いカルボニル基と OH 基の伸縮振動に加えて芳香環の吸収がある．これはおそらく安息香酸である．

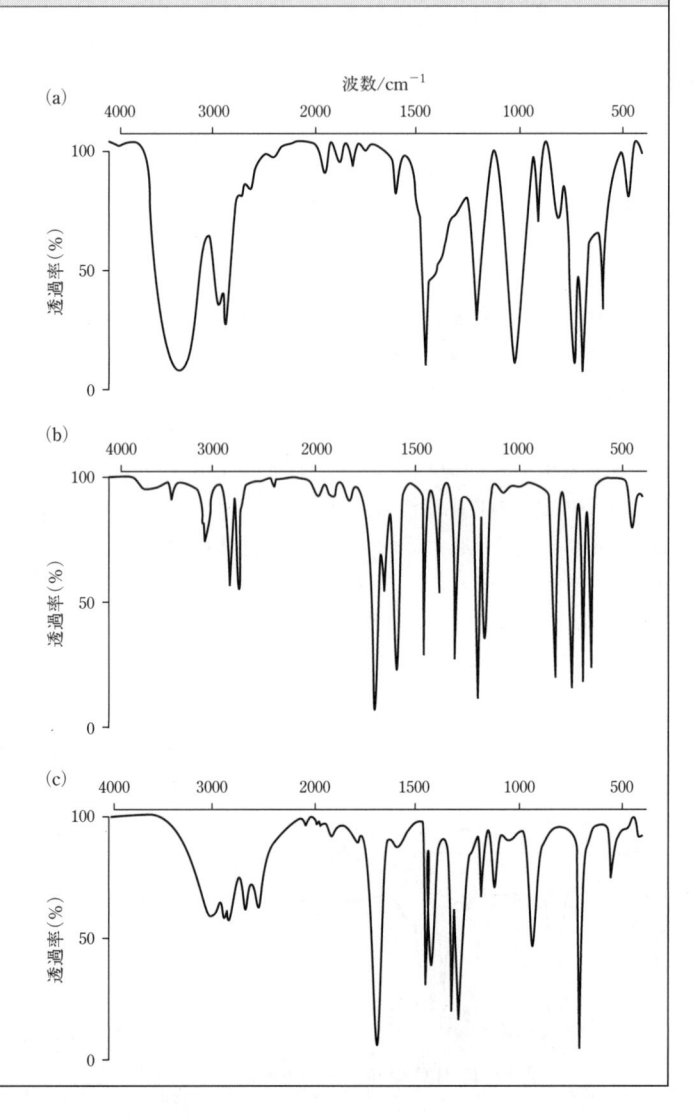

12.5 指紋領域による化合物の同定と スペクトルのデータライブラリー

IR スペクトルの 700～1200 cm^{-1} の領域は，**指紋領域**(fingerprint region)とよばれる．ここの部分に，分子内のほとんどすべての単結合による吸収が現れ，しかも重なり合うので複雑になる．分子の構造がほんのわずか違っても，指紋領域の吸収パターンが大きく異なることが多く，それゆえ，未知化合物の指紋領域の吸収スペクトルが既知化合物のそれと一致すれば，これにより同定することができる．

炭素を含まない官能基である硝酸基，リン酸基，硫酸基に基づく吸収も指紋領域に現れるので，これらの官能基があると，指紋領域はますます複雑になる．

ほとんどすべての化合物において，と言ってもよいくらい，指紋領域のスペクトルは化合物に固有のものである．既知化合物のスペクトルと肉眼でスペクトルを比較して同じかどうかを調べるのは，たとえ官能基の吸収位置から候補となる化合物のリストを少なく絞り込むことができたとしても，やはり面倒で，大変な作業である．しかし，最近の IR 測定装置では，コンピューターのメモリにあるスペクトルのデータライブラリーを利用してスペクトルの比較同定を行うことが容易になった．これにより，ソフトウエアが官能基の特性吸収と指紋領域の吸収とをきわめて短時間にデータベースのスペクトルと照合し，2, 3 の候補となる化合物を選びだしてくれるようになっている．試料が単一の化合物でないことが多く，もともと目的物質といっしょに含まれていた多くの化合物や，不純物によって IR スペクトルも複雑になり，また，照合も大変になっていることが多いので，このスペクトルを照合するソフトウエアはとても有用である．

12.6 試料調製と IR スペクトルの測定法

IR 測定用の試料としては，固体，液体，溶液(分析すべき溶質が溶媒に溶けている状態)でも，気体でもよい．つぎに，IR の実際の測定が，試料のそれぞれの状態に応じてどのようになされるのか，みてみよう．

12.6.1 全反射法による固体および液体試料の測定

固体試料の IR スペクトルは，つぎのいずれかの方法で測定される．(i) 適当な溶媒に溶かして溶液として測定する．(ii) 化合物が反応や溶解しないヌジョール(nujol)などにけん濁させて測定する．(iii) §12.10 で述べるような，全反射(attenuated total internal reflection, ATR)法で測定する．このうち，どの方法を用いるかは，試料の性質と使用できる装置によって選ぶ．

全反射(ATR)法は，それまでの IR 測定法に大きな変革をもたらした方法で，日常の測定はこの ATR 法で行われることが多い．皮革や紙などの固体状態の試料も，ATR 測定用の結晶面に直接に押し付けて，ATR 法によってそのまま測定できる．環境水や生物学的試料(血液など)の多くの液体の試料も ATR 法で測定可能である．

12.6.2 拡散反射法の測定のための試料の調製

フーリエ変換型の装置と ATR 法が出現する前は，多くの固体試料の測定には，けん濁したペースト状の試料(mull)を調製して測定しなければならなかった．この方法は現在でも分散型の IR スペクトル測定装置(§12.9.1)では用いられている．

この方法は，試料を微粉末にし，そこに測定したい官能基の吸収域に IR 吸収がなく，試料と反応しない液体を少量加えてペースト状にした試料を調製するものである．この目的に使用される最も一般的な液体は，粘性の高い炭化水素であるヌジョールである．ヌジョールの代わりに用いられる液体に，ハロゲン化された高分子である"Fluoroprobe"もある．試料の調製に水を用いることはできない．なぜなら，(i) 水は強い赤外線の吸収を示し，(ii) 測定に用いる NaCl 板に保持されるには粘性が低く，また，表面張力も十分ではない．また，(iii) 何よりも試料を保持する NaCl 板を溶解してしまうからである．

ペースト状の試料が調製できたなら，1 組の NaCl 板(赤外線の吸収がないので用いられる)の片方にそれを少量なすりつける．つぎにもう 1 枚の NaCl 板をそっと置く．ペースト状の試料は，表面張力と毛管現象によって 2 枚の NaCl 板の間から漏れ出ることなく，保持される．ペースト状の試料を保持した 2 枚の NaCl 板を装置内の赤外線の光路に置いて直接に IR 吸収を測定する．以上の操作の過程を図 12.5 に示す．

ペースト状の試料の調製と NaCl 板を用いたこのような測定方法では，IR スペクトルの再現性は得られない．なぜなら，ペースト状の試料の厚さは，調製するたびに異なるからである．

(a) ペースト状の試料を調製し NaCl 板に塗布する
NaCl 板

(b) 2 枚目の NaCl 板
ペースト状の試料

表面張力で 2 枚の NaCl 版ははがれない

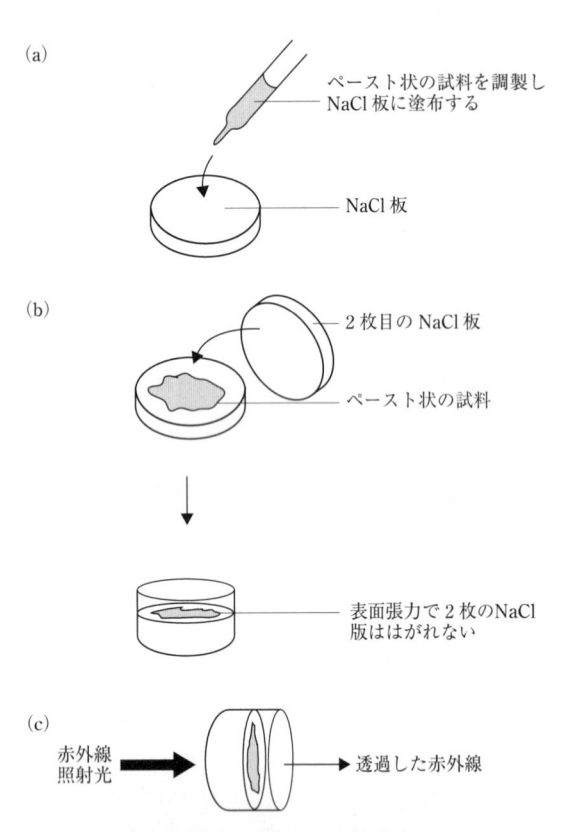

(c) 赤外線照射光 → 透過した赤外線

図 12.5 分散型 IR 装置のための液体試料の調製法．(a) ペースト状の試料を調製し NaCl 板に塗布する．(b) 2 枚の NaCl 板を重ねる．(c) IR 測定装置に NaCl 板を装着する

12.6.3 KBr 錠剤法

けん濁した試料を用いたもう一つの IR の測定法に KBr 錠剤(KBr ディスク)法がある．少量の試料を KBr とともに，めのう製の乳鉢と乳棒で微粉末とし，圧着してディスクにする方法である．微粉末を，圧縮成型器に入れ，油圧圧縮器で薄いディスクに成形する．これを直接，赤外線の光路に置いて測定する．この方法の利点は，液体を用いるけん濁した試料の場合には用いる液体による IR の吸収があるが，これがないことである．また，試料と KBr とを秤量して KBr ディスクを調製することができるので，定量性も良い．

12.6.4 溶液法

溶液状の試料は，装置に付属の溶液用セルを用いて直接定量分析を行うことができる．唯一，確かめなければならない条件は，用いる溶媒が定量に用いる測定波数の赤外線を吸収しないことである．溶液による IR の測定には多くの溶媒を用いることができるが，IR 測定に都合の良い溶媒であるベンゼン，CCl_4 とクロロホルムは，これらの溶媒が健康と環境に与える悪影響のために，最近多くの国においてその使用が制限されている．このため，IR の測定にこれらの溶媒を日常的には使いにくくなっている．

定量性はないが，もう一つの液体試料の測定法に液膜法がある．これは，液体の試料，あるいは試料の溶液(水を含んでいてはいけない)を 1 滴とって，2 枚の NaCl 板の間に挟んで測定する方法である．また，水溶液や，水を含有する試料の場合には，水に不溶である CaF_2 板を用いれば，同様の方法で測定できる．

12.6.5 固体試料の測定

薄いフィルム状の高分子(たとえば，ポリスチレンやポリエチレン)は直接にそのフィルムを赤外線の光路に置いて赤外線を透過させて測定することができる．しかし，何といっても，現在最も広く行われる試料調製法は，§12.10 に述べる ATR 法である．

12.6.6 気体試料の測定

気体試料は，付属の気体セルを用いて測定できる．これについては §12.11 で述べる．

12.7 赤外線の光源

赤外線の光源として用いることのできる物質は，電気的に加熱したときに 1500 °C 以上の温度に耐えうるものでなければならない．これくらいの温度で発する電磁波は黒体放射による発光と見なすことができるが，すべての IR の波数領域においてなだらかな強度分布をもった発光というわけではない．最大強度を与える波数はおよそ 5000〜6000 cm^{-1} である．この両側では発光強度は弱くなる．この波数は，赤外線としては，長波長というよりは，短波長の赤外線といったほうがよい．

12.7.1 ネルンストの赤熱管

ネルンスト(Nernst)の赤熱管は，直径 1～2 mm，長さ 20 mm の細い管状に希土類金属の酸化物を成形したものである．両端に電圧をかけて電流を流すと，電気的に発熱する．使用温度においては，管は暗い赤色に発光する．

12.7.2 グローバー灯

グローバー灯は，直径 4 mm，長さ 5 cm くらいの炭化ケイ素の棒に電流を流して発熱させるものである．グローバー灯は，2000 cm^{-1} よりも低い波数の赤外線域においては，ネルンストの赤熱管よりも強い赤外線を放射する．

12.7.3 ニクロム線

ニクロム線は，らせん状にニクロム線を巻いたものに電流を流すことで赤外線を発する．この光源は，ネルンストの赤熱管やグローバー灯ほど強い赤外線を発しないが，他の多くの赤外線光源より長持ちする．

12.7.4 水銀アーク

高圧水銀灯は，遠赤外線光源として用いられる．ネルンストの赤熱管や，グローバー灯，ニクロム線などの光源の強度が十分には得られないときに，それらの代わりの光源となる．高圧水銀灯は，石英製の電球の内部に水銀蒸気を 1 atm 以上になるように封入してあり，この水銀蒸気中を電子流が通過するときにプラズマが生成して遠赤外線領域の赤外線を放射する．

> 注　遠赤外線は，波長が 50 μm 以上（波数では 200 cm^{-1} 以下）の電磁波のことである．

12.7.5 タングステンフィラメント

一般的なタングステンフィラメントの電球（第 5 章）もおよそ 4000～12 500 cm^{-1} 域の近赤外線の光源として利用できる．

12.7.6 炭酸ガスレーザー

水溶液や大気汚染物質に含まれる目的物質，たとえば，アンモニア，ベンゼン，エタノールや二酸化窒素などを測定するために，特別に非常に強い赤外線光源として，波数を調整できる**炭酸ガスレーザー**を使用することができる．このレーザー光源からの 900～1100 cm^{-1} の波数域の赤外線は，連続光というよりも，波数が近接した 100 本近くの線スペクトルで，この中から，測定に用いる波数を選択できる．

12.8　赤外線検出器

赤外線の検出器には，三つの種類があって，熱検出器，熱電的検出器，半導体検出器に分類される．吸光型あるいは分散型の装置の検出器には，熱検出器か，熱電的検出器が用いられ，フーリエ変換型の装置には，一般に熱電的検出器か半導体検出器が用いられている．

12.8.1　熱　検　出　器

熱検出器は，赤外線を吸収したときに生じる熱を黒体としてはたらく素子によって測定するものである．

> 注　黒体とは，照射された電磁波をすべて吸収する物体である．

そのような素子の材料としては，赤外線が照射されたときに温度が大きく変化するように，熱容量がきわめて小さい物質が用いられる．最も良好な状態では，熱検出器は，1/1000 K の温度変化に応答することができる．したがって，検出器の周囲からの熱の流入によるノイズやシグナルのドリフトを防ぐために，熱検出器は通常は熱的に遮へいされている．熱検出器を用いる装置のほとんどはチョッパーを用いて，赤外線を二つの光路に分け，二つの熱検出器によって検出される赤外線の差を測定するようになっている．

熱検出器として最も汎用されるのは熱電対である．最も単純な熱電対は，ある金属（アンチモンなど）にビスマスのような異なる金属を 2 箇所で接触させた構造をしている．この二つの異なる金属の接触部の一方に赤外線が照射されたときに，温度の上昇に対応して電圧が生じる．赤外線によって温度が変化する接触部を**活性接続部**(active junction)といい，もう一方を**対照接続部**(reference junction)という．対照接続部は赤外線が照射されないように，遮へいされている．熱の検出器の性能をよくするために，通常この熱電対は赤外線を透過する物質でできた窓をもった真空の容器内に封入されており，外部の温度変化の影響を受けないようにしている．

このような熱電対を複数，直列に接続(**サーモパイル**(thermopile)という)し，これを適当な増幅回路と組合わせることで熱検出器の感度は，10^{-6} K くらい小さな温度差を検出できるほどに向上する．

もう一つの熱検出器に，**ボロメーター**(bolometer)を用いるものがある．これは，簡単な**サーミスター**(thermistor：たとえばゲルマニウム製のものがある)やプラチナやニッケルを特別に細い繊維状にしたもので，温度変化に応じて電気抵抗が変化することを利用して熱の変化を測定するものである．

12.8.2 熱電的検出器

重水素化されたトリグリシン($ND_2CD_2COOD)_3$硫酸塩など**熱電的**(pyroelectirc)な性質を示す絶縁物質は，結晶面に電圧をかけると分極し(分極の程度はその化合物の誘電率による)，この分極は温度と相関がある．熱電的検出器の構造は，一層の熱電的な化合物を2枚の電極(その一方は赤外線を透過する物質でできている)で挟んだコンデンサーになっている．透過性の窓から結晶に到達した赤外線によって結晶の温度が上がると誘電率が変化し，その結果，検出器であるコンデンサーの静電容量が変化する．この静電容量の変化を赤外線強度の変化として記録している．

12.8.3 半導体検出器

水銀カドミウム赤外線検出器は，薄いフィルム状のテルル化カドミウム CdTe のような半導体をガラス表面にはりつけ，真空にしたガラス製の容器に封入したものである．この半導体に赤外線を照射すると非伝導性の結合電子が伝導性になることによってこの素子の伝導性が上昇するので，これを赤外線強度として記録するものである．

12.9 一般的な IR スペクトル測定装置

日常の分析で IR スペクトルの測定に使用される装置には4種類ある．一つは**分散型回折格子 IR スペクトル測定装置**で，多くの研究室の主だった分析室で赤外線の測定に使用されてきたが，徐々に**フーリエ変換型多波長 IR スペクトル測定装置**に置き換わってきた．三つ目は，**非分散型の分光光度計**で大気中に存在する有機化合物の定量を目的として開発されたものである．そして四つ目が**反射赤外線測定装置**である．ここでは，広く用いられ，応用例も多いので，分散型回析格子 IR スペクトル測定装置とフーリエ変換型 IR スペクトル測定装置について以下に述べる．

12.9.1 分散型回折格子 IR スペクトル測定装置

分散型回折格子 IR スペクトル測定装置は，多波長にわたって赤外線を放出する光源からモノクロメーターや回折格子を用いて<u>分光</u>した赤外線を<u>走査</u>するもので，1回の走査につき一つのスペクトルが測定される．分散型 IR 測定装置は，分析目的の装置として，数十年の間 IR スペクトル測定装置の主流であったが，徐々にフーリエ変換型多波長 IR スペクトル測定装置にその座を譲り渡した．分散型の装置は通常ダブルビーム型になっており，多波長光源から出る赤外線を回折格子によって分散させることで測定周波数を選

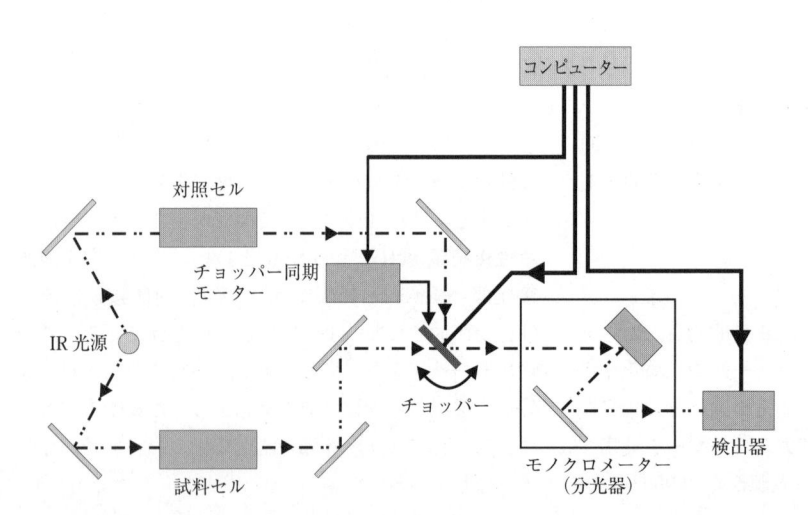

図 12.6 分散型回析格子 IR スペクトル測定装置

択するようになっている．

ダブルビーム型の装置では，チョッパーが組込まれており，赤外線を二つの光路に分けて，大気や目的物質を溶解した溶媒による吸収を補償している．代表的な分散型回折格子IRスペクトル測定装置の概略を図12.6に示す．その動作原理は紫外・可視分光光度計と多くの類似点がある．しかし，紫外・可視分光光度計と比べて分散型回折格子IRスペクトル測定装置では，赤外線が試料を透過した<u>あと</u>に回折格子とモノクロメーターが置かれているのが普通である．このように試料を透過したあとに分光されるので，試料によって分散された光はモノクロメーターで取除かれ，検出器には到達しない．このようなことが可能なのも，赤外線のエネルギーが多くの試料を破壊するには弱すぎるためである．

対照側の赤外線強度を減衰させて，試料を透過した赤外線の強度とちょうど等しくなったときに，減衰させた光量を吸収された赤外線強度に等しいと判定するような装置を，**補償型**(null-type)**の装置**という．補償型の装置では，つぎのようにして試料による吸収を測定している．対照光は，減衰器を通ったあと，チョッパーを通過する．チョッパーは，この対照光と，試料を透過した光とを交互に検出器に入れる．もしも，対照光と試料を透過した光の強度が等しいときは，検出器の出力は一定で変化はない．また，もしも，試料を透過した光の強度のほうが強いか，あるいは弱いときには，検出器の出力は入射光の強度変化に対応して交互に強弱の変化をする．そこで，対照光の強度を試料の透過光の強度と同じになるように調節（減衰）して交互の変化がなくなるように一定になれば，その減衰された光量が試料の吸収した赤外線強度として求まるのである．

12.9.2 フーリエ変換型多波長 IRスペクトル測定装置

フーリエ変換型多波長IR(FTIR)スペクトル測定装置は，分散型の装置とは全く異なる原理に基づく測定法である．測定域のすべての波長の吸収を同時に測定するので，**多波長測定装置**といわれていることも理解できると思う．

フーリエ変換多波長IR(FTIR)スペクトル測定装置は，測定の速さ，分解能，感度，それに波長精度のどれをとっても，分散型の装置とは比較にならないくらい良い．初期のフーリエ変換型多波長IRスペクトル測定装置は分散型の装置より高価で，取扱いも面倒で，大きくて場所をとり，それに何度も具合が悪くなるので調子を見てもらわなければならないものであった．しかし，最近のFTIR装置は，分散型の装置と比較しても大きさが小さいものが多く，保守点検も分散型の装置ほど必要はないものになった．

フーリエ変換を用いる方法以外にも多くの波長を同時に測定する方法は可能ではあるが，現在ではFTIR装置が主流となっている．

すべての波長を同時に測定するので，得られたスペクトルのデータを放射エネルギー（振動数）ごとに分離する何らかの方法がなければならない．これは，インターフェロメーターと試料を透過した赤外線のデータをフーリエ変換することにより行うことができる．現代のコンピューター技術の発展によってフーリエ変換が迅速にできるようになったので，FTIR法が分散型のIR装置の座を奪うこととなった．

インターフェロメーター

すべてのFTIR装置は**インターフェロメーター**(interferometer)を用いている．インターフェロメーターにはいろいろあるが，本書では，一つだけであるが，マイケルソン(Michelson)型のインターフェロメーターについて述べる．このインターフェロメーターは，その原理は19世紀末ごろに初めて記されたものであるにもかかわらず，現在最も汎用されている装置である．

測定波長域すべてを含む赤外線を二つのほとんど<u>強度の等しい光線</u>に分けて，その一方を試料に照射する．試料を透過した赤外線と，最初に分けた対照光とを再び重ね合わせて検出器に入れると，光の位相にずれがあるときには干渉によって強度が変化するので，透過光の吸収強度の情報を含むこの干渉光をある時間にわたって測定する．すぐあとに述べるが，このデータを数学的にフーリエ変換することで吸収された振動数（波長あるいは波数）と強度とを求めることができる．光源から出た赤外線は，<u>半透鏡</u>(beam splitting mirror)によって二つに分けられ，一方は直進し，もう一方は反射される（図12.7）．二つの光線は，固定鏡と，移動鏡の二つの鏡で反射されて再び半透鏡で出合う．今度は，この半透鏡で合わさった光の半分を検出器に向かって反射する．移動鏡を動かさずに，試料

を透過後に，重ね合わさった二つの赤外線の位相が全く等しいときは，固定鏡と移動鏡で反射されてきた光の光路の長さは等しいことになる．しかし，移動鏡を動かすと，この二つの光路長にわずかに差が生じる．光路長にわずかな差があると，移動鏡の動きにあわせて，位相があったり，ずれたりすることを繰返すことになる．

> 注　電磁波のビームを二つに分ける装置をコリメーター(collimator)という．

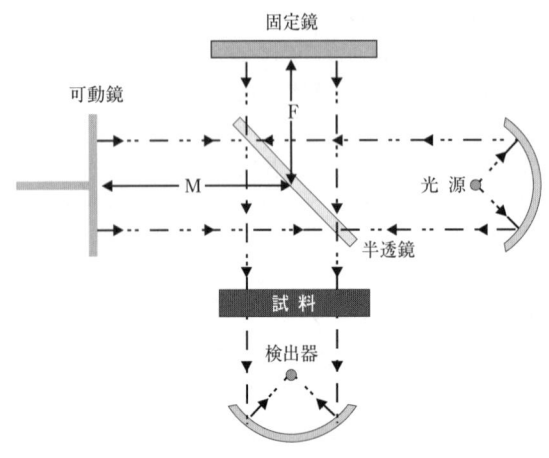

図 12.7　フーリエ変換多波長 IR スペクトル測定装置のインターフェロメーター

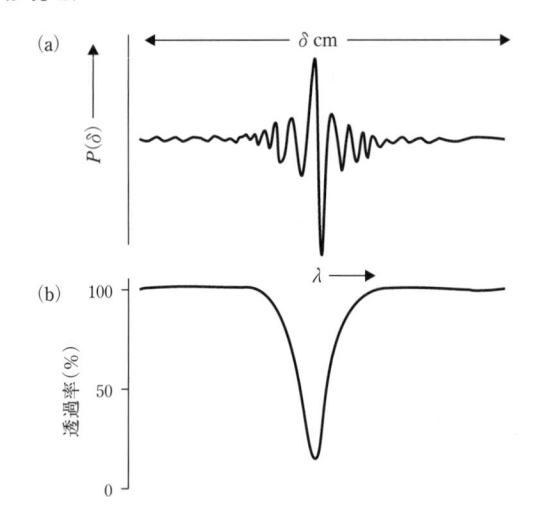

図 12.8　(a) IR インターフェログラム．(b) フーリエ変換された吸収ピーク

上のような状態になると，重ね合わさった(合成された)二つの光の位相のずれた角度に応じて強度を強めあったり，弱めあったりして干渉が起こる．移動鏡の動きは，一定の速度で滑らかに動くように調整されている．合成された光の強度変化は試料による吸収の情報をもった時間の関数となる．このようにして，合成した光が試料を透過して得られるインターフェログラムは，赤外線の強度を時間の関数としてプロットすると，たとえば図 12.8(a)のようになる．これを通常の吸収スペクトルのように波長と透過率の図に変換して表示すれば，図 12.8(b)のような吸収スペクトルになる．

インターフェロメーター内部の移動鏡によって生じる二つの光路差は，位相の遅れで，δ と表す．インターフェログラムの縦軸の強度は，$P(\delta)$ で表される．FTIR 装置では，最初に $P(\delta)$ を δ の関数としてインターフェログラムを取込むことになる．したがっ

て，このタイプのインターフェログラムには，波長(あるいは波数)に対する試料が赤外線を吸収した強度という形の情報は全くないことになる．インターフェログラムは，コンピューターを用いてフーリエ変換することで波長(あるいは波数)に対する赤外線の透過率というデータに変換され，これが IR 吸収スペクトルとして表示されるわけである．

12.10　全反射法による FTIR 測定

全反射(attenuated total internal reflection, **ATR**)法は，試料の状態が，固体，ペースト，粉などに対して IR スペクトルを測定できる．この方法は，屈折率の異なる界面で赤外線が反射されるときに，界面のところで試料が赤外線を吸収すると，反射光にその吸収された結果が反映されることを利用している．界面の一方が試料であり，他方が測定用セルである屈折率の大きな結晶性のプリズムである．試料とこの結晶の界面で反射される赤外線の割合，すなわち入射光の何パーセントが反射されるか，ということは入射角など多くの因子により変化し，この変化は，いわゆる**臨界角**(critical angle)**に達する**まで起こる．臨界角よりも大きな角度で入射したときは，全反射(total reflection)がおこる．

実際には，密度の高い側から低い側に光が入射するところで反射するときに，密度の低い方に光が漏れ出

て透過したのち，反射する．この密度の低い側を透過する光を**エバネッセント波**(evanescent wave)とよんでいる．エバネッセント波の透過量はつぎのような因子により決まる．(i) 入射光の波長，(ii) 界面を形成している二つの物質の屈折率，そして (iii) 入射角 θ．試料に侵入して透過するエバネッセント波の"深さ"は，通常数 µm である．ここで試料が赤外線を吸収すれば，吸収した波長（波数）の赤外線強度が減少する．このような原理に基づいた全反射を利用する測定法をATR法という．ATR法で測定するときの試料セルの模式図を図12.9に示す．

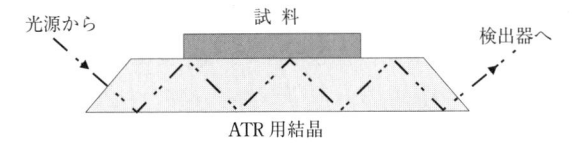

図 12.9 IR装置に用いられるATR測定用セル

現在実際にATRの測定に用いられている装置は，FT型の装置なので，ATR法はATR-FTIRともいわれている．市販のATR測定用のセルなどの部品は，多くのFTIR装置でも使用できるようになっているが，セルの結晶内を赤外線が通過するときに，繰返し試料とぶつかった後に検出器に達するという構造は同じである．また，ATR測定用セルとして用いる結晶は，Ge，ZnSe，TlBr/TlI の混晶で，結晶の交換も容易である．というのは，セルの結晶の材質を変えることによって，試料に対する赤外線の入射角と，試料を透過する赤外線量とを変化させることが可能となるからである．結晶の交換を行わなくても，赤外線の入射角を変化させて試料を透過するエバネッセント波の深さを調整することが可能である．

ATR-FTIR法には多くの利点がある．最も重要なのは，測定試料の調製が簡単で，他のIRの測定法では，そのままでは測定が困難な状態の試料でも容易に測定できることである．粉体，固体はもちろん，液体でも，セルの結晶性プリズムに接するように置くだけで測定できる．小さな押さえ棒を用いて試料を結晶面に密着するように押し付けることもあるが，このような場合は，押さえ棒のねじを締めすぎて結晶を割らないように十分注意する必要がある．この結晶性プリズムは割れやすく，しかも値段が高いものであるので．

ART法は，織物や皮革，繊維などの試料でも比較的容易にIRスペクトルの測定ができる．

ATR-IR法で得られるスペクトルは透過型の測定で得られるIRスペクトルと基本的に同じであるが，いくつかの吸収ピークの相対強度が異なることがある．エバネッセント波は数 µm の深さしか試料に侵入しないので，反射光のスペクトルの場合，吸収強度は試料の厚さには依存しないからである．

12.11 気体試料測定用装置

大気汚染物質の日常的な定量分析の目的で，さまざまな気体試料用のIR測定装置があるが，基本的な装置の構造はフィルターを用いた光度計である．代表的な装置の概略図を図12.10に示す．このタイプの装置では，ニクロム線を周囲に巻き付けたセラミック製の棒をIR光源とし，熱電気的検出器が通常は用いられている．

個々の大気汚染物質に特異的なフィルターが，汚染物質ごとに製造されている．気体試料は，電池駆動式のポンプで試料セルに吸入される．この試料セルは，通常，長さ数 cm のもので，図には描いてないが，セルの両端の内壁に反射鏡を入れて試料による吸収を起こすための光路を長くするようにしている．これにより，装置の感度が十分に向上することが多い．

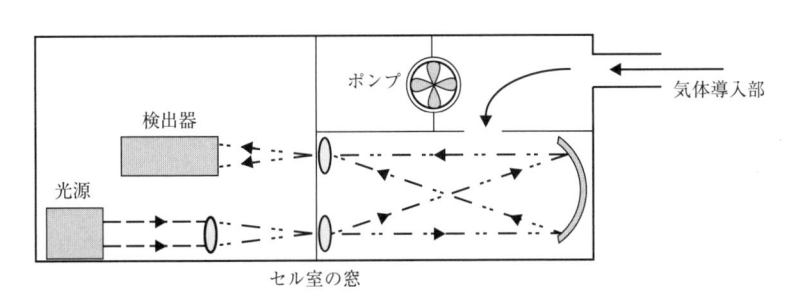

図 12.10 IR測定に用いられる気体試料測定用セル

12.12 近赤外用測定装置

近赤外線とは，可視光の波長の長波長側の境目であるおよそ700 nm（13 000 cm^{-1}）から3000 nm（3300 cm^{-1}）の範囲の電磁波をいう．この領域で分子による吸収がよくみられるのは，通常は，C–H，N–H，あるいはO–H結合の伸縮振動の倍音あるいは結合音による吸収である．しかし残念なことに吸収そのものが通常のIRスペクトル領域よりも弱い．近赤外線の吸収を側定する装置は，光源にタングステンランプを，検出器にPbSの半導体検出器を用いているものが代表的なものである．

この波長域の測定では，石英製もしくは溶融石英製のセルに，CCl$_4$のような溶媒を用いて，溶液の試料を測定しなければならない．装置は，原理的には，多くの紫外・可視分光光度計と同じである．測定波長の境界は可視部に接しているので，市販の紫外・可視吸光光度計の中には近赤外部まで測定できるような装置もある．

12.13 遠赤外用測定装置

大部分のIR測定装置がそうであるように，遠赤外線吸収スペクトルを測定する装置の大半はインターフェロメーターを用いる装置であり，フーリエ変換によるシグナルの処理を行うものである．遠赤外線の波長域は，通常，10^6 nm（200 cm^{-1}）～5×10^4 nm（10 cm^{-1}）の範囲である．遠赤外線吸収スペクトル測定法は，無機化合物の目的物質の分析に非常に広く用いられている．この領域の振動数の赤外線の吸収は，金属イオンとリガンド（配位子）の間の振動と変角振動によって起こるからである．このような金属イオンに対する遠赤外線吸収の特異性は，他の分析法と比べてきわめて高いことが多い．というのも，この波数の領域の吸収は，測定される金属元素とリガンドに依存しているからである．

水素以外の元素を含む二原子分子や原子質量が小さな元素数原子からなる化合物は，分子骨格の変角振動に基づく吸収を遠赤外線領域で示す．このタイプの吸収は，置換基をもつ多くの芳香族化合物の同定に有用である．これらの芳香族化合物の吸収スペクトルは複雑であるが，特殊な化合物では，指紋領域を用いた同定がやりやすくなる．

永久双極子モーメントをもつ気体分子が回転運動をしている場合にも，遠赤外線の領域で吸収が起こる．たとえば，H_2O，O_3，HClなどの気体の測定が可能である．

12.14 赤外発光分析

電磁波を吸収できる分子は，少なくとも理論上は，加熱すれば，吸収する赤外線の波長の電磁波を発するはずである．しかし，これらの赤外線の発光を測定することでその化合物が何であるかを決めるには多くの問題がある．たとえば，シグナル/ノイズ比が小さく，発光させるために試料を加熱すると，試料が分解するなどの問題がある．電気的に加熱できる試料で，気体試料室の中で試料を加熱したときに気化しないような試料であれば，赤外線発光スペクトルを測定することが可能である．インタフェロメーターとフーリエ変換法が広まったので，非常に微弱な赤外線の発光でも，そのシグナルを測定してデータ処理できることが多い．

演習問題

12.1 IRの測定では，波長ではなく，なぜ波数で記録するのか説明しなさい．

12.2 IRの測定は通常，3～15 μmの波長範囲で測定を行う．この波長範囲を波長ではなく，波数で表しなさい．

12.3 気体のNO$_2$の自由度はいくつあるか．

12.4 赤外線の光源として，グローバー灯のかわりに水銀アークがしばしば用いられる理由を述べなさい．

12.5 IR測定装置に用いる検出器として，サーモパイル，ボロメーター，熱電的検出器，半導体検出器の特長を相互に比較して論じなさい．

12.6 フーリエ変換型IR測定装置は，なぜ分散型装置にとって変わったのか説明しなさい．

12.7 ATR法は，他のIRの測定法では測定が難しい試料のスペクトルを得ることができる．その理由を述べなさい．

12.8 下図に示す (a)〜(f) のスペクトルは,アセトン,アセトニトリル,クロロホルム,エタノール,ヘキサン,トルエンのいずれかが入っていた瓶のラベルがとれてしまったため,(a)〜(f) の瓶として IR スペクトルを測定したものである.それぞれの瓶に入っている溶媒が何であるか帰属しなさい.

12.9 分子の振動について,赤外線の吸収と関連させて述べなさい.

12.10 気体の HCl は,$2900\,\mathrm{cm^{-1}}$ あたりを中心に分子の回転状態の遷移に基づく吸収を示す.それぞれの吸収ピークをよく観察すると,どの吸収も,強度がおよそ 3:1 の2本の吸収から成ることが認められた.なぜこのようになるか説明しなさい.

12.11 液体状態のカルボン酸の IR スペクトルと,そのカルボン酸の希薄なクロロホルム溶液のスペクトルのはっきりとした違いがどこにあるか述べなさい.

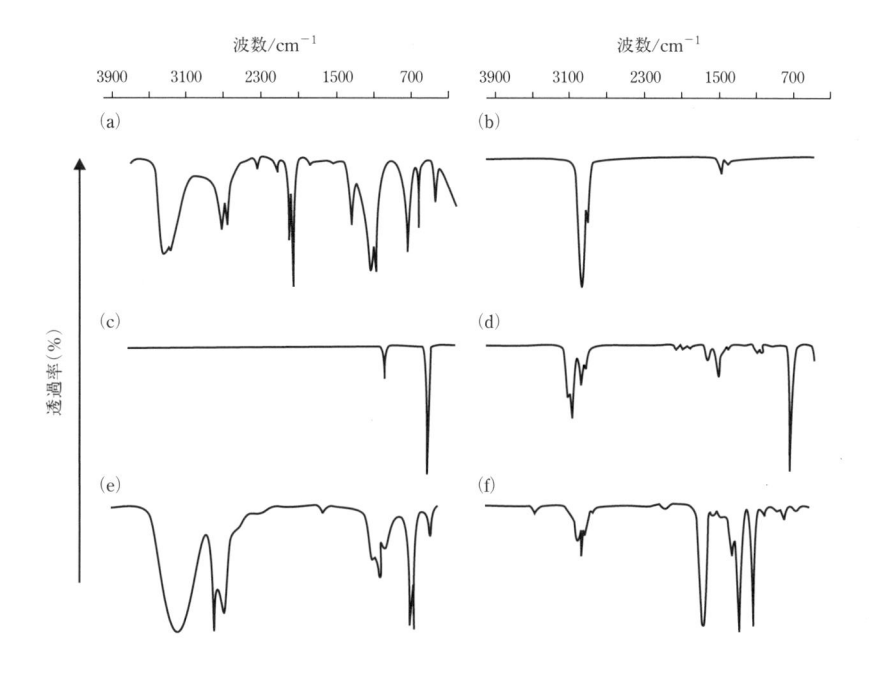

まとめ

1. 赤外線を用いる測定では,およそ $0.8\sim1000\,\mu\mathrm{m}$ の波長範囲の電磁波吸収スペクトルを測定できる.

2. 赤外線の吸収は,縦ゆれ振動,横ゆれ振動,ねじれ振動,はさみ振動などのさまざまな振動モードの分子振動により起こる.

3. IR 吸収は,ランベルト-ベールの法則に従う.

4. IR スペクトルは,一般には,縦軸 (y 軸) に透過率 ($1/A$ あるいは $T\%$),横軸 (x 軸) に波数 $(1/\lambda)\,\mathrm{cm^{-1}}$ をとって表す.

5. C−H,C=C,C−N,NO_2,OH などの官能基はそれぞれ特徴的な波数に特性吸収を示すので,指紋照合のようにこれらの吸収帯を用いてスペクトルのデータベースと照合することができる.

6. IR 装置には,ネルンストの赤熱管,グローバー灯,水銀アーク,タングステンフィラメント,炭酸ガスレーザーなどのいろいろな赤外線光源が用いられている.

7. IR 測定装置に用いられている検出器には,熱検出器,熱電的検出器,半導体検出器などがある.

8. IR スペクトル測定装置は,回折格子を用いる分散型のものと,積算することのできるものがある.

9. 積算型の装置には,インターフェロメーターが用いられている.マイケルソン型のインターフェロメーターが最も一般的なものである.得られるインターフェログラムは,フーリエ変換により数学的に処理される.現在では,IR スペクトルの装置といえば,フーリエ変換型多波長 IR スペクトル測定装置のことをいうことが多い.

10. 全反射(ATR)法は,ATR 法以外では,分散型の装置で測定が不可能であるような塊状,ペースト状,粉状の多くの試料の IR スペクトルを測定できる.

11. ATR 法は,赤外線がある媒体からそれとは異なる媒体に入射するときに反射されることを利用したもの

である．反射が起こるときに，より密度の小さな媒体を透過する光をエバネッセント波とよんでいる．

12．持ち運びのできる IR 測定装置と気体試料測定管によって，環境大気を試料とする IR の測定が可能になった．

13．およそ $770 \sim 3330$ cm^{-1} にかけての波数領域を用いる近赤外スペクトル測定法は，多くの専門家によって利用されている．

14．$200 \sim 10$ cm^{-1} の領域の遠赤外領域の電磁スペクトルは，H_2O や HCl といった多くの無機化合物の分析に利用される．

15．赤外線発光スペクトル分析法は，試料を赤外線を放射するまで過熱することで実施される．しかし，これは，(a) 試料が熱的に安定である，そして，(b) 赤外線を放射する温度で試料が気化しない場合にのみ，可能な方法である．

さらに学習したい人のために

Colthup, N. B. (1989). *Introduction to infrared and Raman spectroscopy*. Academic Press.

Gunzler, H. and Heise, M. H. (2002). *IR spectroscopy : an introduction*. Wiley-VCH.

Stuart, B. (2004). *Infrared spectroscopy — experimentation and applications*. Wiley.

第 IV 部

分析化学の応用
分析科学の展開

13 放射能分析法

この章で学ぶこと

- 放射壊変過程で放出される α 線, β 線, γ 線の性質
- 放射性核種の半減期の意味とこの概念が放射能計測と放射性同位体標識を用いる分析法における定量的な測定にどのように利用されるか.
- 同位体希釈分析の操作法
- 中性子放射化分析の基礎と, 原子炉, 加速器, 放射性同位体を用いた線源が中性子放射化にどのように用いられるか.
- ^{14}C を用いる年代測定法とそれがどのように用いられるか.
- 放射性同位体を用いる方法が生物分析化学あるいは臨床分析でどのように用いられるか.

13.1 はじめに

放射能分析法は, 放射性同位体あるいは放射性同位体から放出される放射線を利用する.

放射能分析法は, 放射能の性質に従っておもに3種類に分類できる. すなわち, (i) 自然放射能の測定に基づく方法, (ii) 放射化分析法, (iii) トレーサーを利用する方法, の3種類である.

13.2 放射性同位体と放射能分析法の基礎

すべての原子の原子核(^1H は例外である)は, 中性子と陽子を含んでいる. 陽子数 Z は**原子番号**(atomic number)として知られており, 原子の化学的性質を決定するとともにその元素を特定する. 一つの元素の原子には, 違う数の中性子を含むものがあり, それらはその元素の同位体とよばれる. 原子核の中には, α 粒子や β 粒子などを放出したり, あるいは X 線や γ 線の放出を伴って壊変(崩壊)していくものがある. このように原子核が自発的に壊変していくものを**放射性核種**(radioactive nuclide)とよぶ. また, その同位体のことを**放射性同位体**(radioactive isotope, radio-isotope)とよぶ.

自発的に壊変しない原子核の同位体は, **安定同位体**(stable isotope)とよばれている. 放射性同位体は, 安定同位体となるまで壊変し続ける.

α 粒子や β 粒子また X 線や γ 線などの放射線には, すべて物質を電離させるはたらきがある. この性質を利用して, これらを容易に検出し, また写真フィルムやガイガー-ミューラー計数管などの検出器によって定量することができる. ほとんどの放射能分析法は, この放射線検出の技術を基礎としている.

13.3 放射壊変生成物

13.3.1 α 壊変

α 粒子(ヘリウム原子核)は二つの陽子と二つの中性子を含んでいる. α 粒子は放射性同位体(一般に質量数が約150以上のもの)から放出され, その放射性同位体は, 壊変して質量数(および原子番号)のより小さな娘核種になる. $^{238}_{92}U$ が壊変して $^{234}_{90}Th$ になる場合を, 例として式(13.1) に示す.

$$^{238}_{92}U \longrightarrow {}^{234}_{90}Th + {}^{4}_{2}He \qquad (13.1)$$

α 粒子の放出を伴う過程は, 物理的に明快に解明されている. すなわち, この過程において, エネルギーの再分配は量子化されている. X 線や γ 線によるエネルギーの放出がこの **α 壊変**(α decay)過程に伴ってしばしば起こる.

壊変する親核種から放出される α 粒子はかなり大きな運動エネルギーをもっている(このエネルギーの大きさは量子化されており, また予測可能でもある). この運動エネルギーにより, α 粒子が多くの物質中の原子や分子と衝突するとかなりのイオン化をひき起こす. α 粒子は, こうした衝突のたびにエネルギーを徐々に失う. α 粒子は比較的大きな質量をもっているので, 物質を貫通する能力は低く, 通常, 厚紙のカードで止まってしまう. α 壊変する核種は, しばしば,

その α 粒子が飛行する距離 (通常, 空気中で数 cm) を測定することにより同定できる.

13.3.2 β 壊 変

β 壊変 (β decay) 過程として分類される核反応には 3 種類ある. それらを順番にみていくことにしよう. β 粒子は電子あるいは陽電子である.

最初の β 壊変過程は, 原子核による軌道電子の捕獲である. このとき X 線が放出される. この過程の分析的な意義は少ない.

他の二つの過程は, 原子核からの電子または陽電子の放出を伴う (同時にニュートリノ ν の生成が起こる). これらのうちの一つは, 中性子が陽子と電子に転換する過程で, 電子が放出される. この反応の例を式 (13.2) に示す.

$$^{14}_{6}C \longrightarrow {}^{14}_{7}N + \beta^- + \nu \qquad (13.2)$$

もう一つの過程は, 陽電子 (β^+) 生成である. 原子核中の陽子の総数は一つ減る. 例を式 (13.3) に示す.

$$^{65}_{30}Zn \longrightarrow {}^{65}_{29}Cu + \beta^+ + \nu \qquad (13.3)$$

陽電子は, 最終的には電子と反応して消滅し, このとき二つの光子 (γ 線) の生成と放出を伴う.

α 粒子の場合と異なり, 同じ過程から放出される β 粒子でも連続的なエネルギー分布をもつ. β 粒子の物質の貫通力は, β 粒子が大変小さいので, α 粒子よりもきわめて大きい. 実際上, β 粒子は, 空気中を数十 cm 程度飛行し, それを止めるには, 通常, 薄いアルミニウム箔が必要である.

13.3.3 γ 線 放 出

X 線と γ 線は, 本質的には同じものである. X 線は電子遷移により発生し, γ 線は核反応から生じることにより区別する.

多くの α 壊変や β 壊変過程に伴って γ 線が放出される. すなわち, 励起された原子核が直接あるいは複数の量子準位を経て緩和する過程で γ 線が放出される. このため, γ 線は特定のエネルギー (振動数) をもつ. この性質は, どの放射壊変が起こったのかを特定するために, 指紋分析法 (fingerprinting) のように利用することができる.

γ 線は, 貫通力が高く, 通常放射線の遮へいに使われる鉛も数 cm 貫通する. γ 線が物質中を通るときには, おもに三つの過程によって止められる (消滅する). そのうちどの過程が最も支配的であるかは, γ 線の振動数 (すなわちエネルギー) に依存する.

低エネルギーの γ 線の場合は, エネルギーは主として **光電効果** (photoelectric effect) により失われる. このとき, γ 線のエネルギーにより, γ 線が通過する物質中の原子軌道の電子が励起され軌道から飛び出す. このとき, γ 線のエネルギーはすべて消費され, γ 線は消滅する.

中間の大きさのエネルギーをもつ γ 線が物質中を通過するときには, **コンプトン効果** (Compton effect) が観測される. このときも電子が軌道から飛び出すが, γ 線のエネルギーのすべては消費されず, 残りのエネルギーは低エネルギーの γ 線として物質中を通過する. この場合, さらに光電効果やコンプトン効果が起こる.

非常に高エネルギーの γ 線 (>1.02 eV) の場合には, 原子核の近くで完全に吸収され, 1 対の電子と陽電子の生成が起こることがある. この過程は **電子対生成** (pair production) とよばれる.

13.3.4 X 線 放 出

前述のように X 線は電子遷移によって生成する. 内殻電子を失うとともに X 線を放出する放射壊変過程が二つある.

そのうちの一つは前述の電子捕獲過程であり, もう一つは **オージェ** (Auger) **電子** の放出過程である. オージェ電子の放出は, 励起状態の原子核と軌道電子の相互作用によって生じる. オージェ電子は原子核の準位間のエネルギーと電子の結合エネルギーの差の運動エネルギーをもって軌道から飛び出す. この過程において, 余分なエネルギーは X 線として放出される.

13.3.5 放射壊変速度

放射壊変は完全にランダムプロセスであるため, ある特定の原子がいつ壊変するかを予言することは不可能である. しかし, 原子が多数存在する特定の放射性核種の放射壊変を統計学的に扱うことで, ある決められた時間内に どれだけの放射壊変が起こるかを高い確実性をもって予言することが できる. このような統計学的な結論は **半減期** (half-life, $t_{1/2}$) で記述される. この半減期に関して各放射性核種は固有の値をとる.

放射壊変過程は, 個々の壊変過程を特徴づける **壊変定数** (通常, λ で表す) を含む一次の反応式で記述される. 半減期 $t_{1/2}$, すなわち放射性核種の半分が壊変す

る時間は式(13.4)で表される．

$$t_{1/2} = \frac{\ln 2}{\lambda} \cong \frac{0.693}{\lambda} \quad (13.4)$$

放射性核種の半減期は，数百万年～数秒(s)まで，核種によって大きく異なる．放射性核種の放射能 A は，s^{-1} の単位をもち，放射性核種が壊変する速度を表し，式(13.5)で表現される．

$$A = -\frac{dN}{dt} = \lambda N \quad (13.5)$$

ここで，N は放射性核種の数である．

放射能は，通常ベクレル(becquerel, Bq；1 Bq は1秒あたり1壊変の放射能に相当する)という単位で表されるが，古い単位であるキュリー(curie, Ci；1 Ci $\equiv 3.7 \times 10^{10}$ Bq で ^{226}Ra，1 g の放射能に相当する)でも表されることがあるので，混乱しないよう注意が必要である．

放射能の絶対量を測定することは，検出器の効率が常に100%でないので困難である．そのため，測定される放射能は，計数率 R として表される．計数率 R は検出器の効率 c によって，式(13.6)のように放射能と関連付けられる．

$$R = cA = c\lambda N \quad (13.6)$$

13.4 バックグラウンド補正

放射化学分析を行うときに計数されるカウント数には，常に宇宙線や大気中のラドンガスなどのバックグラウンドからの寄与が含まれる．したがって，通常，まず真のバックグラウンド由来のカウントを測定して，その値を試料の測定値から引くことにより，その影響を補正する必要がある．そこで，今，補正後のカウント数を R_c，試料測定時のカウント数を R_{ms}，バックグラウンドによるカウント数を R_b とすると，これらは式(13.7)によって関連付けられる．

$$R_c = R_{ms} - R_b \quad (13.7)$$

13.5 装　置

シンチレーション計数管，電離ガス検出器，半導体検出器などが放射線の測定に用いられる．これらはX線の検出器に非常に似ているが，それは α 粒子，β 粒子さらに γ 線も，X線同様，物質を電離する性質をもっており，この性質を利用して検出するからである．これら三つの検出器は，すべて，放射線の吸収に伴う光電子の生成を利用している．この過程で連続的に多くのイオン対が生成し，電子カスケード(滝)となって，測定可能な電気的パルスを生成する．

13.5.1 α 粒子の測定

分析試料が α 粒子を放出する放射性同位体を含んでいるときは，前述のように α 線の物質を貫通する力はきわめて弱いので，α 線をできるだけ吸収しない物質でできた薄いフィルム上に試料を塗布する．α 線スペクトルは，不連続のピークからなり，波高分析計でそれらの α 線ピークを同定することができる．

13.5.2 β 粒子の測定

図13.1に示す液体シンチレーション計数管は，^{35}S，トリチウム，^{14}C などの低エネルギーの β 線を放出する放射性同位体の検出に最もよく用いられる．試料は，シンチレーター(蛍光体)を含む溶液中に溶解し，バイアルに入れ，周囲からの光を遮断した容器中の二つの光電子増倍管から等距離の位置におかれる．二つの検出器からの信号は，二つの検出器が同時に信号を出したときのパルスのみを数える同時計数計で解析される．検出器や増幅器からのバックグラウンドノイズが，二つの検出器で同時に観測される確率は大変低いので，この方法により，測定におけるバックグラウンド信号の影響を大幅に低減することができる．液体シンチレーション計数管は，特に臨床における応用において，最も広く用いられている装置である．

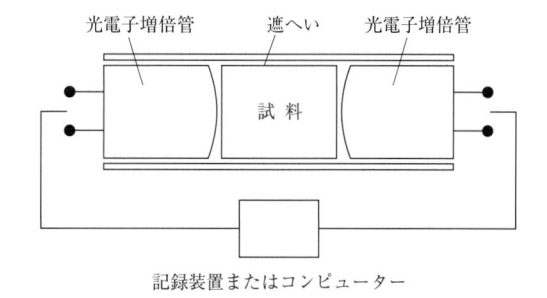

図 13.1　液体シンチレーション計数管

より高エネルギーの β 線の検出には，図13.2に示すような，井戸型結晶を用いたシンチレーション計数管が用いられる．また，ガイガーミューラー計数管，比例計数管も用いられる．このときは，通常平ら

な表面をもつように調製した試料に，これらの検出器を適当な距離まで近づけて測定する．

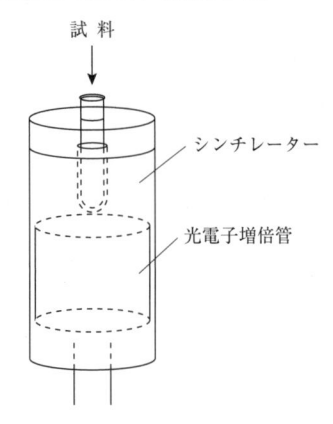

図 13.2 井戸型シンチレーション計数管

13.5.3 γ線の測定

γ線は通常，ガイガー-ミューラー計数管(図 13.3)で測定される．ガイガー-ミューラー計数管の観測窓は，α線やβ線の進入を防いで，それらのバックグラウンド干渉を除くために，薄いアルミニウム板あるいはマイラー(Mylar)で保護されている．γ線スペクトロメーターも，γ線のエネルギーから放射性同位体を同定し，さらに一定時間におけるγ線のカウント数の測定からその定量を行うためによく利用される．

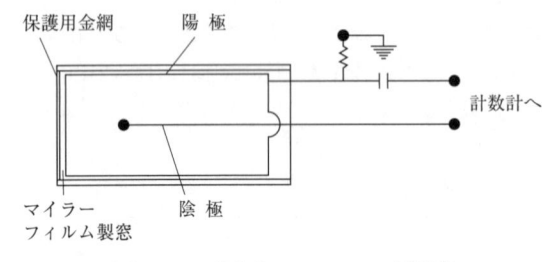

図 13.3 ガイガー-ミューラー計数管

13.6 同位体希釈分析

同位体希釈分析は高選択的な方法であり，安定同位体あるいは放射性同位体，どちらも使用することができる．放射線をカウントすることにより同位体の定量が簡単なので，ほとんどの場合，放射性同位体を利用することが多い．そのため，ここでは放射性同位体を用いる方法のみを紹介する．

まず，放射性同位体で標識化した目的物質を準備し，それを最高レベルの純度になるように精製する．つぎにこの放射性同位体で標識した目的物質の比放射能(R_T)，すなわち，目的物質の単位質量あたりの放射能を測定する．そして，この標識した目的物質を，精秤した分析試料と完全に混ぜあわせる．ここで，元の試料から目的物質をもう一度分離，精製し，比放射能(R_M)を再び測定する．すなわち，試料の希釈レベルは，計数率(R_M)と試料の質量を測定することにより計算できる．このとき分析試料中にもともと入っていた非放射性の目的物質の量(M_I)は，式(13.8)により計算できる．

$$M_I = \frac{R_T}{R_M} M_T - M_T \quad (13.8)$$

ここで，M_Tは元の試料に加えたトレーサーの質量である．また，R_T，R_Mは，それぞれ，トレーサーおよびトレーサーと混合したのちに取出した試料(目的物質)の比放射能を表す．この方法は，試料の定量的な回収には依存せず，むしろ試料の精製の程度に依存している．注意深く質量を測定すると，正確に希釈度を決定でき，さらに正確な目的物質の定量ができる．

同位体希釈法は，多くの元素の定量に利用されるが，特に有機分子の定量に利用される．しかし，この方法が最も使われているのは臨床化学や生化学の分野で，たとえば，ビタミン D，インスリン，いろいろなアミノ酸，チロキシン，ペニシリン(その他の多くの抗生物質)などの分析に用いられている．

13.7 中性子放射化分析

中性子放射化分析は，試料を，原子炉，加速器，あるいは放射性同位体による放射線源の中において，中性子で試料を照射し，試料中に放射性同位体をつくりだすことに基づいている．安定同位体に中性子をぶつけると，安定同位体の種類によっては放射性同位体に変化する．

これら3種類の線源で生成する中性子は，どの場合も高エネルギー(高速)であり，場合によっては，約 0.04 MeV まで減速する必要がある．減速は，水，パラフィン，重水などの多量のプロトンや重水素を含む減速剤を通過させることで行われる．中性子は，減速剤の中で，**弾性散乱**(elastic scattering)とよばれる原子核との衝突によってエネルギーを失い，周囲と熱平衡にまで達する．このような中性子は，**熱中性子**(thermal neutrons)として知られており，分析を目的

として試料を放射化するときに広く用いられている．一方，応用は限られているが，10 MeV に達するまでのエネルギーをもった**高速中性子**(fast neutrons)を用いなければならない場合もある．

自由な中性子は安定ではなく，約 12.5 分の半減期で崩壊して，陽子と電子になる．しかし，自由な中性子は多くの原子の原子核との反応性が非常に高く，通常，自由な状態での寿命は長くない．自由な中性子の反応性の高さは，主として，中性子は電気的に中性なので原子核との静電的な反発がないため，容易に原子核に近づくことができることによる．

最も広く利用されている中性子反応は，目的物質の原子が中性子を捕獲し，原子番号は変わらないが質量数が 1 だけ大きな核種をつくりだす反応である．その原子核は励起状態にあり，中性子の捕獲により生まれた**結合エネルギー**(binding energy)が，通常，γ線や原子核粒子（たとえば α 粒子や陽子）の放出を伴う放射壊変により放出される．この新しく生成した核種の緩和過程における γ 線が，定量分析に利用される．放射性核種の生成速度は，中性子束の密度と照射時間に依存する．一方，新たに生成した放射性核種の壊変速度は，その半減期によって決定される．

図 13.4 に示すように，試料の測定される放射能 A は，壊変速度と生成速度が等しくなるまで照射時間とともに増加する．この図からわかるように，予測のとおり，より高い密度の中性子束を用いるとより高い試料の放射能が得られる．一方，照射時間をより長くとると試料の放射能は一定に近づく．

目的物質の質量は，式 (13.9) に従って測定される．ここで，M_A，M_S は，それぞれ，目的物質と標準物質の質量，R_A，R_S はそれぞれの壊変速度を表す．

$$M_A = \frac{R_A}{R_S} M_S \tag{13.9}$$

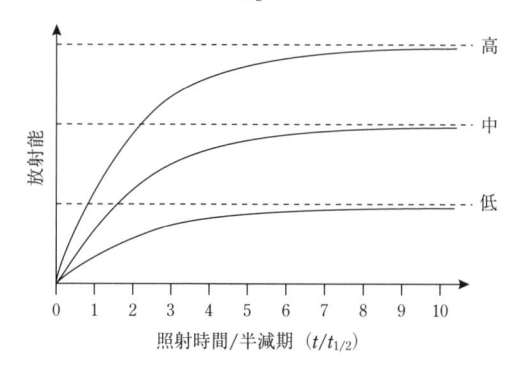

図 13.4 照射時間と放射能の関係

13.7.1 放射化分析のための中性子源

原子炉

原子炉は，非常に大量の中性子（しばしば 10^{11} 中性子 $\text{cm}^{-2}\text{s}^{-1}$ を超える中性子束）を生成し，放射化分析に適している．しかし，分析は適当な原子炉の近隣で行われなければならず，また設備の整った大きな実験室が必要である．

加 速 器

放射化分析を行うための中性子を生成する加速器は市販されている．その加速器は，通常，重水素のイオン源，イオンを 150 kV あるいはそれ以上の高電圧で加速するための電極，タンタルやジルコニウム上に吸収させたターゲットのトリチウムからなる．重水素イオンは（ターゲット上に）収束し，衝突によって中性子をつくり出す（式 (13.10)）．

$$^2_1\text{H} + ^3_1\text{H} \longrightarrow ^4_2\text{He} + ^1_0\text{n} \tag{13.10}$$

放射性同位体

放射性核種は分析のための最も簡単な中性子源であるが，得られる中性子束の強度は原子炉の場合とは比較にならないほど弱く，そのため達成できる検出限界は限られている．

いくつかの放射性同位体が中性子源として使用できる．最も広く用いられている線源の一つは，アメリシウムやプルトニウムなどの α 線を放出する放射性同位体と，ベリリウムなどの軽元素の混合物である．そのような試料から，たとえば式 (13.11) に示されるように，中性子は軽元素の原子と α 粒子の衝突の結果として放出される．

$$^9_4\text{Be} + ^4_2\text{He} \longrightarrow$$
$$^{12}_6\text{C} + ^1_0\text{n} + \gamma\, 5.7\,\text{MeV} \tag{13.11}$$

他の方法に，単に ^{254}Cf のような放射性同位体を用いる方法がある．この場合，自発核分裂過程により中性子が放出される．

13.8　^{14}C を用いる年代測定

^{14}C による年代測定は，植物組織から由来した有機物を含む対象の年代測定に広く用いられている方法である．この方法により，数千年の時間単位での古生物学（化石の研究）の領域での応用，あるいは綿やウールなどの植物から由来した織物のような歴史的遺品への

応用(たとえば，一般の人の関心を集めたトリノの聖骸布の年代測定に応用された)などがなされている．

^{14}C は，大気の上層での CO_2 と宇宙線の反応によって大気中に生成する．しかし，この同位体は不安定で，半減期5568年をもち，式(13.12)に従って，β 線を放出して崩壊する．

$$^{14}_{6}C \longrightarrow {}^{14}_{7}N + e^-(\beta) + \text{ニュートリノ}(\nu) \quad (13.12)$$

CO_2 の中の放射性の ^{14}C は光合成により炭化水素中に固定される．^{14}C の固定(すなわち，放射性の $^{14}CO_2$ の蓄積)は，植物が自然に死んだり，動物によって食べられたときに止まる．植物由来の物質を含んでいる物質の年齢は，試料中の放射性の $^{14}C : {}^{12}C$ のパーセントを決定するために，試料の放射能をカウントすることにより求められる．

この ^{14}C を用いる年代測定とこの方法による年代測定の正確さについては，議論がないわけではない．なぜなら，大気中の $^{14}CO_2$ の割合は一定であるといったいくつかの仮定に，本法は依存しているからである．実際，大気中の ^{14}C の割合は変動しているが，ほとんどの場合，植物の寿命を考えればその変動は相殺されてしまうと考えられる．

13.9 医学における放射性同位体の利用

放射化学的方法は，医学において，分析，診断，研究に広く用いられているが，これについては第14章で論じる．

演習問題

13.1 (i) α 線，(ii) β 線，(iii) γ 線の測定には，それぞれどのような検出器が適しているか．

13.2 中性子放射化分析の長所と短所を述べなさい．

13.3 中性子放射化分析を用いて土壌中の殺虫剤を定量した．放射化したあとの殺虫剤1.5 gの計数率が750 counts s^{-1} で，分析試料は234 counts s^{-1} であった．分析試料中の殺虫剤の質量を計算しなさい．

13.4 ^{14}C 同位体希釈分析で，抗生物質のオキシテトラサイクリンを含む試料を分析したい．5000 counts min^{-1} の放射能をもつ10 mgの純粋なオキシテトラサイクリンを分析試料に加えた．全部で0.5 mgの抗生物質を試料から分離した．その試料の放射能は100 counts min^{-1} であった．元の試料中に含まれる抗生物質の量(g)を求めなさい．

まとめ

1. ある種の原子核は α 線や β 線などの粒子を放出して壊変する．また，その壊変時に γ 線の放出を伴う場合もある．

2. α 粒子や β 粒子，また X 線や γ 線はすべて物質をイオン化する．この性質を利用して，ガイガー-ミューラー計数管や写真乾板などによって検出される．

3. α 粒子はヘリウム原子核(^4_2He)であり，比較的大きな質量と遅い速度のため，厚紙のカード1枚で止めることができる．

4. β 粒子は電子(β^-)か陽電子(β^+)で，β^- の場合は，空気中で数十 cm 飛行する．通常，薄いアルミニウム箔で止まる．

5. X 線と γ 線は同じものであるが，X 線は電子遷移により放出されるもので，γ 線は核反応過程から放出されるものをいう．

6. γ 線を止めるには数 cm の鉛が必要である．

7. 低エネルギーの X 線が物質中を通過するとき，そのエネルギーは光電効果で失われる．すなわち，X 線は電子を励起し原子軌道から追い出してしまう．

8. 中程度のエネルギーの X 線が物質中を通過するときは，コンプトン効果と光電効果によってエネルギーを失う．コンプトン効果においては，光子(X 線)との衝突により電子が原子軌道から飛び出すが，光子のエネルギーのすべてが失われるわけではない．その光子はさらにコンプトン効果や光電効果によってエネルギーを失う．

9. 放射壊変過程に起因する電子遷移によって X 線が生じる．まず，第一に，原子核による電子捕獲により X 線が放出される．第二に，励起状態の原子核と軌道電子の相互作用から起こるオージェ(Auger)電子遷移により，電子の損失と X 線の放出が起こる．

10. 放射壊変過程は，一次の反応速度式に従い，半減期 $t_{1/2}$ で記述される．ここで半減期は

$$t_{1/2} = \frac{\ln 2}{\lambda}$$

で，λ は特定の放射壊変過程に固有の壊変定数である．

11. 半減期は，放射性同位体の種類によって異なり，秒の単位から百万年単位の時間にも及ぶものもある．

12. 放射性同位体は，同位体希釈分析に用いられる．まず，放射性同位体で標識した目的物質を用意する．この放射性の目的物質の比放射能を測定する．この試料を，質量のわかった分析試料と混合する．その混合物から目的物質を再び分離，精製し，改めて比放射能を測定する．ここで比放射能とは，試料の単位質量あたりの放射能を表す．

13. 質量のわかった試料について，希釈レベルを計算すると，非放射性の目的物質の量を計算することができる．すなわち，

$$M_I = \frac{R_T}{R_M} M_T - M_T$$

ここで，M_I, M_T は，それぞれ，もともとの分析試料中の非放射性の目的物質の質量，元の試料に加えたトレーサーの質量である．また，R_T, R_M は，それぞれ，トレーサーおよびトレーサーと混合したのちに取出した試料（目的物質）の比放射能を表す．

14. 中性子放射化分析は，原子炉，加速器，あるいは放射性核種による線源からの中性子の照射により試料中に放射能が誘起されることに基づいている．

15. ^{14}C 年代測定法は，β 粒子とニュートリノを放出する ^{14}C の壊変過程の測定に基づいており，植物由来の有機物を含む化石などの年代測定に用いられる．

16. 放射性核種は研究目的のみならず，医学においても用いられる．

さらに学習したい人のために

Alfassi, Z. B. (1994). *Chemical analysis by nuclear methods*. Wiley.

Geary, W. and James, A, (1986). *Radiochemical methods*. Wiley.

Newton, G. W. A. (ed.) (1999). *Environmental radiochemical analysis*. Special Publications Series, Royal Society of Chemistry.

14 生物分析化学

この章で学ぶこと

- 臨床分析では，どのようにして全血試料が集められ，そこから血漿および血清試料が調製されるか
- 血中ガス分析装置の原理と臨床での重要性
- 血中電解質濃度が臨床的に重要であることとその測定法
- 免疫学的分析法の応用性
- ラジオイムノアッセイ，蛍光イムノアッセイ，ELISA法の原理
- バイオセンサーの第一世代と第二世代
- 膜を利用する第一世代のバイオセンサーを用いる測定
- 過酸化水素の測定を原理とするグルコースオキシダーゼを用いたバイオセンサーによるグルコースの定量
- メディエーターとは何か，また，それがどのように第二世代のバイオセンサーで利用されているか
- 第一世代と第二世代のバイオセンサーの長所と欠点
- 簡単な熱測定，光測定，質量測定を利用するバイオセンサーの動作原理
- 糖類の分析に，HPLC，GC，糖の還元反応，芳香族アミンとの反応，あるいはフェノール試薬との反応などがどのように利用されているか
- アミノ酸の分析に，TLC，電気泳動，GC，HPLCがどのように利用されているか
- タンパク質の分離は，沈殿法，電気泳動，イムノブロット法およびウェスタンブロット法，クロマトグラフ法によってどのように行われているか
- タンパク質の定量は，ケルダール法やビウレット法，ローリー法，ビシンコニン酸法などの化学的方法，あるいは，色素の結合を利用する分光学的方法，スペクトル法，その他の多くの物理学的な測定法によってどのように行われているか
- ゲノミクスとプロテオミクスが分析科学に与えた衝撃
- ポリメラーゼ連鎖反応(PCR)とこれがDNA指紋分析法にどのように応用されるか

14.1 生化学と分析化学の境界領域：生物分析化学の概要

最近20～30年あまりの生物科学の進歩は実に目ましく，新しい生物分析化学の手法をつぎつぎと生み出してきた．この章の最初に，何年もの間，生物分析化学の支えとなってきた湿式化学分析法と他の簡易分析法について概説する．これらの分析法は今もなお，プロテオミクスやゲノミクスの分野では重要なものである．プロテオミクスやゲノミクスは，それまでは，必要に応じて行ってきた生物分析化学の手法を日常的に実施するような大きな変化をもたらした．たとえば，質量分析法が新たな応用として，タンパク質のシークエンシングに用いられ，蛍光標識法が，DNAマイクロアレイ法の中心的な手法となり，ポリメラーゼ連鎖反応(polymerase chain reaction, PCR)によって，他の方法では実現できないDNAの認識に基づいた多くの分析を実現できるようになった．急激に進歩し，しかもきわめて重要なこの分野については，§14.10を参照してほしい．

分析の対象となる目的物質の多くは，生物に由来する(すなわち，動物，植物や微生物によって産生される)か，生物学的に重要である(たとえば，食品の成分や大気の成分，環境汚染物質など)ことを忘れてはならない．分析化学の発展の歴史をみれば，特殊な目的物質に対して，それまでの分析法には適したものがないときに，その目的物質におどろくほど選択的な化学反応や分析手法が自然現象の中から見いだされてきたことがとても多い．生物学的分析法は，他の方法ではとてもできないような特異的といっていいほどの選択性をうまく利用するものである．

生物学的分析法の応用範囲は疑いもなく広いので，生物学的分析法に問題点や限界がないというわけではない．ほとんどすべての生物分析化学の方法では生物由来の分子を使うが，これらの化合物は熱に不安定である(室温でも)ことが多く，反応の活性を示す寿命が

短い．さらに，これらの生物学的な試薬は価格が高いだけでなく，入手しにくいという点でも評判が悪い．

14.2 臨床分析化学の概要と現代の病院における臨床生化学検査部

ほとんどの生物学的分析法は，臨床分析学や分子生物学の分野で開発されてきた．しかし現在では，これらの分野だけでなく，裁判化学，環境分析，食品の科学までその応用範囲は広がっている．しかし，最も広い応用分野は，もともとの医療分野であって，臨床生化学（あるいは生理学）研究室や診療所の臨床分析室，さらには，自宅での健康診断などにも生化学的分析法が利用されている．

臨床分析における生物分析化学の主たる分析手法は，生化学的手法が重要になったとはいえ，紫外・可視吸光光度法，炎光光度法の臨床分析への応用ということになる．

現代の臨床分析室でおもにはたらいている機械の一つは，"**多目的自動分析装置**（multi-analyzer）"という名前がついている．この装置は，基本的には，滴定などの湿式化学や紫外・可視吸光光度法に基づく分析を自動化した装置である．この装置は通常，10成分かそれ以上の異なる目的物質（血糖，O_2およびCO_2分圧，K^+やNa^+の濃度，ヘパリンの濃度，あるいは尿中の多くの成分など）を1台の装置で測定することができるように設計されている．しかし，このような装置は，多くの可動部の部品や，たとえば自動化されたピペット操作が，他の試料や試薬によって汚染されないなど，要求される規格が保たれているか，その保守に高度の技術が要求されるものである．

これらの自動分析装置の多くは保守契約付きのリースという形で導入されている．この場合，装置そのものは薬学あるいは臨床分析の会社が所有する形をとり，機器が正常に作動しなくなったときには，一定の時間内に正常に作動するように修理する（必要な場合は別の装置と交換する）責任を負うという契約を結んでいる．大きな病院の多くは，機器の故障などの事故や緊急を要する患者が来たときにも対応できるように2台，あるいはそれ以上の自動分析装置を保有し，維持している．しかし，このような方策をとれば，維持費が高くなることは明らかである．

14.2.1 生物的試料：血液，血清，尿を用いる臨床化学分析

生物的試料は，化学的な複雑性の故に，分析するのが最も難しいものの一つである．たとえば，血液は体外に取出すと凝固反応が起こり，免疫反応などもある．生物学的な分析ではほとんどが全血，血清，血漿，あるいは尿を試料とするので，これらについて最初に考えることにしよう．

14.2.2 全血（試料の調製と保存）

体から取出したままの血液（いかなる成分も取除かない状態のもの）を**全血**（whole blood）といい，多くの分析の試料となる．全血には多くの細胞成分，すなわち，赤血球（erythrocyte），白血球（leucocyte），血小板が，他の多くのコロイド状の高分子性の成分や低分子量の化合物と一緒に含まれている．

全血は体外に取出されるとすぐに凝固しはじめる．この血液の凝固がほとんどの臨床分析を妨害するので，全血試料には，まず，最初にヘパリンやシュウ酸カリウムなどの抗凝固剤を添加して，凝固を阻止している．

血中のブドウ糖（血糖）を定量するときには，フッ化ナトリウムを添加するのが一般的である．血液中の細胞成分は，体外に取出されても生きているので呼吸によって血液試料中のブドウ糖を代謝し，消費する．フッ化ナトリウムは，このブドウ糖の代謝を阻害する化合物なので，血液の採取後，時間とともにブドウ糖が消費されてその量が低下するのを防ぐことができる．あらかじめ少量のシュウ酸カリウムとフッ化ナトリウムを入れてある血糖検査用の試験管が臨床分析の現場では用いられている．

血中のCO_2あるいはO_2のガス分圧を測定するためには，血液試料と空気との接触を遮断することが必須である．これを実現するために，採血管に少量のオイルを入れて用いている．オイルは水を溶媒とする血液よりも密度が小さいので，血液試料の上に浮き，血液試料にふたをして空気との接触を断つことができるからである．この試験管にはゴム製の栓ではなく，コルク栓が用いられるが，これはオイルによってゴムが膨らむからである．

全血試料は，通常，測定までに48時間は冷蔵保存することが可能であるが，分析直前には室温に戻しておかなければならない．全血試料は残念なことに冷凍

して保存することはできない．冷凍によって細胞成分が破壊され，酵素による成分の分解が起こってしまうからである．

血液成分の分析に，いつでも全血試料を用いることができるわけではない．このような場合には，血清や血漿が試料として用いられるが，これについては後の節で述べる．

14.2.3 全血を試料として用いる臨床分析法

多くの試験が全血を試料としてなされるが，最も重要な試験は血糖値の測定であろう．血糖値の測定は糖尿病の患者，あるいは糖尿病の疑いのある患者になされる．血糖値の測定がどんなに重要かということをいくら強調してもしすぎることはない．

血糖を測定する方法はたくさんあるが，最も一般的に用いられているのは，酵素を用いるバイオセンサーによる測定法である．これらには，研究室で測定するような装置もあれば，持ち運びができる装置もあるが，詳しくは後述する．

14.2.4 血漿（試料の調製と保存）

血漿は，全血から細胞成分（血球成分）を取除いたものである．通常，これは遠心分離によって行われる．血漿は，全血と同じく，通常はヘパリンやシュウ酸カリウムの添加による抗凝固剤による処理がされている．血漿は赤血球が取除かれているので，残ったコロイド状のタンパク質によって，わらのような淡い黄色を呈している．血漿を試料とするときは，全血と同様，測定前に48時間は冷蔵保存が可能であるが，全血と違って冷凍することで長期に保存することもできる．しかし，凍結過程においていくつかの層が形成されることに注意が必要で，解凍後よく撹拌しなければならない．急を要しない試験をあとで行うために，試料を凍結することはよく行われることである．血漿は凍結保存ができるので，試料の数を集めてから，一斉にまとめて同じ試験を行うことも一般的なことである．

14.2.5 血清（試料の調製と保存）

血清は，カルシウム，マグネシウム，塩化物イオンの血中濃度などの測定をはじめとして，多くの臨床検査に用いられている．血清も血漿と同じように全血から遠心分離によって調製されるが，血漿を調製すると

きよりも高い回転数を用いて，血液中の細胞成分だけでなくフィブリノーゲンも除去したものである．血清ものちのち分析できるように凍結して保存できるが，解凍したときには，コロイド成分が均一な溶液になるように十分に注意しなければならない．血清からさらに除タンパクした試料（protein-free filtrate, PFF）は，より安定である．このPFF試料を調製するには，トリクロロ酢酸（TCA）を用いるなど多くの方法があるが，体積の割合として，血清1に対し，TCA 9を加えて沈殿してくるタンパク質を濾過して除くことで調製できる．

もう一つの方法は，タングステン酸法で，やはり体積比で，血清1に対し，精製水：$0.33\ \mathrm{mol\ dm^{-3}}$硫酸＝7：1を加えておよそ2分後，溶液が褐色になったところで，タングステンナトリウム溶液1を加える．これによって，血清中のタンパク質がやはり沈殿するので，濾過，または遠心分離により除く．

14.2.6 血清を試料として用いる臨床分析法

血液中の電解質濃度の測定は，通常血清を試料としてなされ，ナトリウム，カリウム，マグネシウム，塩化物イオン，炭酸水素イオンの濃度が原子吸光分析法，あるいは炎光光度法で行われる．

血清中のカルシウム，カリウム，ナトリウムの定量には，イオン選択性電極もよく用いられる．カルシウム，マグネシウムおよび塩化物イオンの測定には比色分析法も利用可能である．

血清中の炭酸水素イオン濃度は，通常，酸の標準溶液を用いた滴定により求められている．

14.3 血中ガス分析

血中の酸素および炭酸ガスの分圧は，一般に自動分析器に取付けられたO_2，およびCO_2電極によりなされているが，この測定装置は世界中のほとんどの病理化学研究室にある．

人体から取出された全血試料は空気との接触を遮断した注射器に入れられるか，あるいは直ちに測定用の試料容器に空気のすき間がないように満杯になるように移される．容器内に空気が残っていると試料から気体成分が拡散したり，残った空気から溶け込むのを無視できなくなる．採血する注射器にはガラス製のものが用いられる．プラスチック製のものは，プラスチッ

クの材質によって程度の差はあるものの，プラスチックを通して，試料中の気体と大気との拡散による交換が認められるからである．何よりも，いつでも，交換が起きないように，すみやかに分析されなければならない．

1960年代の初めにLeyland J. Clarkによって酸素電極が開発された．この電極は，Ag/AgCl参照電極に対して-600 mVの電位をもつ白金作用電極を組合わせたものである．白金電極表面は薄いテフロンフィルムで覆われているが，このテフロンのフィルムは，試料中に存在する分子量の大きな成分（妨害物質となりうる化合物）と比べてはるかに高い選択性をもってO_2分子を透過，拡散させて電極に達するようにはたらく．白金電極表面に到達したO_2分子は電気化学的に式(14.1)に従って還元され，このときの電流が観察される．この電流量から，さまざまなO_2濃度の標準溶液を用いて測定された検量線を用いて，試料中のO_2濃度を求めることができる．

$$-600 \text{ mV vs Ag/AgCl}$$
$$O_2 + 4H^+ + 4e^- \longrightarrow 2H_2O \quad (14.1)$$

臨床検査の表示では，O_2濃度は酸素分圧，pO_2として表される．

血液に溶存するCO_2の濃度（CO_2分圧，pCO_2）は，pH測定用のガラス電極をテフロンフィルムで覆った修飾ガラス電極を用いて測定される．この電極では，テフロンフィルムを通してCO_2だけが拡散してガラス電極に到達する仕組みになっている(pH電極の詳細については第10章を参照)．臨床検査におけるCO_2濃度の表示はO_2と同様に分圧としてpCO_2で表される．水に溶解したCO_2は炭酸となるのでpHが低くなる．

14.4 血中に含まれる電解質濃度の測定

血液中の電解質濃度の測定は通常血清を用いてなされ，Na^+，K^+，Cl^-，$CO_2(HCO_3^-)$の濃度として表される．現在，多くの自動分析装置が市販されているが，これらのイオンに対するイオン選択性電極を用いた電位測定をその測定原理としている．他の測定法としては，血清中のNa^+とK^+の定量に炎光光度法を用いる方法がある．しかし，CO_2濃度の測定には，修飾pH電極を用いる方法(§14.8)が用いられ，Cl^-の濃度測定に対してもイオン選択性電極を用いた方法が用いられる．

臨床検査では，これらの個々のイオンの濃度が重要というよりも，これらのイオンの相対濃度が重要である．実際に分析を行うと，血液中の実測されるアニオンの濃度の総計は，必ずカチオンの濃度の総計よりも少なくなるものである．これにはさまざまな原因があるが，カルシウムとマグネシウムは日常分析では検出されにくいということもある．電解質濃度の測定に際して見られるアニオンとカチオンの不均衡はアニオンギャップ(anion gap)とよばれており，健常人では，およそ12 mmol dm^{-3}である．

実際，"アニオンギャップ"という語は，誤った名称であって，"実測されるアニオンがカチオンより少ない"だけで，どのような溶液でも必ずカチオンとアニオンの電荷は等しくならなければならない．しかし，このギャップのある正常な状態から，カチオン濃度，あるいはアニオン濃度に変化が起こり，実測されるアニオンギャップに変化として現れた場合には臨床的に重要な意味をもつ．というのは，生理学的に異常な状態が起きていることを示すからである．特に5 mmol dm^{-3}以下，あるいは22 mmol dm^{-3}以上となったときは注意が必要となる．観察されるアニオンギャップが変化する要因としては腎不全や血圧の上昇，アテローム性動脈硬化，糖尿病によるケトアシドーシス，アルコール中毒，飢餓状態，あるいは違法性薬物の摂取などがある．多くの状態の変化が同じ症状を呈することが多いので，正しい診断を下すには多くの他の検査もしなければならない．

14.5 免疫化学的分析法

免疫化学的な分析法は，現在，きわめて低濃度の薬品，ホルモン，ビタミンなどの検出や定量に広く用いられている．

免疫試験法は高等動物にそれらの動物にとっては"異物"となる，たとえば生物起源の病原性微生物や，無生物起源の大気汚染物質などを血中に投与し，免疫反応によって産生される抗体を利用する．動物によって産生される抗体は，通常γ-グロブリンあるいは免疫グロブリンとよばれるタンパク質で，異物であった抗原と強く結合して抗原-抗体複合体を形成できる構造をもっている．

免疫学的な分析手法は，この抗原と抗体との競合的な結合反応に基づく原理を利用しており，特に，抗原となる物質に検出や定量の目印となるようなタグを結合したものを利用する．実際の検査では，抗原となるのは目的物質である．これと同じ抗原にタグをつけたものを合成し，その濃度がわかるように目的物質と混合すれば，目的物質の濃度に応じてタグのついた抗原が抗体と反応できずに残るので，タグのついた抗原の濃度から，目的物質の濃度がわかるというわけである．このタグをもつ抗原は，もともとの抗原物質に，酵素や，放射能をもつ化合物，蛍光性の化合物，あるいは容易に定量できるようなある種のマーカーを化学的に結合して合成している．

免疫学的分析法に用いる抗体は，抗原となる物質を動物に注射して数カ月飼育したのち，その動物の血清から分離精製するのが一般的である．

14.5.1 ラジオイムノアッセイ

ラジオイムノアッセイ(radio-immunoassay, RIA)の開発によって Rose Yallow がノーベル賞を受賞したのは 1977 年のことであった．この方法は抗体タンパク質が放射能をもつ抗原と結合することを利用したものである．放射能標識した抗原を分析に先立って合成しなければならないが，現在では，放射能標識された抗原が市販されている．抗原を放射能標識するには，通常，$^{125}I, ^{131}I, ^{3}H, ^{14}C$ が用いられる．^{3}H と ^{14}C は低エネルギーの β 線を放射する核種，^{125}I と ^{131}I は γ 線を放射する核種である．^{125}I と ^{131}I を利用する場合には，特に安全を確保し，γ 線を遮へいする施設，設備が整えられていなければならない．

測定は，既知濃度の抗体に対して，目的物質と放射能標識した抗原とを競合的に結合させる．つぎに，生成した抗原-抗体複合体を，目的物質の溶けていた試料溶液の他の成分，余分な抗体，過剰な標識抗原から分離する．この分離した抗原-抗体複合体の放射能を測定し，目的物質の検量線から，試料中の目的物質の濃度を求める．したがって，このようにして分離した抗原-抗体複合体の示す放射能が低ければ，試料中の目的物質（すなわち放射能をもたない抗原）がそれだけ多く抗体と結合したことになるので，目的物質の濃度が高かったことがわかる．同様に，分離した抗原-抗体複合体の放射能が高ければ，目的物質の濃度が低かったことになる．なぜなら，目的物質が少なければ結合する抗体が少なくて済み，残った抗体に放射能標識した抗原がたくさん結合することになるからである．

このようなタイプのラジオイムノアッセイは，感度が高く検出限界も $nmol\ dm^{-3}$ 程度の低濃度かそれ以下と良好で，しかも，測定できる濃度域が何桁にも及ぶという，きわめて広いという特長をもっている．

ラジオイムノアッセイで用いる抗原抗体反応の特異性は，他の多くの分析法に比べてきわめて高く，好ましいものであるが，他の抗体とも交差反応することがあるなど，いくつかの妥協しなければならないこともある．これらの操作上の問題のいくつかは，**モノクローナル抗体**(monoclonal antibody)を用いることで解決できる．すなわち，一つだけの抗原と反応するような抗体を産生する免疫細胞を選択することによって，交差反応の少ない均一な抗体を入手することができる．

分子量が 1000〜5000* の物質は，通常，動物には抗原として認識されず，それに対する抗体は産生されない．しかし，単純なタンパク質と一緒に注射すると，この低分子量の化合物が抗原として認識され，抗体が産生されることがある．このような場合，抗原性をもつことのできた低分子量の化合物を**ハプテン**(hapten)という．抗体を産生した動物から得た血清を**抗血清**(antiserum)といい，長期保存には冷凍を要する．

抗原-抗体反応の平衡が成立するまでに要する時間は，さまざまで，反応する物質により数時間のこともあるし，数日かかることもある．

つぎに，抗原-抗体複合体を反応液から分離しなければならないが，これは通常，アセトンなどの有機溶媒や高濃度の塩溶液，たとえば，$(NH_4)_2SO_4$ 溶液を加えて沈殿させることで行っている．こうして生じた沈殿を沪過か遠心分離によって測定の試料とする．

14.5.2 蛍光イムノアッセイ

抗原を蛍光性の色素で標識することも可能で，蛍光標識した抗原は**蛍光イムノアッセイ**(fluorescence immunoassay)法に用いられる．ラジオイムノアッセイと比べたときに，蛍光イムノアッセイには二つの利点がある．第一に，放射能を用いるよりもはるかに安全性に対する問題がない．第二に，蛍光強度は時間

---

* 分子量 1000 以下の低分子量の化合物でも，抗体が産生されることがあるが，一般には，その化合物単独で免疫原性を示すことは少ない．アジュバントとよばれる高分子化合物とともに与えたときに低分子化合物に対しても抗体が産生される（免疫が成立する）ことが多く，このときに抗原としてはたらく低分子化合物をハプテンとよぶ．

とともに減少することはないので，半減期が短い放射性核種を用いたときのような，測定時間の問題もない．しかし，目的物質以外に試料中にタンパク質が含まれていないことを確認する必要がある．一般に，タンパク質は蛍光性の色素と結合しやすく，タンパク質が存在すると誤った結果を与えるので十分な注意が必要である．多くの場合，蛍光標識した抗原-抗体複合体を，目的物質の溶けていた試料溶液，および未反応の蛍光標識した抗原から分離しなければならない．この目的に，サイズ排除クロマトグラフィーなどが用いられ，蛍光性の未反応の抗原が複合体から分離される．ある場合には，過剰の蛍光性の抗原は，分離しなくてもその蛍光性を十分に消光することができ（第5章参照），このような場合には分離操作は必要ない．

14.5.3 ELISA

エンザイムイムノアッセイ（enzyme-linked immunosorbent assay, **ELISA**）は，近年最も一般的な免疫学的分析法となってきた．ELISAにはいくつかの手法があるが，いずれも，抗原または抗体に酵素で標識し，あるいは酵素のタグを結合し，抗原抗体反応を行ったあとに，この酵素反応の活性を測定することによって検出，定量を行うという原理に基づいている．酵素活性の測定法は用いた酵素によって異なるが，たいていは比色法により行っている．

競合的ELISA法は，プラスチックビーズや容器の表面などに抗体を化学的に固定化したものを用意し，これを用いて，つぎのような操作を行ったあとに酵素の活性を測定する．(i) 目的物質（この場合抗原としてはたらく）を含む試料と一定の濃度で酵素標識した抗原とを先の抗体が固定化された表面に触れさせてしばらく置く．(ii) 平衡に達したところで，試料溶液を洗い流す．この後，抗体が固定化された表面の酵素活性を測定する．この酵素活性が少ないほど，試料溶液中には酵素が結合していない抗原（目的物質）がたくさんあったことになる．すなわち，試料に抗原となる目的物質がたくさんあるほど，酵素標識された抗原が結合できないので，酵素活性は弱くなるわけである．逆に，酵素活性が高くでるということは，目的物質の濃度は低いことになる．

非競合的ELISA法は，試料中の目的物質である抗原と酵素標識した抗体を結合させ，その酵素活性を測定するもので，**直接的吸着法**と**サンドイッチ法**がある．

直接的吸着法は，抗原を担体に結合し，これと特異的に結合する酵素標識した抗体を加え，抗原に結合しなかった抗体を洗い流して，残った抗体の酵素活性により定量する．この方法は簡便であるが，試料溶液に目的物質以外のタンパク質が多量にあり，それらが担体に強い吸着力をもっていると，溶液中の目的物質（抗原）はほとんど吸着できなくなる．

この応用として，最初に抗原（目的物質）を適当な担体表面に吸着し，非標識の抗体（一次抗体）とインキュベートする．表面をよく洗浄したあと，濃度が既知の酵素標識した抗免疫グロブリン抗体（二次抗体）とインキュベートすると，一次抗体の量に応じて二次抗体の酵素活性が現れるので，最初にあった抗原である目的物質の量を知ることができる．この方法の利点は，それぞれの目的物質に対して，酵素標識した抗体を用意する必要がないことである．すなわち，どのような抗原に対しても抗体となるのは免疫グロブリンなので，この免疫グロブリン（一次抗体）に対する抗体（抗免疫グロブリン抗体）を酵素標識したものがあればよい．

サンドイッチ法は，目的物質である抗原に対する抗体を担体に結合し，ここに試料を加えて試料中の抗原を結合させ，余分な抗原を洗浄したのち，抗原に対する酵素標識した抗体を加えて酵素活性を測定する方法である．この場合，あとから加える抗体は，最初の抗体とは異なる部位で抗原と結合することが必要である．

14.5.4 診療所や自宅で利用できる簡易な免疫診断キット

免疫化学がいかに多くの生物学的分析あるいは臨床検査で重要であるかをみてきた．このような免疫学的試験法は，生体試料にきわめて微量にしか含まれない化合物を検出できるという比肩すべき方法がないほどの検出感度をもっている．さらに，免疫化学は，高感度でありながら，外科の現場や自宅ででも実施できるような簡易で迅速な試験法をたくさん実現してきた．

そのような検査法として最もよく知られているものに，尿による妊娠検査法がある．さまざまな形態のものが開発されてきたが，すべてその原理はヒト絨毛性ゴナドトロピン（hCG）の濃度を測定するものである．hCGは妊娠期間中，母親の尿中に排泄されるので，妊娠初期に妊娠しているかどうかの診断に利用できる．この試験法には多くの変法があるが，そのほとんどが全く同じ原理によるものである．モノクローナル

抗体として，抗α-hCG抗体を調製し，これにセレンを結合したものを吸水性の高い多孔性の沪紙に塗布する．尿の検体にこの沪紙の先端を浸すと，hCGが尿中にあれば，これとセレン化抗α-hCG抗体とが複合体を形成して毛管現象によって移動し，沪紙の抗hCGポリクローナル抗体を固定化した位置まで到達する．

hCGがあれば，この複合体は固定化されたポリクローナル抗体と結合してここでセレン色素が濃縮されるので，線となって有色バンドとして見えるようになる．尿の試料は移動してpH指示薬のところまで到達し，適切なpHで検査が行われたかどうかがわかる．

この妊娠診断キットには種々の形態のものがあるが，その多くはペン状のプラスチックのホルダーに試験を行う沪紙部分が格納されており，尿に浸す先端がフェルトペンのようになっている．ペンの握り側にある窓からポリクローナル抗体が固定化された部分が見え，妊娠していればここに有色バンドが見える（図14.1）．pH指示薬はさらに左端にあり，ここに尿試料液が到達するとpHが適切であったかどうかがわかる．

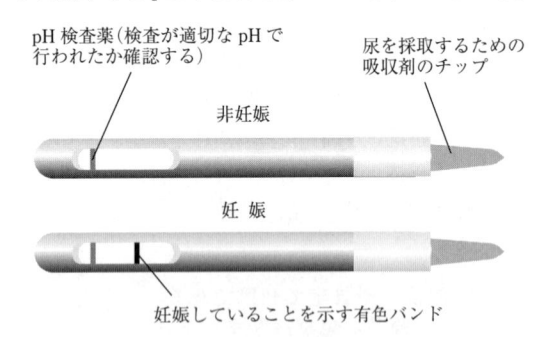

図14.1 hCGの検出に基づく妊娠検査法

この種の試験は，操作が正しくなされればきわめて高感度で，たいていは，尿試料に浸してから2分以内に結果がわかる．この試験法では擬陽性の結果がでることはほとんどない．hCGが尿中になければ有色バンドは形成されないからである．しかし，検出窓を肉眼で見て有色バンドを認められないくらい低濃度のhCGしか尿中にないときには擬陰性となることはある．市販の試験キットには，妊娠したかなと思ったその日には99%以上の正確さでわかる，と書いてある．

14.6 バイオセンサーの概要

バイオセンサー（biosensor）は，このほかの複雑な，したがってより経費のかかる分析法に比べると，潜在的に分析操作が簡便であるために日に日に重要になってきた．多くの場合，バイオセンサーを用いる分析は迅速にできる．これは，外科手術をしながらの測定や，あるいは，環境測定のために河川のその場での測定など，他の分析法ではとうていできないような場合にも測定できる手段を提供している．そのため，すでに血糖値を測定するための多くのセンサーが市販されているにもかかわらず，バイオセンサーの研究に注目がなお集まっているのが現状である．血糖値の測定を目的としたバイオセンサーの開発が今後数年間はまだ続けられるであろう．**血糖値の測定は，他のいかなる試験よりも多く，毎日，世界中でなされている試験だからである．**この本を書いている時点で，アメリカとイギリスの成人人口の5%が糖尿病に罹患しており，西洋の生活習慣と食習慣によってなおこの数字が大きく上昇し続けている．

血糖値の測定は，1960年代にバイオセンサーが開発されるときわめて簡単なものになった．そして今日でも，バイオセンサーによる測定法が血糖値の測定法として広く用いられている．

バイオセンサーとは何かということについてはさまざまな異なった定義がある．しかし，もっとも広く受け入れられているものは，<u>生物学的に化合物を認識する実体がシグナル変換器（transducer）と近接して接続された分析用の装置</u>というものであろう．この定義で生物学的に化合物を認識する実体とは，具体的には，酵素，抗体，細胞，あるいは組織切片である．シグナル変換器は，生物学的に認識したという情報，すなわち，生物学的な実体が目的物質の存在を認識したという情報を定量可能なシグナルに変換する装置である．このシグナル変換器にもさまざまな異なったタイプの装置がたくさんあって，ほんの2，3の例をあげれば，電極，光学的な装置，質量検出器，あるいは熱的な検出器などがある．

したがってバイオセンサーの構成にはたくさんの種類があることになるが，通常は用いるシグナル変換器の性質によってグループ分けがなされている．そこで，バイオセンサーの名称としては，たとえば，"アンペロメトリック"センサーとか，"サーミスター"センサー，などといわれる．電気化学的センサーは，今日では，商業的に成功したこともあって非常に注目を集めているが，ここでもこのセンサーについてみてみよう．

14.6.1 電気化学センサー

1960年代初頭に Leyland J. Clark が初めてバイオセンサーを報告して以来,多くの電気化学的センサーが開発されてきた.この世界で最初のセンサーは,グルコースオキシダーゼという酵素を利用したもので,これによってブドウ糖が検出された.この研究は,Yellow Spring Instrument 社によって初めての血糖値の測定装置としてアメリカで商業化された.この装置はその後も改良が重ねられ,1960年代に最初の技術が開発されてから現在までずっと市場にあって,世界中の臨床生化学の研究室で利用されている.

Clark の膜を利用したグルコースセンサー
(第一世代のセンサーの例)

"Clark" 酵素電極は,酵素反応によって触媒されるグルコース(ブドウ糖)の酸化反応に基づいて開発された(式(14.2)).

$$\text{グルコース} + O_2 \xrightarrow{\text{グルコースオキシダーゼ}} \text{グルコノラクトン} + H_2O_2 \quad (14.2)$$

Clark が用いたこの酵素電極は,世界で初めて開発されたので,"第一世代"のセンサーとよばれている.いわゆる第一世代の電気化学的センサーとは,<u>酵素によって消費される基質の一つか,あるいは生成物のどれか一つを直接に定量するものである</u>と定義される.

Clark たちは,この第一世代のセンサーの考え方を用いた,式(14.2)に基づく反応を利用した二つのグルコースセンサーを報告した.

一つ目は,負の電位をかけた白金作用電極表面での O_2 の電解還元による電流滴定に基づくもので,式(14.3)の反応が起こる.

$$-700\,\text{mV vs Ag/AgCl}$$
$$O_2 + 2H_2O + 4e^- \longrightarrow 4OH^- \quad (14.3)$$

しかし,この方法は,電極周囲の O_2 濃度の変化による影響を受けやすく,条件が悪いと,誤った結果を与える.このセンサーは,グルコースオキシダーゼを膜の表面に固定化したテフロン膜を用いた酸素電極(§14.3参照)を利用している.

Clark が開発したもう一つの方法は,式(14.2)のように,酵素の触媒反応によりグルコースが酸化されたときに生じる H_2O_2 を測定するというものである.この方法では,白金電極表面で H_2O_2 は電極酸化により式(14.4)に従って酸化される.

$$+650\,\text{mV vs Ag/AgCl}$$
$$H_2O_2 \longrightarrow 2H^+ + O_2 + 2e^- \quad (14.4)$$

この方法は,一定のグルコースの濃度範囲において,観察される電流量はブドウ糖の濃度に直接比例する.この方法の方が,上の O_2 濃度を測定するよりも一般的には信頼できるデータが得られるので,実際に,多くの実験室で使用されている市販のブドウ糖分析器の原理は今でも H_2O_2 の酸化による電流を記録するものである.

第一世代のセンサーの大半は,ある種の機能をもつ2枚の薄い膜を張り合わせた構造をしている.図14.2に示すように,その2枚の膜の間に酵素が固定化されている.内側の膜は,**選択透過性**(permselective)をもち,作用電極の表面に妨害物質となりうる電解質が到達するのを防ぐ役割をもっている.一方,外側の膜は,生体試料と生物学的な相互作用をする界面として,また,同時に選択透過性を示す膜(選択透過膜)としてはたらく.これら二つの膜について,また,これらの膜のもつ問題点についてつぎにみてみよう.

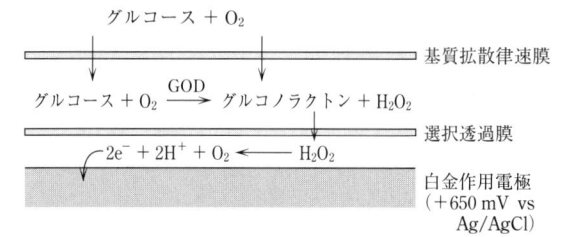

```
グルコース + O₂
    ↓       ↓                        基質拡散律速膜
グルコース + O₂  GOD  グルコノラクトン + H₂O₂
         ───→                        選択透過膜
    2e⁻ + 2H⁺ + O₂ ←─── H₂O₂
                                     白金作用電極
                                     (+650 mV vs
                                      Ag/AgCl)
```

GOD: アルブミンなどにグルコースオキシダーゼを固定化した状態の GOD

図 14.2 第一世代の膜を利用するセンサー

第一世代のセンサーに対する化学的な妨害物質 ならびに選択透過膜の利用

酵素は,二つとないような基質特異性の高い触媒であるが,センサーの電極では,化合物の酸化還元電位でしか化合物を識別できないので,電気化学反応を示す妨害物質に影響されやすく,誤った応答をする可能性がある.たとえば,グルコースオキシダーゼを利用するセンサーでは,H_2O_2 が生成されるのはグルコースが酵素的に酸化されたときだけであるが,センサーの電極表面では,H_2O_2 だけでなく,アスコルビン酸やパラセタモールなどの血中に存在する可能性がある妨害物質の電気化学的な酸化も同様に起こってしまう.このような電気化学的な妨害物質を排除するため

に，**選択透過膜**(permselective membrane)が酵素の層と作用電極の間に置かれる(図14.2)．

通常，選択透過膜は強酸性の基をもつ構造をもち，負の電荷をもつようなポリマー性のフィルムを薄い布状にしたもので，たとえば，セルロースアセテート，ポリ塩化ビニル(PVC)あるいはNafion®というポリフッ化スルホン酸を含有するポリフッ化ポリマーが用いられる．

選択透過膜は，図14.3に示すような電荷による排除機構によって，電極で酸化される妨害物質のほとんどが電極に到達するのを防いでいる．これは，多くの妨害物質は水溶液中でプロトンを放出し，電離して陰イオンになるからである．たとえば，水溶液中では，アスコルビン酸(ビタミンC)は，電離してアスコルビン酸イオンとして，また，尿酸も尿酸イオンとして存在している．これらの物質とは対照的に，H_2O_2は，水溶液中でも，中性の分子としてこの形のままで存在し，拡散によって選択透過膜を比較的容易に通過して作用電極に到達しうる．

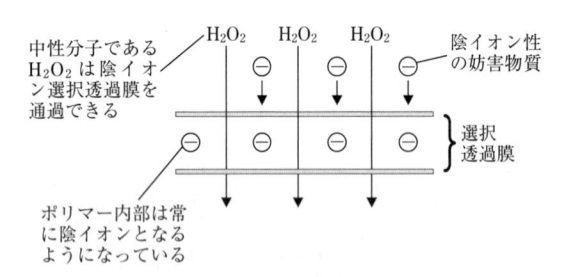

図14.3 陰イオン性妨害物質は選択透過膜を通過できない

最も問題となるのは，電気的に酸化される中性の物質と，水溶液中でも電離がきわめて少ない物質(たとえばパラセタモール)で，これらは，H_2O_2と同様に陰イオン性の選択透過膜を拡散により透過して作用電極で酸化されてしまうことである．パラセタモールは，医師の処方箋なしに簡単に購入でき，広く使用されている鎮痛薬なので，臨床検査を行おうとしたときには，血糖を検査する24時間以内にこの薬を飲まないように十分に指導しておく必要がある．緊急に血糖を測定しなければならないときには，検査の24時間以内にパラセタモールを服用していないことが確認できないときは，GODセンサーを用いない方法で測定しなければならない．

外被膜の利用によるセンサーの応答の直線性の確保と生物学的汚染の防止

センサーの外被膜は多くの機能を果たしている．第一に，センサーが比例的(直線的)に応答しうる濃度範囲を臨床的に測定が必要となる濃度範囲全体に広げるだけでなく，もっと広範な濃度域まで測定可能にしてくれる．酵素を用いた測定では，下に示すMichaelis-Menten定数(k_M)が多くの場合，測定する目的物質濃度範囲よりも低いことが問題となる．また，この定数は酵素を利用するときには必ず求めなければならない定数でもある．ある基質に対する酵素のk_Mの値は，与えられた温度とpHにおいて，補酵素など，基質以外に必要となる化合物は大過剰に存在するという条件下において，その酵素の最大反応速度の$\frac{1}{2}$の速度となるときの目的とする基質の濃度，と定義される(図14.4)．

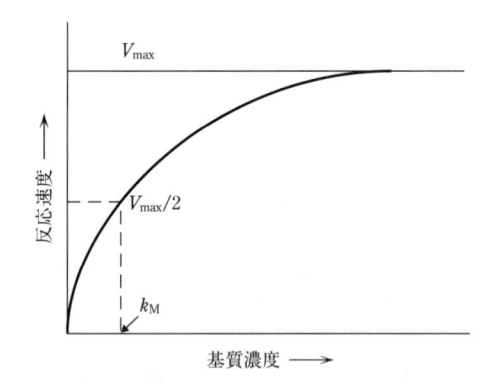

図14.4 Michaelis-Menten型の酵素反応の基質濃度に対する酵素反応速度の変化

多くの酵素反応(たとえばグルコースオキシダーゼ)では，式(14.2)に示すように，基質が複数あるので，基質に対して一つずつ，すなわち，二つ，あるいはそれ以上のMichaelis-Menten定数が存在してもよいことになる．k_M値よりも高濃度の基質があるときには，酵素活性はほとんど極限値(V_{max})に近づくので，センサーの応答も限界に近づく．そこで，もしも，測定する試料内の基質濃度が高いためにセンサーの測定限界濃度に達するような場合には，使用するセンサーに利用された酵素にとって高濃度の基質を定量するためには何らかの手段を講じる必要がある．

このような場合の最も簡単な対応は，目的物質を測定濃度域まで希釈することである．もっとも，ただ希釈しただけでは，溶血による分解が起こり，測定は難

しくなってしまうが.

　もう一つの解決法は，センサーをうまく改良することである．酵素反応では，基質の消失速度は一定であることを思い出そう．センサーに使用された酵素の層の前に膜を置くことによって基質が酵素の層に到達する速度を変えることができる．この結果，この膜があることによって，酵素反応によって測定される基質（目的物質）の濃度を下げることができるので，目的物質を高濃度に含む試料の測定においても，基質（目的物質）の濃度に比例した応答を得ることができるようになる．たとえば，この基質の拡散を抑え，濃度を制限する膜を用いることで，酵素と反応する基質濃度を50％に減少することもできる．すなわち，試料中のグルコース濃度が10 mMであれば，センサーのGODは5 mMのグルコースを検出できればよいことになる．

　このような膜は，**基質拡散制限膜**(substrate diffusion limiting membrane)とよばれており，この膜の材料としては，微小な細孔をもつポリカーボネート製の沪過膜など，市販されているポリマー製の薄膜が用いられる．

　生物試料と直接に接する最外膜が解決しなければならないつぎの問題は，タンパク質の沈着や凝血など，生物学的な汚染を克服しなければならないことである．生物の生体膜では起こらないことが，生物試料と接する人工の膜であるセンサーの外膜では問題となる場合があるのである．ここで，生物学的汚染とは，タンパク質の沈着や細胞の付着など生物試料との接触で起こる多くの生物学的な汚染の過程をいう．

　最も重大な生物学的汚染は全血試料を測定するときにセンサー膜上で起こる．特に血液の凝固と，凝固反応で起こる連続した生物的な反応が問題となる．もちろん，凝血は，傷を負って血管が切れたときに細菌が体内に侵入しないように，水も通さないような保護膜をつくるという生体の反応である．この血液の凝固反応がセンサーの外膜上で起こると，目的物質（酵素の基質）が酵素の層に拡散して到達することを妨げ，センサー膜が凝固した血液で覆われてしまうまで酵素の応答は減少しつづけて最後には応答がなくなる．

　センサーの外膜である基質拡散制限膜の表面を，細胞の表面と結合しないものや，血小板と結合しない材質，たとえば，ポリシロキサン（シリコン）やある種のポリウレタン，ダイヤモンド様カーボンとよばれるアモルファスな炭素を用いて，生体膜と同じように凝血しないような膜表面につくり上げたとしても，生物学的な汚染を完全に取除くことはできない．すなわち，どんな人工の膜も，生体膜と完全に同等なものをつくることはできないことを肝に銘ずべきである．人工の膜が全血試料に接すれば必ずなんらかのタンパク質が膜に沈着するのである．

　センサーの外膜に沈着したタンパク質は，さらに基質の拡散を抑制して酵素層に到達するのを妨げる．たとえ速度が遅くても絶えずタンパク質の外膜への沈着が起こると，時間経過とともにセンサーの応答が減少し，定量分析はできなくなる．実際には，センサーの外膜は安定にタンパク質で被覆され，それ以上にタンパク質の沈着するのを増えないようにしている．このようにして，測定の最初に体液と触れたセンサーの応答が鈍らないようにしている．このようなわけで，多くのセンサーは，生体試料の測定を行う前に，調整が必要である．

　電極の不活化(electrode passivation)とよばれる現象が，生体試料に対するセンサーの応答を損なうもう一つの原因である．不活化は，抗凝血性をもったセンサー外膜と基質拡散抑制膜の両方を透過できる低分子量の化合物（たとえば，フェノール性の物質）によって起こる．これらの物質は，作用電極に到達すると，たとえば，不可逆的に電極に付着し，電極表面を不活化あるいは部分的に絶縁する．この問題は解決が難しいが，センサーのプレコンディショニング時間を長くすることで防げることがある．というのは，生体試料にある時間，センサーを接することで，試料中に含まれる生体成分によって，電極表面が定常的に被覆されるためである．

フェロセンをメディエーターとする血中グルコースセンサー（第二世代のバイオセンサーの例）

　いわゆる"第二世代"の電気化学的バイオセンサーは，電荷移動のはたらきをする**メディエーター**(mediator)を利用するもので，メディエーターは，酵素と電極の間で電子の運搬を行う．メディエーターを用いたセンサーの実例としては，Exac Tech社のポケットサイズの移動測定が可能な血糖測定装置で，Medisense®という名称で市販されているものがある．このセンサーは，この本を執筆している時点では，現在，もっとも広く使われ，実用上も成功したセ

ンサーである．このセンサーは糖尿病に苦しめられている多くの患者の治療にとって画期的なものであった．このセンサーによって初めて，一日のうちでいつでも，糖尿病の患者が，自宅や仕事場で自分の血糖値を簡単に，しかも試薬も必要とせずに測定することができるようになったからである．

このセンサーもグルコースの酵素による酸化反応を利用していることは同じである．しかし，図14.5に示すメディエーターであるフェロセンが酵素から酸素のかわりに電子を受け取り，電極に電子を渡すはたらきをしている（図14.6）．フェロセンは鉄(III)にシクロペンタジエニルアニオンが2個配位した化合物で，容易に，かつ，可逆的に鉄の酸化還元（Fe^{3+}/Fe^{2+}）が起こる化合物である．グルコースオキシダーゼによって還元されたフェロセンは，電極で再度酸化され，このとき酵素から受け取った電子を電極に渡す．電極で酸化されたメディエーターは，再び酵素から電子を受け取るので，酵素と電極との間の電子の受け渡しを繰返し，行っている．この電子の授受の過程でメディエーターは消費されることはなく，リサイクルされながら，一定の速度で電子の授受を行う．

"Clark型"の酵素を用いるセンサーの原理上の欠点は，基質の濃度に依存してしまうことであった．しかし，メディエーターを用いると，センサーの応答は，センサーの酵素層内のO_2濃度に依存しなくなることが利点である．

さらに，メディエーターは，およそ+300 mV vs Ag/AgClという低い電圧で酸化される．これは，H_2O_2が酸化されるためには+650 mV vs Ag/AgClを要することと比較するとかなり低いことがわかる．アスコルビン酸や尿酸などの陰イオン性の多くの生物学的妨害物質は，このような低電圧では酸化されないので，これらの妨害物質の影響も無視できることになる．しかし，特殊な妨害物質があるような場合，たとえば，パラセタモールなどが存在すると，これらは+300 mVでも酸化されてしまうので，作用電極の電圧が低くなったからといって，試料に含まれる化学物質の影響を完全に除くことはできない．

メディエーターが酵素の活性部位と作用電極の間に存在することに注意すべきである．残念なことに，"Clark型"のバイオセンサーではメディエーターの拡散が阻止されてしまうので，メディエーターを利用するセンサーでは，低分子化合物の電極への到達を防ぐ目的で選択性透過膜を利用することはできない．

血糖値の測定に用いるセンサーであるMedisenseには，使い捨ての沪紙片，小さな電圧測定器と，測定した血糖値を表示するLCD（液晶表示板）とが組合わされて用いられている．この同じ沪紙片を使用するさまざまなポータブルな測定器が開発されているが，最もポピュラーなものは図14.7に示すペン型のものである．これは，上着やハンドバッグ，財布などに入れて持ち運ぶことができる．

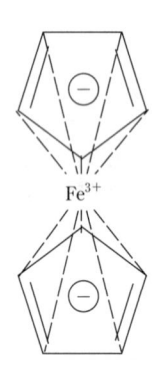

図 14.5 フェロセンの構造

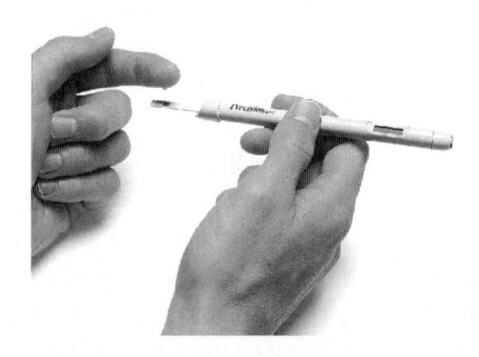

図 14.7 Medisense ペン

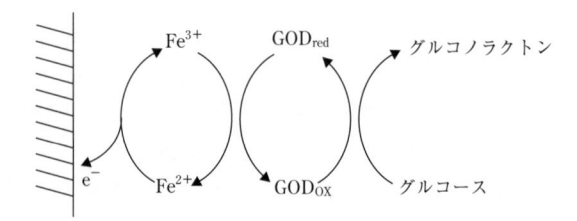

図 14.6 グルコースオキシダーゼ（GOD）を用いるセンサーにおいて，フェロセンをO_2の代わりに人工的な電子受容体（メディエーター）として用いたときの反応

血中グルコースの測定は，測定用の沪紙片を装置の端から差し込む．これによって，"眠っていた"測定器は測定状態になる．使い捨てのチップについている

沪紙片に，小さな刃に人指し指を押し当てて傷をつけ，指先に出てきた血液を1滴つける．この1滴の血液によって，センサーの作用電極と対極，参照電極の間に電気回路ができる．電気回路ができると，液晶表示板上で20秒のカウントダウンがはじまり，この20秒の間にグルコースの酵素による酸化反応で生じる電流が測定される．この電流量は，あらかじめメモリーに記憶されている検量線によって血糖値として表示される．

糖尿病で最もよくみられる症状は，特に高齢者に顕著であるが，糖尿病性網膜症であり，これは網膜の細胞が死滅することによって視力障害が起こることである．そして，その原因は血糖値が長期にわたり異常に高いために起こると考えられている．そのような患者は字を読むことも難しいので，このような患者のためには，図14.8に示すようなクレジットカード型の装置が開発されており，これには大きな液晶画面がついていて，ペン型の装置よりも目の悪い患者には便利である．

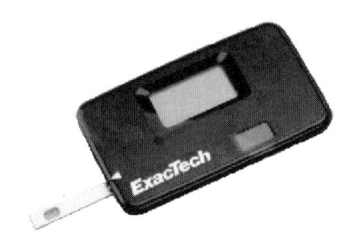

図 14.8 Medisense 測定器

14.6.2 熱的および光学的バイオセンサー

電気化学的なセンサーは，もともと感度が高く，応用性が広いにもかかわらず，これ以外の応答変換の原理に基づくバイオセンサーもたくさんある．

熱測定に基づくセンサーは，酵素反応によって発熱が起こるときのエンタルピー変化に基づく熱の生成を測定するという原理に基づくセンサーである．たとえば，前節で取上げたグルコースオキシダーゼは，グルコースの酸化を触媒し，グルコン酸と H_2O_2 とを産生するが，この反応は $80\,\mathrm{kJ\,mol^{-1}}$ の熱が放出される発熱反応である．バイオセンサーのような装置では，酵素による触媒反応の速度を定量的に測定するために，シグナル変換部のすぐ近くに酵素が固定化されている．そのため，反応による発熱によって，センサー内部の温度が変化し，この温度変化の影響が誤った測定結果を与えることがあることはこのタイプの装置の大きな問題である．

光学的にシグナルを変換する方法も，多くのバイオセンサーに用いられている．すでに吸光光度法などでみたように，光学的な方法は酵素活性の測定や生物学的な測定に広く用いられている．バイオセンサーに光学的なシグナル変換を用いることを考えれば，すでに学んだ生物学的測定における光学的な測定法の土台の上に，光学的な応答を利用するバイオセンサーの応用例を構築することが論理的に可能であろう．

バイオセンサーに光学的な手法がうまく利用された例として，ニコチンアミドジヌクレオチド（NAD）あるいは，ニコチンアミドジヌクレオチド二リン酸（NADP）を補酵素とする酵素を利用したセンサーがある．ここで利用される酵素は，デヒドロゲナーゼ（脱水素酵素）で，NAD/H あるいは NADP/H を補酵素として利用し，酵素反応でこれらの補酵素がリサイクルされる．グルコースデヒドロゲナーゼ（式(14.5)）と乳酸デヒドロゲナーゼ（式(14.6)）の二つの例をつぎにあげる．

$$\text{グルコース} + \text{NAD}^+ \xrightarrow{\text{グルコースデヒドロゲナーゼ}}$$
$$\text{グルコノラクトン} + \text{NADH} + \text{H}^+ \quad (14.5)$$

$$\text{CH}_3\text{CHOHCO}_2^- + \text{NAD}^+ \xrightarrow{\text{乳酸デヒドロゲナーゼ}}$$
$$\text{CH}_3\text{COCO}_2^- + \text{NADH} + \text{H}^+ \quad (14.6)$$

NAD および NADH の紫外・可視吸収スペクトルを図14.9(a)に示した．NAD が酵素によって還元されて NADH になると吸収スペクトルは大きく変化し，新たな吸収が 350 nm 付近に現れる．NAD/H あるいは NADP/H（図14.9(b)）を補酵素とする酵素をこの吸収極大の変化を利用して光学的に測定することにより，酵素反応の速度を測定することが可能となり，その結果として，酵素の基質（測定したい目的物質）の濃度を知ることができる．

このような光学的な測定系をバイオセンサーに取入れるのは比較的容易である．光ファイバー（optrode とよばれることがある）の断面の表面に酵素を固定化し，その他の補酵素などの試薬を表面の近くに，表面に用意すればよい．このような酵素反応をモニターできる光ファイバー製の測定端子を適当な吸光計あるいは比色計に接続すれば，バイオセンサーとなる．持ち

運びが容易で使いやすいように，センサー用の吸光光度計は小型化されている．

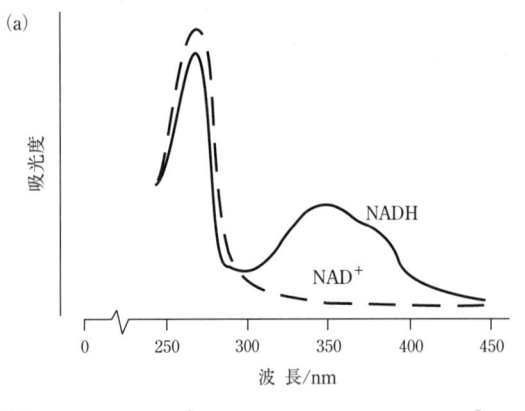

図 14.9 (a) NAD^+ と NADH の紫外可視吸収スペクトル．(b) NAD^+ と NADH の構造

14.6.3 DNA センサー

核酸のさまざまな相互作用に基づく DNA を検出する方法は，臨床現場で非常に有効なものとなった．その応用は数え切れないほど多く，たとえば，病原性の遺伝子の塩基配列を決定したり，病原微生物による疾患では，原因微生物に由来する DNA を検出することで確実な診断が可能になった．DNA を利用したり，検出するセンサーも，DNA と相互作用し，その結果 DNA に損傷を与えるような，変異原物質やがん物質の検出などに利用できることは明らかである．

最近開発された DNA を用いるセンサーにはさまざまなものがある．しかし，特に面白いのは，核酸を認識する層と電気化学的シグナル変換器とを結びつけた型のセンサーである．この型の装置の多くは，溶液中の目的とする DNA 鎖と相補的に塩基対を形成して結合する一本鎖の短い DNA オリゴマー（20～40 塩基）を合成し，これをプローブとして固定化したものを利用して目的とする DNA を光学的に検出するものである．

このようにして調製されたセンサーを，試料溶液に浸すと，目的の DNA とこれに相補的な配列をもつプローブ DNA との間で，塩基対が形成し，ハイブリダイゼーションして二本鎖を形成する．センサーはこの二本鎖になったものを光学的に，あるいは電気化学的に検出している．二本鎖になった DNA（ハイブリッド）を検出するので，ハイブリッド DNA と強く結合し，しかも酸化還元反応を触媒する金属錯体などの電気化学的に検出できる化合物や，DNA ハイブリッドと結合することで吸収スペクトルや蛍光スペクトルに変化が認められる色素などを，試料溶液に加えておくことによって，目的とする DNA 鎖があるというシグナルを，電気化学的に，あるいは光学的に検出するという方法もよく利用される．

14.7 糖類の分析

糖類（炭水化物）を定性的に，あるいは定量的に測定する方法は実にさまざまな方法があって，試料の組成や，試料に含まれる目的とする特定の糖，あるいは，含まれる複数のそれぞれの糖に対する検出感度がどの程度要求されるのかということによって，測定法を選択している．

古くは，多くの糖の分析法は，単糖とフェニルヒドラジンとの反応によって生じるオサゾンを測定するものであって，その融点の測定や混融試験，あるいは結晶形によってどのような糖があるのかを判定するものであった．この方法の欠点の一つは，ヒドラジンとの反応が二つの炭素上で起こることで，たとえば，六炭糖（ヘキソース）であるグルコース，マンノース，フルクトースはいずれも同じエンジオール構造をとるために，全く同じオサゾンを生成してしまうことである．

14.7.1 糖混合物の分離

糖を分析しようとするときの多くの試料には，さまざまな糖が混在しており，糖を分析するには，必ずそれらを分離する必要がある．糖の定性分析，あるいは半定量分析であれば，沪紙あるいは薄層クロマトグラ

14.7 糖類の分析

表 14.1 TLC による糖類の分析によく用いられる展開溶媒の組成（容積%）

固定相：セルロース							対象
1-BuOH	t-BuOH	MeCOEt	EtOAc	ピリジン	HCO$_2$H	H$_2$O	
45				30		25	一般的な分離と，糖の組成がわからないとき
	40	30			15	15	単糖および二糖の分離
		55		30		15	五炭糖と六炭糖の分離．グルコースとガラクトースが分離する

固定相：シリカゲル							対象
1-BuOH	Et$_2$O	EtOH	EtOAc	ピリジン	AcOH	H$_2$O	
		10	60	10	10	10	五炭糖と六炭糖の分離
50					25	25	単糖および二糖の分離．グルコン酸などの分離にも用いられる
50	15				30	5	単糖および二糖の分離と，単糖からオリゴ糖までの混合物の分離

フィーで行うことができる．この場合，試料に含まれていると想定される糖の種類に応じて，適当な担体と展開溶媒とを選択するが，どのような展開溶媒を選択するとよいか，という簡単な選択の規則はない．しかし，試料中に含まれる糖類について何らかの情報があれば，表 14.1 にあげた溶媒組成の混合溶媒を TLC の移動相として用いるとよいであろう．

14.7.2 糖類のHPLCによる分析

糖類の混合物は，通常 HPLC により，陽イオン交換樹脂を固定相に，水を移動相として 70 ℃ で分離，定量することができる．逆相 HPLC（§14.8 参照）も，たとえば，アセトニトリル：水の混合溶媒を移動相として多くの糖類を分離分析できる．第四級アンモニウム基を化学的に結合した陽イオン交換型のカラムに，50：50(v/v) のアセトニトリル/0.1 mol dm^{-3} 酢酸混合溶媒を移動相とする方法は時に有効である．

アルカリ性のホウ酸緩衝液を移動相とするカラムクロマトグラフィーも利用できる．これは，ホウ酸が糖類とアニオン性の複合体を形成することを利用したもので，この複合体の分離は，糖類そのものの分離よりも分離が容易になる．固定相にはイオン交換樹脂を用いたクロマトグラフィーにより分離される．

14.7.3 糖類のガスクロマトグラフィーによる分析

混合物中の 2 種あるいはそれ以上の糖類，特にその含量が少ない場合に定量を行うには，ガスクロマトグラフィー（GC）が最も適していることがある．GC では，一つの炭素の立体配置のみ異なる，構造がきわめてよく似た糖の異性体（エピマー）を異なるピークとして検出することができる．

糖類の分析に GC を用いる際の最も大きな欠点は，糖類をトリメチルシリル-O-メチルオキシム，O-メチルエーテル，O-アセチルエステル，あるいは O-トリメチルシリルエーテルなどの気化しやすい誘導体に最初に変換しなければならないことである．トリメチルシリル(TMS)化が最もよく用いられる誘導体化法で，通常は，ヘキサメチルジシラザン(HMDS)：トリメチルクロロシラン(TMCS)：ピリジンの 2：1：10 の混合液を用いて TMS 化を行う．TMS 化を行うときに，多くの場合は，弱い条件で TMS 化する必要がある．TMS 化の条件が強いと，おもにプロトンの脱離によってひき起こされる無差別な異性化が起こり，結果として，もともとは存在しなかった化合物のピークがたくさんクロマトグラム上に現れることになるからである．一方，分析しようとする糖が，核酸と結合している場合や，アミノ基，カルボキシ基，あるいはリン酸基を構造の中にもっている場合，完全に TMS 化をするためには，より強い TMS 化の条件が必要となる．

分離を行うための最適な固定相の選択は，分離しようとする糖類の組成に依存していることは TLC や HPLC と同様であるが，メチルポリシロキサンをコーティングした固定相(OV-1)により多くの糖類の

GCによる分析が可能である．

14.7.4 化学的な反応を利用した糖類の分析

機器分析が発達する前に行われていた糖類の化学分析による定性や定量法の多くは，操作が簡単であり，コストもかからないので有利であることが多いが，残念なことに特異性がないことが，利用するときの限界となっている．化学反応を用いた分析は定性分析的には有用であるが，中には半定量的な分析を行いうるものもある．

還元反応を利用する糖類の化学分析

糖類は基本的に反応できるアルデヒド基かケトン基を分子内にもっており，還元糖とよばれる．塩基的な条件下では，図14.10に示すように，α-ヒドロキシケトンはエンジオール構造を経由してアルデヒド基に異性化するために，アルドースと同じ化合物と考えてもよく，還元性を示す．この糖類が示す還元力を調べる試験法は，試料中の単糖のいずれかがグリコシド結合を形成することによって還元末端がなくなっていなければ，有効である．ショ糖を考えてみればわかるように，必ずしもすべての糖類が還元性を示すわけではない．ショ糖は，還元性を示すグルコースのアルデヒド基と，フルクトースのケトン基の炭素の位置でグリコシド結合を形成しているために，両方の糖の還元性がなくなっているのである．

当然のことながら，還元性に基づく糖の検出法は，還元糖と還元性をもたない糖とを区別するのに用いることができる．

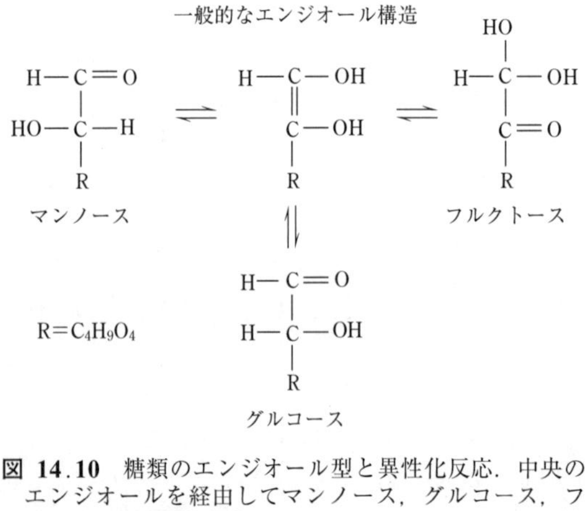

図 14.10 糖類のエンジオール型と異性化反応．中央のエンジオールを経由してマンノース，グルコース，フルクトースに異性化する

一群の還元糖の試験法(フェーリング(Fehling)試薬あるいはベネディクト(Benedict)試薬を用いる反応)は，2価の銅イオン(Cu^{2+})を1価(Cu^+)に還元することを利用している．水酸化銅(I)は黄色であるが，加熱によって赤色の不溶性の酸化銅(I) Cu_2O になるので，この赤色沈殿の生成によって還元糖の存在がわかる．この反応を行うには，2価の銅イオンが反応する塩基性条件下で，水酸化銅(II)として沈殿しないようにしなければならない．ベネディクト試薬では，クエン酸ナトリウムにより可溶化し，フェーリング試薬では酒石酸カリウムナトリウムにより可溶化している．

o-トルイジンなどの芳香族アミンとの反応を利用する糖類の化学分析

アルドースやケトースは，氷酢酸中で，o-トルイジンや多くの芳香族アミンと反応して特徴的な呈色化合物を与えるが，その吸収極大波長(λ_{max})によって糖の同定ができる．もっとも，この反応のほかにも同定・確認法がないわけではない．現在は，世界の他の国々と同様，西洋の諸国でもこれら糖類の検出や同定に使用される芳香族アミン類が発がん性を示すために使われなくなってしまった．

o-トルイジンによる糖類の呈色性化合物の生成反応は，TLCや沪紙クロマトグラフィーによって糖類を分離したあとの検出法としても有用である．

強酸による糖類とフェノールとの縮合反応による糖類の化学分析

五炭糖(ペントース)と六炭糖(ヘキソース)は，フェノールと強酸を加えて加熱すると色のある化合物を生成する．この反応は，しかし，五炭糖か六単糖があるかどうかという定性試験にしか利用されていない．類似の反応は多くあるが，反応機構は五炭糖，六炭糖ともに同じである．もっとも汎用されるのは**Molish試験**で，α-ナフトールと濃硫酸を糖を含む試料溶液に加えて加熱すると，赤～紫色の化合物を生じるものである．

この反応の原理は，酸による脱水により五炭糖はフルフラール，六炭糖はヒドロキシフルフラールの誘導体を生成し，この誘導体のアルデヒド基がフェノールと脱水縮合することによって着色した化合物を生じるというものである．

14.8 アミノ酸の分析

混合物中に存在するアミノ酸を定量し，どのアミノ酸であるか同定しなければならないことがよくある．たとえば，代謝の研究や，タンパク質の構造解析を手伝うときなどによくある．アミノ酸の簡単な定性分析であれば，沪紙クロマトグラフィーやTLCで十分であることが多いが，複雑な混合物試料の中のアミノ酸を分離，定量するとなると，電気泳動法やGC，HPLC，あるいはアミノ酸分析計のやっかいにならなければならないことになる．

14.8.1 沪紙および薄層クロマトグラフィーによるアミノ酸の分析

混合物中のアミノ酸の定性分析でよければ，分析法として沪紙クロマトグラフィーかTLCを選択し，含まれていると想定されるアミノ酸の標準試料とR_f値を比較することで同定される（第8章参照）．

試料によっては，クロマトグラフィーによる分析を行う前に，試料中に混在する糖類，タンパク質，塩類をイオン交換樹脂を用いて除去する必要がある．

分析する試料のアミノ酸の組成によって，選択すべき代表的な展開溶媒を表14.2に挙げた．

どの溶媒を用いたらよいか，ということは，試料にどのようなアミノ酸が含まれているかという情報が少ないときには，たいていは試行錯誤で探すのであるが，つぎのように，参考となるものがいくつかある．展開溶媒に含まれるH_2Oの割合を増やすとすべてのアミノ酸のR_f値が上昇する．アンモニアを加えると塩基性アミノ酸のR_f値が大きくなる．異なる展開溶媒を用いて1回目の展開と直交する方向に2次元TLCを行うことで分離の難しいアミノ酸を相互に分離できることがある（第8章参照）．

クロマトグラフィーで分離したあと，アミノ酸を検出する試薬を噴霧するか，試薬液に沪紙や薄層板を直接浸すという方法をとることもある．最もよく用いられる試薬は，2 g dm^{-3}の濃度にニンヒドリンをアセトンに溶解したものである．このニンヒドリンの溶液には，酢酸と2,4,6-コリジン（ともに5〜10% v/v）を加えて呈色をより鮮明にし，また，アミノ酸による呈色の違いを出す方法もある．どのアミノ酸もニンヒドリン試薬を噴霧して室温で数時間以内に呈色が認められるが，呈色を早めるために，薄層板や沪紙をオーブンで加熱することもある．もっとも，加熱すると第一級あるいは第二級アミンをもつ他の化合物も呈色する可能性がある．逆に，このニンヒドリン反応はアミノ酸であれば鋭敏に起こるものなので，分離後にニンヒドリンを噴霧して加熱しても呈色しない場合には，目的物質はおそらくアミノ酸ではない，という情報を得ることができたと判断してよい．

他のアミノ酸に特異的な検出試薬を用いることも可能であるが，本書ではこれ以上述べない．興味のある読者は章末に挙げたPlummer（1987）の成書を参照されたい．

14.8.2 電気泳動によるアミノ酸の分離分析

アミノ酸の混合物は電気泳動法によって分離し，同定することができる．アミノ酸は溶液のpHに応じ

表14.2 TLCによるアミノ酸の分析によく用いられる展開溶媒の組成（容積%）

固定相：セルロース

1-BuOH	i-PrOH	フェノール	アセトン	NH$_4$OH	Et$_2$NH	AcOH	HCO$_2$H	H$_2$O	対象
60						15		25	一般的なアミノ酸混合物の分離
35		35				10		20	一般的なアミノ酸混合物の分離
	80						5	15	一般的なアミノ酸混合物の分離
		80						20	他の溶媒では分離が難しいとき．アミノ酸によるR_f値の広がりが大きい
		80			0.5			19.5	おもに塩基性アミノ酸を分離したいときに用いる
37			37		8			18	他の溶媒では分離できなかったときに用いる

て，それぞれ異なる電荷をもつので，電場をかければ，沪紙，シリカゲル，あるいはセルロースなどの薄い支持体の中を移動する．試料中のアミノ酸は，TLCと同様に，標準アミノ酸試料の移動距離と比較することで同定されるが，アミノ酸の検出試薬も，沪紙あるいはTLCで述べたものと同じでよい．電場は強いほど分離が良くなると同時に，塩類や，糖，タンパク質などの妨害物質との分離もよくなることがある．

アミノ酸の電気泳動は一般にpH 2.0か，5.3で行われるが，pH 2.0では，すべてのアミノ酸は正に帯電しているので，塩基性アミノ酸が最も速く陰極に泳動する．また，pH 5.3では，それぞれのアミノ酸の電荷に対応して，陰極に泳動するものも，陽極に泳動するものもある．このpHを利用すると，目的物質であるアミノ酸，あるいはペプチドが酸性であるか，塩基性であるかを知ることができるので，とても有用である．

14.8.3 GCによるアミノ酸の分析

アミノ酸をGCで分析するときに最も大きな障害となるのは，アミノ酸を十分に気化しやすい誘導体にしなければならないことである．

アセトニトリルを溶媒として無水条件下に，密閉した試験管内でN,O-ビス(トリメチルシリル)トリフルオロアセトアミド(BSTFA)により150℃，2時間加熱してアミノ酸をTMS誘導体にするのが最も簡単な方法である．アミノ酸のメチルエステル，プロピルエステル，あるいはブチルエステルをさらにアミノ基をトリフルオロアセチル化，またはヘプタフルオロブチリル化することにより，GCに適した誘導体とすることもある．

混合物中のアミノ酸をすべて分離するためには，固定相，誘導体化法を試料中のアミノ酸の種類に応じてうまく選択する必要があることは，よく経験することである．時には，異なる固定相のカラムを直列につなげて分離しなければならないこともある．

検出器の選択も時には問題となることがあり，カラム出口で二つに分けてそれぞれ異なる検出器で検出しなければならないことすらある．水素炎検出器(FID)は，すべてのアミノ酸を検出できるので一般に用いられるが，それぞれのアミノ酸に対する相対感度が異なるために，目的とするアミノ酸ごとに検量線を作成しなければならない．

14.8.4 HPLCによるアミノ酸の分析

逆相HPLCもアミノ酸の検出法として利用できるが，この場合もアミノ酸を蛍光性の誘導体，あるいは吸光性の誘導体に導く必要がある．緩衝液に極性有機溶媒，たとえばメタノールやテトラヒドロフランを加えた溶離液が用いられる(有機溶媒を混合する割合は，試料中のアミノ酸の構成と誘導体法による)．

全アミノ酸を可視吸収のある誘導体にするには，ダブシルクロリド(4-ジメチルアミノアゾベンゼン-4'-スルホニルクロリド)でダブシル化すれば，436 nmで検出できる．この方法の最大の欠点は，ダブシル化の試薬を過剰に使用することにより，カラムの分離性能が急速に悪くなることで，100回の注入でカラムの寿命がくるということである．さらに，感度も蛍光検出法のそれには及ばない．

アミノ酸を蛍光性誘導体にする方法はたくさんあるが，やはり欠点がある．簡単な方法としては，第一級アミノ酸を，エタンチオールの存在下にo-フタルアルデヒド(OPA)とpH 9〜11で反応させて蛍光性の誘導体にするものがある．この誘導体の励起波長は340 nm，蛍光波長は455 nmである．蛍光量子収率はアミノ酸によって異なるので，アミノ酸ごとに標準物質を用いて検量線を作成しておかなかければならない．

もう一つの方法は，第一級，第二級アミノ酸ともにHPLC-蛍光検出できるもので，クロロギ酸9-フルオレニルメチルにより誘導体化するものである．しかし，この方法では，過剰に用いた試薬を分析前に除かなければならない．また，OPAによる誘導体化法による検出限界である$pmol\ dm^{-3}$あるいは$fmol\ dm^{-3}$に匹敵する感度をもつが，再現性が悪いことがある．

14.9 タンパク質の分析

タンパク質はアミノ酸のポリマーである．比較的短いアミノ酸鎖のアミノ酸ポリマーは，ポリペプチドとよばれるのに対し，ペプチド鎖が長く，通常はフォールディング(水素結合と疎水性相互作によって，ペプチド鎖が3次元的におりたたまれること)しているものをタンパク質とよんでいる．タンパク質の分析法には，試料中の総タンパク質を定量する方法もあれば，特定のタンパク質だけを定量する方法もあり，試料中のそれぞれのタンパク質を定量できる方法もある．

タンパク質には実にさまざまなものがあるので，まず，タンパク質の構造をみてみよう．タンパク質を構成するアミノ酸は全部で22種あり，タンパク質のアミノ酸の配列は**一次構造**(primary structure)といわれる．タンパク質内のアミノ酸の結合は，ペプチド結合とよばれ，一方のアミノ基ともう一方のアミノ酸のカルボキシ基との間で脱水して結合したものである．ペプチド結合でポリペプチドとなることによって，アミノ酸のアミノ基とカルボキシ基とがともに結合に使われてなくなるが，ペプチド鎖の両端の一方にアミノ基が残り(N末端)，他方にはカルボキシ基が残る(C末端)．N末端のアミノ酸はポリペプチド鎖あるいはタンパク質の配列を決定するときに最初に決まる．ポリペプチド鎖のフォールディングした形，すなわち三次元的な形(三次構造)の決め手となる立体的な部分構造を，タンパク質の**二次構造**(secondary structure)という．タンパク質にはらせん(herix)構造がよくみられるが，これはペプチド鎖内で一つのアミド結合の窒素に結合した水素原子と，他のアミド結合のカルボニル基の酸素原子との間で水素結合が形成されることによりペプチド鎖がらせん状になることで安定化しているためである．隣接するペプチド鎖間でアミド結合の水素原子と酸素原子とが水素結合を形成することで折れ曲がったシート構造をとることもある．

タンパク質の**三次構造**(tertiary structure)とは，三次元的なタンパク質の形をいう．タンパク質の三次元的な形はペプチド鎖のフォールディングによって決まることが多い．いくつかのタンパク質は球のような形をしており，球状タンパク質(globular protein)とよばれている．このような球状タンパク質は水にはやや溶けにくく(そのため，コロイド溶液となることが多く)，分離，精製すると結晶として得られることがある．球状タンパク質としては，細胞内ではたらく酵素や免疫グロブリンなどがある．これに対して，繊維状タンパク質(fibrous protein)はすべて直線的な繊維のような形状をしており，構造タンパク質としての性質を十分にもっている．

繊維状タンパク質の中には，繊維がらせんを巻き，全体としてらせん構造をとるものがある．らせん構造をとることにより弾力性のあるタンパク質となるが，この例としては，ケラチンがある．このらせん構造を利用して，他のらせん構造のタンパク質と結合することができるが，この結合によって，もともとの弾力性は失われる．繊維状タンパク質には，シート構造を多くもつものもあり，絹がこの例であるが，弾力性はほとんどない．

タンパク質の**四次構造**(quaternary structure)とは，いわゆる構造ではなく，実際に細胞内でそのタンパク質が機能するときの作用状態の構造をいう．タンパク質が細胞内で機能するときには，たとえば球状タンパク質には，他のタンパク質と結合して集合体を形成し，それぞれのタンパク質が単独で存在していたときにはなかったような機能を協同的に果たすようになるものがある．この種の集合体を形成するタンパク質は，タンパク質分子の疎水部分どうしで，疎水結合を利用して他のタンパク質と集合し(aggregate)，結合する．複合タンパク質(conjugated protein)はペプチド鎖ではない(糖鎖などの)修飾部分をもつ集合的な結合をするタンパク質である．ヘモグロビンはこの例で，ポリペプチドのタンパク質のユニット四つが集合して結合し，これにさらに酸素分子と結合する鉄-ポルフィリン錯体が結合した形で機能を果たしている．

14.9.1 タンパク質の分離

あるタンパク質があるかどうかを定性的に確認したり，あるいは，そのタンパク質がどのくらいの量あるか定量する必要があることがある．このような場合には最初に，試料を各成分ごとに分離する必要がある．多くのタンパク質は分子量が大きいので，沪紙クロマトグラフィーのような単純な分離法は適していない．タンパク質を分離するという問題をさらに複雑にしているのは，おだやかに加熱するというような緩和な実験操作でも，タンパク質が不可逆的に活性を失う(すなわち，三次構造や四次構造が壊れる)ことである．

14.9.2 タンパク質の沈殿法のよる分析

沈殿法は，タンパク質溶液に，適当な溶質(分離しようとする化合物よりも溶解度の高い化合物)を加えて，その溶媒の量に対して溶解しうる物質の量を超えてしまうと，溶解性の小さな成分がやがて析出してくるという原理を利用したものである．

多くのタンパク質の沈殿法では，亜硫酸塩や硫酸塩を高濃度に加える方法がとられる．最も広く行われている方法は，段階的に塩を加える方法で，加えた塩の濃度に応じて沈殿してきたタンパク質を分画してゆく

という方法である．塩を加えるたびに，遠心分離あるいは濾過によって，沈殿したタンパク質を分取する．

他に，アルコールを加える方法もある．この場合には，構造変化による失活しやすいタンパク質には注意しなければならないが，低温で沈殿させるなどすれば失活を防げることもある．

14.9.3 電気泳動

電気泳動法は，化合物がもつ電荷に基づいた電場を利用した分離法で，操作は簡単であるのに非常に良い分離が達成されるので，タンパク質の分離には最も広く用いられている方法である．複雑なタンパク質の混合物で，他の方法では分離できないものも電気泳動によって完全に分離できることもある．

電気泳動法によってタンパク質を分離する方法には，いくつかの手法がある．最も広く利用されているのはゾーン電気泳動法(zone electrophoresis)である．ゾーン電気泳動では，電解質溶液を保持する担体にタンパク質の試料溶液をマイクロピペットで流し込んで泳動を行う．分離後，泳動したタンパク質のバンドは網目状の担体中にトリクロロ酢酸を用いて沈殿，固定し，ついでニグロシンのような色素で染色して可視化する．

電気泳動法によりタンパク質を半定量するにはいくつもの方法があるが，最も簡単なのは，色素で染色されたタンパク質の各バンドの濃度を吸光法で測定することである．もし，試料中のタンパク質の総濃度がわかっていれば，色素の濃度に基いて，それぞれのバンドに分離されたタンパク質の相対濃度が推定できる．

第二の方法として，分離後にタンパク質のバンドを切り出して，染色されたタンパク質を一定の量の溶媒に抽出してその濃度を測定するという方法もある．

このように，泳動分離された個々のタンパク質の染色されたバンドの相対量を吸光光度法により測定し，試料中のタンパク質の全量に基づいて算出することで，それぞれのタンパク質を定量することができる．

第三の方法は，デンシトメーターで染色されたバンドの"濃さ"を測定する方法である．染色されたタンパク質のバンドの面積を測定し，全タンパク質量からそれぞれのタンパク質の相対的な量を求めるものである．

もちろん，電気泳動法によるタンパク質の定性法，定量法は，タンパク質が電気泳動によって十分に分離されるということを前提にしている．このためには，分離に適した担体の種類と，緩衝液のpHとを選択することが必要となる．濾紙を担体として用いることもあるが，タンパク質の吸着が起こることによって分離が複雑になるなど，多くの欠点がある．タンパク質の吸着を抑えることのできる担体として，セルロースアセテート，デンプン，ポリアクリルアミドゲルなどがある．使用する緩衝液のpHにはほとんど制限はないが，分析するすべてのタンパク質の等電点(isoelectric point)のpHよりも高いpHの緩衝液を選べば，すべての試料の泳動方向が同じになり，便利なので，pH 8〜9の緩衝液を用いればよい．

SDS 電気泳動法

SDS (sodium dodecyl sulphate) 電気泳動法は，SDSの界面活性作用によりタンパク質の構造を壊し，ポリペプチド鎖をSDSが取囲んだ塊としたものをポリアクリルアミドゲル中で泳動するという原理に基づいた分離法である．

試料を最初にSDSとβ-メルカプトエタノールを含む緩衝液に溶解し，タンパク質中のすべてのジスルフィド結合を還元的に切断し，バラバラになったポリペプチド鎖をSDSで可溶化し，安定化する．一般に最初に数分間加熱沸騰してペプチダーゼなどによるタンパク質の消化や分解を阻止し，全長のポリペプチド鎖が得られるようにする．SDSは陰イオン性界面活性剤で，SDSがポリペプチド鎖を取囲むことで，もともとのペプチドがもっていた電荷にかかわりなく，ほとんどすべてのポリペプチド鎖は大きな多価のマイナスのイオンとなる．これにより，SDSが結合したポリペプチドは基本的には分子量に依存した泳動をするようになる．

このようにして分離されたポリペプチドは，泳動後，適当な色素で染色することにより，そのバンドを検出する．ポリペプチドの泳動度は分子量の増加に伴って小さくなり，横軸に泳動度を，縦軸に分子量の対数をプロットすると類似の構造をもったタンパク質やペプチドの分子量を推定することができる．

14.9.4 イムノブロット法とウェスタンブロット法

イムノブロット法(immunoblotting)とウェスタンブロット法(western blotting)は，混合物中の特定のタンパク質を同定する目的で用いられる方法である．

ただし，この方法には，目的とするタンパク質の抗体（モノクローナル抗体またはポリクローナル抗体）が入手できなければならないが．

タンパク質の試料を最初に電気泳動により分離する．このときの分離には，担体や方法は良好な分離が得られれば何でもよい．つぎに分離されたタンパク質のバンドを丈夫な吸着膜に電気泳動的に転送，すなわち"ブロット"し（吸い取り）これを抗原抗体反応を利用して同定するという方法である．ブロット法は，泳動を終了したゲルを2枚の膜ではさみ，電極液を入れた泳動槽に浸して，通常100 Vの電圧差をサンドイッチ状のゲルの両側にかけて行う．1時間程度でゲル内のタンパク質は泳動により吸着膜にブロットされる．つぎにタンパク質を吸着した膜を抗体を含む液に浸すが，これは1時間以内の時間である．膜上の過剰の抗体を洗い落とし，タンパク質と結合した抗体をこの抗体を抗原とする第二の抗体，これは酵素あるいは金コロイドや^{125}Iなどの放射性同位体で標識したものを利用して検出するのである．

14.9.5 クロマトグラフィーによるタンパク質の分離

クロマトグラフィーの原理は第8章で述べたが，生物学的分析法におけるクロマトグラフィーの重要性を考えると，もう少しここで述べるべきことがある．

最もよく用いられるのはカラムクロマトグラフィーである．というのは，この方法では，分離していくつかの分画を得て，その分画ごとに定量できるという特徴があるからである（以下を参照）．

どのような生体試料がどのような割合で含まれているかわからないような場合には，ジエチルアミノエチルセルロースやカルボキシメチルセルロースなどをカラムに詰めたイオン交換クロマトグラフィーが分離法の最初に選択されることが多い．しかし，タンパク質の混合物が試料の場合には，ゲル沪過クロマトグラフィーの方がイオン交換カラムよりも良い分離結果を得ることも多く，どのような分離法をとるかということを決めるには，あらかじめ試料についてどのような成分がどれだけあるか，ということについてわずかでもよいから知っていたほうがよい．

逆相HPLCもタンパク質やペプチドの分離に利用されるが，オクタデシルシラン（C18）カラムはアミノ酸残基が50以下のペプチドの分離に適しており，分子量の大きなタンパク質では，ブチル（C4）あるいはオクチル（C8）カラムのほうが適している．

アフィニティークロマトグラフィーは，目的物質であるタンパク質に対する抗体を固定相に用いることで，この抗体に対する抗原となるタンパク質（目的物質）ときわめて高い特異的な結合を形成することを利用するものである．アフィニティークロマトグラフィーはよく用いられるようになってきたが，これは，(i) 他の方法とは比較にならないくらい特異的な分離を達成できること，(ii) モノクローナル抗体の産生法が確立したことで，抗体を比較的容易に，しかも大量に入手できるようになったからである．

14.9.6 タンパク質の定量法

固体の試料よりも溶液の試料のほうが定量法を選ぶときの制限は少ない．妨害物質が存在する場合は定量法の選択にも影響があり，たとえば，クロマトグラフィー（§14.9.5を参照）によってタンパク質を精製，分離する必要もあろう．また，タンパク質を一度沈殿させて妨害物質を除いた後，再溶解する分析方法もある．

[化学的方法]
ケルダール法

ケルダール法は，試料中の窒素の含量を測定する方法である．すべてのタンパク質は必ず窒素原子を含んでいるのでケルダール法で定量することができる．タンパク質をケルダール法で定量するときに大きな問題となるのは，ケルダール法を行う前に，タンパク質を単離しなければならないことである（混合物を分析しても意味がない）．タンパク質が異なれば，アミノ酸組成が異なる（すなわち窒素含量が異なる）ので，タンパク質を特定できれば，定量することも可能である．

ケルダール法を行うには，通常，沈殿法によって窒素を含む妨害物質と目的のタンパク質とを分離しなければならない．さもないと誤った結果を得る．沈殿法により分離されたタンパク質を，酸化触媒（たとえば，銅(II)や水銀(II)イオン）と一緒に濃硫酸中で加熱して硫酸が還流するようにして窒素を含む物質を完全に分解（消化）する．この分解過程は数時間かかり，その間，SO_2ガスが反応容器から立ち上るので，必ずドラフトチャンバー内で行う．反応液は，最初，炭化によ

り褐色から黒色になり，さらに2時間程度たつとやがて透明になる．

反応液が冷却したのち，過剰の水酸化ナトリウムを加えて塩基性とし，反応液をすべて水蒸気蒸留用のフラスコに移す．蒸留の受器にホウ酸溶液を入れ，ここに通気させながら蒸気中のアンモニアをすべて回収する．回収したアンモニアは塩酸による滴定で定量する．窒素含量の計算は簡単で，1モルの窒素原子は1モルのアンモニア分子となり，このアンモニアを中和するには1モルのHClが必要となるからである（第3章参照）．

ケルダール法は手間がかかる方法であるが，現在もなお標準的なタンパク質の分析法である．実験操作を注意深く行えば，きわめて再現性よく正確な分析結果が得られるからである．

ビウレット法

ビウレット法は，操作も簡単で，古い方法であるが，有用なタンパク質の定量法である．この方法は，塩基性の溶液中に可溶化した硫酸銅の銅イオンとタンパク質とが紫色の錯体を形成することを利用している．銅(II)イオンが水酸化銅(II)として沈殿しないように，酒石酸カリウムやクエン酸ナトリウムがよく用いられる．

ビウレット法という名称は，歴史的なものではあるが，誤解を招く名称でもある．もともとは，ビウレット(biuret)がアルカリ性の溶液中で硫酸銅と反応して紫色の錯体を生成することから命名されたものである．しかし，ビウレットだけでなく，$-CONH_2$，$-CH_2NH_2$，$-C(HN)NH_2$，あるいは$CSNH_2$基（これらの基がC原子，あるいはN原子に結合していれば）をもつ化合物は，どれでも同じような紫色の錯体を形成する．アミド基も銅との紫色の錯体を形成するので，タンパク質の定量に用いることができるのである．

この銅錯体は，吸収極大を$\lambda_{max}=545$ nm付近にもつので，この波長を用いて検量線を作成し，定量分析を行う．ランベルト-ベールの法則（第4章）にタンパク質濃度で2 g dm^{-3}まで従う．錯体の形成におよそ15分は必要であるが，錯体そのものは数時間にわたって安定で，定量操作が終わるまで時間がかかっても大丈夫である．ただ，ビウレット法の大きな欠点は，感度が低く，タンパク質に対する特異性もないことである．すべてのタンパク質がビウレットと同様に反応するので，個々のタンパク質を定量するには，ビウレット法で定量する前に，やはり分離操作が必要である．

ローリー法

ローリー(Lowry)法も吸光光度法を用いたタンパク質の定量法で，ビウレット法よりも高感度なものである．測定濃度域は，およそ20 mg dm^{-3}〜2 g dm^{-3}である．ローリー法もビウレット法による銅イオンとタンパク質との錯体の形成を利用しているが，リンタングステン酸とリンモリブデン酸がこの銅錯体により還元されてタングステンブルーとモリブデンブルーにそれぞれなるので，これを吸光光度法により600〜800 nmの波長を用いて定量するという原理である．タングステンブルーもモリブデンブルーも，ともにこの波長域に重なって幅広い吸収極大スペクトルをもっている．

ローリー法の試薬の調製は難しいが，現在ではローリー法のための試薬が市販されており，これを用いれば測定操作はきわめて簡単になる．この呈色反応はランベルト-ベールの法則にあまりよく合わないことが多いので，定量操作を行うたびごとに，必ず検量線を作成する必要がある．

ビシンコニン酸を用いる方法

ビシンコニン酸(bicinconic acid)を利用したタンパク質の定量法は，ビウレット法とローリー法の応用ともいえるが，この方法ではビシンコニン酸と銅とが極大吸収を$\lambda_{max}=562$ nm付近にもつ，安定な錯体を形成することを利用している．この方法は，ビウレット法とローリー法に比べて数桁高い感度をもっているのが特徴である．この方法で用いる試薬も市販されており，それゆえ，操作も簡単で利用しやすい．

吸光光度法

紫外・可視吸光光度法によるタンパク質の定量は，最も簡単な方法で，単一のタンパク質しか含まれていない試料では定量が可能である．ほとんどのタンパク質の示す吸収極大は同じ波長域に重なってしまうので，タンパク質の混合物を試料とする場合には，定量の前にそれぞれのタンパク質を分離しておかなければならない．もっとも，タンパク質ごとにモル吸光係数は異なるので，この方法で総タンパク質量を測定することはできず，その場合には，各タンパク質の分画ご

とに吸光法によって定量を行ってそれらの合計として総タンパク質量を求める必要がある．

　ほとんどすべてのタンパク質は UV 領域に $\lambda_{max}=$ 280 nm 付近に特徴的な吸収極大があるが，これは芳香族アミノ酸の吸収に起因するものである．モル吸光係数は，構成するアミノ酸組成が異なるのでタンパク質ごとに異なる．したがって，タンパク質の定量を UV 吸収を利用して行うためには，あらかじめタンパク質を分離精製しておかねばならない．

色素結合法（吸収極大シフト法）

　タンパク質は色素と結合すると，その色素の極大吸収波長が変化する（色が変わる）ことがある．この現象を利用した吸光光度法によるタンパク質の測定法がいろいろと開発されてきた．

　クーマシーブリリアントブルーは，タンパク質の一般的な検出によく用いられる色素であるが，この色素はタンパク質と結合すると吸収極大が 464 nm から 595 nm にシフトし，このシフトは分光光度計で観察することができる．タンパク質が違えば，結合する色素の量や結合力も違うので，観察される色調も異なる．そこで，定量しようとするタンパク質を用いて検量線を作成しておかねばならないし，混合物の試料であれば，まず分離しておかなければならないのは，どんな定量法でも同じことである．

　ブロモクレゾールグリーンは，通常，吸光光度法によるアルブミンの定量に用いられている色素である．pH 4.2 の緩衝液中でブロモクレゾールグリーンはアルブミンと高い選択性で結合し，結合した色素は，黄色から青に色調が変化する．この吸収スペクトルのシフトは，アルブミンの種類（卵白アルブミンか，血清アルブミンかなど）によって異なり，また，ランベルト-ベールの法則にもあまりよくは従わないので，定量を行うには，経験的な検量線を作成しておく必要がある．

物理学的測定法

　タンパク質溶液を試料として，多くの物理学的測定法が利用されている．いずれの方法でも，多くの場合，最初に溶液中のタンパク質をトリクロロ酢酸やピクリン酸などの有機酸，あるいは抗体により沈殿することを利用して分析している．タンパク質が沈殿することにより，水溶液の濁度が低下するがこれを測定する．この沈殿の操作を分光光度計，あるいは比濁計の中で行えば感度もよくなる．

14.10　バイオインフォマティクス，ゲノミクス，プロテオミクスの概要と分析科学

　生化学分析（analytical biochemistry）は 1990 年代から今日まで革命が継続しているといっても過言ではない．分子生物学の分野で始まった新しい，応用性の広い分析法が，現代の日々進歩するコンピューターの技術も取入れて，つぎつぎと分析法そのものが進化している．そして，いまや**バイオインフォマティクス**（bioinformatics）とよばれる全く新しい分野が成立した．バイオインフォマティクスという語はさまざまな異なる応用にも用いられるが，バイオインフォマティクスは，分析科学に特に適した分野といえる．というのは，非常に複雑な生物起源の目的物質を，ゲノミクスとプロテオミクスにより得られる知見を用いて，比肩することのできない特異性をもって同定することができるからである．分子生物学，中でも，バイオインフォマティクスの分野は変化の激しい分野であって，すでに，これまでに分析科学に大きな影響を与え，分析科学もバイオインフォマティクスによってさまざまな新しい分野を開拓してきた．

　本書の目的からいって，この分野を十分に扱うことはできないが，分析科学に応用されたゲノミクスとプロテオミクスの分野について，その概要をここに紹介することにしよう．

　ゲノム（genome）という語は，生物にとって，その生物が生命を維持してゆくために必要な機能，たとえば，呼吸し，成長に必要な骨や筋肉などの物質を生合成し，子孫を残すなどの機能を果たすために必要なすべての情報が集まっている遺伝子のすべてのセットを意味する．

　ゲノミクス（genomics）とは，ある生物のゲノムの研究をすることである．ゲノムは，その生物のどの細胞にも必ず存在している（赤血球のような特殊な細胞を除くが）すべての DNA（deoxyribonucleic acid）のことであるので，ゲノミクスは，この DNA の塩基配列を決定し，遺伝子にコードされたすべての情報を明らかにすることである．

　一つの細胞内では，DNA にコードされた遺伝子がすべて発現しているわけではない．細胞が異なれば，

その細胞が果たす機能に応じて，必要な組合わせの遺伝子が発現している（たとえば，腎の細胞では皮膚の細胞とは異なる遺伝子の組合わせが発現している）．その結果，細胞によって発現しているタンパク質も異なる．**プロテオーム**(proteome)という語は，ある細胞が，ある時期に発現しているすべてのタンパク質のセットのことをいう．これはちょうど遺伝子のスナップショットのようなもので，その時間にちょうど発現している遺伝子に対応している．生物はすべての細胞に全く同じゲノムをもっているにもかかわらず，プロテオーム，すなわち，ある時点で発現しているタンパク質は細胞ごとに異なっている．ゲノミクスが生物のゲノムの研究を意味していたように，**プロテオミクス**(proteomics)とは，ある生物のプロテオームを研究することである．

プロテオミクスは単にタンパク質の化学的研究を意味するのではなく，複雑なタンパク質の相互作用と機能を研究するものである．そこで，多くのプロテオミクスの研究はタンパク質の混合物を対象としている．これらの複雑なタンパク質が機能するシステムの性質を解析することができるためには分離の科学が重要であり，システムを形成する一つ一つのタンパク質を同定することが大事である．しかし，個々の成分タンパク質を同定するだけでは，タンパク質がシステムとしてどのように機能しているかという情報をすべて得られるわけではない．プロテオミクスの重要な研究の焦点は，時間の経過とともに，いつ，どこで，どのようなタンパク質が発現し，それらタンパク質が全体として，"生きているシステムとして"どのようにはたらいているのか，ということを明らかにすることにある．もちろん，最初は発現しているタンパク質をすべて同定しようということになるが，プロテオミクスの成果によって，ある遺伝子が，ある場合には発現し，他の場合には発現しないか，ということが明らかになる．したがって，病態をプロテオミクスによって解析すれば，生物医学的な研究や医療への応用研究もなされる．

ゲノミクスやプロテオミクスで用いられる実験手法は，病気の診断や裁判科学における分析にも多く応用されている．たとえばDNA指紋分析法（§14.10.3）は，組織片や体液を試料として，個人を同定するために，証拠能力がある方法として法廷で用いられている．この方法は，さまざまな生物的な物質の起源を特定するのにも利用されている．たとえば，食品（その食品が遺伝子操作によってつくられたものかどうかを判別できる），皮革製品や羊毛（カシミアのような高級品の密輸を防ぐ）などの判別に利用されている．

近年，ゲノムのレベルで，あるいはプロテオームのレベルで，生物学的な情報を入手する分析の方法がたくさんでてきた．これらの分析法には，以下のようなものがある．

・**DNAマイクロアレイ**(DNA microarray)と蛍光タンパク質を組合わせて用いる方法により，ゲノム中の特定の遺伝子が発現しているかどうかを決める（§14.10.2）．
・**DNA指紋分析法**（DNA fingerprinting）により，二つの試料に含まれるDNAの配列が同じかどうか決める（§14.10.3）．
・**質量分析法**(mass spectormetry)によって，混合物中の多くのタンパク質を短時間に同定し，そのアミノ酸配列を決定する（質量分析法のペプチドのアミノ酸配列の解析への応用については，§9.10.1を参照）．

ゲノミクスとプロテオミクスの分析へのすばらしい応用について興味ある読者は，Muse(2002)とLiebler(2002)の本をあげておいたので，それを参照してほしい．さて，分析の主要な手法となった，広い応用性をもつ三つの分析法についてここではみてみよう．それは，ポリメラーゼ連鎖反応(PCR)と，DNAマイクロアレイ，それにDNA指紋分析法である．

> **注** ここであげた本の詳細は，この章の末尾の，"さらに学習したい人のために"にある．

DNA指紋分析法は，起源が異なる二つのDNAの試料について，塩基配列の相補性を利用して，もともとは同じ個体（個人）のものであるかを決めるものである．DNAの量が十分あれば，DNAによる個人の識別は比較的容易である．しかし，微量の体液，たとえば唾液や血液には，この世に二つとない，その個人，たとえば，その人が犯罪に関与しているとして，その人のDNAが含まれている．そのような微量な試料を分析するのは，きわめて難しいことである．しかしながら，PCR法を用いれば，微量のDNAを分析できるくらいの量になるまで量を増幅することができるの

である．そこで，最初にPCR法について説明し，その後でDNA指紋分析法について触れることにする．PCR法を用いると，きわめて微量なDNA断片から，数時間のうちに同じ塩基配列のDNAを急速に複製して，DNA指紋分析やDNA塩基配列の決定，あるいは他の分析に利用できるくらい数百万倍の量まで複製することができるのである．

14.10.1 ポリメラーゼ連鎖反応（PCR）法

PCR法の概要と重要性

ポリメラーゼ連鎖反応（polymarase chain reaction, PCR）法は，特定の塩基配列をもったDNAを短時間にコストもかからずに複製，あるいはコピーできる方法である．PCR法が重要なのは，微量なDNAから，これを分析するのに必要な量まで複製することが，他の方法ではできないからにほかならない．この意味で，PCRをDNAの"分子コピー機"と考えてもよい．

PCRは，DNA断片を複製することができるので，たとえば，特定の遺伝子が発現しているか，あるいは発現が抑制されているか，あるいは，他の遺伝子の調べたい（あるいは重要な）部分が発現しているのかを狙って調べることができる．PCRを用いると，目的としたDNAの塩基配列の両隣にある，未知の塩基配列まで正確に知ることができる．このように未知の塩基配列の部分まで複製されることは，さして問題とはならない．なぜなら，多くの遺伝子の塩基配列がすでに解析されており，その両隣の塩基配列もまとめられて発表されているからである．これらの境界領域の塩基配列はプライマーを結合するときの標的として用いられる．

PCR法の重要性は，PCR法の開発者であるKary Mullisに対してノーベル化学賞が1993年に授与されたことでもわかる．この方法は，**DNAポリメラーゼ**（DNA polymerase）という酵素と，プライマーという連鎖反応を開始するのに必要な合成した一本鎖のDNAとを用いて特定の塩基配列をもつDNAを急速に複製する手法である．もしも，複製したいDNA鎖の場所がわかっていれば，一本鎖のDNAプライマーは化学的に合成可能で，プライマーの長さは20～50塩基程度である．複製したいDNA断片にプライマーを加えたあと，ポリメラーゼを加えると，プライマーが標的となるDNAの複製開始点を相補的な塩基対による結合により認識し，そこから相補的なDNA鎖の合成がポリメラーゼにより触媒されて進行する．PCR法で日常的に用いられているDNAポリメラーゼは，最初は，*Thermus aquaticus* というバクテリアから単離されたもので，95℃でも安定で，72℃で最適な代謝回転を示す触媒活性をもっている（この温度を最適温度という）．後述するように，高温でも触媒活性を維持し，最適な代謝回転を示すことはPCR法に利用するときに重要である．

PCR法の操作法

PCR法はつぎの三つのステップからなる．

ステップ1

二本鎖のDNAは図14.11に示すような二重らせん構造をとっているが，これを最初に95℃に加熱して変性させ，ペアであったものを二つの一本鎖のDNAに分ける（図14.12）．

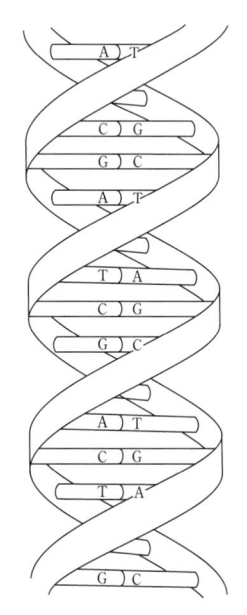

図 14.11 DNAの二重らせん構造

ステップ2

DNA溶液を約37℃に冷却し，ここで目的のDNAと相補的な塩基配列をもつプライマーを加えて，目的のDNAと結合させる．加えるプライマーの量は一本鎖になったDNAよりも大過剰になるようにして目的の2本のDNAのすべてにプライマーが結合

14. 生物分析化学

```
サイクル1  ┌ ステップ1: 熱による変性
          │ ステップ2: プライマーの添加        二本鎖DNA        約95℃に加熱
          │                              ポリメラーゼ      約37℃に冷却
          │                              プライマー2
          │ プライマー1
          └ ステップ3: ヌクレオチドとポリメラーゼの添加                      約72℃に加熱

サイクル2

サイクル3
```

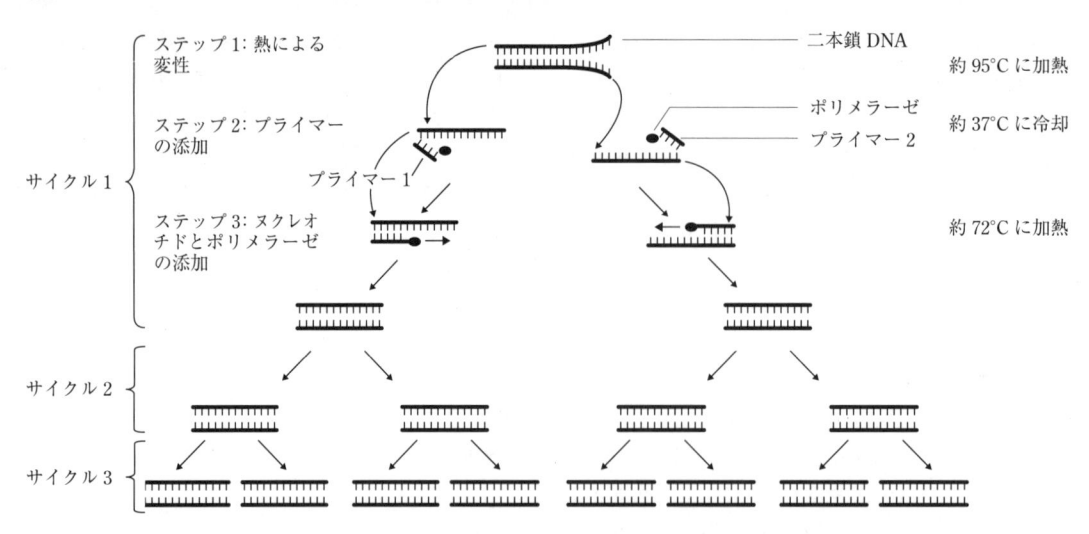

図 14.12 ポリメラーゼ連鎖反応．サイクル1：最初のDNAと同じ配列を有するDNAをもつ二つの二本鎖DNAが合成される．サイクル2：最初のDNA鎖が四つになる．サイクル3：最初のDNA鎖が八つになる

できるようにし，再び二本鎖に戻らないようにする．プライマーは，DNA合成装置を用いて研究室で合成するか，市販されているものを用いる．理想的なプライマーは，その生物のゲノムの中で唯一のDNA塩基対配列に対応するものであるとよい．そうすれば，選んだDNA部位にのみ結合するので，複製されるDNA配列も限られたものになる．

ステップ3

温度を72℃（好熱細菌である *Thermus aquaticus* から得られたDNAポリメラーゼの最適温度）に上げる．

アデニン，チミン，シトシン，グアニンの混合物もポリメラーゼと一緒に，プライマーが結合したDNA断片の溶液に加える．するとDNAポリメラーゼは，最初のDNA鎖と相補的なDNA鎖の伸長を触媒して相補的なDNA鎖が合成される．この反応は数分で完了し，これで最初のDNA量の2倍となった．

> **注** あるDNA断片の核酸の塩基配列は，その断片にコードされた遺伝子の配列に従って，アデニン，チミン，シトシン，グアニンの四つの塩基が規則正しく並んでいる．

以上の工程をそっくり繰返すと，2回目の複製サイクルが完了する．すなわち，反応溶液を再び95℃に加熱して2組の二本鎖DNAを変性させ，新たに十分な量のプライマーを加えてDNA鎖と結合させる．ポリメラーゼにより反応を行えば，溶液中のDNAは2倍に増える．1サイクルごとにDNA量は倍になるので，20～30回このサイクルを繰返すことにより分析に使用するのに十分な量のDNAが入手できる．30回のPCRサイクルで，目的とするDNAをおよそ10^9倍に複製できる．このようにPCR法は，ほんの少しの量のDNAから個人を識別することを可能にし，また，生物起源の物質の由来を特定することを可能にする．

> **注** 相補的なDNA鎖どうしは，相補的な塩基対を形成することによってハイブリダイズする（二本鎖となる）．シトシンは必ずグアニンと塩基対を形成し，アデニンはチミンと塩基対を形成して結合する．

市販の**サーマルサイクラー**というPCR装置では，PCRの反応サイクルが完全に自動化されているので，何回でもPCRサイクルを繰返すことができる．PCRサイクルによる複製は（通常は20～35サイクル），数時間で終わる．*Thermus aquaticus* のような好熱細菌から得られたポリメラーゼを使うと，DNAを変性する温度の，95℃に加熱するステップでも分解しないので，PCR反応サイクルを何十回と繰返してもそのまま失活せずに使用できる．

14.10.2 DNA マイクロアレイ

DNAマイクロアレイによる分析では、ある与えられた条件下において、細胞内のどの遺伝子が発現しているかという情報を得ることができる。DNAマイクロアレイを使うと、たとえば、人がある病気にかかりやすいかどうかを知ることができる。また、正常な細胞で発現している遺伝子とがん化した細胞で発現している遺伝子とを比較することにより、がん化に関連する遺伝子に関する情報を得ることもできる。

DNAマイクロアレイは、一本鎖のDNAは、その塩基配列と相補的な塩基配列をもつ一本鎖のDNA（またはRNA）とハイブリッドすることを利用している。マイクロアレイで用いるチップは、スライドガラスの表面の決められた位置に決められた塩基配列のDNAをスポット状に固定化したものである（図14.13）。

1枚のマイクロアレイのチップに、数万個のスポットをつくることも可能である。これらのDNAスポットは、機械化されたインクジェットプリンターのような、あるいは、光リトグラフ印刷機のような装置によってスライドガラス上に印刷（固定化）される。しかし、スポットが印刷される面積は、チップによって多少の差はあるが、およそ2.5 cm×2.5 cmであって、一つのスポットの直径は0.1 mm以下である。一つのスポットには、およそ数万分子の全く同じDNA（一つのスポットには1種類だけのDNA）が入っており、用いられているDNAの大きさは、20～数百塩基の長さのものである。理想的には、一つのスポットが検出できるのは、一つだけの遺伝子（スポット内にあるDNAと相補的な配列をもつDNA）のはずである。

では、DNAマイクロアレイがどのように利用されるか、みてみよう。ここで、全く同じ細胞が二つあると考えてみよう。その一方は正常なものであるが、他方は病変がある以外はすべて正常なものと同じであるとする。この二つの細胞のゲノムにどこか違いがないか、つまり、どうして片方が正常なのに、もう一つは病変があるのかを知りたいと思うであろう。このようなときに、図14.14に示したような手順で実験を行う。

最初に二つの細胞からゲノムDNAをそれぞれ採取する。そしてPCR法でコピーをつくり、コピーの一本鎖DNA（これを**プローブ**(probe)DNAとよぶ）にし

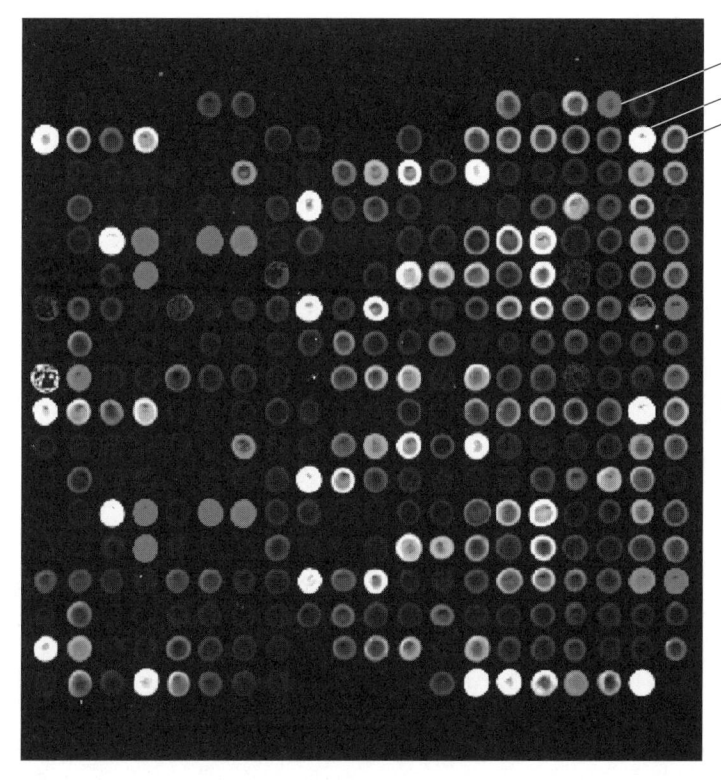

図14.13 肝（赤）と脳（緑）における遺伝子発現パターンの比較。肝で発現しているDNAに由来するRNAには赤い蛍光色素をタグとして結合してある。一方、脳から得られたRNAには緑の蛍光タグをつけてある。肝と脳のRNAを一緒にアレイに載せてその蛍光を写真にとったものである。赤くみえるスポットは、肝で対応する遺伝子が発現しているが脳では全く発現していないことを示す。緑のスポットは脳で発現が認められるが、肝では発現していない遺伝子である。黄色に見えるのは、肝と脳の両方で発現している遺伝子を示す（Dr. P. A. Lyonsの好意による）

て**蛍光タグ**(fluorophore)を結合する．普通は，一方の細胞から得られたDNAプローブに対して赤い蛍光をもつタグを，他方の細胞のDNAプローブに対して緑の蛍光タグをつける．

つぎに，細胞のゲノムのうちで，二つの細胞で発現していると考えられる標的遺伝子となるすべての遺伝子DNAを，マイクロアレイのチップに固定する．このチップに，上で合成した2種の蛍光タグのついた

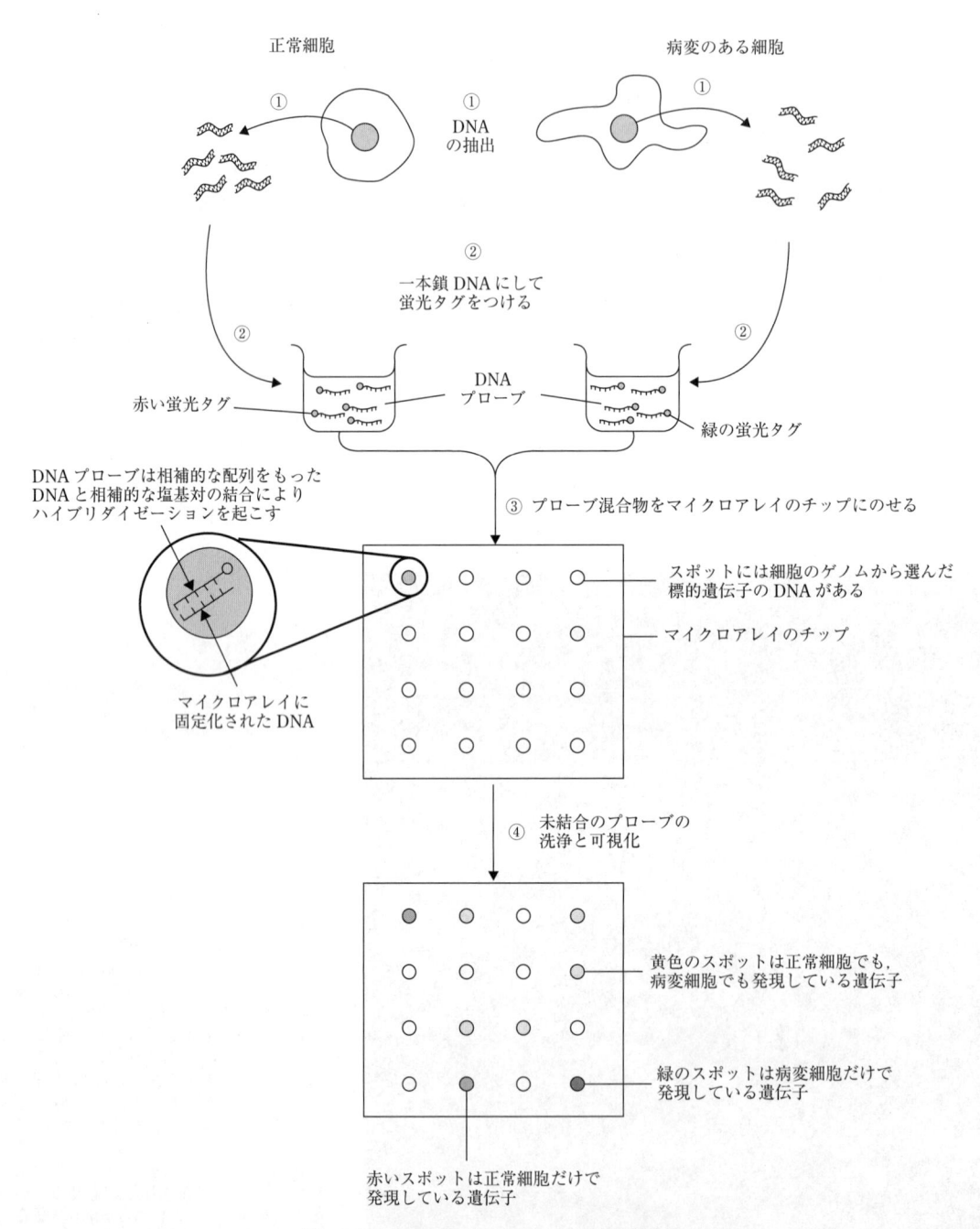

図 14.14 DNAマイクロアレイの実験操作法

DNAプローブの混合物をのせると，プローブと相補的な遺伝子のあるスポットではハイブリダイゼーションが起こる．スポットにある遺伝子がどちらか一方でしか発現していないときには，発現していた細胞のDNAプローブとのみハイブリッドを形成し，両方の細胞で発現していた場合には，両方のDNAプローブとハイブリダイゼーションが起こる．その後，不要なDNAプローブ(すなわち，スポットしたDNAとは結合せずに残ったDNAプローブ)の混合物を洗い流す．

DNAプローブとハイブリダイゼーションを行ったチップは，適当な波長のレーザー光を励起光として照射することで，蛍光タグが光るので"可視化"できる．

正常な細胞のDNAプローブには赤い蛍光タグを，病変のある細胞のDNAプローブには緑の蛍光タグを結合してある．そこで，これら二つの細胞のDNAプローブがほぼ等しい量ずつ結合したスポットがある(すなわち，このスポットの遺伝子は両方の細胞で発現していることを示す)とすると，このスポットは黄色に見えるはずである．どちらのDNAプローブも結合していないスポットは蛍光を発しないので，黒く見える(すなわち，このスポットにある遺伝子はいずれの細胞でも発現していないことを示す)．これらとは対照的に，赤く光るスポットの遺伝子は正常な細胞で発現しているが病変のある細胞では発現していないことを示し，緑のスポットの遺伝子は，病変のある細胞で発現しているが正常細胞では発現していないものである．

このように，色調によって二つの細胞の遺伝子の発現の様子を知ることができ，さらには，正常であるという状態と病変のある状態の差をDNAの発現の有無で知ることができる．

DNAマイクロアレイを使うと，上で述べたように，遺伝子があるか，ないかを判別できる．同様に，二つの細胞で発現している遺伝子の相対的な<u>発現レベル</u>(すなわち，その遺伝子のスイッチがオンの状態か，オフの状態か)を，二つの細胞から抽出したmRNAに蛍光タグを結合したものを用いて知ることができる．すなわち，マイクロアレイ上で，RNAプローブを用い，遺伝子DNAとのハイブリダイゼーションを行えばよい．

繰返しになるが，このようなマイクロアレイによる研究は，異なる細胞の性質を知る目的で使用できる．

たとえば，正常細胞では発現している遺伝子が，病変が起こると(都合の悪いことに)その遺伝子のスイッチがオフの状態になって発現しなくなったために，その病気の状態になったということを推定する情報を提供してくれる．

14.10.3 DNA 指紋分析法

DNA 指紋分析法は，ある試料のDNAが他の試料のDNAと同じであるかどうかを決めることのできる強力な方法で，法医学の分野でさまざまに利用されている．たとえば，父子関係を争う裁判を解決したり，食べ物などの出所を決めたりするのに役立っている．

DNA指紋分析法では，最初にDNAを試料から抽出し，いわゆる**制限酵素**(restriction enzyme)を加えて，制限的に加水分解された**DNA断片**(restriction fragments)を得る．制限酵素は，DNAをある決まった塩基配列のある特異的な部位でのみ加水分解し，いくつかの断片にする酵素である．この断片化されたDNAの混合物は電気泳動法により分離され，DNAバンドは，DNAの試料ごとに特徴的なパターンを示す．電気泳動で分離後，ゲルを加熱してDNAを変性し，特殊なブロット紙を用いて一本鎖になったDNAをブロット法により転写する．このブロッティング紙を放射性元素で標識したDNAプローブ溶液に浸す．

ここで用いるDNAプローブは，放射性元素で標識した一本鎖のDNAで，プローブと相補的な塩基配列をもつ一本鎖のDNAとハイブリダイゼーションを起こす．このハイブリダイゼーションは，塩基配列が相補的なものとしか起こらない．過剰のプローブを洗い流し，写真フィルムをこのブロッティング紙にかぶせる．放射性プローブから発する放射線によって，写真フィルムは感光し，プローブが結合したDNAのバンドの像ができる．フィルムを現像して現れたすべてのバンドの像は，ブロットされたDNAバンドに対応している．

DNA指紋分析法は，たとえば，犯罪に巻き込まれた被害者の服などについた血清や精液，唾液などの生体試料から，それが誰のものであるか，個人を特定することができる．生物性の原料からできる高価な製品，たとえば皮革や羊毛(たとえばカシミア)もDNA指紋分析を行うことができ，模造品や密輸を防止するのに役立っている．

演習問題

14.1 タンパク質の一次，二次，三次，四次構造がそれぞれ何を意味するのか述べなさい．

14.2 全血，血清，血漿を試料とするときの調製法と保存法を述べなさい．また，これらを試料としてどのような分析法が適用できるか述べなさい．

14.3 血液中の電解質の濃度はどのようにして求めることができるか，述べなさい．

14.4 血清試料に認められる"アニオンギャップ"とは何か，また，その重要性について述べなさい．

14.5 免疫学的測定法の原理を説明しなさい．

14.6 競合的 ELISA と非競合的 ELISA の操作法を述べなさい．

14.7 第一世代のバイオセンサーとは何か述べなさい．また，第二世代のバイオセンサーとの違いを述べなさい．

14.8 フッ化ナトリウムを全血試料に加える理由を述べなさい．

14.9 酸素を利用するグルコースセンサーのおもな問題は何か説明しなさい．

14.10 第二世代のバイオセンサーに選択透過膜が使われないのはなぜか，説明しなさい．

14.11 タンパク質の定量法である，ケルダール法，ビウレット法，ローリー法について，これらの測定法を比較，対照して述べなさい．また，それぞれの測定法ではどのような連鎖反応が用いられているかを述べ，それらがどのように法医学で用いられているか説明しなさい．

14.12 アミノ酸を分析する二つの方法を比較，対照して説明しなさい．

まとめ

1. 多項目自動分析器は多くの臨床生化学の研究室の主要な分析装置として活躍しており，必然的に，滴定や紫外・可視吸光光度法などの湿式化学分析を自動化して行う装置となっている．

2. 多くの臨床分析は，尿，全血，血漿，あるいは血清を試料として行われる．

3. 全血試料は，抗凝固剤であるヘパリンを加えて混合して，分析前に凝血するのを防ぐことが多い．

4. フッ化ナトリウムを全血試料に加えることがあるが，これは，全血中のグルコースを測定するときに，血液中の細胞によってグルコースが消費されるのを防ぐためである．

5. 血中の CO_2 と O_2 の分析を行う血液試料は，空気とのガス交換が起こらないように，空気と遮断した条件（鉱油などを試料に添加する）で保管しなければならない．

6. 血中のグルコース測定は糖尿病患者が増えたため，世界中で最も一般的になされる臨床分析となっている．

7. 血漿とは，血液から細胞成分を除いたものである．

8. 血清とは，血液から細胞成分と，さらにフィブリノーゲンを除いたものである．

9. CO_2 と O_2 の分析はともに電気化学的に行うことができる．

10. 血中の電解質濃度，Na^+，K^+，Cl^-，$CO_2(HCO_3^-)$ は臨床的にとても重要で，多くの生理学的，病理学的な状態と関係がある．

11. 測定される血清中の陰イオン濃度は，常に陽イオンの濃度よりも低いが，このことは"アニオンギャップ"として知られている．このアニオンギャップが正常な値から大きく変化することは臨床的に重要なことである．

12. 免疫化学的な分析法では抗体を用いる．免疫化学的分析法には，放射性のトレーサーを用いた酵素反応が利用する方法，免疫蛍光法，酵素とリンクした免疫吸着剤を利用する"ELISA"法などがある．

13. バイオセンサーは，生物学的な化合物（たとえば抗体や酵素）をシグナル変換器（たとえば，電極）のすぐ近くに接近させて用い，試薬を用いずに目的物質の定性，定量を行う装置である．糖尿病の診断や血糖のモニタリングに使用するグルコースのバイオセンサーは，最も広く用いられているバイオセンサーである．

14. グルコースのバイオセンサーは，グルコースオキシダーゼによるグルコースの酸化反応を利用している．

15. 第一世代のセンサーは，酵素の基質，あるいは生成物（たとえば，H_2O_2 をモニターするグルコースセンサー）を測定するという原理に基づいている．

16. 第二世代のセンサーは，メディエーターを用いる（たとえば，グルコースオキシダーゼからの電子受容体として O_2 のかわりにフェロセンをメディエーターとして用いる）．

17. 他のバイオセンサーのシグナル変換としては，熱量測定に基づくもの，光学的なもの質量の変化を測定す

るものなどがある．

18．糖類は臨床的に非常に重要な物質であり，さまざまな測定法がある．糖類の混合物を試料とするときには，HPLC，TLC あるいは他のクロマトグラフィーによって分離する必要があることがある．

19．糖類を化学的に検出する方法には，フェノールと強酸とを加えて加熱し，呈色させる方法があるが，この方法は定量には向いていない．

20．アミノ酸の混合物は，ペーパークロマトグラフィー，TLC，GC，HPLC あるいは電気泳動法により分離する必要があることが多い．

21．タンパク質は 22 種の異なるアミノ酸から構成される．タンパク質のアミノ酸の配列は，一次構造といわれる．アミノ酸が結合して鎖をつくっているが，この結合はペプチド結合とよばれ，できあがったアミノ酸鎖はポリペプチドといわれる．

22．ポリペプチド鎖がフォールディングにより，あるいはらせん状などの三次元的な形をとったとき，これをタンパク質の二次構造という．

23．タンパク質の三次構造は，タンパク質全体の三次元的な形をいう．

24．タンパク質の四次構造は，タンパク質が機能するときの作用状態の構造をいう．球状タンパク質には，他のタンパク質と疎水結合により結合して，タンパク質集合体を形成するものがある．

25．タンパク質は，沈殿法あるいは電気泳動法により分離される．

26．タンパク質を同定する方法には，イムノブロット法，ウェスタンブロット法，クロマトグラフィー法がある．

27．タンパク質の定量法は，化学的方法と物理学的方法がある．

28．タンパク質の化学的定量法には，タンパク質に含まれる窒素原子を測定するケルダール法，銅イオンとの紫色の錯体形成を利用するビウレット法とローリー法，それにビウレット法とローリー法の応用と考えられるビシンコニン酸法がある．

29．タンパク質を定量する物理学的方法のほとんどは，タンパク質を沈殿させることを利用している．

30．ゲノミクスは，生物のゲノムを研究することであり，その生物のゲノムにどのような遺伝子があるかを明らかにすることに他ならない．

31．プロテオミクスは，多くのタンパク質が"生きている状態で"どのように機能しているかを研究するものである．

32．ゲノミクスという語とプロテオミクスという語はまとめてバイオインフォマティクスとよばれる．

33．バイオインフォマティクスの応用として，DNA 指紋分析法や多くの法医学的な分析法が開発された．

34．多くの DNA を解析する手法は，PCR 法が現れてはじめて可能になった．PCR 法は，ごく微量の DNA 断片から複製を何回も繰返すことにより，他の分析法で必要となる量に十分な量の DNA をつくる方法である．

さらに学習したい人のために

Brown, T. A.（1999）. *Genetics : a molecular approach*. Chapman & Hall, London.

Durbin, R., Reddy, S. R., Krogh, A., and Mitchson, G.（1998）. *Biological sequence analysis : probabilistic models of proteins and nucleic acids*. Cambridge University Press.

Gibson, G. and Muse, S. V.（2002）. *A primer of genome science*. Sinauer Associates Inc., MA.

Liebler, D. C.（2002）. *Introduction to proteomics : tools for the new biology*. Humana Press.

Manz, A.（2004）. *Bioanalytical Chemistry*. Imperial College Press.

Mikkelson, S. R.（2004）. *Bioanalytical Chemistry*. Wiley.

Plummer, D. T.（1987）. *An Introduction to practical biochemistry*（3rd edn）. McGraw-Hill, New York.

Watson, J. D.（1980）. *The double helix*. W. W. Norton, New York, London.

Winter, P. C., Hickey I., and Fletcher, H. L.（1998）. *Instant notes in genetics*. Garland Bios.

15 環境分析

> **この章で学ぶこと**
> - 大気分析において，断続的なサンプリング，あるいは連続的なサンプリングを選択する理由
> - ロータメーターはどのように動作するか．また断続的な大気サンプリングにおいてどのように用いられるか
> - ロータメーター，乾式メーター，湿式メーター，フィルターを用いた装置，インピンジャー，インパクター，固相吸着剤を用いた装置などの大気サンプリング装置はどのように動作するか．また，どのような場合に用いられるか
> - 水質分析の重要性と生物化学的酸素要求量(BOD)によって何がわかるか
> - 環境試料中の無機物質の定量にはどのような方法が適しているか
> - 環境試料中の有機窒素系あるいは有機リン系殺虫剤やポリ塩化ビフェニルなどの有機化合物をどのように分析するか

15.1 環境分析の概要

近年，大気や水質を維持するといった環境問題は，大きな関心を集めている．環境保全は大変複雑な分野である．そして環境分析は，この問題の心臓部に位置しており，環境の質を維持し，また環境汚染を評価し処理するために必要な情報を提供している．この章においては，環境分析に用いられるいくつかの分析手法を紹介する．環境分析において日常的に用いられる分析手法の多くは，分析化学の他の分野においても共通に用いられているものである．そのため，これらの分析法のそれぞれを紹介するときには，他の適当な章を参照できるように配慮した．

どのような環境保全政策においても，環境汚染を監視し管理するために，分析を行う必要がある．"環境汚染(pollution)"という言葉は，複雑な概念を包含しており，多くの異なる定義がなされている．中でも，広く受け入れられている定義は**経済協力開発機構**(Organization for Economic Co-operation and Development, OECD)によるもので，"環境汚染は，人間活動によって，間接的あるいは直接的に環境に負荷される物質やエネルギーのうち，自然に有害な影響をもたらすもので，人間の健康を脅かし，生物資源に害を与え，さらに環境の本来のありようと抵触するものを意味する"というものである．

この定義に従えば，環境に害を与える多くの化学物質や他の要因を汚染物質や汚染源(pollutant)と考えることができる．化学物質以外のものとしては，たとえば，騒音もそれに含まれる．しかし，この本では，化学的な汚染物質のみを扱う．

環境汚染の多くは化学物質の環境への負荷と関係している．これら化学物質の多くは，産業活動を通して人間によって人工的につくられたものである．これらは枚挙するには多すぎるが，フロン(CFCs)の生産は，この種の環境汚染のよい例である．フロンは，現在では多くの国でその使用が禁止されているが，数十年間，冷媒やスプレー用高圧ガスとして広く用いられてきた．

このフロンが，成層圏のオゾン層破壊を助長する効果をもつことは広く知られている．オゾンは，成層圏下部に存在する天然の化合物であるが，たとえば，自動車排ガス中の成分としてなど，多くの人間活動においてもつくり出されており，その場合は，それ自身汚染物質とみなされている．

二酸化炭素も，同様にすべての生物の呼吸の結果としてつくり出されるが，化石燃料の燃焼の副生成物として大気中の割合が増加すると，地球温暖化に寄与すると考えられており，この意味で汚染物質とみなされる場合もある．

3番目の例として，硝酸イオンは，図15.1に示す窒素循環において重要な物質である．しかし，窒素サイクルを過剰に使用すると，農場からもれ出た肥料のために，最終的には天然水中の硝酸イオン濃度が増加

する．河川や湖沼の硝酸イオン汚染は，河川や湖沼の動物相や植物相に害を与えるため，深刻な環境問題をひき起こす可能性がある．

環境分析において，分析試料を採取する目的は以下のようにまとめられる．(a) 問題となっている特定の環境中の化学的な状態を理解する．(b) 効率的な環境保全のために環境中の汚染物質のレベルを確定する．(c) 環境汚染源を特定する．

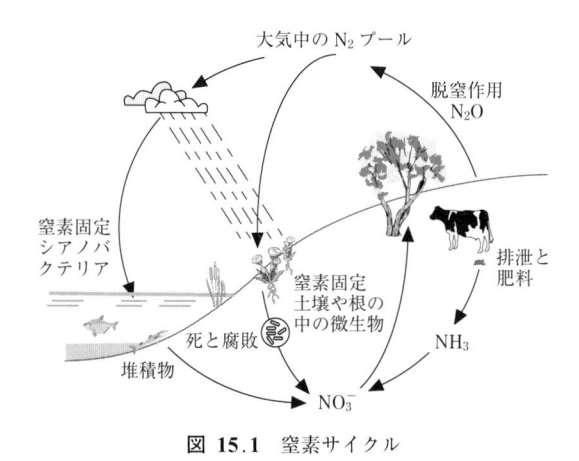

図 15.1 窒素サイクル

15.2 大 気 分 析

人間は酸素を吸入し二酸化炭素を吐き出すことにより呼吸しており，大気の質は人間の生活にとって基本的に重要なものである．しかし，肺で頻繁に空気の出し入れを行うので，大気は人間の体の中に汚染物質が入りかつ蓄積する大きな経路となりうる．以前は，汚染物質が大気に入れば，その汚染物質自身の大気中での動きを分析することにより，汚染の程度を正確に把握できると考えられていた．しかし，現在は，多くの化学物質が大気中で他の成分と化学反応(たとえば光化学反応)を起こし，さらに違う汚染物質を生み出すことが理解されるようになった．この典型的な例は，炭化水素，二酸化炭素，紫外線の相互作用により光化学的に"スモッグ"が生じることである．

大気分析には，まず大気試料のサンプリングが必要である．いかに試料を採取するかは，汚染物質の性質，必要とされる分析法の検出限界，さらに，たとえば，季節ごとあるいは毎日の汚染の増減に関する情報が必要であるかどうか，などによって決められる．採取する試料の体積，また採取の間隔を決めるには，十分な検討が必要である．場合によっては，1日のうちの何時に採取するかが重要な場合もある．また，試料の保存も無視し得ない問題である．

15.2.1 断続的な大気サンプリング

大気試料の採取に断続的な大気サンプリングを選ぶ場合，大気試料採取装置はおもに，真空源，採取した空気の体積を正確に測定するための部品，採取用容器(サンプリング容器)から構成される．多くの場合，サンプリング容器は真空ポンプと測定装置に結合している．真空源は大気試料を採取装置に引き込むために用いられ，モーターあるいは手動で動作する．

体積の測定装置は，通常，(i) 空気の流量，あるいは (ii) 採取した空気の体積を測定するように設計されている．空気の流量を測定する装置には，たとえば，**ロータメーター**(rotameter)がある．これは，図15.2に示すように目盛りのある球状の浮きを入れた簡単な構造をしている．管の口径は勾配がついていて，上に向かって広がっている．そのため，気体が管の底から入ってくると，浮きは，流量に直接比例して浮き上がる．目盛りは採取するガスの種類により校正されなければならない．しかし，実際の場合，試料はたいてい空気であるので，一度校正すればよい．

体積を測定する装置にはさまざまなものがあるが，いわゆる乾式メーター(drytest meter)と湿式メーター(wettest meter)がある．乾式メーターでは，プラスチック製の蛇腹が交互に空気で満杯になったり空になったりすることにより，ベルクランク機構を動かしさらにメーターゲージを動かす．

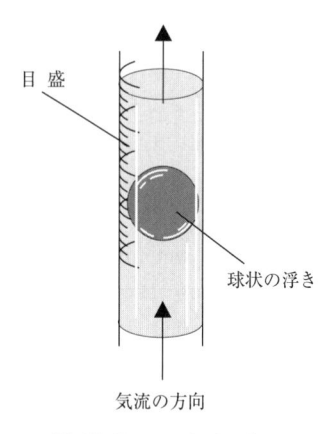

図 15.2 ロータメーター

湿式メーターでは、ガスがメーターに連結された回転板を回す。この装置には、部分的に水が満たされていて、使うたびに校正する必要がある。乾式メーターや湿式メーターどちらを使う場合でも、通常、温度や大気圧のような周囲の条件を温度計やマノメーターで測定することは、大気の温度や圧力による変動を補正するために必要である。

15.2.2 エアロゾル組成測定のためのサンプリング装置

エアロゾルの組成は、通常、**沪過法**(filtration)、あるいは**インピンジャー**(impinger)を用いることによって測定される。沪過法によってエアロゾルを採取した後、その組成は、(i) 化学分析、(ii) 質量測定、(iii) 粒径測定、によって決定される。沪過用のフィルターは、通常、紙、ガラス繊維、さらに焼結ガラス、多孔質セラミック、砂などの顆粒状の物質でできている。エアロゾルの粒度の分別のために、たとえば、ポリカーボネートやセルロースエステル製のメンブランフィルターが用いられる。これらは、そのフィルターによって捕集できる最小の粒径によって、粒子を分別することができる。ポリマー製のフィルターは高温で用いることはできない。しかし、ガラス製のフィルターは、800℃あるいはそれ以上まで用いることができる。

インピンジャーは、固体の粒子とエアロゾルの両方を集めることができる。**乾式インピンジャー**(dry impinger)は**インパクター**(衝撃型集塵器, impactor)ともよばれる。名前が示す通り、インピンジャーでは、気流が装置の捕集部の表面に衝突(impinge)する。気流が衝突するのは、通常、たとえば、スライドガラスの表面などである。複数のインピンジャーを配列し、気流を順番に通過させると、捕集されるエアロゾルの粒径がだんだん小さくなっていき、粒径数 μm までの粒子を選択的に捕集することができる。実際、この種のインピンジャーは、集めたエアロゾルを顕微鏡で観察するのに用いられる。

湿式インピンジャー(wet impinger)では、図 15.3 のように、気流は、液体中に吹きつけられる。この装置では、粒子が溶液内に留まるように、気流が通るガラス管は、容器の底の方向に向いている。この種の捕集器は、μm 以下の極端に小さな粒径の粒子を捕集するのに特に有用である。捕集液体は、捕集された粒子が溶解することなどがないように、粒子の溶媒としてはたらか<u>ない</u>ものを選ぶことが重要である。さらに高度な捕集器として、0.001 μm の粒径の粒子も捕集できる静電集塵器や熱集塵器も存在している。

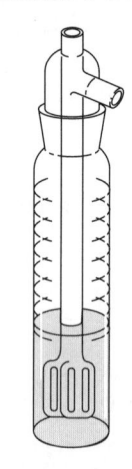

図 15.3 目盛り付湿式インピンジャー

気体成分は、液体中に吸収させる、凝集や凍結などにより固体表面に吸着させる、あるいは真空に引いた容器に捕集する、などによって捕集される。一方、蒸気は、常温、常圧で、容易に凝縮するので、より簡単に捕集することができる。

15.2.3 固相吸着剤

固相吸着剤は、通常、低濃度の有機化合物を採取し、ガスクロマトグラフィーや質量分析計を用いて分析するために用いられる。試料採取(サンプリング)

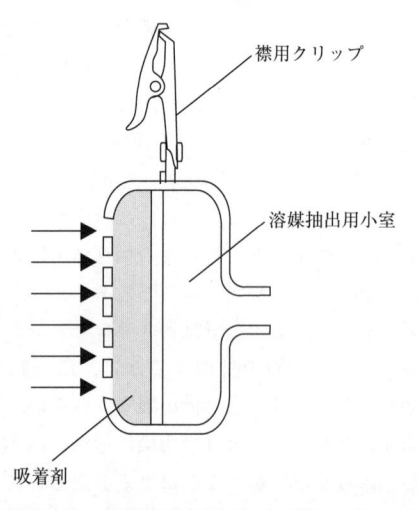

図 15.4 個人被ばく用パッシブサンプラー

は，パッシブサンプリング法(passive sampling)あるいはアクティブサンプリング法(active sampling)によってなされる．パッシブサンプラー(passive sampler, 拡散サンプラー(diffusion sampler)ともよばれる)には，活性炭や多孔質ポリマー(Tenax® など)などの固相吸着剤が入っている．図15.4のように，個人の被ばくを監視するために，しばしば，衣服の襟につけられるようなバッジの形につくられているものもある．

アクティブサンプリング法(active sampling)は，ポンプを用いて，サンプリング管に空気が吸引されるようになっていて，たとえば，遠隔地の汚染のモニタリングに用いられる(図15.5)．アクティブサンプリングにおいては，空気が連続的に通過するために，サンプリング管内で目的物質が前濃縮される効果があるので，一般に，より高感度で低い検出限界をもつ．目的物質は，通常，熱をかけて脱離させるか，溶媒抽出したのち検出される．

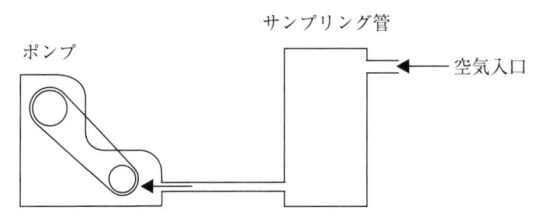

図 15.5 サンプリング管とポンプを用いたアクティブサンプリング装置

通常の大気分析では，以下のような方法により，二酸化窒素，二酸化硫黄，全炭化水素量，全有機炭素量(TOC)などが測定される．

二酸化窒素の定量

大気中の二酸化窒素 NO_2 の定量は，アゾ色素生成試薬を含むスルファニル酸溶液に二酸化窒素を吸収させることにより行われる．この反応によりピンク色に発色し，5 ppm までの NO_2 の定量が可能である．

たとえば，燃焼過程の排ガス中の全窒素酸化物(一酸化二窒素を除く)の分析法は，以下の通りである．まず，試料ガスを，過酸化水素を含む希硫酸が入っている減圧したフラスコ中に採取する．窒素酸化物は，吸収液に吸収される過程で硝酸に酸化される．硝酸イオンはフェノールジスルホン酸と反応して黄色を呈する．これを吸光光度定量する．この方法の大気に対する検出限界は 5 ppm である．

二酸化硫黄の定量

大気中の二酸化硫黄 SO_2 の測定では，大気試料をテトラクロロ水銀酸ナトリウムの溶液へ通気させる．二酸化硫黄は，ジクロロスルフィト水銀(II)錯イオン $HgCl_2SO_3^{2-}$ を生成して溶液に吸収される．この錯体は，ホルムアルデヒド，パラローザニリンと反応してパラローザニリン-メチルスルホン酸を生成する．この化合物は，560 nm に λ_{max} をもつ強い吸収を示すので，大気中の二酸化硫黄を約 0.003 ppm まで吸光光度定量できる．この原理に基づく多くの自動分析装置が市販されている．

全炭化水素の定量

全炭化水素は，波長 3～4 μm の赤外線を吸収するので，赤外分光法を用いて定量される．炭化水素は液体酸素に浸した捕集装置に集められて分析される．

全有機炭素の定量

全有機炭素(total organic carbon, TOC)は，以下の二つの方法で定量する．一つは，試料をペルオキソ二硫酸カリウムで酸化して，二酸化炭素を生成させる方法である．生成した二酸化炭素は，水に吸収させ，赤外領域の吸収で測定するか，溶液の伝導度(蒸留水を用いる)を測定することによって定量する．もう一つは，有機物質をメタンまで還元して，メタンの量をフレームイオン化法あるいは赤外分光法で測定する方法である．

15.3 水 分 析

水質の維持とその監視は，環境保全および人間の生活の維持に欠くことのできないものである．水質汚染は，鉄鋼，石炭，紙の製造，あるいは産業や家庭からの化学物質の廃棄など，さまざまな過程から生じる．水は，すべての溶媒の中で，最も強力な溶媒の一つである．しかし，これは，不幸にも，多くの汚染物質が水に溶解し，さらに輸送されることも意味する．また，さらに水が固体の粒子状汚染物質も輸送することも忘れてはならない．

水質の維持には，まず河川水，雨水，排水，飲料水などのサンプリングが必要である．多くの場合，かな

り複雑な組成の水試料に対処するために，分析手順書を作成する必要がある．最初の段階は水試料のサンプリングであり，さまざまな異なる条件に対応しなければならない．川岸からの採取は比較的簡単であるが，湖などの大きな水源から，特定の深さの水を採取するには特殊な採水器を用いる必要がある．

水の化学的性質は通常複雑で，環境保全の目的に必要な信頼できる分析情報(すなわち目的物質の濃度や化学種に関する情報)を得るためには，pHや水温に加えて，酸素や二酸化炭素などの溶存ガス濃度なども測定する必要がある場合も多い．水の中には，単細胞の生物(原生動物)から魚のようなより高等動物や植物まで生息している．すべての生物は呼吸のために酸素を消費するので環境に対して酸素を要求する，すなわち，**生物化学的酸素要求量**(biological (biochemical) oxygen demand, **BOD**)をもつので，BODは環境すなわち生態系の健康を判定するための尺度として広く用いられている．分析によっては，生物活性の結果として時間とともに試料のガス成分の量が変化してしまうのを防ぐために，水試料採取後直ちに試薬を加えてガス成分を**固定**(fix)してしまう必要がある．

飲料水の給水システムにおいては，給水システムのさまざまな箇所からのリアルタイムでの情報を得るために，センサーを用いた遠隔計測システムが広く用いられるようになってきている．

同様に，遠隔計測システムが，リアルタイムで河川の水質や汚染物質の流入を監視するために用いられる．水試料の分析は，しばしばこの本の前の章で紹介した方法を用いている．たとえば，水試料中の重金属イオンの定量には原子吸光分析法(第7章)，電気化学分析法(第10章)が用いられる．また，無機イオンの定量にはフレーム発光分析法(炎光光度法)が用いられる(第7章)．

環境水のモニタリングにおける大きな問題の一つは，水試料がさまざまな化学物質や粒子を含んだ混合物であることである．そのため，分析に先立って，沪過をしたり前処理をしたりする必要がある場合が多い．実際に分析を行おうとする読者のためには，現在，分析法を詳細に記述した多くの実験室マニュアルが手に入る．多くの有機化合物は，その環境中の濃度よりもかなり高い濃度まで，食物連鎖を通じて生物濃縮されるので，それぞれの化合物が生物に影響を与えうる濃度は，予想よりもかなり低いものになりうることに注意する必要がある．

15.3.1 ガスクロマトグラフィーによる水分析

ガスクロマトグラフィーは，高い感度と優れた分離能をもっているので，水質分析にも広く用いられている．わずか2, 3種類の固定相で，多くの化合物の分離が可能であるため，GCは，さまざまな水試料の分析に広くまた簡単に応用できる．水質分析に利用される検出器には，フレームイオン化，電子捕獲，熱伝導，フレーム光度検出器や質量分析計がある．ガスクロマトグラフィーの詳細については第8章をみてほしい．

抽 出 法

有機化合物の定量には，ガスクロマトグラフィー(GC)による分離・定量に先立って，水試料からの抽出が必要である場合が多い．GCカラムは水と相性が悪いので，多くの場合，目的物質を水相から有機相に移す必要がある．

最も簡単な方法は溶媒抽出である．この方法ではまず，水試料と，試料中の目的物質が溶解し水と混じりあわない有機溶媒とをよくふり混ぜる．有機溶媒としては，炭素鎖の短い石油系溶媒やヘキサンなどが特によく用いられる．また含塩素溶媒もよく用いられる．有機相を分離し，クロマトグラフ用カラムに通す前に乾燥させる．必要ならば，酸性物質あるいは塩基性物質を抽出するために，抽出時のpHを変化させる．酸性条件では，たとえば，カルボン酸のような酸性物質が抽出されやすい．一方塩基性条件では，アミンのような化合物を抽出するのに適している．溶媒を選択する場合にはどの検出器を用いるかも考慮する必要がある．たとえばヘキサンは，フレームイオン化検出器を用いるとクロマトグラム上に大きなピークを与える．

二つ目の方法は，いわゆる**ヘッドスペース分析法**(head-space analysis technique)である．決まった量の空気が入っているセプタムで密封した容器に水試料を入れる．水試料と空気を平衡化させたのち，空気を取出すと，この空気試料には有機化合物が含まれている．この空気試料を直接ガスクロマトグラフに導入して測定を行う．

三つ目の方法は，**パージトラップ法**(purge trap)である．揮発性の有機化合物を，ガスを通すことにより水試料から追い出し，サンプリング管に捕集する．決まった時間，ガスを流した後，サンプリング管を急速

に温め，有機化合物である目的物質を放出させ，直接カラムに導入する．関連する方法として，揮発性の有機化合物を液体窒素のコールドトラップ中に捕集し，さらに，急速に加熱し，有機化合物を放出させ，GCカラムに導く方法が知られている．

四つ目の方法は**固相抽出**（solid-phase extraction）として知られている方法である．水試料を，シリカ表面にオクタデシルシラン（ODS，第8章参照）などを化学結合した逆相系吸着剤を充塡したカラムに通す．有機化合物はそのカラム上に吸着し，さらにヘキサンのような溶媒で溶離される．それをGCカラムに直接導入する．

15.3.2　応　　用
流出油の指紋分析法

海洋での油の流出は，動物相，植物相の両者に対して広い環境被害をひき起こす可能性がある．クロマトグラフィー（海水から油で分離したのちに測定する）による油の分析結果を，"指紋分析法"で既知の参照試料のデータ集と比較することにより，油の流出源を特定できることが多い．たとえば，補償などの要求が起こった場合には，通常，法的な理由から油の流出源の特定が必要になる．こうした目的には，キャピラリーカラムがよく用いられる．クロマトグラムの全体のプロファイルが，汚染油の性質に関係した情報を与えることが多い．たとえば，炭化水素が主成分の油は，規則的に並んだピークをもつクロマトグラムを与える．一方，潤滑油はピークの数がより少なく，植物油はさらに少ない．

DDT（ジクロロジフェニルトリクロロエタン）のような殺虫剤の定量は，ガスクロマトグラフを用いる分析法のもう一つの例である．DDTの分析では，通常，まずDDTを含む有機化合物をヘキサンに抽出する．そして，無水硫酸ナトリウム粉末などでこの溶媒を乾燥する．また，必要に応じて，溶媒を一部揮発させて濃縮する．試料は，たとえば，極性物質を除くために硝酸銀カラムを通すなど，分析前にクリーンアップを必要とすることが多い．試料から無極性の干渉物質を除くためには，シリカゲルカラムを用いることができる．試料のヘキサン溶液をカラムに通すと，DDTはシリカカラムに保持され，続いて，ヘキサンとジエチルエーテルの混合溶媒のようなより高極性の溶媒を用いると溶出される．

15.4　水試料中の無機物質の分析

環境保全のために問題となる無機物質のうちで最も大きなグループは，金属イオンとその塩である．環境試料中に最も多量に含まれる金属イオンは，ナトリウム，カルシウム，カリウム，マグネシウムであり，通常，$mg\ dm^{-3}$から$g\ dm^{-3}$の濃度範囲で含まれている．その他の金属イオンのうち，亜鉛などは，時々，$mg\ dm^{-3}$の濃度レベルまで含まれているが，他のほとんどの金属イオンは，$\mu g\ dm^{-3}$あるいはそれ以下の極微量レベルである．金属イオンは，天然の鉱物に由来することもあるが，人為起源であることも多い．たとえば，金属精錬，固体の廃棄物（たとえば，埋立地からの浸出），またさまざまな産業からの排出などである．

環境試料中の金属イオンの定量には，以下の方法が最も広く用いられている．(a) **フレーム原子吸光分析法**（flame atomic absorption spectroscopy），(b) **フレームレス原子吸光分析法**（flameless atomic absorption spectroscopy），(c) **ICP発光分析法**（inductively coupled plasma-atomic emission spectroscopy, **ICP-AES**），(d) **ICP質量分析法**（inductively coupled plasma-mass spectrometry, **ICP-MS**）．

試料は，ガラス瓶よりも金属の汚染が少ないと考えられるので，通常ポリエチレン瓶中に保存される．試料は，通常，金属塩の沈殿を防ぐために，たとえば，まず希硝酸などを加えて酸性にして保存する．多くの場合，目的元素の化学状態やその分布は問題にせずに，その全量を測定する．ICP-AESやICP-MSは，通常，試料前処理は必要ではなく，また目的元素の化学状態などに無関係に測定できるので，特にこうした目的に適している．

炎光光度法は，ナトリウム，カリウム，カルシウム，マグネシウムの定量に十分な感度をもつ．ある元素は希釈する必要があるのに対して，ある元素は前濃縮する必要があることに気をつけなければならない．最も簡単な前濃縮法は，酸性化した試料を一部蒸発させることである．この方法は，亜鉛，鉄，あるいはマグネシウムの定量に必要とされる場合もある．微量金属の定量には溶媒抽出も用いられる．

黒鉛炉原子吸光分析法などの試料の原子化にフレームを用いない方法は，感度が非常に高い．そのため，試料の前濃縮が不必要となる場合も多く，特に微量重

金属の定量には有用である．中でも黒鉛炉を用いる方法は，金属の種類にもよるが，最も一般的に用いられる方法である．一方，たとえば，水銀塩は，塩化スズ(II)あるいはテトラヒドロホウ酸ナトリウムで化学的に還元する．そして，生成する金属水銀を窒素気流で追い出し，捕集するか，あるいは直接分光光度計に導いて，水銀の原子吸収を測定する．

たとえば，スズや鉛も，テトラヒドロホウ酸ナトリウムで還元し水素化物を発生させることができる．これらの水素化物をガス流で試料から追い出し，セルに導き，軽く熱すると，水素化物が壊れ，基底状態の原子が生成する．このときの原子吸収を測定すると，これらの元素が高感度に測定できる．

さらに，ICP-OES および ICP-MS も高感度な金属測定法としてよく用いられる．これらの方法に関しては，第7章に詳しい記述がある．これらの ICP を用いる方法では，試料は，まず，6000〜10000 K の高温のプラズマ温度で原子化される．ICP-OES の場合，発光スペクトルが直接測定される．これにより約60元素までが同時に定量できる．逐次的に目的元素の波長における発光を測定していくことにより多元素を分析する装置もある（通常，1元素につき<5 s）．

ICP-OES における最も大きな問題の一つは，元素間の干渉である．これは，多くの元素が数多くの発光線を与えるため，発光線がしばしば重なってしまうために生じる．これらの問題は，部分的には ICP-MS によって克服できる．ICP-MS では ICP は質量分析計のイオン源として用いられる（ICP-MS に関しては，第9章に詳しい記述がある）．ICP-MS においては，質量と電荷の比に基づいてイオンの分離と同定が行われる．無機の質量スペクトルは，通常，有機化合物のスペクトルよりも簡単であるため，有機化合物を同定することに比べて，スペクトルの同定は，より簡単である．ICP-MS は，$1\,\mu\mathrm{g\,dm^{-3}}$ 以下の濃度レベルまで金属イオンの定量が可能であり，このため，近年，環境試料中の金属イオンの定量のための基準法とみなされるようになっている．

15.4.1 紫外・可視吸光光度法による環境試料中の金属イオンの分析

紫外・可視吸光光度法を用いる金属イオンの定量法は，そのほとんどが原子吸光分析法に置き換えられたが，現在でも，より簡単な分析法として，今も用いられている．紫外・可視吸光光度法は，湖水などの比較的汚染の少ない水試料にのみ適用可能であるが，原子吸光分析法は，たとえば，下水などの分析にも容易に適用できる．多くの場合，発色する錯体の生成を利用して定量を行う．一例は，第3章で紹介した鉄イオンの定量法であるが，この方法は，硫酸イオン，カドミウム，鉛の影響を受ける．そうした影響を除くためには，溶媒抽出を利用するのが一つの方法であるが，前処理が必要となり，簡単であるという利点が失われてしまうので，原子吸光分析法を用いたほうがより便利であることになってしまう．

15.4.2 吸着ストリッピングボルタンメトリーによる環境試料中の金属イオンの定量

吸着ストリッピングボルタンメトリーも広く用いられている方法である．第10章で電気化学分析法を詳しく扱っているので参照してほしい．この方法においては，作用電極には，水銀で満たしたガラスキャピラリーの先端に水銀の液滴がぶら下がった電極（吊り下げ水銀電極とよばれている）を用いる．この電極に金属イオンが前濃縮され，続いてボルタンメトリーにより溶出する．この時流れる電流が試料溶液中の金属イオン濃度と対応している．吊り下げ水銀電極（作用電極）は，金属イオンを金属に還元するように陰極として作用させる．この反応の一般式は式(15.1)で示される．

$$\mathrm{M}^{n+} + n\mathrm{e}^- \longrightarrow \mathrm{M} \quad (15.1)$$

測定される電流は，前もって作成した検量線によって，試料中の金属イオン濃度と対応させることができる．

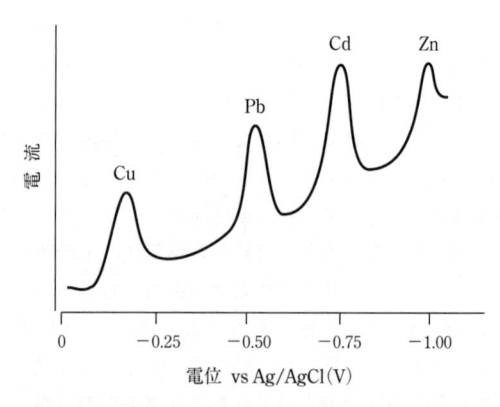

図 15.6 代表的なアノーディックストリッピングボルタンモグラム

金属イオンは陰極に引き寄せられ，そこで還元される．一定時間，電位をかけると，その間，金属イオンは濃縮される．その後，作用電極の電位を反対方向に，すなわち陽極方向に掃印する．作用電極を陰極として作用させているとき，多くの金属イオンが電極表面に堆積する．そしてその電位を陽極方向に漸次掃印すると，それぞれの金属イオンは溶液に戻っていく．この時の電流/電位曲線は，ストリッピングボルタンモグラムとして知られている．一例を図15.6に示す．この過程の一般式は式(15.2)で表される．

$$M \longrightarrow M^{n+} + ne^- \quad (15.2)$$

吸着ストリッピングボルタンメトリーでは，金属イオンをppmレベルまで，場合によっては，ppbレベルまで定量できる．通常の測定では数分の濃縮時間を要する．しかし，装置は，吊り下げ水銀電極，ポテンショスタットと記録計などでよく，比較的簡単，安価でさらに頑丈である．

15.5 水試料中の有機物質の分析

環境保全のために問題となる有機化合物は数多いが，中でも2種類の化合物，殺虫剤と**ポリ塩化ビフェニル**(polychlorobiphenyl, **PCB**)は，特に，関心を集めている．

15.5.1 有機塩素系，含窒素，有機リン系殺虫剤の分析

殺虫剤は，農業で広く用いられているため，環境保全における大きな関心事項になっている．DDT(ジクロロジフェニルトリクロロエタン)は，最初に合成された殺虫剤であり，第二次世界大戦後広く用いられた．現在では，世界中の多くの国々で使用が禁止されているが，以前に非常に広く多量に用いられ，それが農場から流出したために，現在でも，DDTは，環境中から検出されている．

DDT試料は，構造がよく似た化合物の混合物である．代表的な試料の全DDT量のうち，70~80%はDDTである．残りの20%の多くはDDD(ジクロロジフェニルジクロロエタン)である．この化合物は，側鎖が$-CCl_3$である代わりに，$-CHCl_2$となったものである．試料は，混合物中のそれぞれの化合物の割合が異なっているために，分析においては，それぞれの化合物に対して検量する必要がある．

分析は，通常，何らかのクロマトグラフィーを利用して行われる．多くのDDTを含む試料について，まず，ヘキサンなどの溶媒を用いて抽出操作がなされる．ここで目的物質の濃縮も行われる．つぎに，無水硫酸ナトリウム粉末などでその溶媒を乾燥する．また，必要に応じて，溶媒を一部揮発させて濃縮する．さらに，試料には，必要に応じてクリーンアップ操作を行う．たとえば，アルミナカラムや硝酸銀カラムを用いると，極性物質はカラムに保持されるが，DDTなどのより極性の低い化合物はヘキサン中に溶離してくる．また，硝酸銀カラムよりも極性の低いシリカゲルカラムを用いる場合もある．試料をヘキサンに溶かしてシリカゲルカラムを通すと，PCBのようなより低極性の干渉物質は溶離するが，DDTはシリカカラムに保持される．続いて，ヘキサンとベンジルエーテルの混合溶媒のようなより高極性の溶媒を用いるとDDTは溶離する．その試料はガスクロマトグラフィーで最終的な分離と定量がなされる．

15.5.2 ポリ塩化ビフェニルの分析

2,4,5,2′,5′-PCB(図15.7)のようなポリ塩化ビフェニルは，多くの工業プロセスの副産物として生成する．その詳しい分析法は，試料(たとえば，水試料，あるいは土壌試料など)の性質により異なる．ほとんどの場合，定量にはGCあるいはGC-MSが用いられる(第8章)．どちらの場合も，試料調製法は基本的に同様であり，たとえば，ヘキサンやアセトンで抽出を行う．どちらの場合も無水硫酸ナトリウムで溶媒を乾燥させる．溶媒の一部を揮発させるか固相抽出を用いるなどして試料の濃縮を行う．特に問題の多い試料では，さらにクリーンアップが必要となる．最終的な分離と同定は，GCあるいはGC-MSを用いて行われる．それぞれの目的物質の同定は(特にGC-MSを用いる場合には)，通常，既知の試料についてのスペクトルと比較することにより行われる．

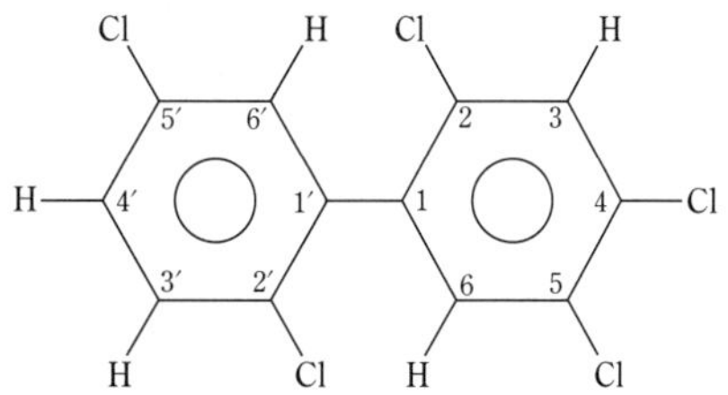

図 15.7 2,4,5,2′,5′-ペンタクロロビフェニルの構造

演習問題

15.1 インパクターとインピンジャーを比較し、その違いを記しなさい.

15.2 インピンジャーやインパクターの代わりに、個人被ばくモニターが用いられる場合があるが、その理由を記しなさい.

15.3 生物化学的酸素要求量(BOD)の意味と、その環境のモニタリングにおける意義を述べなさい.

15.4 大気試料中のNO_2濃度の測定法を述べなさい.

15.5 大気試料中のSO_2濃度の測定法を述べなさい.

15.6 環境試料中のポリ塩化ビフェニル(PCB)濃度の測定法を述べなさい.

まとめ

1. 環境分析と環境保全は相互に関連したさまざまな化学システムを含む複雑な問題である. その例は、たとえば、窒素サイクルや炭素サイクルにみられる.

2. 大気分析は、断続的なサンプリング、あるいは連続的なリアルタイムのモニタリングにより行われる.

3. 断続的な大気サンプリング装置は、真空源、採取した空気の体積の正確な測定装置、試料の捕集容器(サンプリング容器)などからできている.

4. 体積の測定装置は、通常、(i) 空気の流量、あるいは (ii) 採取した空気の体積を測定するように設計されている.

5. ロータメーターは、空気の流量を測定する装置である.

6. 大気試料の体積を測定する装置に、乾式メーターと湿式メーターがある.

7. 乾式メーターでは、プラスチック製の蛇腹が交互に空気で満杯になったり空になったりすることにより、ベルクランク機構を動かし、さらにメーターゲージを動かす.

8. 湿式メーターでは、直接、ガスの流れがメーターを動かす.

9. エアロゾルのサンプリング法には沪過法やインピンジャーがある.

10. 乾式インピンジャーは、インパクターともよばれる.

11. 湿式インピンジャーでは、空気は液体中に吹きつけられる.

12. 固相吸着剤は、通常、低濃度の有機化合物を捕集し、たとえば、ガスクロマトグラフィーや質量分析法による分析で用いられる. 固相吸着剤は、パッシブサンプリング法やアクティブサンプリング法で用いられる.

13. パッシブ(拡散)サンプラーは、活性炭や多孔質のポリマーなどの固相吸着剤を用いており、たとえば、襟につけるバッジにして個人被ばくモニターとして用いられる.

14. アクティブサンプリングでは、連続的に空気を捕集装置に通すことによって、目的物質の前濃縮が可能である.

15. パッシブサンプリング装置とアクティブサンプリング装置が、空気中の全炭化水素、全有機炭素、二酸化硫黄などの定量に用いられる.

16. 生物化学的酸素要求量の測定は、最も頻繁に行われる環境分析の項目の一つである.

17. ガスクロマトグラフィーは、水質分析にも数多く用いられる. 分析では、目的物質である有機化合物を抽出する必要があるが、たとえば、ヘッドスペース分析法、パージトラップ法、固相抽出法などが用いられる.

18. たとえば、海洋に流出した油に関して、クロマトグラフィーを用いた指紋分析法が、その流出源の特定に用いられる. また、クロマトグラフィーは、環境中の殺虫剤や除草剤の分析などにも応用される.

19. 環境試料中の金属イオンなどの無機物質は、通常、ICP発光分析法や紫外可視吸光光度法など、これまで他の章で学んできた方法で定量される.

20. ポリ塩化ビフェニル(PCB)は重要な環境汚染監視項目であり、GCあるいはGC-MSで定量される.

さらに学習したい人のために

Ahmad, R., Cartwright, M., and Taylor, F. (2001). *Analytical methods for environmental monitoring*. Prentice Hall.

Kekkebus, B. B. and Mitra, S. (eds) (1997). *Environmental chemical analysis*. CRC Press.

Natusch, D.F.S. and Hopke, P.K. (1983). *Analytical aspects of environmental chemistry*. Chemical Analysis Series, Wiley.

Reeve, R. N. (2002). *An introduction to environmental analysis*. Wiley.

16 最適な分析法の選択，GLP と実験室での安全について

この章で学ぶこと

- 化学分析を行う前に学術文献を調べて，すでに知られている知識とこれまでの最良の実験法を知ることの重要性
- 分析しなければならない課題に対して最適な分析方法を選択するだけでなく，必要なコストと予算上の制約についても考える必要があること
- 分析するときのプロトコールを評価することの重要性と，プロトコールは第三者を含めて検討されるべきこと
- GLP (good laboratory practice) の重要性と，GLP が実際にどのようにしてなされるか，良い実験ノートのつけ方，電子化されたデータが失われるのを防ぐ方法
- 実験室での安全確保の重要性

16.1 分析法の選択

16.1.1 問題点を考える

どんな分析を行う場合でも，解決すべき課題が何であるのかを注意深く考え，またどうやって解決できそうかということをきちんと考えることはとても大事である．しかし，このことは一見やさしそうに見えて，なかなか容易ではない．たとえば，感度も正確さもさほど必要としない分析でよいのに，高感度で正確な分析をするのなら，その労力とお金は別なところにかけたほうがよい．同様に，必要とする感度と検出限界よりも悪い方法で分析をしても役にたたない．どのような理由にせよ（干渉物質があったり，実験技術が下手であるか，あるいは他の誤差が加わったりして）誤ったデータが得られた場合，"役に立たなかった"で済むのは良いほうで，その誤った分析結果に基づいて間違った行動がとられてしまうことさえある．これでは分析が危険な行為に結びつく．

どのような分析操作でも，試料の収集，試料の前処理（必要がある場合には），試料の保管と分析のための取扱い，分析操作そのもの，そして，用いた分析法と報告すべき結果の評価（バリデーション）の段階があることを認識すべきである．

16.1.2 文献を調査し，分析法を評価し，経済性を考える

最初の段階で，どの分析法を用いるのが良いかということを決めるためになすべきことは，文献を調査し，他の研究者が同じような分析をするときに用いた分析法をすべて調べることである．本書にあげた多くの例でわかるように，ある分析をしようとしたときに用いることが可能な分析法がいくつか存在する．分析法が違うと，違った利点があるものである．たとえば，操作が単純であったり，検出限界が低かったり，検出法それ自体が良い方法である場合などがある．よく考えてみると，ある分析法が他のどの検出法にも代えがたく最適であるとわかることもしばしば経験する．たとえば，ある分析法で特定の干渉物質が分析を妨害するのであれば，別な方法を用いたほうが良いであろう．広い範囲にわたって，多くの書籍や雑誌を調査することが重要であり，有用であり，文献を調べて初めて，分析法を選択することを考えることができるようになるのは，ここに述べたような理由によっている．

どんな分析法でも，最初に他の研究者が報告した結果が，自分の手で再現性よく得られるかを最初にいくつかの実験によって確かめるべきである．この分析法の評価（バリデーション）は，しばしば，分析試料に含まれることが予想される干渉物質を含んだ試料を用いて行うことが必要で，それらの干渉物質が含まれていたときに結果に与える影響を見ておく必要がある．この段階では，イギリスの Royal Society of Chemistry やアメリカの American Institute of Standards などの専門の団体が頒布する多くの標準試料が助けになる．いくつかの政府の，あるいは国立研究所でも，分析法の第三者評価を行っている．読者は第2章で述べ

たバリデーションの箇所も参照してほしい．濃度や純度が確かな標準試料を用いれば，実験誤差がどのくらいか，たとえば，確定誤差と不確定な誤差と，これらの誤差がどこから生じるかを決めることができる．

多くの機器分析法はその機器の保守が必要で，繰返すが，定期的に第三者によって，認証標準試料や標準物質を用いて校正されるとよい．多くの企業は第三者機関による認証制度たとえば，ISO(International Standards Organization)による作業表に従ってバリデーションを行い，認証を獲得している．どんな分析法でも，その精度，正確さ，再現性が評価され，検定されなければならないことは明らかである．このことは通常，分析は一定の条件下に行われると表現される．もしも第三者機関の提供する標準試料が入手できないときは，標準試料を最初に調製しなければならない．

バリデーションの一つのやり方は，あらかじめ含量が既知の目的物質を添加(スパイク)した試料を用意し，これを分析して添加量が正しく測定できるか確認することである．この試験法は，添加した試料が100%(ある程度のプラス，マイナスの誤差は許容されるが)回収されているかどうかを判定し，選択した分析法の妥当性と信頼性を確認する．しかし，この場合，分析に干渉する可能性のある物質を十分に考慮し，それらが共存してもあらかじめ許容できる範囲内の影響しか結果に及ぼさないように，最大の注意を払わなければならない．

使用する装置が分析を行う研究室などにすでにあって利用できるのかどうか，また予算的な制約も無視できない．もしも同じような分析を一定の時間間隔でたくさん実施しなければならないときは，企業にとっては必要な装置を購入し，分析担当のスタッフをその分析を行うために研修させたほうがよい．しかし，ある期間を通して同じ分析をさほど多くは行わないときは，第三者機関に分析を依頼したほうが賢明であろう．それによってコストも削減できるし，その分析法に熟練した人に分析をしてもらえることにもなる．他の方法としては，大学や国立の研究所に"測定費"を支払って測定してもらってもよいであろう．

また，別な方法として，特別な装置を長期間リースによって借り出すこともできる．たとえば，保健研究所では，救命救急のための装置があって，いつでも救命に支障ないように保守されていなければならない．ここでは，通常24時間体制で，あるいは必要なときに機器の故障に電話1本で対応するという契約が結ばれている．しかし，このような契約は，機器を購入して緊急時のバックアップや操作の補助，必要なときの保守が発生したときに必要な経費を支払うという契約よりも高価につく．

最後に，広く知られていることであるが，世の中の分析による測定の多くが，不適切なものであり，必要ないものである．全世界でなされる分析測定のうち，不適切な測定と見なされるものの割合は，多少の違いはあるが，20%かそれ以上が不適切か，測定の必要もないのに，すでに測定されているものを無駄に測定したものであると推計されている．その額は，少なく見積もっても先進国のGNPの5%に達すると思われる．この数字には，誤った操作法によって分析されたため，あるいは，得られたデータが正しくなく，誤差が大き過ぎて棄てられたものは含まれていない．適切な分析法を選択し，分析に用いるすべての分析方法が常に批判的に評価されるようにすることの重要性をどんなに強調しても強調しすぎることはない．

16.2 GLPと安全の確保

GLP(good laboratory practice)を実施すれば，データの質が確保される．また，GLPと安全とは本質的に関連があることを銘記すべきである．それでは，最初に安全性について考えてみよう．

16.2.1 安全の確保

安全が重要であることは，どんなに言っても言い過ぎることはない．私たちはたった一度の人生を生きている．そのときは，たいして危険ではないと思って，あまり注意することなくとった行動によって，取返しのつかないような障害を目や皮膚に受けることはいともたやすく起こることなのである．ほんのちょっと注意するだけで，ずっと安全になる．ひどいけがをするのを避けることができることを思えば，ちょっと注意することぐらい，何でもないことである．

以下に記すことは，実験を行うときに守るべきことばかりである．

- **横面にも保護板のついた保護眼鏡**を実験室にいる間中，着用すべきである．溶液が目に入る事故は非常によく起こる．

- 火災報知器，化学火災に対する消火器と電気火災に対する消火器，非常口の場所は，実験を開始する前に確認しなければならない．だれも火災が起こることを予想することはできない．火災に会う前に，火災報知器，消火器，非常口の場所をまず確認すべきである．
- 最も近い安全シャワーがどこにあるか確認する．そして，シャワーが使えるように使い方を確認しておかなければならない．
- 洗眼用の設備のある場所と救急箱の場所を確認する．安全シャワーと同様，洗眼用のボトルあるいは水道栓の使い方に慣れておく必要がある．
- 実験着（白衣）をいつも着用し，ボタンはすべてしっかりとめておくこと．ボタンがかかってなくて，ヒラヒラしている白衣のすそは機械や機械のハンドルに引っかかったり，ガスバーナーの炎で着火することもある．ボタンをとめてなければ，中に着ている衣服の保護にはならない．結局，白衣をきちんと着ることは実験室での最初の仕事である．
- 長髪はまとめて結ってほつれないようにとめておくこと．髪が機械に巻き込まれたり，ひっかかったりしないようにするのと，試薬を汚染したり，髪に着火するのを防ぐためである．
- 飲食物（チューインガムを含めて）は決して実験室に持ち込んではならない（当然のことながら，決して実験室で飲食をしてはいけない）．食べ物は必ずといってよいくらい試料や試薬で汚染される．たとえ，試料の前処理などの段階ではなく，もっとあとの段階になってから実験室の外で食べても試料を汚染されることがある．
- 実験の操作にかかわるすべての危険について，実験を行う前に書き出して，どのような危険が，どの程度あるかを評価しておくべきである．実際，この危険性のアセスメントは多くの国で法定の規則の基本となっている．実験を行う前に危険な操作に注意を払うことを考えるだけで多くの事故は未然に防ぐことができる．
- ガラス器具を取扱うときは最大の注意を払うこと．ガラス製のピペットにゴム製の安全ピペッターを取付けるときに，必要以上の力で押し込むので折れ，それが突き刺さって大きなけがをする人が実に多くいる．折れたピペットが手のひらを突き抜けて反対側まで貫通するのは造作ない！　割れたガラスの破片を指で拾わないこと．間違いなくけがをするだけでなく，その傷にガラス片に付着していた酸やアルカリ性の溶液などが入ることもある．ちり取りとはけを使ってガラス片を集めること．必要があれば，モップも使う．
- 電気器具の近くで試薬の溶液を取扱うときには最大の注意を払うこと．可能ならば，ガラス容器は溶液がこぼれることで起こる障害を避けるために，他の器具からは遠ざけておくこと．もしも事故が起こったときは，できるだけ主電源からプラグを引き抜いてはずすか，もしもプラグの部分がぬれているときは，最も近い主電源のスイッチかブレーカーを切る．実験前の注意ということは感電に関しても同じであり，実験室で実験を始める前に，電気のスイッチやブレーカーがどこにあるかを確認しておくこと．事故が起こってからでは遅すぎる．もしもだれかが感電して意識不明になったときは，その人に触る前に電源を切らなければならない．さもないと，あなたも感電してしまうかもしれない．電源を切ることが難しいときは，感電した人を木製のほうきやいすなどの絶縁物質を使って電気器具から離すこと．
- 実験室のある建物に何人かの救急担当者がいるはずである．繰返すが，実験を始める前に，だれが救急担当であるかを確認しておくこと．そして，どのような方法で連絡すればよいか（たとえば内線番号），どのような手順で助けを呼んだらよいかを確認しておくこと．非常電話の場所と，そこにだれが見てもわかるように救急の連絡先の電話番号が表示されているか確認しておくこと．
- 実験室で，一人だけで実験してはいけない．もしも，何か事故が起こったときに手の届くところに助けを呼べる人が必ずいることを確認すること．

16.3 実験ノートとデータのバックアップ

　厚い表紙のついた糸とじの実験ノートを正しくつけること．企業でも大学でも研究職についた分析化学者はだれでも，実験ノートをきちんとつけることは必須である．1日の実験が終了したところで，上司や指導教官がノートをチェックしてサインすることは一般的に行われている．

　実験ノートの表紙は厚いものでなければならない．

これは，溶液がこぼれたときに傷めないためと，実験室はノートには良くない環境であるためである．ノートに記入するときにはインクかボールペンを用い，鉛筆を用いてはいけない．永久に残るように研究記録を残すことが，品質保証や特許申請にかかわる多くの仕事では記録法として必要になっているからである（第2章）．

実験操作として行ったこと，事前のデータ，観察の記録，用いた実験操作方法は，得られたデータと時刻とともに，だれが見てもわかるように，すべてノートに記載しなければならない．

記入を誤った箇所は，ペンで×印を書いて消し，もとに何が書いてあったかがわかるようにしておくべきである．もしも，あとになって問題となる箇所が判明し，その×をつけた実験のデータが利用できることがわかって取出そうと思ったとき，それを正当化することができるからである．

実験ノートは，大学や企業の研究所での実験報告を作成するときに便利であることを覚えておこう．紙切れに書いたものは紛失しやすいもので，また，どこの実験室でも試薬をこぼすことが多いが，こぼれた試薬で判読できなくなることは避けられない．

分析データは電子媒体で得られることが多くなった．そこで，システムとして日常的にデータのバックアップをとることが絶対に必要である．ここでも，データが失われてからバックアップをどうしようかと考えるのでは遅すぎる．電子媒体の記録は容易に上書きでき，破壊され，また，実験装置（たとえば，NMRなどの強い磁場）による障害も起こりやすい．また，人による操作のミスだけでなく，コンピューターウイルスやワームといった破壊ソフトによるデータ消失も起こりうる．

データのバックアップは最低でも毎週1回は必要で，企業では，毎日バックアップをするべきである．

まとめ

1. 初めての分析操作を行う前に，必ず文献を調査して可能な限りの既知の実験事実を収集する．これによって，最も良い分析を行うことができる．

2. 安全の確保が第一である．たとえば，保護眼鏡を着用し，消火器や消防設備の使い方に慣れ，安全シャワーが設置されている場所と使い方を知っているべきである．

3. 飲食物を実験室に持ち込んではいけないし，実験室で飲食をしてはならない．

4. ガラス器具の取扱いには注意する．

5. 実験室の電気器具を使用するときには感電，漏電に注意する．特に，水や水溶液が近くにある場合は危険である．

さらに学習したい人のために

Adams, K. (2002). *Laboratory management : principles and processes*. Prentice Hall.

Cold Spring Harbor Laboratory (2001). *Safety sense : a laboratory guide*. Cold Spring Harbor Laboratory Press.

Picot, A. (1994). *Safety in the chemistry and biochemistry laboratory*. Wiley.

索引

あ

IR スペクトル 189
ISE(イオン選択性電極) 161
ISO(国際標準化機構) 21
ICR(イオンサイクロトロン共鳴) 144
ICP(誘導結合プラズマ) 109, 140
ICP-MS 248
ICP-OES 248
ICP 質量分析法 247
ICP 発光分析法 247
アガロース 131
アークソース 106
アクティブサンプリング法 245
アーク発光分析法 105, 107
アスコルビン酸
　──のヨウ素滴定 43
アニオンギャップ 215
アノーディックストリッピングボルタンメトリー 167
アフィニティークロマトグラフィー 231
アミノ酸
　──の分析 227
　──配列の決定 152
　HPLC による──の分析 228
　クロマトグラフィーによる──の分析 227
　GC による──の分析 228
　電気泳動による──の分離分析 227
RIA(ラジオイムノアッセイ) 216
R_f 値 120
アルカリ度
　環境水試料中の── 38
$α$ 壊変 205
$α$ 電子 85
$α$ 粒子
　──の測定 207
アルミナ 131
安全の確保 252
アンチストークス線 90
安定同位体 205

い

EI(電子衝撃イオン化) 137
ESI(エレクトロスプレーイオン化法) 140, 152
ESA(静電場質量分離部) 142
ELISA(エンザイムイムノアッセイ) 217
ELSD(蒸発光散乱検出器) 129
イオン応答性電極 161
イオンサイクロトロン共鳴 144
イオンサイクロトロン共鳴型質量分析計 144
イオン選択性ガラス 161
イオン選択性電極 161
　滴定分析のための── 171
イオントラップ型質量分離部 144
ISO(国際標準化機構) 21, 252
一次吸着層 52
一次構造
　タンパク質の── 229
一時硬度 39
一次微分熱重量曲線 58
一酸化二窒素-アセチレンフレーム 103
移動相 115
井戸型シンチレーション計数管 208
イムノブロット法 230
ELISA(エンザイムイムノアッセイ) 217
入口スリット 67
Ilkovich 式 166
インターフェロメーター 197
インパクター 244
インピンジャー 244

う

ウェスタンブロット法 230
右旋性 76

え

エアロゾル組成測定 244
永久硬度 39
ASV(吸着ストリッピングボルタンメトリー) 162, 167
amu 135
液液抽出 113
液体シンチレーション計数管 207
液体二次イオン質量分析法 138

SIMS(二次イオン質量分析法) 138
SHE(標準水素電極) 159
S/N 比 184
SDS 電気泳動法 230
エステル化シリカ 130
X 線 206
X 線光電子分光法(XPS) 96
H^+ イオン選択性膜 162
HETP(理論段相当高さ) 117
hCG(ヒト絨毛性ゴナドトロピン) 217
HPLC(高速液体クロマトグラフィー) 126
　──によるアミノ酸の分析 228
　──による糖類の分析 225
　──用カラム 129
ATR(全反射)法 193, 198
NIST(国立標準技術研究所) 22
NAMAS 21
NMR 178, 185
　──シフト試薬 184
　──装置 183
　──の定量分析 185
NMR 発振分光法 180
NOE(核オーバーハウザー効果) 184
エネルギー分散型蛍光 X 線分析装置 93
エバネッセント波 199
FID 184
^{19}F NMR 185
FAB(高速原子衝撃) 138, 152
FAB-タンデム質量分析法 153
FWHM 146
FD(電界脱離イオン化法) 139
MALDI(マトリックス支援レーザー脱離イオン化法) 139, 152
MBC インターフェース 149
ELISA(エンザイムイムノアッセイ) 217
LSIMS(液体二次イオン質量分析法) 138
LC-MS 148
LGC 21
エレクトロスプレーイオン化法 140, 149
塩化アンモニウム
　──の定量 42
塩基
　酸と──の相互作用 36
塩橋 158
炎光光度検出器 124
炎光光度法 108, 247

索　引

エンザイムイムノアッセイ　217
遠赤外用測定装置　200

お

大きな誤り　13
オキシン　55
オージェ電子　206
オーム降下　170
オリゴ核酸
　——の分析　153
温　度
　——の効果と原子スペクトル　99

か

ガイガー-ミューラー計数管　208
回折格子　67
回転定数　92
回転分光法　92
回転量子数　92
外被膜　220
外部電極　157
壊変定数　206
解離定数　29
ガウス分布　14
化学修飾電極　168
化学選択電界効果型トランジスター　174
化学発光　90
化学分析
　糖類の——　226
化学量論
　滴定の——　38
殻　83
核オーバーハウザー効果　184
拡　散　163
拡散限界電流　165
拡散サンプラー　245
拡散反射法　193
拡散物質輸送律速　172
拡散律速　163, 169
核磁気共鳴分光法　178
核生成　52
確定誤差　13
　——の原因　14
可視光　60
ガスクロマトグラフィー　122
　——による水分析　246
ガスクロマトグラフィー-質量分析法　148
加速器　209
カソーディックストリッピング
　　　　　　　ボルタンメトリー　167
活　量　158
過電位　165

価電子　84
ガラスセル　70
渦流拡散　119
カールフィッシャー試薬　46
カールフィッシャー滴定　46
カロメル電極　159, 160
環境汚染　242
塩化物
　環境水試料中の——の定量　40
環境分析　242
乾式インピンジャー　244
乾式メーター　243
緩衝液　33
感　度　6
　重量分析の——と特異性　56
官能基
　——の特性吸収　191
　——領域　191
γ　線　206

き

気液クロマトグラフィー　122
基質拡散制限膜　221
帰　属
　ピークの——　149
基底状態　62
軌　道　83
軌道法　83
キニーネ　75
8-キノリノール　55
キニン　75
逆相HPLC　231
逆滴定　42
キャピラリーゾーン電気泳動　132
キャリヤーガス　122
吸光係数　63
吸光光度測定　61
吸光光度法
　——によるタンパク質の定量　232
吸光度　62
吸収極大シフト法　233
吸収効果　94
吸収の法則　63
吸着ストリッピングボルタンメトリー
　　　　　　　　162, 167, 248
吸着ストリッピングボルタンモグラム　167
吸着段階　167
吸着電位　167
Q検定　17
　——表　17
強塩基　31
　——と強酸の反応　36, 37
　——と弱酸の反応　37
競合的ELISA法　217
強　酸　30
　——と強塩基の反応　36, 37
　——と弱塩基の反応　37

極性溶媒　72
キラリティー　77
キラル　77
キレート試薬　55
キレート滴定　39
銀/塩化銀電極　159, 160
近赤外用測定装置　200
金属イオン
　紫外・可視吸光光度法による——の分析　248

く

空気-アセチレンフレーム　103
屈折プリズム　66, 67
Clarkの膜　219
繰返し測定　6, 9
グルコースセンサー　219
グロトリアン図　85
グローバー灯　195
クロマトグラフィー　115, 116
　——によるアミノ酸の分析　227
　——によるタンパク質の分離　231

け

蛍　光　89
蛍光イムノアッセイ　216
蛍光X線分析法　92
蛍光検出器　127
蛍光消光　75
蛍光タグ　238
蛍光標識法　90
蛍光分析法　74, 89
経済協力開発機構　242
ケイ素誘導体化シリカ　130
系統誤差　13
結合エネルギー　209
結合法　125
血　漿
　——試料の調製と保存　214
　——を試料として用いる臨床分析法　214
血中ガス分析　214
血中グルコースセンサー　221
血糖値の測定　218
ゲノミクス　233
ゲノム　233
KBr錠剤法　194
ケミカルシフト　181
ケルダール法　231
検光子　76
原子吸光分析法　98, 100
原子吸収過程　98
原子質量単位　135
原子スペクトル　98
原子スペクトル分析法　98

索　引

原子発光過程　98
原子発光検出器　124
原子発光分析装置　107
原子発光分析法　98, 105
原子番号　205
検出下限　6
原子炉　209
検量線
　最小二乗法による——　19
検量法　23

こ

高圧液体クロマトグラフィー　126
光学活性　76
光学的バイオセンサー　223
光学フィルター　66
光起電力検出器　69
抗血清　216
光　源　65
　赤外線の——　194
光　子　62
　——の検出器　67
公称波長　66
構成原理　84
構造解析　185
高速液体クロマトグラフィー　126
高速液体クロマトグラフィー-質量
　　　　　　　分析法　148, 149
高速原子衝撃イオン化法　138
高速中性子　209
光電管　67
光電効果　206
光電子増倍管　68
硬　度
　水道水の——　39
光度滴定　44
広幅 NMR 分光法　180
高分解能 NMR 分光法　181
高分子修飾電極　168
黒鉛炉原子吸光分析法　104, 247
国際標準化機構　21
国立標準技術研究所　22
誤差の限界　5
個人誤差　14
固相吸着剤　244
固相抽出　115, 247
固定相　115
コリメーター　198
コリメーターレンズ　67
コレクター　124
コロイド状懸濁液　51
コンプトン効果　206

さ

サイクリックボルタンメトリー　162

サイクリックボルタンモグラム
　——の形状と性質　163
サイクロトロン　144
歳差運動　179
最小二乗法
　——による検量線　19
錯成形　50
　——による発色　72
左旋性　76
サーマルサイクラー　236
サーミスター　196
サーモスプレーイオン化法　140, 149
サーモスプレーインターフェイス　129
作用電極　127, 157, 158
酸
　——と塩基の相互作用　36
酸塩基滴定　38
三次構造
　タンパク質の——　229
算術平均　10
参照電極　157, 158, 159
酸素電極　173
サンドイッチ法　217

し

^{14}C
　——を用いる年代測定　209
CIF（衝突によるフラグメンテーション）
　　　　　　　　　　　　151
CAR（衝突活性化反応）　151
CHEMFET（化学選択電界効果型
　　　　　トランジスター）　174
^{13}C NMR　185
CME（化学修飾電極）　168
GLC（気液クロマトグラフィー）　122
GLP　252
紫外・可視吸光検出器　126
紫外・可視吸光光度法　71
　——による金属イオンの分析　248
紫外・可視吸収スペクトル　86
紫外・可視光　60
　——用試料セル　70
紫外光電子分光法　96
磁気回転比　179
色素結合法　233
シークエンシング
　ペプチドの——　152
シークエンスタグ　152
示差屈折率検出器　128
示差パルスポーラログラフィー　166
GC（ガスクロマトグラフィー）　122
　——によるアミノ酸の分析　228
GC-MS　148
脂質の分析　153
指示薬　38
　酸塩基滴定の——　38
四重極型質量分離部　142
CZE（キャピラリーゾーン電気泳動）　132

実験誤差　9
　——の定量化　11
実験ノート　253
実効バンド幅　66
湿式インピンジャー　244
湿式化学分析　29
湿式メーター　243
質量分析計の分解能　146
質量分析法　129, 135, 234
　——における写真検出　148
自動分析装置
　多目的——　213
磁場収束型質量分離部　141
シムコイル　183
指紋分析法
　流出油の——　247
指紋領域　193
弱塩基　31
　——と強酸の反応　37
　——と弱酸の反応　37
　——の解離定数　32
弱　酸　31
　——と強塩基の反応　37
　——と弱塩基の反応　37
　——の解離定数　32
重水素ランプ　66
充填カラム　122
充填剤の種類　129
自由度　15
周波数ロック　183
重量分析　50, 54
　——の感度と特異性　56
CUSUM 図　23
シューハート図　22
寿　命
　遷移状態の——　98
主量子数　83
衝撃型集塵器　244
消光剤　121
硝酸銀滴定　40
衝突活性化反応　151
蒸発光散乱検出器　129
証明書　22
シリカカラム　129
シリコンフォトダイオード　68
伸縮振動　188
深色効果　72
シンチレーションイオン検出器　148
真　度　7, 11
振動の自由度
　線形分子の——　190
　非線形分子の——　190
真の値　7
信頼限界　16, 18
親和性　115

す

水銀灯　195

水素イオン選択性膜　162
水素炎イオン化検出器　124
水素ランプ　66
水分析　245
スクロール
　——の旋光分析　77
スチレンジビニルベンゼン共重合体
　　　　　　　　　　　　131
ストークス線　90
ストークス遷移　91
ストリッピング段階　167
スパークイオン化法　139, 149
スパークソース　106
スパーク発光分析法　105, 107
スピン　85
スピン-スピン結合　182
スピン対　84
スピンデカップリング法　184
スペクトル
　——のデータライブラリー　193
スペクトル測定法　185

せ

生化学分析　233
正確さ　7, 11
精確さ　11
正規分布　14
制限酵素　239
静電場質量分離部　142
精　度　6, 11
生物化学的酸素要求量　246
生物学的汚染　221
生物分析化学　212
石英ガラスセル　70
赤外検出器　128
赤外スペクトル　189
赤外線　188
　——の光源　194
赤外線検出器　195
赤外発光分析　200
赤外分光法　188
積分曲線　183
ゼータ電位　53
絶対誤差　11
遷移金属イオン　64
遷移状態
　——の寿命　98
線形掃引ボルタンメトリー　162
線形掃引ボルタンモグラム
　——の形状と性質　163
線形分子
　——の振動の自由度　190
全　血
　——試料の調製と保存　213
　——を試料として用いる臨床分析法
　　　　　　　　　　　　214
旋光計　76
旋光度　76

旋光分析
　　ペニシリン-ペニシリナーゼの——
　　　　　　　　　による定量　77
全硬度　39
旋光分析
　スクロールの——　77
センサー　219
浅色効果　72
選択透過性　219
選択透過膜　219
選択律　85
全炭化水素
　——の定量　245
前濃縮段階　167
前濃縮電位　167
線　幅　98
　——の広がり　99
全反射　193, 198
全有機炭素
　——の定量　245

そ

相加平均　10
相関係数　20
増感効果　94
走査型分光光度計　69
相対過飽和度　52
相対誤差　12
相対標準偏差　11, 16
装置関数　74
ゾーン電気泳動　131
ゾーン電気泳動法　230

た

対イオン層　52
第一世代のセンサー　219
大気圧電子衝撃イオン化法　140
大気サンプリング　243
大気分析　243
対　極　157, 158
対照セル　69
第二世代のバイオセンサー　221
ダイノード　68, 146
対　流　163
対流ボルタンメトリー　172
多孔質ガラス　131
多孔質グラファイトカーボン　131
多成分系
　——の分析　87
縦ゆれ振動　188, 189
多波長測定装置　197
多目的自動分析装置　213
タングステンフィラメント　195
タングステンフィラメントランプ　65
単光束型分光光度計　69

炭酸ガスレーザー　195
弾性散乱　208
段高さ　117
タンデム質量分析法　151
タンパク質
　——の一次構造　229
　——のクロマトグラフィーによる分離
　　　　　　　　　　　　231
　——の三次構造　229
　——の沈殿法による分析　229
　——の定量法　231
　——の二次構造　229
　——の分析　152, 228
　——の分離　229
　——の四次構造　229

ち, つ

チオ硫酸ナトリウム滴定　40
逐次検量法　23
中央値　10
中空陰極ランプ　101
中空キャピラリーカラム　123
中性子源
　放射化分析のための——　209
中性子放射化分析　208
直接的吸着法　217
沈　殿
　——とコロイド状態濁液　51
　——と錯生成　50
　——の捕集　53
沈殿法
　——によるタンパク質の分析　229
吊り下げ水銀滴電極　168

て

TSP(サーモスプレー)　140
TSPイオン化法　149
DNA指紋分析法　234, 239
DNAセンサー　224
DNA断片　239
DNAポリメラーゼ　236
DNAマイクロアレイ　234, 237
DME(滴下水銀電極)　165
TMS(テトラメチルシラン)　181
DMG重量分析法　54
DLIインターフェース　149
TLC(薄層クロマトグラフィー)　121
TOF(飛行時間型)　145
TOC(全有機炭素)　245
T検定　17
　——表　18
DCプラズマジェット発光分析法　110
定常状態電流測定法　172
定性的　4
定性分析　4, 5, 185

索引

DDT
　——の定量　247
DPP(示差パルスポーラログラフィー)
　　166
低分解能 NMR 分光法　180
t 分布表　18
定量的　4
定量分析　5
　NMR の——　185
定量法
　タンパク質の——　231
滴下水銀電極　165
滴　定
　——の化学量論　38
　強塩基と弱塩基を含む混合物の——
　　41
滴定計算
　——の仕方　48
滴定操作　47
滴定分析　38, 41
出口スリット　67
データ
　——の取扱い　6
　——のバックアップ　253
　——の広がり　10
データ解析　4
データ収集　4
データバリデーション　7
データライブラリー
　スペクトルの——　193
鉄
　——の吸光光度定量　73
テトラフェニルホウ酸ナトリウム　55
テトラメチルシラン　181
Delves のカップ　103
電位検出型センサー　174
電位差　159
電位差測定　45
電位差滴定　45, 171
電位差法　158
電界効果型トランジスター　174
電解質濃度
　血中に含まれる——の測定　215
電界脱離イオン化法　139
電荷移動錯体　71
転化糖　77
電気泳動　163, 230
　——によるアミノ酸の分離分析　227
電気化学セル　157
電気化学センサー　173, 219
電気化学滴定　45, 171
電気化学伝導度検出器　128
電気化学電流測定検出器　127
電気化学分析
　有機化合物の——　171
電気浸透流　132
電気二重層　159
電　極　157
　——の不活化　221
電子衝撃イオン化法　137, 140
電子状態の量子化　61

電磁スペクトル　60
電子増倍管　146
電子対生成　206
デンシトメーター　131
電子配置　83
電子捕獲検出器　124
伝導度センサー　175
電熱原子化　104
電流検出　167
電流検出型センサー　174
電流測定　45
電流滴定　45, 172

と

同位体希釈分析　208
透過率　62, 63
導電性高分子　169
導電性高分子センサー　175
等電点　230
糖尿病性網膜症　223
糖　類
　——の HPLC による分析　225
　——の化学分析　226
　——のガスクロマトグラフィーによる
　　分析　225
　——の分析　224
特異性　6
　重量分析の感度と——　56
特性吸収
　官能基の——　191
特性吸収帯　191
ドップラー効果　99

な, に

内標準　109
NAMAS　21
ニクロム線　195
二酸化硫黄の定量　245
二次イオン質量分析法　138
二次構造
　タンパク質の——　229
二次電極　157
二重収束型質量分析計　142
二重収束型質量分離部　142
二重層荷電電流　166
NIST(国立標準技術研究所)　22
二成分系
　——の分析　87
ニッケルの定量　54
Nier-Johnson 型二重収束型質量分析計
　　142
認証標準試験　252
認証標準物質　22, 252
妊娠検査法　217

ね

ねじれ振動　188, 189
熱検出器　195
熱重量曲線　56
熱重量分析　56
熱中性子　208
熱的バイオセンサー　223
熱電的検出器　196
熱伝導度検出器　125
熱分解　56
熱放射光　89
ネブライザー　100
ネルンスト式　157, 161, 163
ネルンストの赤熱管　195
年代測定
　^{14}C を用いる——　209

は

配位化合物　55
バイオインフォマティクス　233
バイオセンサー　218
倍　音　189
ハイゼンベルクの不確定性原理　98
パウリの排他原理　84
薄層クロマトグラフィー　121
はさみ振動　188, 189
パージトラップ法　246
波　189
外れ値　13, 16
パーセント透過率　62
バックアップ
　データの——　253
バックグラウンド補正　207
パッシェン系列　85
パッシブサンプラー　245
パッシブサンプリング法　245
発色団　64
発振周波数　183
ハプテン　216
バリデーション　251
バルマー系列　85
半球面溶質拡散経路　169
半減期　206
半電池　157
バンドの広がり　119
半透鏡　197
半導体検出器　196
半波電位　165, 167

ひ

ピアソン相関係数　20

ビウレット法 232
pH
　——の計算 30
　水溶液の—— 30
pH 滴定 171
pH 電極 161
^{31}P NMR 185
BOD（生物化学的酸素要求量）246
光 61
　——の吸収 62
　——の粒子としての挙動 62
光ファイバー 223
非競合的 ELISA 法 217
ピーク
　——の帰属 149
　——幅 118
飛行時間型質量分離部 145
微細構造 181
PCR（ポリメラーゼ連鎖反応）法 235
微小電極 169
ビシンコニン酸 232
非線形分子
　——の振動の自由度 190
比旋光度 76
ビタミン C
　——のヨウ素滴定 43
非弾性散乱 90
PDI（プラズマ脱離イオン化法）139
ヒト絨毛性ゴナドトロピン 5, 217
ヒドロキシアパタイト 131
8-ヒドロキシキノリン 55
PB インターフェース 149
非プロトン性溶媒 72
非分極性 159
非分散型蛍光 X 線分析装置 93
微分熱重量分析 58
比放射能 208
ビュレット 47
標準水素電極 159
標準電位 158
標準添加法 24
標準物質 252
標準偏差 11, 14
標本標準偏差 14, 15
表面固定ボルタモグラム 164
表面電位 52
表面（熱）電離法 139
広幅 NMR 分光法 180
品質管理 21
品質管理図 22
品質保証 21

ふ

Faraday カップ 147
van Deemter の式 117
フェロセン 221
フォトダイオード 126
不確定誤差 13

　——の原因 13
不確定性原理 83, 98
副　殻 84
複光束型分光光度計 69
物質輸送 172
部分標本試料 6
フラグメンテーション 162
ブラケット系列 85
プラズマジェット 109
プラズマ脱離イオン化法 139
プラズマ発光分析法 109
フーリエ変換 NMR 184
フーリエ変換多波長 IR スペクトル
　　　　　　　　測定装置 197
フレーム原子吸光分析法 100, 102, 247
フレーム発光分析法 108
　——における干渉と校正 109
フレームレス原子吸光分析法 247
フローセル 126
プロテオミクス 233, 234
プロテオーム 234
プロトン NMR 分光法 181
プローブ 237
分解能
　質量分析計の—— 146
分　極 162
分光器 65, 66
分光計 69
分光光度計 69
分　散 11, 16
分散型回折格子 IR スペクトル測定装置
　　　　　　　　　　　　196
分子振動 189
分析
　タンパク質の—— 228
分析化学 3
分析データ
　——の質 7
分析法の選択 251
プント系列 85
フントの規則 84
分配係数 114, 116
分離科学 113
分離係数 117

へ

平　均 10
平均値 10
ベースラインスペクトル 69
β 壊変 206
β 電子 85
β 粒子
　——の測定 207
ヘッドスペース分析法 246
ペニシリン-ペニシリナーゼ
　——の旋光分析による定量 77
pH 30, 161, 171
ペーパークロマトグラフィー 119

ペプチド
　——のシークエンシング 152
　——の分析 152
変角振動 188
変動係数 16

ほ

方位量子数 84
妨害物質 6
放射壊変生成物 205
放射壊変速度 206
放射化分析
　——のための中性子源 209
放射性核種 205
放射性同位体 205, 209
放射能分析法 205
飽和カロメル電極 159
母　液 53
保持係数 117
保持時間 116
ポテンショスタット 164
母標準偏差 14, 15
ポーラログラフ 165
ポーラログラフィー 162, 165
ポーラログラム 165
ポリ塩化ビフェニル
　——の分析 249
ポリシロキサン誘導体化シリカ 130
ポリスマン 53
ポリペプチド
　——の分析 152
ポリメラーゼ連鎖反応法 235
ボルタンメトリー 248
ボルタンモグラム 162
ホローカソードランプ 101
ボロメーター 196

ま　行

マイクロ波分光法 92
マイクロプローブ原子発光分析法 106
マイケルソンインターフェロメーター
　　　　　　　　　　　　197
マグネシウム含有量 39
Mattauch-Herzog 型二重収束型
　　　　　　質量分析計 142
マトリックス効果 94
マトリックス支援レーザー脱離
　　　　　　イオン化法 139
MALDI（マトリックス支援レーザー
　　　　脱離イオン化法）139, 152
Michaelis-Menten 定数 220
水
　——のイオン積 30
　——の解離 29

索　引

水分析
　ガスクロマトグラフィーによる―― 246

無機物質
　水試料中の――の分析　247, 249
無極性溶媒　72
無次元　62

メスバウアー分光法　95
メディアン　10
メディエーター　221
免疫化学的分析法　215

目的物質　4, 6
モノクローナル抗体　216
モル吸光係数　63

や　行

有機塩素系, 含窒素, 有機リン系殺虫剤
　――の分析　249
有機化合物
　――の電気化学分析　171
有機相ポーラログラフィー　170
有機発色団　71
有機溶媒
　――と有機化合物試料の溶解度　170

有効数字　9
誘導結合プラズマ　109
誘導結合プラズマイオン化法　140
誘導結合プラズマ発光分析法　109
UPS（紫外光電子分光法）　96

溶液法　194
溶解度積　51
ヨウ素滴定
　ビタミンCの――　43
溶存酸素　40
溶媒
　――の効果　71
溶媒抽出　113, 246
溶融シリカセル　70
溶離クロマトグラフィー　116
横ゆれ振動　188, 189
四次構造
　タンパク質の――　229
四重極型質量分離部　142

ら　行

ライマン系列　85
ラジオイムノアッセイ　216
ラマン効果　90
ラマンシフト　90, 91
ラマン分光法　90

ラーモア周波数　179
ランダム誤差　13
ランベルト-ベールの法則　63, 86

粒子成長　52
流出油の指紋分析法　247
量子化　61
量子収率　74
理論段数　117
理論段相当高さ　117
臨界角　198
りん光　89
臨床化学分析　213
臨床生化学検査部　213
臨床分析化学　213

累和図　23
ルシャトリエの法則　31
るつぼ形ガラス沪過器　53
L'vov のプラットホーム　104

励起状態　62
レイリー散乱　90
レーザー脱離イオン化法　139
レーザーマイクロプローブ　106
連続ダイノード電子増倍管　147

沪過法　244
ロータメーター　243
ローリー法　232

阿 部 芳 廣
1952年 東京に生まれる
1976年 東京大学薬学部 卒
1981年 東京大学大学院
　　　　薬学系研究科 修了
薬学教育評価機構 事務局次長
慶應義塾大学 名誉教授
専攻 分析化学
薬学博士

渋 川 雅 美
1953年 岩手県に生まれる
1976年 東北大学理学部 卒
1981年 東京都立大学大学院
　　　　理学研究科 修了
現 埼玉大学大学院理工学研究科 教授
専攻 分析化学
理学博士

角 田 欣 一
1954年 福島県に生まれる
1976年 東京大学理学部 卒
1981年 東京大学大学院
　　　　理学系研究科 修了
現 群馬大学大学院理工学府 教授
専攻 分析化学
理学博士

第1版 第1刷 2006年11月6日 発行
第4刷 2018年7月2日 発行

分 析 化 学

© 2006

訳　者　阿　部　芳　廣
　　　　渋　川　雅　美
　　　　角　田　欣　一

発行者　小　澤　美　奈　子
発　行　株式会社 東京化学同人
東京都文京区千石 3-36-7(〒112-0011)
電話 03-3946-5311・FAX 03-3946-5317
URL: http://www.tkd-pbl.com/

印　刷　中央印刷株式会社
製　本　株式会社松岳社

ISBN978-4-8079-0643-7
Printed in Japan

無断転載および複製物（コピー，電子データなど）の配布，配信を禁じます．

元素の周期表

族\周期	1	2	3	4	5	6	7	8	9	10	11	12	13	14	15	16	17	18
1	水素 1H 1.008																	ヘリウム 2He 4.003
2	リチウム 3Li 6.941	ベリリウム 4Be 9.012											ホウ素 5B 10.81	炭素 6C 12.01	窒素 7N 14.01	酸素 8O 16.00	フッ素 9F 19.00	ネオン 10Ne 20.18
3	ナトリウム 11Na 22.99	マグネシウム 12Mg 24.31											アルミニウム 13Al 26.98	ケイ素 14Si 28.09	リン 15P 30.97	硫黄 16S 32.07	塩素 17Cl 35.45	アルゴン 18Ar 39.95
4	カリウム 19K 39.10	カルシウム 20Ca 40.08	スカンジウム 21Sc 44.96	チタン 22Ti 47.87	バナジウム 23V 50.94	クロム 24Cr 52.00	マンガン 25Mn 54.94	鉄 26Fe 55.85	コバルト 27Co 58.93	ニッケル 28Ni 58.69	銅 29Cu 63.55	亜鉛 30Zn 65.38	ガリウム 31Ga 69.72	ゲルマニウム 32Ge 72.63	ヒ素 33As 74.92	セレン 34Se 78.97	臭素 35Br 79.90	クリプトン 36Kr 83.80
5	ルビジウム 37Rb 85.47	ストロンチウム 38Sr 87.62	イットリウム 39Y 88.91	ジルコニウム 40Zr 91.22	ニオブ 41Nb 92.91	モリブデン 42Mo 95.95	テクネチウム 43Tc (99)	ルテニウム 44Ru 101.1	ロジウム 45Rh 102.9	パラジウム 46Pd 106.4	銀 47Ag 107.9	カドミウム 48Cd 112.4	インジウム 49In 114.8	スズ 50Sn 118.7	アンチモン 51Sb 121.8	テルル 52Te 127.6	ヨウ素 53I 126.9	キセノン 54Xe 131.3
6	セシウム 55Cs 132.9	バリウム 56Ba 137.3	ランタノイド 57~71	ハフニウム 72Hf 178.5	タンタル 73Ta 180.9	タングステン 74W 183.8	レニウム 75Re 186.2	オスミウム 76Os 190.2	イリジウム 77Ir 192.2	白金 78Pt 195.1	金 79Au 197.0	水銀 80Hg 200.6	タリウム 81Tl 204.4	鉛 82Pb 207.2	ビスマス 83Bi 209.0	ポロニウム 84Po (210)	アスタチン 85At (210)	ラドン 86Rn (222)
7	フランシウム 87Fr (223)	ラジウム 88Ra (226)	アクチノイド 89~103	ラザホージウム 104Rf (267)	ドブニウム 105Db (268)	シーボーギウム 106Sg (271)	ボーリウム 107Bh (272)	ハッシウム 108Hs (277)	マイトネリウム 109Mt (276)	ダームスタチウム 110Ds (281)	レントゲニウム 111Rg (280)	コペルニシウム 112Cn (285)	ニホニウム 113Nh (278)	フレロビウム 114Fl (289)	モスコビウム 115Mc (289)	リバモリウム 116Lv (293)	テネシン 117Ts (293)	オガネソン 118Og (294)

原子番号 → 1H ← 元素記号
元素名 水素
1.008 ← 原子量（質量12の炭素（¹²C）を12とし、これに対する相対値とする）

ランタノイド	ランタン 57La 138.9	セリウム 58Ce 140.1	プラセオジム 59Pr 140.9	ネオジム 60Nd 144.2	プロメチウム 61Pm (145)	サマリウム 62Sm 150.4	ユウロピウム 63Eu 152.0	ガドリニウム 64Gd 157.3	テルビウム 65Tb 158.9	ジスプロシウム 66Dy 162.5	ホルミウム 67Ho 164.9	エルビウム 68Er 167.3	ツリウム 69Tm 168.9	イッテルビウム 70Yb 173.0	ルテチウム 71Lu 175.0
アクチノイド	アクチニウム 89Ac (227)	トリウム 90Th 232.0	プロトアクチニウム 91Pa 231.0	ウラン 92U 238.0	ネプツニウム 93Np (237)	プルトニウム 94Pu (239)	アメリシウム 95Am (243)	キュリウム 96Cm (247)	バークリウム 97Bk (247)	カリホルニウム 98Cf (252)	アインスタイニウム 99Es (252)	フェルミウム 100Fm (257)	メンデレビウム 101Md (258)	ノーベリウム 102No (259)	ローレンシウム 103Lr (262)

ここに示した原子量は、実用上の便宜を考えて、国際純正・応用化学連合（IUPAC）で承認された最新の原子量に基づき、日本化学会原子量専門委員会が独自に作成した表によるものである。本表、同位体存在度の不確定さは、自然に、あるいは人為的に起こりうる変動や実験誤差のために、元素ごとに異なる。したがって、個々の原子量の値は、正確度が保証された有効数字の桁数が大きく異なる。本表の原子量を引用する際には、このことに注意を喚起することが望ましい。なお、本表の原子量の4桁目では±1以内である（亜鉛は±2である）。また、安定同位体がなく、天然で特定の同位体組成を示さない元素については、その元素の放射性同位体の質量数の一例を（）内に示した。したがって、その値を原子量として扱うことはできない。市販品中のリチウム化合物のリチウムの原子量は6.938から6.997の幅をもつ。

© 2018 日本化学会 原子量専門委員会